全国环境影响评价工程师职业资格考试系列参考教材

U0252026

环境影响评价相关法律法规

（2024年版）

生态环境部环境工程评估中心　编

中国环境出版集团·北京

图书在版编目（CIP）数据

环境影响评价相关法律法规：2024 年版 / 生态环境
部环境工程评估中心编. -- 16 版. -- 北京 ：中国环境
出版集团, 2024.2

全国环境影响评价工程师职业资格考试系列参考教材
ISBN 978-7-5111-5809-3

Ⅰ. ①环… Ⅱ. ①生… Ⅲ. ①环境影响评价法－中国
－资格考试－自学参考资料 Ⅳ. ①D922.68

中国国家版本馆 CIP 数据核字(2024)第 019881 号

出 版 人	武德凯	
策划编辑	黄晓燕	
责任编辑	邵 葵	
封面设计	宋 瑞	

出版发行 中国环境出版集团
　　　　　（100062　北京东城区广渠门内大街 16 号）
　　　　　网　　址：http://www.cesp.com.cn
　　　　　电子邮箱：bjgl@.cesp.com.cn
　　　　　联系电话：010-67112765（编辑管理部）
　　　　　联系电话　010-67112735（第一分社）
　　　　　发行热线：010-67125803，010-67113405（传真）
印　　刷　玖龙（天津）印刷有限公司
经　　销　各地新华书店
版　　次　2005 年 2 月第 1 版　2024 年 2 月第 16 版
印　　次　2024 年 2 月第 1 次印刷
开　　本　787×960　1/16
印　　张　21.5
字　　数　400 千字
定　　价　88.00 元

编 写 委 员 会

前　言

为了满足环境影响评价工程师职业资格考试应试需求，生态环境部环境工程评估中心组织具有多年环境影响评价实践经验的专家于 2005 年编写了第一版环境影响评价工程师职业资格考试系列参考教材。《环境影响评价相关法律法规》是该套教材其中的一册，归纳整理了从事环境影响评价业务必备的法律法规基础知识，强调了其中的重点内容，同时对现行的主要环境政策和产业政策进行了说明。

根据全国统一考试实践和《环境影响评价工程师职业资格考试大纲》的要求，我们于 2006—2022 年多次组织对该册教材进行修订。2024 年年初，根据最新修订的考试大纲要求和新发布的环境影响评价相关法律法规、部门规章、规范性文件等内容，我们再次对教材进行了修编。本版主要修编人员为：汤传栋、周宜一、叶斌、王文娟、崔志强、孙优娜等。本版教材配套了相关文件原文，可在目录页扫码获取。

本书各版编写、修订和统稿人员同为本书作者。书中纰漏之处，恳请读者不吝指正。

编　者

2024 年 2 月于北京

目　录

扫描获取相关法律法规

第一章 生态环境法律法规体系

我国生态环境法律法规体系以《中华人民共和国宪法》（简称宪法）中对环境保护的规定为基础。《中华人民共和国宪法》在 2004 年修正案第九条第二款规定：

"国家保障自然资源的合理利用，保护珍贵的动物和植物。禁止任何组织或者个人用任何手段侵占或者破坏自然资源。"

第二十六条第一款规定：

"国家保护和改善生活环境和生态环境，防治污染和其他公害。"

2018 年《中华人民共和国宪法》修正案序言明确"推动物质文明、政治文明、精神文明、社会文明、生态文明协调发展"。

《中华人民共和国宪法》中的这些规定是环境保护立法的依据和指导原则。

在《中华人民共和国宪法》的基础上，《中华人民共和国立法法》（简称立法法）2023年修正案规范了立法活动，包括法律、行政法规、地方性法规、自治条例和单行条例、部门规章和地方政府规章。

在《中华人民共和国宪法》及《中华人民共和国立法法》的指导下，我国已建立了由法律、行政法规、部门规章、地方性法规和地方政府规章、生态环境标准、环境保护国际公约组成的完整的环境保护法律法规体系。

一、中华人民共和国立法法

《中华人民共和国立法法》（简称立法法）于 2000 年 3 月 15 日第九届全国人民代表大会第三次会议通过，根据 2015 年 3 月 15 日第十二届全国人民代表大会第三次会议《关于修改〈中华人民共和国立法法〉的决定》第一次修正，根据 2023 年 3 月 13 日第十四届全国人民代表大会第一次会议《关于修改〈中华人民共和国立法法〉的决定》第二次修正。《中华人民共和国立法法》是为了规范立法活动，健全国家立法制度，提高立法质量，完善中国特色社会主义法律体系，发挥立法的引领和推动作用，保障和发展社会主义民主，全面推进依法治国，建设社会主义法治国家，根据宪法制定的法律。

1. 法律的立法权限

《中华人民共和国立法法》第十条至第十六条规定：

"第十条 全国人民代表大会和全国人民代表大会常务委员会根据宪法规定行使国家立法权。

全国人民代表大会制定和修改刑事、民事、国家机构的和其他的基本法律。

全国人民代表大会常务委员会制定和修改除应当由全国人民代表大会制定的法律以外的其他法律；在全国人民代表大会闭会期间，对全国人民代表大会制定的法律进行部分补充和修改，但是不得同该法律的基本原则相抵触。

全国人民代表大会可以授权全国人民代表大会常务委员会制定相关法律。

第十一条　下列事项只能制定法律：

（一）国家主权的事项；

（二）各级人民代表大会、人民政府、监察委员会、人民法院和人民检察院的产生、组织和职权；

（三）民族区域自治制度、特别行政区制度、基层群众自治制度；

（四）犯罪和刑罚；

（五）对公民政治权利的剥夺、限制人身自由的强制措施和处罚；

（六）税种的设立、税率的确定和税收征收管理等税收基本制度；

（七）对非国有财产的征收、征用；

（八）民事基本制度；

（九）基本经济制度以及财政、海关、金融和外贸的基本制度；

（十）诉讼制度和仲裁基本制度；

（十一）必须由全国人民代表大会及其常务委员会制定法律的其他事项。

第十二条　本法第十一条规定的事项尚未制定法律的，全国人民代表大会及其常务委员会有权作出决定，授权国务院可以根据实际需要，对其中的部分事项先制定行政法规，但是有关犯罪和刑罚、对公民政治权利的剥夺和限制人身自由的强制措施和处罚、司法制度等事项除外。

第十三条　授权决定应当明确授权的目的、事项、范围、期限以及被授权机关实施授权决定应当遵循的原则等。

授权的期限不得超过五年，但是授权决定另有规定的除外。

被授权机关应当在授权期限届满的六个月以前，向授权机关报告授权决定实施的情况，并提出是否需要制定有关法律的意见；需要继续授权的，可以提出相关意见，由全国人民代表大会及其常务委员会决定。

第十四条　授权立法事项，经过实践检验，制定法律的条件成熟时，由全国人民代表大会及其常务委员会及时制定法律。法律制定后，相应立法事项的授权终止。

第十五条　被授权机关应当严格按照授权决定行使被授予的权力。

被授权机关不得将被授予的权力转授给其他机关。

第十六条　全国人民代表大会及其常务委员会可以根据改革发展的需要，决定就特定事项授权在规定期限和范围内暂时调整或者暂时停止适用法律的部分规定。

暂时调整或者暂时停止适用法律的部分规定的事项，实践证明可行的，由全国人民代表大会及其常务委员会及时修改有关法律；修改法律的条件尚不成熟的，可以延长授权的期限，或者恢复施行有关法律规定。"

2. 法律解释

《中华人民共和国立法法》第四十八条至第五十三条规定：

"第四十八条　法律解释权属于全国人民代表大会常务委员会。

法律有以下情况之一的，由全国人民代表大会常务委员会解释：

（一）法律的规定需要进一步明确具体含义的；

（二）法律制定后出现新的情况，需要明确适用法律依据的。

第四十九条　国务院、中央军事委员会、国家监察委员会、最高人民法院、最高人民检察院、全国人民代表大会各专门委员会，可以向全国人民代表大会常务委员会提出法律解释要求或者提出相关法律案。

省、自治区、直辖市的人民代表大会常务委员会可以向全国人民代表大会常务委员会提出法律解释要求。

第五十条　常务委员会工作机构研究拟订法律解释草案，由委员长会议决定列入常务委员会会议议程。

第五十一条　法律解释草案经常务委员会会议审议，由宪法和法律委员会根据常务委员会组成人员的审议意见进行审议、修改，提出法律解释草案表决稿。

第五十二条　法律解释草案表决稿由常务委员会全体组成人员的过半数通过，由常务委员会发布公告予以公布。

第五十三条　全国人民代表大会常务委员会的法律解释同法律具有同等效力。"

3. 行政法规规定的事项

《中华人民共和国立法法》第七十二条规定：

"国务院根据宪法和法律，制定行政法规。

行政法规可以就下列事项作出规定：

（一）为执行法律的规定需要制定行政法规的事项；

（二）宪法第八十九条规定的国务院行政管理职权的事项。

应当由全国人民代表大会及其常务委员会制定法律的事项，国务院根据全国人民代表大会及其常务委员会的授权决定先制定的行政法规，经过实践检验，制定法律的条件成熟时，国务院应当及时提请全国人民代表大会及其常务委员会制定法律。"

4. 地方性法规可以规定的事项

《中华人民共和国立法法》第八十条至第八十二条规定：

"第八十条　省、自治区、直辖市的人民代表大会及其常务委员会根据本行政区域的具体情况和实际需要，在不同宪法、法律、行政法规相抵触的前提下，可以制定地方性法规。

第八十一条　设区的市的人民代表大会及其常务委员会根据本市的具体情况和实

际需要，在不同宪法、法律、行政法规和本省、自治区的地方性法规相抵触的前提下，可以对城乡建设与管理、生态文明建设、历史文化保护、基层治理等方面的事项制定地方性法规，法律对设区的市制定地方性法规的事项另有规定的，从其规定。设区的市的地方性法规须报省、自治区的人民代表大会常务委员会批准后施行。省、自治区的人民代表大会常务委员会对报请批准的地方性法规，应当对其合法性进行审查，认为同宪法、法律、行政法规和本省、自治区的地方性法规不抵触的，应当在四个月内予以批准。

省、自治区的人民代表大会常务委员会在对报请批准的设区的市的地方性法规进行审查时，发现其同本省、自治区的人民政府的规章相抵触的，应当作出处理决定。

除省、自治区的人民政府所在地的市，经济特区所在地的市和国务院已经批准的较大的市以外，其他设区的市开始制定地方性法规的具体步骤和时间，由省、自治区的人民代表大会常务委员会综合考虑本省、自治区所辖的设区的市的人口数量、地域面积、经济社会发展情况以及立法需求、立法能力等因素确定，并报全国人民代表大会常务委员会和国务院备案。

自治州的人民代表大会及其常务委员会可以依照本条第一款规定行使设区的市制定地方性法规的职权。自治州开始制定地方性法规的具体步骤和时间，依照前款规定确定。

省、自治区的人民政府所在地的市，经济特区所在地的市和国务院已经批准的较大的市已经制定的地方性法规，涉及本条第一款规定事项范围以外的，继续有效。

第八十二条　地方性法规可以就下列事项作出规定：

（一）为执行法律、行政法规的规定，需要根据本行政区域的实际情况作具体规定的事项；

（二）属于地方性事务需要制定地方性法规的事项。

除本法第十一条规定的事项外，其他事项国家尚未制定法律或者行政法规的，省、自治区、直辖市和设区的市、自治州根据本地方的具体情况和实际需要，可以先制定地方性法规。在国家制定的法律或者行政法规生效后，地方性法规同法律或者行政法规相抵触的规定无效，制定机关应当及时予以修改或者废止。

设区的市、自治州根据本条第一款、第二款制定地方性法规，限于本法第八十一条第一款规定的事项。

制定地方性法规，对上位法已经明确规定的内容，一般不作重复性规定。"

5. 规章规定的事项

《中华人民共和国立法法》第九十一条至第九十三条规定：

"第九十一条　国务院各部、委员会、中国人民银行、审计署和具有行政管理职能的直属机构以及法律规定的机构，可以根据法律和国务院的行政法规、决定、命令，在本部门的权限范围内，制定规章。

部门规章规定的事项应当属于执行法律或者国务院的行政法规、决定、命令的事项。没有法律或者国务院的行政法规、决定、命令的依据，部门规章不得设定减损公民、法人和其他组织权利或者增加其义务的规范，不得增加本部门的权力或者减少本部门的法定职责。

第九十二条　涉及两个以上国务院部门职权范围的事项，应当提请国务院制定行政法规或者由国务院有关部门联合制定规章。

第九十三条　省、自治区、直辖市和设区的市、自治州的人民政府，可以根据法律、行政法规和本省、自治区、直辖市的地方性法规，制定规章。

地方政府规章可以就下列事项作出规定：

（一）为执行法律、行政法规、地方性法规的规定需要制定规章的事项；

（二）属于本行政区域的具体行政管理事项。

设区的市、自治州的人民政府根据本条第一款、第二款制定地方政府规章，限于城乡建设与管理、生态文明建设、历史文化保护、基层治理等方面的事项。已经制定的地方政府规章，涉及上述事项范围以外的，继续有效。

除省、自治区的人民政府所在地的市，经济特区所在地的市和国务院已经批准的较大的市以外，其他设区的市、自治州的人民政府开始制定规章的时间，与本省、自治区人民代表大会常务委员会确定的本市、自治州开始制定地方性法规的时间同步。

应当制定地方性法规但条件尚不成熟的，因行政管理迫切需要，可以先制定地方政府规章。规章实施满两年需要继续实施规章所规定的行政措施的，应当提请本级人民代表大会或者其常务委员会制定地方性法规。

没有法律、行政法规、地方性法规的依据，地方政府规章不得设定减损公民、法人和其他组织权利或者增加其义务的规范。"

6．法律适用的相关问题

《中华人民共和国立法法》第九十八条至第一百零四条规定：

"第九十八条　宪法具有最高的法律效力，一切法律、行政法规、地方性法规、自治条例和单行条例、规章都不得同宪法相抵触。

第九十九条　法律的效力高于行政法规、地方性法规、规章。

行政法规的效力高于地方性法规、规章。

第一百条　地方性法规的效力高于本级和下级地方政府规章。

省、自治区的人民政府制定的规章的效力高于本行政区域内的设区的市、自治州的人民政府制定的规章。

第一百零一条　自治条例和单行条例依法对法律、行政法规、地方性法规作变通规定的，在本自治地方适用自治条例和单行条例的规定。

经济特区法规根据授权对法律、行政法规、地方性法规作变通规定的，在本经济特区适用经济特区法规的规定。

第一百零二条　部门规章之间、部门规章与地方政府规章之间具有同等效力，在各自的权限范围内施行。

第一百零三条 同一机关制定的法律、行政法规、地方性法规、自治条例和单行条例、规章，特别规定与一般规定不一致的，适用特别规定；新的规定与旧的规定不一致的，适用新的规定。

第一百零四条 法律、行政法规、地方性法规、自治条例和单行条例、规章不溯及既往，但为了更好地保护公民、法人和其他组织的权利和利益而作的特别规定除外。"

二、生态环境法律法规体系

1. 法律

全国人民代表大会和全国人民代表大会常务委员会根据宪法规定行使国家立法权。十三届全国人大及其常委会加强生态环保领域立法，基本形成了"1+N+4"的生态环保领域法律体系。"1"是发挥基础性、综合性作用的环境保护法；"N"是环境保护领域专门法律，包括针对传统环境领域大气、水、固体废物、土壤、噪声等方面的污染防治法律，针对生态环境领域海洋、湿地、草原、森林、沙漠等方面的保护治理法律等；"4"是针对特殊地理、特定区域或流域的生态环境保护进行的立法，包括《中华人民共和国长江保护法》《中华人民共和国黑土地保护法》《中华人民共和国黄河保护法》《中华人民共和国青藏高原生态保护法》等特殊区域法律。

2. 环境保护行政法规

环境保护行政法规是由国务院制定并公布的环境保护规范性文件。一是根据法律授权制定的环境保护法的实施细则或条例；二是针对环境保护的某个领域而制定的条例、规定和办法，如《建设项目环境保护管理条例》《规划环境影响评价条例》和《排污许可管理条例》等。

3. 政府部门规章

政府部门规章是指国务院生态环境主管部门单独发布或与国务院有关部门联合发布的环境保护规范性文件，以及政府其他有关行政主管部门依法制定的环境保护规范性文件。政府部门规章是以环境保护法律和行政法规为依据而制定的，或者是针对某些尚未有相应法律和行政法规的领域作出的相应规定。

4. 环境保护地方性法规和地方性规章

环境保护地方性法规和地方性规章是享有立法权的地方权力机关和地方政府机关依据《中华人民共和国宪法》和《中华人民共和国立法法》相关法律制定的环境保护规范性文件。这些规范性文件是根据本地实际情况和特定环境问题制定的，并在本地区实施，有较强的可操作性。环境保护地方性法规和地方性规章不能和法律、国务院行政法规相抵触。

5. 生态环境标准

生态环境标准是环境保护法律法规体系的一个组成部分，是环境执法和环境管理工作的技术依据。我国生态环境标准分为国家生态环境标准和地方生态环境标准。国家生态环境标准包括国家生态环境质量标准、国家生态环境风险管控标准、国家污染物排放标准、国家生态环境监测标准、国家生态环境基础标准和国家生态环境管理技术规范。国家生态环境标准在全国范围或者标准指定区域范围执行。地方生态环境标准包括地方生态环境质量标准、地方生态环境风险管控标准、地方污染物排放标准和地方其他生态环境标准。地方生态环境标准在发布该标准的省、自治区、直辖市行政区域范围或者标准指定区域范围执行。

6. 环境保护国际公约

环境保护国际公约是指我国缔结和参加的环境保护国际公约、条约和议定书。国际公约与我国环境法有不同规定时,优先适用国际公约的规定,但我国声明保留的条款除外。

三、环境保护法律法规体系中各层次间的关系

《中华人民共和国宪法》是环境保护法律法规体系建立的依据和基础,法律层次不管是环境保护的综合法、专门法还是特殊区域法,其中对环境保护的要求,法律效力是相同的。如果法律规定中有不一致的地方,应遵循后法优于先法（图 1-1）。

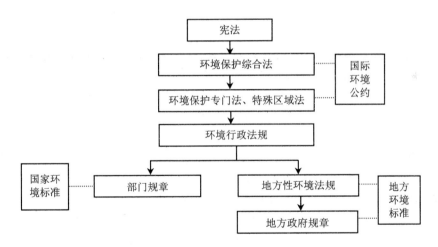

图 1-1　环境保护法律法规体系框架

国务院环境保护行政法规的效力位阶仅次于法律。部门规章、地方环境法规和地方政府规章均不得违背法律和行政法规的规定。地方法规和地方政府规章只在制定法规、规章的辖区内有效。

我国的环境保护法律法规如与参加和签署的国际公约有不同规定时,应优先适用国际公约的规定,但我国声明保留的条款除外。

第二章　环境影响评价概论

第一节　环境影响评价的由来

20 世纪中叶，科学、工业、交通迅猛发展，工业和城市人口过分集中，环境污染由局部扩大到区域，大气、水体、土壤、食品都出现了污染，公害事件不断发生。森林过度采伐、草原垦荒、湿地破坏，又带来一系列生态环境恶化问题。人们逐渐认识到，人类不能不加节制地开发利用环境，在寻求利用自然资源改善人类物质和精神生活的同时，必须尊重自然规律，在环境容量允许的范围内进行开发建设活动，否则将会给自然环境带来不可逆转的破坏，最终毁了人类的家园。

随着社会发展和科技水平的提高，人类认识世界、改造世界的能力越来越强，对自身活动造成的环境影响也越来越重视，开始在活动之前进行环境影响评价。20 世纪 50 年代初期，由于核设施环境影响的特殊性，有些国家开始系统地进行了辐射环境影响评价。20 世纪 60 年代，英国提出环境影响评价"三关键"，即关键因素、关键途径、关键居民区，明确提出污染源—污染途径（扩散迁移方式）—受影响人群的环境影响评价模式。但此时环境影响评价只是作为一种科学方法和技术手段，为人类开发活动提供指导依据，没有法律约束力或行政制约作用。

1969 年，美国国会通过了《国家环境政策法》，并于 1970 年 1 月 1 日起正式施行。该法中第二节第二条的第三款规定："在对人类环境具有重大影响的生态建议或立法建议报告和其他重大联邦行动中，均应由负责官员提供一份包括下列各项内容的详细说明：拟议中的行为将会对环境产生的影响；如果建议付诸实施，不可避免地会出现的任何不利于环境的影响；拟议中行为的各种备选方案；人类环境的地区性短期使用与维持和加强长期生产力之间的关系；拟议中的行为如付诸实施，将会造成的无法补救和无法恢复的资源损耗。在提供详细说明之前，联邦负责官员应同有管辖权或者有特殊专业知识的联邦机关进行磋商，并取得他们对环境影响所作的评价。应将该说明和负责制订、执行环境标准的相应联邦和州及地方机关所作的评价和意见书一并提交给总统和环境质量委员会，并依照美国法律的有关规定向公众宣布。这些文件应随同建议一道按现行的审查办法审查通过。"美国从而成为世界上第一个把环境影响评价用法律固定下来并建立环境影响评价制度的国家。

随后瑞典（1970 年）、新西兰（1973 年）、加拿大（1973 年）、澳大利亚（1974 年）、马来西亚（1974 年）、德国（1976 年）等国家也相继建立了环境影响评价制度。与此同时，国际上也设立了许多有关环境影响评价的机构，召开了一系列有关环境影响评价的会议，开展了环境影响评价的研究和交流，进一步促进了各国环境影响评价的应用与发展。1970 年，世界银行设立环境与健康事务办公室，对其投资的每一个项目的环境影响进行审查和评价。1974 年，联合国环境规划署与加拿大联合召开了第一次环境影响评价会议。1984 年 5 月，联合国环境规划理事会第 12 届会议建议组织各国环境影响评价专家进行环境影响评价研究，为各国开展环境影响评价提供了方法和理论基础。1992 年，联合国环境与发展大会在里约热内卢召开，会议通过的《里约环境与发展宣言》和《21 世纪议程》中都写入了有关环境影响评价的内容。《里约环境与发展宣言》中的原则 17 宣告：对于拟议中可能对环境产生重大不利影响的活动，应进行环境影响评价，作为一项国家手段，应由国家主管机构作出决定。1994 年，加拿大环境评价办公室（CEAA）和国际影响评价学会（IAIA）在魁北克市联合召开了第一届国际环境影响评价部长级会议，有 25 个国家和 6 个国际组织机构参加了会议，会议作出了进行环境影响评价有效性研究的决议。

经过 50 多年的发展，现已有 100 多个国家建立了环境影响评价制度。环境影响评价的内涵不断扩大和增加，从自然环境影响评价发展到社会环境影响评价；对自然环境的影响不仅考虑了环境污染，还注重了生态影响；开展了风险评价；关注累积性影响并开始对环境影响进行后评估；环境影响评价从最初单纯的工程项目环境影响评价，发展到区域开发环境影响评价和战略影响评价，环境影响评价的技术方法和程序也在发展中不断得到提高和完善。

第二节　我国环境影响评价的发展沿革

1. 引入和确立阶段

1973 年第一次全国环境保护会议后，我国环境保护工作全面起步。1974—1976 年开展了"北京西郊环境质量评价研究"和"官厅水系水源保护研究"工作，开始对环境质量评价及其方法进行研究和探索。在此基础上，1977 年，中国科学院召开了"区域环境保护学术交流研讨会议"，进一步推动了大中城市的环境质量现状评价和重要水域的环境质量现状评价。

1978 年 12 月 31 日，中发〔1978〕79 号文件批转的国务院环境保护领导小组《环境保护工作汇报要点》中，首次提出了环境影响评价的意向。1979 年 4 月，国务院环境保护领导小组在《关于全国环境保护工作会议情况的报告》中，把环境影响评价作为一项方针政策再次提出。1979 年 5 月，国家计委、国家建委（79）建发设字 280 号文《关于做好基本建设前期工作的通知》中，明确要求建设项目要进行环境影响预评价。

1979 年 9 月，《中华人民共和国环境保护法》颁布，规定：

"一切企业、事业单位的选址、设计、建设和生产，都必须注意防止对环境的污染和破坏。在进行新建、改建和扩建工程中，必须提出环境影响报告书，经环境保护主管部门和其他有关部门审查批准后才能进行设计。"

从此，标志着我国的环境影响评价制度正式确立。

2. 规范和建设阶段

环境影响评价制度确立后，在相继颁布的各项环境保护法律、法规和部门行政规章中，不断对环境影响评价进行规范。

1981 年，国家计委、国家经委、国家建委、国务院环境保护领导小组联合颁发的《基本建设项目环境保护管理办法》，明确把环境影响评价制度纳入基本建设项目审批程序中。1986 年，在国家计委、国家经委、国务院环境保护委员会联合颁发的《建设项目环境保护管理办法》中，对建设项目环境影响评价的范围、内容、审批和环境影响报告书（表）的编制格式都做了明确规定，促进了环境影响评价制度的有效执行。1986 年，国家环境保护局颁布了《建设项目环境影响评价证书管理办法（试行）》，在我国开始实行环境影响评价单位的资质管理。同期，环境影响评价的技术方法也得到不断探索和完善。

1982 年颁布的《中华人民共和国海洋环境保护法》、1984 年颁布的《中华人民共和国水污染防治法》、1987 年颁布的《中华人民共和国大气污染防治法》中，都有建设项目环境影响评价的法律规定。

1989 年 12 月 26 日颁布的《中华人民共和国环境保护法》第十三条规定：

"建设污染环境的项目，必须遵守国家有关建设项目环境保护管理的规定。

建设项目的环境影响报告书，必须对建设项目产生的污染和对环境的影响作出评价，规定防治措施，经项目主管部门预审并依照规定的程序报环境保护行政主管部门批准。环境影响报告书经批准后，计划部门方可批准建设项目设计任务书。"

此条中，对环境影响评价制度的执行对象和任务、工作原则和审批程序、执行时段和与基本建设程序之间的关系做了原则性规定，再一次用法律确认了建设项目环境影响评价制度，并为行政法规中具体规范环境影响评价提供了法律依据和基础。

3. 强化和完善阶段

进入 20 世纪 90 年代，随着我国改革开放的深入发展和社会主义计划经济向市场经济转轨，建设项目的环境保护管理特别是环境影响评价制度得到强化，开展了区域环境影响评价，并针对企业长远发展计划进行了规划环境影响评价。针对投资多元化造成的建设项目多渠道立项和开发区的兴起，1993 年，国家环境保护局下发了《关于进一步做好建设项目环境保护管理工作的几点意见》，提出先评价、后建设，并对环境影响评价分类指导和开发区区域环境影响评价作了规定。

在注重污染影响的同时，加强了生态影响项目的环境影响评价，防治污染和保护生态并重。通过国际金融组织贷款项目，在中国开始实行建设项目环境影响评价的公众参与，并逐步扩大和完善公众参与的范围。

自1993年起，开始了建设项目环境影响评价招标试点工作，并陆续颁布实施了《环境影响评价技术导则　总纲》（HJ/T 2.1—1993）、《环境影响评价技术导则　地面水环境》（HJ/T 2.3—1993）、《环境影响评价技术导则　大气环境》（HJ/T 2.2—2008）、《电磁辐射环境影响评价方法与标准》（HJ/T 103—1996）、《火电厂建设项目环境影响报告书编制规范》（HJ/T 13—1996）、《环境影响评价技术导则　非污染生态影响》（HJ/T 19—1997）等。1996年召开了第四次全国环境保护工作会议，发布了《国务院关于环境保护若干问题的决定》。各地加强了对建设项目的审批和检查，并实施污染物排放总量控制，增加了"清洁生产"和"公众参与"的内容，强化了生态环境影响评价，使环境影响评价的深度和广度得到进一步扩展。

1998年11月29日，国务院253号令颁布实施《建设项目环境保护管理条例》，这是建设项目环境管理的第一个行政法规，对环境影响评价做了全面、详细、明确的规定。1999年3月，依据《建设项目环境保护管理条例》，国家环境保护总局颁布第2号令，公布了《建设项目环境影响评价资格证书管理办法》，对评价单位的资质进行了规定；同年4月，国家环境保护总局《关于公布建设项目环境保护分类管理名录（试行）的通知》，公布了分类管理名录。

国家环境保护总局加强了建设项目环境影响评价单位人员的资质管理，与国际金融组织合作，从1990年开始对环境影响评价人员进行培训，实行环境影响评价人员持证上岗制度。这一阶段，我国的建设项目环境影响评价在法规建设、评价方法建设、评价队伍建设，以及评价对象和评价内容的拓展等方面，取得了全面进展。

4．提高和拓展阶段

2002年10月28日，第九届全国人大常委会通过《中华人民共和国环境影响评价法》，环境影响评价从建设项目环境影响评价扩展到规划环境影响评价，使环境影响评价制度得以发展。国家环境保护总局依照法律的规定，建立了环境影响评价的基础数据库，颁布了规划环境影响评价的技术导则，会同有关部门并经国务院批准制定了环境影响评价规划名录，制定了专项规划环境影响报告书审查办法，设立了国家环境影响评价审查专家库。

为了加强环境影响评价管理，提高环境影响评价专业技术人员素质，确保环境影响评价质量，2004年2月，人事部、国家环境保护总局在全国环境影响评价系统建立环境影响评价工程师职业资格制度，对从事环境影响评价工作的有关人员提出了更高的要求。

2009年8月17日，国务院颁布了《规划环境影响评价条例》，自2009年10月1日起施行。这是我国环境立法的重大进展，标志着环境保护参与综合决策进入了新阶段。

2014年修订的《中华人民共和国环境保护法》第十九条规定：

"编制有关开发利用规划，建设对环境有影响的项目，应当依法进行环境影响评价。

未依法进行环境影响评价的开发利用规划，不得组织实施；未依法进行环境影响评价的建设项目，不得开工建设。"

5. 改革和优化阶段

进入"十三五"以来，环境影响评价进入了改革和优化阶段，为在新时期充分发挥环境影响评价源头预防环境污染和生态破坏的作用，推动实现"十三五"绿色发展和改善生态环境质量总体目标，环境保护部于2016年7月15日印发了《"十三五"环境影响评价改革实施方案》（环环评〔2016〕95号）（以下简称《方案》）。《方案》要求以改善环境质量为核心，以全面提高环评有效性为主线，以创新体制机制为动力，以"三线一单"为手段，强化空间、总量、准入环境管理，划框子、定规则、查落实、强基础，不断改进和完善依法、科学、公开、廉洁、高效的环评管理体系。

在推动战略和规划环评"落地"方面：推进战略环境评价，深入开展战略环评工作，强化战略环评应用，开展政策环境评价试点。强化规划环境影响评价，强化规划环评的约束和指导作用，推行规划环评清单式管理，严格规划环评违法责任追究，强化规划环评公众参与，并加强规划环评与建设项目环评的联动。

在提高建设项目环评效能方面：改革管理方式，突出管理重点，科学调整分级分类管理，加强环评信息直报和监督指导。严格项目管理，提升环评管理人员综合素质，优化环评审批，严格环境准入，开展关停、搬迁企业环境风险评估。提高公众参与有效性，探索更为有效和可操作的公众参与模式，落实建设单位环评信息公开主体责任，强化环评宣传和舆论引导，积极化解环境社会风险。

在不断强化事中事后监管方面：创新"三同时"管理，取消环保竣工验收行政许可，建立环评、"三同时"和排污许可衔接的管理机制，强化环境影响后评价。落实监管责任，强化属地管理及环保层级监督，强化建设项目环境保护的属地管理，严肃查处项目环评违法行为。

在开展重大环境影响预警方面：建立预警体系，建立基于大数据的环境影响预警体系，完善全国环评基础数据库，研究制定预警指标体系、预警模型和技术方法，探索建立环境数据与经济社会发展数据以及土地、城市等空间管理数据的集成应用机制，实现"三线一单"监督性监测和预警。开展区域环境影响预警试点，以改善环境质量为目标，开展区域环境容量匡算和预警。

在深化政府信息公开方面：健全环评政府信息公开机制，建立以各级环保部门政府网站为主渠道的环评政府信息公开机制，定期开展环评政府信息公开督察工作，推动相关政府信息公开。

在营造公平公开的环评技术服务市场方面：规范环评市场秩序，推进环评技术服务市场化进程，健全统一开放的环评市场。强化环评机构和人员管理，严格环评资质管理，强化质量监管，对环评文件质量低劣的，实行环评机构和人员双重责任追究。加强诚信体系建设，制定《全国环评机构和环评工程师诚信管理办法》。

在夯实技术支撑方面：优化技术导则体系，加强环评技术导则体系顶层设计，建立以改善环境质量为核心的源强、要素、专题技术导则体系。加强技术评估队伍建设，发挥技术评估重要作用，加强环评专家队伍建设，实现国家和地方专家库共享。加大基础性科研力度，加强环评重大宏观政策、基础理论及技术方法研究，广泛动员社会科研力量参与环评研究。

6. 全面深化改革阶段

《全国人民代表大会常务委员会关于修改〈中华人民共和国劳动法〉等七部法律的决定》（中华人民共和国主席令　第二十四号）于 2018 年 12 月 29 日公布施行，对《中华人民共和国环境影响评价法》作出修改。修改后的《中华人民共和国环境影响评价法》取消了建设项目环境影响评价资质行政许可事项，不再强制要求由具有资质的环评机构编制建设项目环境影响报告书（表），规定建设单位可以委托技术单位为其编制环境影响报告书（表），如果自身就具备相应技术能力也可以自行编制。

《中华人民共和国环境影响评价法》第十九条规定：

"建设单位可以委托技术单位对其建设项目开展环境影响评价，编制建设项目环境影响报告书、环境影响报告表；建设单位具备环境影响评价技术能力的，可以自行对其建设项目开展环境影响评价，编制建设项目环境影响报告书、环境影响报告表。

编制建设项目环境影响报告书、环境影响报告表应当遵守国家有关环境影响评价标准、技术规范等规定。

国务院生态环境主管部门应当制定建设项目环境影响报告书、环境影响报告表编制的能力建设指南和监管办法。

接受委托为建设单位编制建设项目环境影响报告书、环境影响报告表的技术单位，不得与负责审批建设项目环境影响报告书、环境影响报告表的生态环境主管部门或者其他有关审批部门存在任何利益关系。"

在全面深化"放管服"改革的新形势下，随着环评技术校核等事中事后监管的力度越来越大，放开事前准入的条件逐步成熟，此次修法标志着环评资质管理的改革瓜熟蒂落。

2019 年 9 月，生态环境部发布部令第 9 号《建设项目环境影响报告书（表）编制监督管理办法》，同年 10 月又发布了第 38 号公告《关于发布〈建设项目环境影响报告书（表）编制监督管理办法〉配套文件的公告》，至此，环境影响评价改革后的相关监督管理要求正式落地。

第三节　环境影响评价制度体系

环境影响评价是一种科学的方法和严格的管理制度，作为一个完整体系，应包括健全的环境影响评价管理制度，实用完善的环境影响评价技术导则、评价标准和评价方法研究成果，高素质的为环境影响评价提供技术服务的机构和人员队伍。我国的环境影响评价经过 30 多年的发展，目前已基本具备了上述条件，有多部法律规范环境影响评价，并制定了专门的环境影响评价法；有配套的规范环境影响评价的国务院行政法规；有涉及有关区域、行业环境影响评价的部门规章和地方发布的法规规章，初步形成了我国环境影响评价制度体系（图 2-1）。

1979 年《中华人民共和国环境保护法（试行）》颁布，第一次用法律确立环境影响评价制度。1989 年颁布的《中华人民共和国环境保护法》（2014 年修订），进一步用法律确立和规范了我国的环境影响评价制度。2002 年 10 月 28 日通过的《中华人民共和国环境影响评价法》（2016 年、2018 年两次修订），用法律把环境影响评价从项目环境影响评价拓展到规划环境影响评价，成为我国环境影响评价史的重要里程碑，中国的环境影响评价制度跃上新台阶，发展进入新阶段。

1979 年之后，国家陆续颁布的各项环境保护单行法，如 1982 年颁布的《中华人民共和国海洋环境保护法》（1999 年、2023 年两次修订，2013 年、2016 年和 2017 年三次修正）、1984 年颁布的《中华人民共和国水污染防治法》（1996 年修正，2008 年修订，2017 年第二次修正）、1987 年颁布的《中华人民共和国大气污染防治法》（1995 年修正、2000 年修订，2015 年第二次修订，2018 年第二次修正）、1995 年颁布的《中华人民共和国固体废物污染环境防治法》（2004 年修订，2013 年、2015 年和 2016 年三次修正，2020 年再次修订）、2021 年颁布的《中华人民共和国噪声污染防治法》、2003 年颁布的《中华人民共和国放射性污染防治法》和 2018 年颁布的《中华人民共和国土壤污染防治法》都对建设项目环境影响评价有具体条文规定。颁布的自然资源保护法律，如：1985 年颁布的《中华人民共和国草原法》（2002 年修订，2009 年、2013 年和 2021 年三次修正）、1988 年颁布的《中华人民共和国野生动物保护法》（2004 年、2009 年两次修正，2016 年修订，2018 年第三次修正，2022 年第二次修订）、1988 年颁布的《中华人民共和国水法》（2002 年修订，2009 年、2016 年两次修正）、1991 年颁布的《中华人民共和国水土保持法》（2010 年修订）和 2001 年颁布的《中华人民共和国防沙治沙法》（2018 年修正）也有关于环境影响评价的规定。其他相关法律，如 2002 年颁布的《中华人民共和国清洁生产促进法》（2012 年修正），也同样有关于环境影响评价的相应规定。这些法律对完善我国的环境影响评价制度起到了重要的促进作用。

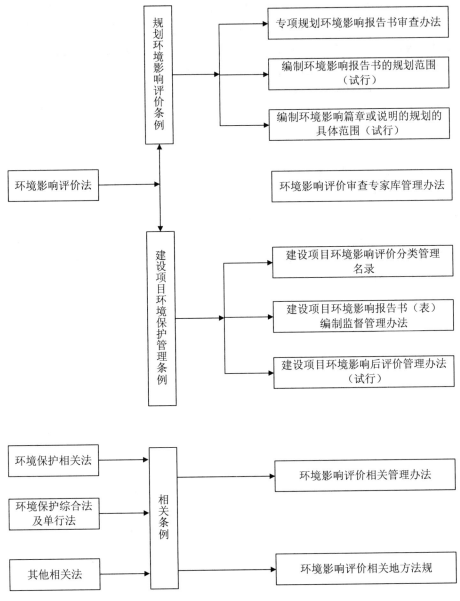

图 2-1 环境影响评价制度体系框架

根据 2017 年修订的《建设项目环境保护管理条例》，国家根据建设项目对环境的影响程度对建设项目实行分类管理，同时取消了对环评单位的资质管理，将环评登记表由审批改为备案，并明确了建设单位自主开展竣工环保验收。为规范建设项目环境影响报告书和环境影响报告表编制行为，加强监督管理，保障环境影响评价工作质量，维护环境影响评价技术服务市场秩序，2019 年 9 月生态环境部发布部令第 9 号《建设项目环境影响报告书（表）编制监督管理办法》，该办法指出：建设单位可以委托技术单位对其建设项目开展环境影响评价，编制环境影响报告书（表）；建设单位具备环境影响评价技术能力的，可以自行对其建设项目开展环境影响评价，编制环境影响报告书（表）。建设单位应当对环境影响报告书（表）的内容和结论负责；技术单位对其编制的环境影响报告书（表）承担相应责任。

2009 年国务院颁布的《规划环境影响评价条例》，针对几年来贯彻落实《环境影响评价法》的实践情况及存在的问题，如何对规划进行环境影响评价、如何对专项规划的环境影响报告书进行审查、如何对规划的环境影响进行跟踪评价等进行了明确规定，具有很强的可操作性。

依据《中华人民共和国环境影响评价法》《建设项目环境保护管理条例》《规划环境影响评价条例》，国务院生态环境主管部门和国务院有关部委及各省、自治区、直辖市人民政府和有关部门，陆续颁布了一系列环境影响评价的部门规章和地方性法规，成为环境影响评价制度体系的重要组成部分。

第三章 《中华人民共和国环境保护法》相关规定

《中华人民共和国环境保护法》（简称环境保护法）于 1989 年 12 月 26 日第七届全国人民代表大会常务委员会第十一次会议通过，2014 年 4 月 24 日第十二届全国人民代表大会常务委员会第八次会议修订，自 2015 年 1 月 1 日起施行。它是我国环境保护法律体系中综合性的实体法，是为保护和改善环境，防治污染和其他公害，保障公众健康，推进生态文明建设，促进经济社会可持续发展而制定的。对于环境保护方面的重大问题加以全面综合调整，对环境保护的目的、范围、方针政策、基本原则、重要措施、管理制度、组织机构、法律责任等作出了原则规定。

一、总则

1. 立法目的

《中华人民共和国环境保护法》立法目的主要包括三个方面：一是保护和改善环境，防治污染和其他公害；二是保障公众健康；三是推进生态文明建设，促进经济社会可持续发展。保护和改善环境，防治污染和其他公害是环境保护法的直接目的；保障公众健康是环境保护法的根本任务，也是环境保护法立法的出发点和归宿；推进生态文明建设，促进经济社会可持续发展体现了我国新时期的发展观和基本理念。

《中华人民共和国环境保护法》第一条规定了立法的目的：

"为保护和改善环境，防治污染和其他公害，保障公众健康，推进生态文明建设，促进经济社会可持续发展，制定本法。"

2. 环境的含义

《中华人民共和国环境保护法》第二条阐述了环境的定义：

"本法所称环境，是指影响人类生存和发展的各种天然的和经过人工改造的自然因素的总体，包括大气、水、海洋、土地、矿藏、森林、草原、湿地、野生生物、自然遗迹、人文遗迹、自然保护区、风景名胜区、城市和乡村等。"

3. 环境保护坚持的原则

《中华人民共和国环境保护法》第五条规定了环境保护的基本原则：

"环境保护坚持保护优先、预防为主、综合治理、公众参与、损害担责的原则。"

（1）保护优先

党的十八大报告提出，推进生态文明建设，要坚持节约优先、保护优先、自然恢复为主的方针。保护优先是生态文明建设规律的内在要求，就是要从源头上加强生态环境保护和合理利用资源，避免生态破坏。如青海是长江、黄河、澜沧江的发源地，被誉为"中华水塔"，三江源地区是青藏高原生态安全屏障的重要组成部分。通过对三江源地区的生态保护，为中华民族的生存和繁衍保留了清洁的水源。

（2）预防为主

预防是人类活动可能导致环境质量下降时，应当事前采取预测、分析和防范措施，以避免、减少由此带来的环境损害。预防为主的原则，是指在整个环境治理过程中，要把事前预防与事中事后治理相结合，并优先采用防患于未然的方式。

（3）综合治理

环境问题的成因复杂，周期较长，如果用一种方式单打独斗，往往会顾此失彼，达不到预期效果。综合治理就是要用系统论的方法来处理环境问题。综合治理原则包括了四个层次的含义：一是水、气、声、渣等环境要素的治理要统筹考虑，如治理土壤污染，要同时考虑地下水、地表水、大气的环境保护；二是综合运用政治、经济、技术等多种手段治理环境；三是形成环保部门统一监督管理，各部门分工负责，企业承担社会责任，公民提升环保意识，社会积极参与的齐抓共管的环境治理格局；四是加强跨行政区域的环境污染和生态破坏的防治，由点上的管理扩展到面上的联防联治。

（4）公众参与

我国当前的环境形势仍然处于局部有所改善、总体尚未遏制、形势依然严峻、压力继续加大的阶段。近年来因环境问题引发的群体性事件呈现上升趋势，有些事件已经造成严重的社会影响，"邻避效应"日益凸显。造成这种情况的原因之一是现有的环境利益冲突协商机制不能满足公众的需要，环保知识未广泛普及，公众利益表达的渠道不畅。环境保护需要全社会的共同参与，因此，需要用法律来建立公众有序参与的机制，运用法治思维和法治方式化解社会矛盾。

（5）损害担责

环境损害是指由于人为活动而导致的人类与其他物种赖以生存的环境受到损害与导致不良影响的一种事实。环境损害包括污染和生态破坏。损害者要对其造成的损害承担责任，是环境保护的一项重要原则。

国际上最早提出的是"污染者付费"原则，是指污染环境造成的损失及其费用由排污者承担。该原则在 1972 年由经济合作与发展组织提出，后被各国广泛接受。1979 年《中华人民共和国环境保护法（试行）》规定了"谁污染，谁治理"原则。这一原则当时主要是为了明确污染者有责任对其造成的污染进行治理，但之后许多专家学者认为该表述不够确切，只明确了污染者的治理责任，未包括对污染造成损失的赔偿责任。2014 年修订的《中华人民共和国环境保护法》对损害者的责任作出了新的具体的规定：企业事业单位和其他生产经营者对所造成的损害依法承担责任；排放污染物的企业事业单位和其他生产经营者，应当按照国家有关规定缴纳排污费；排放污染物的企业事业单位，应当建立环境保护责任制度；重点排污单位有主动公开环境信息的责任；因污染环境、破坏生态造成损害的，应当依照侵权责任法的有关规定承担侵权责任。

二、监督管理

环境影响评价制度是环境保护工作中的一项重要法律制度。建设项目环境影响评价制度的确立和实施，对于贯彻预防为主的环境保护方针，防止或减轻新的环境污染和生态破坏发挥了十分重要的作用。但长期以来的实践证明，仅对具体的建设项目进行环境影响评价，还不能满足全面保护环境、实现可持续发展的要求。从西方发达国家的经验来看，对宏观经济技术政策和各类开发建设规划进行环境影响评价已经成为环境影响评价制度的发展趋势。中国的经验和教训也说明，实行规划环境影响评价，是在源头防治环境污染与生态破坏的主要手段，对促进政府科学民主决策和经济、社会、环境的协调可持续发展具有极其重要的作用。

《中华人民共和国环境保护法》第十九条规定：

"编制有关开发利用规划，建设对环境有影响的项目，应当依法进行环境影响评价。

未依法进行环境影响评价的开发利用规划，不得组织实施；未依法进行环境影响评价的建设项目，不得开工建设。"

1. 规划环境影响评价

2003 年 9 月 1 日起实施的《中华人民共和国环境影响评价法》专章规定了规划环境影响评价，将环境影响评价制度由微观层面的建设项目环境影响评价逐步延伸到宏观层面的规划环境影响评价。相对于具体的建设项目而言，区域的建设和开发利用规划、自然资源的开发利用规划和行业发展规划的实施，对环境造成的影响更为广泛。这些规划和具体建设项目之间，通常是"源头"和"末端"的关系。如果在制定规划时就做好环境影响评价工作，对规划实施后可能造成的环境影响进行科学的分析、预测和评估，提出预防或者减轻不良环境影响的对策和措施，保证规划符合环境保护的要求，这显然有利于在更大范围内，从源头上、总体上控制开发建设活动对环境的不良影响，促进实现可持续发展的目标。2009 年 10 月 1 日起实施的《规划环境影响评价条例》规定，编制区域、流域、海域的建设、开发利用规划等综合性规划，以及工业、农业、畜牧业、林业、能源、水利、交通、城市建设、旅游、自然资源开发等专项规划，应在编制过程中依法开展环境影响评价。2009 年由环境保护部组织开展的环渤海、海峡西岸、成渝、北部湾、黄河中上游等区域重点产业发展战略环境评价，以区域环境资源承载力为基础，从环保角度对区域重点产业发展提出了优化调整建议，相关成果已在重点产业布局和重大项目环保准入中得到应用，拓展了环境保护参与综合决策的深度和广度，构建了从源头防范布局性环境风险的重要平台，是我国规划环境影响评价的重要实践。

《中华人民共和国环境影响评价法》规定了规划编制机关应当在规划编制过程中对规划组织进行环境影响评价，未编写环境影响评价的，审批部门不予审批，不得组织实施相关规划。

2．建设项目环境影响评价

建设项目环境影响评价文件是建设项目环境影响评价结果的书面表现形式，必须报经法定审批部门审批。《中华人民共和国环境影响评价法》第二十五条规定，"建设项目的环境影响评价文件未依法经审批部门审查或者审查后未予批准的，建设单位不得开工建设"，这是保证建设项目环境影响评价制度能够真正发挥作用的关键所在。这里的"项目审批部门"，不是指建设项目环境影响评价文件的审批部门，而是指按照国家有关规定，对是否准予该项目建设负有审批权限的有关部门。按照现行建设项目（包括技术改造项目）基本建设程序的规定，有些建设项目是要经政府有关部门审批的，包括批准项目的可行性研究报告、初步设计文件、开工报告等。建设项目的审批部门在对建设项目进行审批时，应当审查该项目的环境影响评价文件是否经过法定的建设项目环境影响评价文件审批部门审查批准，对环境影响评价文件未经依法审查批准的建设项目，不得批准其建设。

三、保护和改善环境

1．严格保护生态红线的有关规定

《中华人民共和国环境保护法》第二十九条规定：

"国家在重点生态功能区、生态环境敏感区和脆弱区等区域划定生态保护红线，实行严格保护。

各级人民政府对具有代表性的各种类型的自然生态系统区域，珍稀、濒危的野生动植物自然分布区域，重要的水源涵养区域，具有重大科学文化价值的地质构造、著名溶洞和化石分布区、冰川、火山、温泉等自然遗迹，以及人文遗迹、古树名木，应当采取措施予以保护，严禁破坏。"

（1）生态保护红线的内涵

生态保护红线的内涵大体可以界定为三个方面：一是国家和区域生态安全的底线；二是人居环境与经济社会发展的基本生态保障线；三是重要物种资源与生态系统生存和发展的最小面积。因此，生态保护红线一旦划定，须实行严格保护与监管，维持其"性质不变，功能不降，面积不减"的属性特征。严守生态保护红线必须要把红线落到实地，划定一定数量的面积，明确其空间边界，制定最为严格的管控措施实施长期保护。

（2）生态保护红线功能

生态保护红线的主要功能，可归纳为重要生态服务功能保护以及人居环境保障。具体而言，划定生态保护红线旨在保护重点生态功能区，维护生态系统服务功能，从而支持经济社会可持续发展；保护生态环境敏感区/脆弱区，减缓与控制生态灾害，从而保障人居环境安全。红线作为严格管控事物的空间界线、总量、比例或限值，已被各部门广泛应用。如：用"18亿亩"红线表达耕地总量控制目标；水资源保护中提出的取/用水量、用水效率总量/限值；《中华人民共和国水土保持法》中提出的 5 度、15 度、25 度等梯度限值。此外，森林面积保有量、森林覆盖率、蓄积量等面积、质量和体积数量目标，也属于红线范畴。

（3）生态保护红线划定的对象

生态保护红线划定的对象主要包括两部分：一是重点生态功能区。依据 2011 年国务院发布的《全国主体功能区划》，重点生态功能区主要分布在限制开发区域和禁止开发区域。限制开发区域的重点生态功能区是指生态系统十分重要、关系全国或较大范围区域的生态安全，目前生态系统有所退化，需要在国土空间开发中限制进行大规模高强度工业化、城镇化开发，以保持并提高生态产品供给能力的区域。禁止开发区域的重点生态功能区是指有代表性的自然生态系统，珍稀濒危野生动植物物种的天然集中分布地、有特殊价值的自然遗迹所在地和文化遗址等，需要在国土开发空间中禁止进行工业化、城镇化开发的区域。二是生态环境敏感区和脆弱区。主要是指依法设立的各级各类自然、文化保护地，以及对建设项目的某类污染因子或者生态影响因子特别敏感和脆弱的区域，主要包括：自然保护区、风景名胜区、世界文化和自然遗产地、饮用水水源保护区；基本农田保护区、基本草原、森林公园、地质公园、重要湿地、天然林、珍稀濒危野生动植物天然集中分布区、重要水生生物的自然产卵场及索饵场、越冬场和洄游通道、天然渔场、资源性缺水地区、水土流失重点防治区、沙化土地封禁保护区、封闭及半封闭海域、富营养化水域；文物保护单位，具有特殊历史、文化、科学、民族意义的保护地。这些区域应当划定生态保护红线，进行严格保护。

2．开发利用资源的环境保护有关规定

《中华人民共和国环境保护法》第三十条规定：

"开发利用自然资源，应当合理开发，保护生物多样性，保障生态安全，依法制定有关生态保护和恢复治理方案并予以实施。

引进外来物种以及研究、开发和利用生物技术，应当采取措施，防止对生物多样性的破坏。"

（1）关于开发利用资源的环境保护要求

我国自然资源开发利用范围广、面积大，但资源开采条件有限，技术水平较低，对生态环境的影响巨大。自然资源开发利用对生态环境的影响主要表现在三个方面：一是造成生态破坏。开采改变土层结构，降低土地使用功能，破坏地表植被，加剧水土流失，造成生态环境恶化。二是破坏土地资源。据煤炭行业的不完全统计，我国约 2 万多个煤矿矿井分布在全国 1 300 个县（市），煤矿开采毁损和压占土地达 75 万公顷，而且煤炭开采对土地资源破坏的影响长期存在，有的甚至会持续几十年到上百年。三是造成水资源损失和破坏。因此，加强自然资源开发利用中的环境保护工作，非常有必要。

合理开发，保护生物多样性，保障生态安全。考虑到自然资源开发对生态环境的影响，合理开发就成为自然资源开发首要遵守的要求。比如，1996 年修正的《中华人民共和国矿产资源法》规定：国家对矿产资源的勘察、开发实行统一规划、合理布局、综合勘察、合理开采和综合利用的方针。开采矿产资源，必须采取合理的开采顺序、开采方法和选矿工艺。矿山企业开采回采率、采矿贫化率和选矿回收率应当达到设计要求。开采矿产资源，必须遵守有关环境保护的法律规定，防止污染环境。开采矿产资源，应当节约用地。

依法制定有关生态保护和恢复治理方案并予以实施。比如，在矿产资源开发利用方面，《中华人民共和国矿产资源法》规定，耕地、草原、林地因采矿受到破坏的，矿山企业应当因地制宜地采取复垦利用、植树种草或者其他利用措施。2006年发布的《财政部、国土资源部、环保总局关于逐步建立矿山环境治理和生态恢复责任机制的指导意见》明确要逐步建立矿山环境治理和生态恢复责任机制。地方环境保护、国土资源行政主管部门应当组织有资质的机构对试点矿山逐个进行评估，按照基本恢复矿山环境和生态功能的原则，提出矿山环境治理和生态恢复的目标及要求。

（2）关于保护生物多样性

生物多样性是生物（动物、植物、微生物）与环境形成的生态复合体以及与此相关的各种生态过程的总和，包括生态系统、物种和基因三个层次。生物多样性是人类赖以生存的条件，是经济社会可持续发展的基础，是生态安全和粮食安全的保障。我国是世界上生物多样性最为丰富的国家之一，拥有森林、灌丛、草甸、草原、荒漠、湿地等地球陆地生态系统，以及黄海、东海、南海、黑潮流域大海洋生态系统；拥有高等植物34 984种，居世界第三位；脊椎动物6 445种，占世界总种数的13.7%；已查明真菌种类1万多种，占世界总种数的14%。

当前，我国的生物多样性受到严重威胁：一是部分生态系统功能不断退化。我国人工林树种单一，抗病虫害能力差。90%的草原不同程度地退化。内陆淡水生态系统受到威胁，部分重要湿地退化。海洋及海岸带物种及其栖息地不断丧失，海洋渔业资源减少。二是物种濒危程度加剧。据统计，我国野生高等植物濒危比例高达15%~20%，其中，裸子植物、兰科植物等高达40%以上。野生动物濒危程度不断加剧，有233种脊椎动物濒临灭绝，约44%的野生动物呈数量下降趋势，非国家重点保护野生动物种群下降趋势明显。三是遗传资源不断丧失和流失。一些农作物野生近缘种的生存环境遭受破坏，栖息地丧失，野生稻原有分布点中的60%~70%已经消失或萎缩。部分珍贵和特有的农作物、林木、花卉、畜、禽、鱼等种质资源流失严重。一些地方传统和稀有品种资源丧失。

从我国当前的实际情况看，保护生物多样性主要涉及防止外来物种入侵和合理开发利用生物技术两个方面。外来入侵物种是造成生物多样性减少的主要因素之一。我国地域辽阔，气候类型复杂多样，是世界上受外来入侵物种危害最严重的国家之一。外来入侵物种不仅对生物多样性造成危害，也对经济发展和人类健康造成巨大影响。近年来，我国外来入侵物种呈现种类和数量增多、频率加快、蔓延范围扩大、危害加剧等趋势，已经成为危害我国生态安全的一个重大问题。现代生物技术产业是高新技术产业，对经济发展和社会进步有着巨大的推动作用，甚至有取代一些行业原有技术和工艺的趋势。目前，我国生物技术已广泛应用于农业、医药、环保、轻化工等重要领域，为生物技术创新和产业化奠定了良好基础。同时，对生物技术可能引起的生态系统破坏、环境风险和安全问题，也已经引起我国的高度关注。

3. 加强农业环境保护和防止农业生产污染环境的有关规定

《中华人民共和国环境保护法》第三十三条规定：

"各级人民政府应当加强对农业环境的保护，促进农业环境保护新技术的使用，加强对农业污染源的监测预警，统筹有关部门采取措施，防治土壤污染和土地沙化、盐渍化、贫瘠化、石漠化、地面沉降以及防治植被破坏、水土流失、水体富营养化、水源枯竭、种源灭绝等生态失调现象，推广植物病虫害的综合防治。

县级、乡级人民政府应当提高农村环境保护公共服务水平，推动农村环境综合整治。"

（1）农业和农村环境问题

农业和农村环境问题主要体现在以下两个方面：一是农药、化肥等农业投入品不科学施用导致的面源污染严重。据有关统计，我国每年施用化肥 5300 多万吨，但平均利用率仅为 35%。我国耕地面积约占全世界的 9%，却用掉了全世界 20% 的农药，有 50% 的农药残留在土壤中，影响环境安全和食品安全。二是畜禽养殖污染严重。据测算，目前全国畜禽粪便产生量约在 30 亿吨以上。大多数畜禽粪便、尸体等废弃物得不到合理处置，造成大量污染物排放，产生了严重的污染。数据显示，畜禽养殖污染在农业源污染物排放中占有很大比例，其中化学需氧量、总氮、总磷排放量分别达到了 1 271 万吨、103 万吨和 137.18 万吨，分别占农业源的 96%、38% 和 56%，占排放总量的 42%、22% 和 38%。

（2）推动农村环境综合整治

为有效解决农业和农村环境保护工作中存在的问题，加强政府的监管至为重要。各级政府的主要职责主要体现在以下几个方面：①促进农业环境保护新技术的使用。②加强农业源污染的监测预警。③统筹有关部门采取措施，防治土壤污染和土地沙化、盐渍化、贫瘠化、石漠化、地面沉降以及防治植被破坏、水土流失、水体富营养化、水源枯竭、种源灭绝等生态失调现象。④统筹有关部门，推广植物病虫害的综合防治。⑤提高县、乡级人民政府农村环境保护公共服务水平，推动农村环境综合整治。

四、防治污染和其他公害

1. 建设项目防治污染设施与主体工程"三同时"的有关规定

《中华人民共和国环境保护法》第四十一条规定：

"第四十一条　建设项目中防治污染的设施，应当与主体工程同时设计、同时施工、同时投产使用。防治污染的设施应当符合经批准的环境影响评价文件的要求，不得擅自拆除或者闲置。"

建设项目中防治污染的设施，应当与主体工程同时设计、同时施工、同时投产使用。同时设计是指建设项目的初步设计，应当按照环境保护设计规范的要求，编制环境保护篇章，并依据经批准的建设项目环境影响报告书或者建设项目环境影响报告表，在环境保护篇章中落实防治污染设施的投资概算。同时施工是指在建设项目施工阶段，建设单位应当将防治污染设施的施工纳入项目的施工计划，保证其建设进度和资金落实。同时投产使用是指建设单位必须把防治污染设施与主体工程同时投入运转，不仅指正式投产使用，还包括建设项目调试运行过程中的同时投产使用。

防治污染的设施应当符合经批准的环境影响评价文件的要求，不得擅自拆除或者闲置。为保障治污效果，需要防治污染设施正常使用。实践中许多污染事件的发生，不少与污染防治设施没有正常使用有关。因此，有必要对防治污染设施的正常使用作出规定，明确不得擅自拆除和闲置。同时为了考虑与排污许可管理制度的衔接，法律规定实行排污许可管理的，"三同时"验收可以纳入排污许可管理。对未实行排污许可管理的，可以根据环保单行法律的相关规定进行"三同时"验收。无论是否实行排污许可管理，防治污染的设施都应当符合经批准的环评文件的要求，不得擅自拆除或者闲置。

2. 排污单位防治环境污染和危害责任的有关规定

《中华人民共和国环境保护法》第四十二条规定：

"排放污染物的企业事业单位和其他生产经营者，应当采取措施，防治在生产建设或者其他活动中产生的废气、废水、废渣、医疗废物、粉尘、恶臭气体、放射性物质以及噪声、振动、光辐射、电磁辐射等对环境的污染和危害。

排放污染物的企业事业单位，应当建立环境保护责任制度，明确单位负责人和相关人员的责任。

重点排污单位应当按照国家有关规定和监测规范安装使用监测设备，保证监测设备正常运行，保存原始监测记录。

严禁通过暗管、渗井、渗坑、灌注或者篡改、伪造监测数据，或者不正常运行防治污染设施等逃避监管的方式违法排放污染物。"

（1）关于企业事业单位建立环境保护责任制度

排放污染物的企业事业单位的环境保护责任制度，明确了单位负责人和相关人员的责任。通过把环境保护责任落实到人，尤其是落实到单位负责人，保证排放污染物的企业事业单位切实承担起减少污染物排放、保证污染物达标排放等责任。

（2）关于重点排污单位的监测责任

企业自行监测是指企业按照环境保护法律法规和标准的要求，为掌握本单位的污染物排放状况及其对周边环境质量的影响等情况，组织开展的环境监测活动。根据《国家重点监控企业自行监测及信息公开办法（试行）》的规定，企业可以依托自有人员、场所、设备开展自行监测，也可委托其他检（监）测机构代其开展自行监测。企业对其自行监测结果及信息公开内容的真实性、准确性、完整性负责。对于重点排污单位，实践中通常是省级人民政府生态环境主管部门确定省级的重点排污单位，设区的市级人民政府环境保护主管部门确定市级的重点排污单位。

（3）关于禁止各类以逃避监管的方式违法排放污染物的行为

长期以来，通过暗管、渗井、渗坑、灌注或者篡改、伪造监测数据，或者不正常运行防治污染设施等逃避监管的方式违法排放污染物的情况屡见不鲜。2023年8月8日最高人民法院和最高人民检察院联合发布了《关于办理环境污染刑事案件适用法律若干问题的解释》，将通过暗管、渗井、渗坑、裂隙、溶洞、灌注、非紧急情况下开启大气应急排放通道等逃避监管的方式排放、倾倒、处置有放射性的废物、含传染病病原体的废物、有毒物质的行为，认定为刑法第三百三十八条中规定的"严重污染环境"的行为，承担相应刑事责任。

2014年12月24日，公安部、环境保护部等五部委联合下发了《关于印发〈行政主管部门移送适用行政拘留环境违法案件暂行办法〉的通知》，通知中对相关的违法行为也给出了具体解释：

"暗管是指通过隐蔽的方式达到规避监管目的而设置的排污管道，包括埋入地下的水泥管、瓷管、塑料管等，以及地上的临时排污管道；

渗井、渗坑是指无防渗漏措施或起不到防渗作用的、封闭或半封闭的坑、池、塘、井和沟、渠等；

灌注是指通过高压深井向地下排放污染物。

篡改、伪造用于监控、监测污染物排放的手工及自动监测仪器设备的监测数据，包括以下情形：（1）违反国家规定，对污染源监控系统进行删除、修改、增加、干扰，或者对污染源监控系统中存储、处理、传输的数据和应用程序进行删除、修改、增加，造成污染源监控系统不能正常运行的；（2）破坏、损毁监控仪器站房、通讯线路、信息采集传输设备、视频设备、电力设备、空调、风机、采样泵及其他监控设施的，以及破坏、损毁监控设施采样管线，破坏、损毁监控仪器、仪表的；（3）稀释排放的污染物故意干扰监测数据的；（4）其他致使监测、监控设施不能正常运行的情形。

不正常运行防治污染设施等逃避监管的方式违法排放污染物，包括以下情形：（1）将部分或全部污染物不经过处理设施，直接排放的；（2）非紧急情况下开启污染物处理设施的应急排放阀门，将部分或者全部污染物直接排放的；（3）将未经处理的污染物从污染物处理设施的中间工序引出直接排放的；（4）在生产经营或者作业过程中，停止运行污染物处理设施的；（5）违反操作规程使用污染物处理设施，致使处理设施不能正常发挥处理作用的；（6）污染物处理设施发生故障后，排污单位不及时或者不按规程进行检查和维修，致使处理设施不能正常发挥处理作用的；（7）其他不正常运行污染防治设施的情形。"

3. 重点污染物排放总量控制制度的有关规定

《中华人民共和国环境保护法》第四十四条规定：

"国家实行重点污染物排放总量控制制度。重点污染物排放总量控制指标由国务院下达，省、自治区、直辖市人民政府分解落实。企业事业单位在执行国家和地方污染物排放标准的同时，应当遵守分解落实到本单位的重点污染物排放总量控制指标。

对超过国家重点污染物排放总量控制指标或者未完成国家确定的环境质量目标的地区，省级以上人民政府环境保护主管部门应当暂停审批其新增重点污染物排放总量的建设项目环境影响评价文件。"

（1）重点污染物排放总量控制制度

重点污染物排放总量控制制度，是指通过向一定地区和排污单位分配特定污染物排放量指标，将一定地区和排污单位产生的特定污染物数量控制在规定限度内的污染控制方式及其管理规范的总称。实践证明，仅仅依靠污染物排放标准来控制污染物排放浓度的管理模式，无法遏制污染物排放总量的增长，也满足不了改善环境质量的现实需要。因此，国家在"十五"提出了控制污染物排放总量的管理模式。1996 年 5 月修订的《中华人民共和国水污染防治法》和《淮河流域水污染防治暂行条例》对达不到国家规定的水环境质量标准的水体或者特定流域污染物总量控制作出了相应规定。2000 年修订的《中华人民共和国大气污染防治法》也明确了大气污染物排放总量控制制度，考虑到这项制度涉及面广，操作比较复杂，需要公开、公平、公正地核定主要大气污染物排放总量。因此规定：国家采取措施，有计划地控制或者逐步削减各地方主要大气污染物的排放总量。地方各级人民政府对本辖区的大气环境质量负责，制定规划，采取措施，使本辖区的大气环境质量达到规定的标准。同时规定，国务院和省、自治区、直辖市人民政府对尚未达到规定的大气环境质量标准的区域和国务院批准划定的酸雨控制区、二氧化硫污染控制区，可以划定为主要大气污染物排放总量控制区。2005 年 12 月发布的《国务院关于落实科学发展观加强环境保护的决定》明确提出，要实施污染物总量控制制度，将总量控制指标逐级分解到地方各级人民政府并落实到排污单位。2008 年修订的《中华人民共和国水污染防治法》把重点水污染物排放总量控制的适用范围扩大到了全国，并相应规定了排放总量控制指标分解落实、超过排放总量控制指标地区的"区域限批"以及对未完成排放总量控制指标的地区予以公布等管理措施。

从实践来说，目前对水污染物和大气污染物实施了重点污染控制制度。具体哪些属于重点污染物，则需要由国务院根据污染防治工作的实际需要加以规定。例如，"十一五"期间，将化学需氧量确定为重点水污染物，将二氧化硫确定为重点大气污染物；"十二五"期间，将化学需氧量和氨氮确定为重点水污染物，将二氧化硫和氮氧化物确定为重点大气污染物。

重点污染物排放总量控制指标由国务院下达，省、自治区、直辖市人民政府分解落实。实施好重点污染物排放总量控制制度的关键，是确保国家规定的总量控制指标能够逐级分解得到落实。在实践中,地方人民政府分解落实重点污染物排放总量有两个步骤:①省、自治区、直辖市人民政府把国务院规定的本行政区域的重点污染物排放总量控制指标分解落实到市、县人民政府;②市、县人民政府再将本行政区域的重点污染物排放总量控制指标分解落实到排污单位。按照目前的做法,重点污染物的排放总量控制指标通常是分配到一定地区和行业中该污染物排放量较大的排污单位,由其承担在总量上削减和控制重点污染物的任务。2007 年 11 月国务院批转的《主要污染物总量减排考核办法》和《主要污染物总量减排统计办法》,对化学需氧量这一重点水污染物总量控制指标的分解、监测和考核以及统计办法,分别作出了具体规定。

(2)关于区域限批制度

区域限批是指一个地区若超过国家重点污染物排放总量控制指标或者未完成国家确定的环境质量目标,省级以上生态环境主管部门有权暂停这一地区所有新增重点污染物排放总量的建设项目的审批,直至该地区完成整改。2005 年 12 月,《国务院关于落实科学发展观加强环境保护的决定》第二十一条规定:"对超过污染物总量控制指标、生态破坏严重或者尚未完成生态恢复任务的地区,暂停审批新增污染物排放总量和对生态有较大影响的建设项目。"2007 年 5 月国务院发布的《节能减排综合性工作方案》第二十四条明确要求:"对超过总量指标、重点项目未达到目标责任要求的地区,暂停环评审批新增污染物排放的建设项目。"2008 年修订的《中华人民共和国水污染防治法》第十八条第四款规定:"对超过重点水污染物排放总量控制指标的地区,有关人民政府环境保护主管部门应当暂停审批新增重点水污染物排放总量的建设项目的环境影响评价文件。"2013 年 9 月国务院发布的《大气污染防治行动计划》第二十八条明确规定:"对没有完成年度目标任务的,环保部门要对有关地区实施建设项目环评限批。"

区域限批是生态环境主管部门在加强对地方政府环保履职监管行为上的创新。2007 年 1 月,国家环境保护总局首次采取"区域限批"措施,对环境问题突出的河北省唐山市、山西省吕梁市、贵州省六盘水市、山东省莱芜市 4 个行政区域,大唐国际、华能、华电、国电 4 个电力集团实施限批,督促这些区域和行业较快地进行了整改。"区域限批"以解决区域严重环境问题为切入点,推进地区产业结构调整与经济发展模式的转变,使一些过去遗留的违法问题得以解决。实践证明,区域限批制度对遏制地方政府不顾环境质量而盲目追求 GDP,具有"杀手锏"的作用。区域限批制度实施以来,取得了较好的效果。

在《中华人民共和国环境保护法》的立法过程中,许多专家和学者呼吁,不仅要对超过国家重点污染物排放总量控制指标的地区实施区域限批,还要对未完成国家确定的环境质量目标的地区实施区域限批,其原因如下:①环境管理应从总量管理向质量管理过渡,环境保护工作归根结底还是要改善环境质量;②已经明确地方政府对本辖区环境质量负责,还应当有对地方政府的制约机制,对环境质量未达标地区实施区域限批是落实环境质量分阶段、有目标,逐步改善的倒逼机制;③国家已颁布实施一系列环境质量标准，每个地方按照规划也有具体的工作目标，因而对环境质量是可监测、可核实、可评估的；④通过严格的技术监测，科学评估地方的环境质量变化，有利于防止地方搞"数字减排"和形式主义；⑤有利于我国环境管理战略转型，即由被动的污染控制型向主动的环境质量改善型转变，从而推进绿色发展。

《中华人民共和国环境保护法》第四十四条对"区域限批"作出了明确的界定。一种是对超过国家重点污染物排放总量控制指标的地区实施"区域限批"，另一种是对未完成国家确定的环境质量目标任务的地区实施"区域限批"。只要该地区超过国家重点污染物排放总量控制指标，或者未完成国家确定的环境质量目标任务，该地区内所有新增重点污染物排放总量的建设项目，均应当暂停其环境影响评价文件的审批。同时对区域限批的事项也作出了明确的界定，即对新增重点污染物排放总量的建设项目的环境影响评价文件暂停审批。环境影响评价制度是区域限批制度的平台和基础，环评是手段，限批是结果，目的是促进整改，以达到国家重点污染物排放总量控制指标要求，或者完成国家确定的环境质量目标。具体哪一级人民政府的环境保护主管部门，具有相关建设项目环境影响评价文件的暂停审批权限，则可以依照现行环境影响评价文件审批权限来确定。

4．排污许可管理制度的有关规定

《中华人民共和国环境保护法》第四十五条规定：

"国家依照法律规定实行排污许可管理制度。

实行排污许可管理的企业事业单位和其他生产经营者应当按照排污许可证的要求排放污染物；未取得排污许可证的，不得排放污染物。"

1989 年制定《中华人民共和国环境保护法》时，排污许可管理制度还在探索中。多年实践证明，排污许可管理制度是一项重要的环境管理制度，作为环境保护领域基础性的法律，修订后的《中华人民共和国环境保护法》明确了这项制度。

排污许可管理制度，是指需要向环境排放特定污染物的单位和个人，必须事先向主管机关申请，经批准后才能排放污染物的制度。党的十八届三中全会提出"完善污染物排放许可制，实行企事业单位污染物排放总量控制制度"。实际上，从 20 世纪 80 年代中期，国内一些城市的环保部门就开始探索实行排污许可制度。当时，天津、苏州、扬州、厦门等 10 余个城市在排污申报登记的基础上，向企业发放污染物排放许可证。20 世纪 90 年代，云南、辽宁、上海、江苏、福建等省（市）经过试点和总结，在地方性环境保护法规中规定了排污许可证制度。广东、上海、四川、重庆、山西、深圳、杭州等省市政府通过制定专门的排污许可证管理办法，或以批准环境保护主管部门报送的排污许可证工作方案的方式，在该地区开始实行排污许可证制度。

2000 年修订的《中华人民共和国大气污染防治法》规定，国务院和省、自治区、直辖市人民政府对尚未达到规定的大气环境质量标准的区域和国务院批准划定的酸雨控制区、二氧化硫污染控制区，可划定为主要大气污染物排放总量控制区；大气污染物总量控制区内有关地方人民政府依照国务院规定的条件和程序，按照公开、公平、公正的原则，核定企业事业单位的主要大气污染物排放总量，核发主要大气污染物排放许可证。2008年2月修订的《中华人民共和国水污染防治法》第二十条明确规定，国家实行排污许可制度。直接或者间接向水体排放工业废水和医疗污水以及其他按照规定应当取得排污许可证方可排放废水、污水的企业事业单位，应当取得排污许可证；城镇污水集中处理设施的运营单位，也应当取得排污许可证。排污许可的具体办法和实施步骤由国务院规定。禁止企业事业单位无排污许可证或者违反排污许可证的规定向水体排放废水、污水。

根据国外经验，主要是对水污染物和大气污染物实行排污许可管理制度，不是对所有的污染物排放都实行排污许可管理。国家依照法律规定实行排污许可管理制度，意思是，在哪些领域实施排污许可由法律规定。排污许可管理制度的核心是将排污者应当遵守的有关国家环境保护的法律、法规、政策、标准、总量控制目标和环境保护技术规范等方面的要求具体化，有针对性地、具体地、集中地规定在每个排污者的排污许可证上，约束排污者的排污行为，要求其必须持证排污、按证排污。要实施好这一制度，还需要严格执行排污许可管理条例，对排污许可证发证范围、许可内容、排污量的核定、发证后的监管、排污许可证管理制度与其他环境管理制度的有效衔接等方面作出符合实际排污许可的管理制度，对生态环境主管部门提出了精细化管理的要求。

同时，实行排污许可管理制度需要严格执法，对于无排污许可证或者违反排污许可证规定排污的行为，生态环境主管部门需要及时发现并进行处罚。如果不及时发现并对无排污许可证或者违反排污许可证规定排污的行为进行依法严厉查处，就会导致许可证的作用和效力弱化，难以取得效果，甚至会出现规避的情形。因此，《中华人民共和国环境保护法》第四十五条明确规定"实行排污许可管理的企业事业单位和其他生产经营者应当按照排污许可证的要求排放污染物"。

2020年12月9日，国务院第117次常务会议通过了《排污许可管理条例》，该条例于2021年1月24日颁布，2021年3月1日起施行。至此我国的排污许可管理制度形成了以《中华人民共和国环境保护法》为基础，以《排污许可管理条例》为行政管理依据，以《排污许可管理办法（试行）》《固定污染源排污许可分类管理名录》为细则的制度体系。

5. 严重污染环境的工艺、设备和产品的管理规定

《中华人民共和国环境保护法》第四十六条规定：

"国家对严重污染环境的工艺、设备和产品实行淘汰制度。任何单位和个人不得生产、销售或者转移、使用严重污染环境的工艺、设备和产品。

禁止引进不符合我国环境保护规定的技术、设备、材料和产品。"

（1）对落后工艺、设备实行淘汰制度

《中华人民共和国环境保护法》明确对落后工艺、设备实行淘汰制度，并要求任何

单位和个人不得生产、销售或者转移、使用严重污染环境的工艺、设备和产品。我国的环境污染，在很大程度上是由于落后的生产工艺和落后的设备所导致的。企业在生产过程中，未能采取对污染进行全过程控制的清洁生产工艺，从而导致污染物排放量大。目前，大多数企业所采取的末端治理措施，只能在一定程度上控制污染的进一步恶化，而不能从根本上改变或者缓解环境污染。因此，清洁生产工艺的推广在我国意义重大。修订后的《中华人民共和国环境保护法》专门规定了鼓励性条款，促进企业发展清洁生产工艺和技术。我国多部环境保护单行立法中都规定了淘汰落后工艺、设备的制度。

1997年6月，国家经贸委、国家环境保护局、机械工业部联合发布了《关于公布第一批严重污染环境（大气）的淘汰工艺与设备名录的通知》，分不同情况淘汰15种工艺和设备。1999年1月，经国务院批准，国家经贸委又公布了《淘汰落后生产能力、工艺和产品的名录》（第一批），分不同情况立即淘汰或者限期淘汰20种生产能力、36种落后生产工艺装备和58种落后产品。之后，经国务院批准，国家经贸委发布了《淘汰落后生产能力、工艺和产品的目录》（第二批）和《淘汰落后生产能力、工艺和产品的目录》（第三批），涉及钢铁、有色金属、轻工、纺织、石化、建材、机械、印刷业（新闻）等8个行业，其中包括部分因环境污染严重而淘汰的设备和工艺。2005年，国务院下发《关于发布实施促进产业结构调整暂行规定的决定》将国家经贸委发布的《淘汰落后生产能力、工艺和产品的目录》（第一批、第二批、第三批）和《工商投资领域制止重复建设目录》（第一批）废止，由国家发展改革委发布的《产业结构调整指导目录》代替。该决定还指出，《产业结构调整指导目录》是引导投资方向，政府管理投资项目，制定和实施财税、信贷、土地、进出口等政策的重要依据，原则上适用于我国境内的各类企业。国家对严重污染环境的落后生产工艺和落后设备实行淘汰制度，制止低水平重复建设，是加快产业结构调整，促进生产工艺、装备和产品升级换代，控制环境污染，推动我国经济社会可持续发展的重要措施和必然要求。

（2）禁止生产、销售和转移、使用严重污染环境的工艺、设备和产品

根据规定，设备和产品的生产者、使用者或者销售者必须分别停止生产、使用和销售，生产工艺的采用者必须停止采用严重污染环境的工艺。所说的"转移"包括出售、出租、无偿赠送等各种可能导致工艺、设备和产品转移的行为。它既包括同一地区的转移，也包括异地转移。这一规定的主要目的在于控制我国沿海地区一些不法分子，为谋取私利，将在沿海地区已经被禁止或者淘汰的设备转移到中西部地区继续使用，从而造成污染物排放向中西部地区转移的现象。同时明确禁止引进不符合我国环保要求的技术、设备、材料和产品。引进者在引进技术、设备、材料和产品时，应当注意所引进的技术、设备、材料和产品要符合我国的环境保护要求，也就是达到我国的各项环境标准的要求。如果引进的技术、设备、材料和产品无法达到我国的环境保护要求，进口者则不应引进。商务部门和海关也应当在日常检查中，针对所引进的技术、设备、材料和产品进行监督。

6. 突发环境事件的风险控制、应急准备、应急处置和事后恢复的有关规定

《中华人民共和国环境保护法》第四十七条规定：

"各级人民政府及其有关部门和企业事业单位，应当依照《中华人民共和国突发事件应对法》的规定，做好突发环境事件的风险控制、应急准备、应急处置和事后恢复等工作。

县级以上人民政府应当建立环境污染公共监测预警机制，组织制定预警方案；环境受到污染，可能影响公众健康和环境安全时，依法及时公布预警信息，启动应急措施。

企业事业单位应当按照国家有关规定制定突发环境事件应急预案，报环境保护主管部门和有关部门备案。在发生或者可能发生突发环境事件时，企业事业单位应当立即采取措施处理，及时通报可能受到危害的单位和居民，并向环境保护主管部门和有关部门报告。

突发环境事件应急处置工作结束后，有关人民政府应当立即组织评估事件造成的环境影响和损失，并及时将评估结果向社会公布。"

（1）政府及其有关部门和企业事业单位在应对突发环境事件时的责任

首先明确政府及其有关部门和企业事业单位应当依据 2007 年颁布的《中华人民共和国突发事件应对法》的相关规定，做好突发环境事件的风险控制、应急准备、应急处置和事后恢复等工作。随着社会经济的不断发展，我国所面临的环境风险正在逐步加大，突发环境事件进入高发期，造成了巨大的生态破坏和经济损失，严重威胁着人民群众的生命财产安全和身体健康。自 1993 年以来，我国已发生近 3 万起突发环境事件，其中重大、特大突发环境事件 10 余起，突发环境事件已成为影响社会和谐稳定的重要问题。《国民经济和社会发展第十二个五年规划纲要》中明确提出要切实防范环境风险，加强环境监管。积极防控环境风险，妥善应对突发环境事件，全面加强环境应急管理工作，已成为当前环境保护工作的重要内容。

各级政府在突发环境事件预防与应对工作中有统一组织和领导职责。在《中华人民共和国环境保护法》中明确突发环境事件应对工作中政府及其有关部门的法律义务，对在国务院统一领导下，建立健全分类管理、分级负责，条块结合、属地管理为主的环境应急管理体制，具有重要意义。政府在处置其他突发事件时，负有避免次生环境事件发生的义务。引起突发环境事件的原因主要有生产安全事故、交通事故、自然灾害和生产经营单位违法排污等，除生产经营单位违法排污引发的突发环境事件外，突发环境事件多由其他突发事件引发。2010 年，在环境保护部直接调度、处置的突发环境事件中，由其他突发事件次生的环境事件占近 90%的比例。政府在突发事件的应对工作中，如不重视次生环境事件的预防和处置，将给环境和人民群众的生命财产安全带来重大威胁。

（2）县级以上人民政府应当建立环境污染公共监测预警机制

环境污染公共监测预警机制是一套及时搜集和发现环境污染信息，对搜集到的信息进行快速分析处理，然后根据科学的信息判断标准和信息确认程序对环境污染的可能性

作出正确的预测和判断的机制。雾霾造成的空气污染问题引起政府以及环保部门的高度重视。据环境保护部的统计，2013 年 3 月，我国 74 个城市总体超标天数比例为 45.6%，达标天数比例为 54.4%，大气污染对人民健康和财产安全构成了巨大的威胁。环境保护部近年来先后发布了《关于进步做好重污染天气条件下空气质量监测预警工作的通知》和《关于加强重污染天气应急管理工作的指导意见》。各地应按照国家和地方有关规定，及时发布空气质量预警信息，提出针对不同人群的健康保护和出行建议，启动相应的应急减排措施，积极应对重污染天气过程，取得较好效果。但也有部分地区存在空气重污染预警信息发布和报送不主动、不及时，应急措施滞后，面对公众关切不回应、不发声等问题，易使公众产生误解或质疑，对环保部门的公信力造成不良影响。建立环境污染公共监测预警机制，就是要提前向公众发布预警信息，引起有关人员及全社会的警惕，避免人身健康和财产受到损失。同时，突发环境事件的处置结果，特别是事故发生的原因、造成的危害后果以及后续处置措施和遗留影响等信息，应当向社会公布，保障人民对环境的知情权。

（3）企业事业单位在环境事件应急处置方面的责任和义务

据统计，近年来发生的突发环境事件，由于企业原因造成的占总数的 85% 以上。其中，由于企业未认真开展环境风险隐患排查、治理而造成的突发环境事件占 80% 以上。当前，我国"企业出事，政府处置，群众受害"的情况依然普遍存在。部分生产经营单位未能履行参与突发环境事件应对工作的法律义务，影响了处置工作，最终造成事态扩大。企业事业单位对其生产流程、厂区环境最为熟悉，对周边环境敏感点较为了解，同时，能够在第一时间获得突发环境事件信息。因此，企业事业单位应当承担先期处置的法律义务，只要其能够在突发环境事件发生后第一时间启动预案，采取措施，防止污染扩散，同时做好通报及信息报告工作，便可为后续应对处置工作赢得时间，降低事件对周边环境的影响，将损失降到最低。

（4）突发环境事件的评估制度

突发环境事件具有很强的破坏性，往往会对正常的社会秩序造成极大的干扰和破坏。事件应急处置工作结束后，必须对事件造成的损害进行评估，只有在评估的基础上才能够开展下一步责任追究、赔偿等工作。环境保护部在《关于加强环境应急管理工作的意见》中指出要落实责任追究，加强对突发环境事件的调查、分析、评估和总结。

7．农业和农村环境污染防治的相关规定

《中华人民共和国环境保护法》第四十九条规定：

"各级人民政府及其农业等有关部门和机构应当指导农业生产经营者科学种植和养殖，科学合理施用农药、化肥等农业投入品，科学处置农用薄膜、农作物秸秆等农业废弃物，防止农业面源污染。

禁止将不符合农用标准和环境保护标准的固体废物、废水施入农田。施用农药、化肥等农业投入品及进行灌溉,应当采取措施,防止重金属和其他有毒有害物质污染环境。

畜禽养殖场、养殖小区、定点屠宰企业等的选址、建设和管理应当符合有关法律法规规定。从事畜禽养殖和屠宰的单位和个人应当采取措施,对畜禽粪便、尸体和污水等废弃物进行科学处置,防止污染环境。

县级人民政府负责组织农村生活废弃物的处置工作。"

土壤污染造成有害物质在农产品中积累,并通过食物链进入人体,危害人体健康。土壤污染还使农产品品质降低,影响中国农业的国际竞争力。自 20 世纪 90 年代以来,已发生多起中国出口农产品因农药残留和重金属含量超标而被外方拒收、扣留、退货、索赔和终止合同的事件,部分传统大宗出口创汇商品也被迫退出国际市场。土壤污染还直接影响土壤生态系统的结构和功能,使生物种群结构发生改变,生物多样性减少,土壤生产力下降,最终将对国家生态安全构成威胁。资料显示,我国化肥平均用量是发达国家化肥安全施用上限的 2 倍,60 年间化肥施用量增长 100 倍。目前,中国化肥平均利用率仅为 35%左右,与发达国家 50%~60%的平均利用率水平差距很大。化肥的长期过量施用,使土壤中化肥残留物大量积存,硝酸盐含量超标,对土壤造成污染。

在农药使用上,据有关统计,中国农药使用量高出发达国家一倍,而且农药的作物利用率普遍不高,大量农药残留在土壤中。近年来,我国农膜使用量逐步增加,目前,除部分集约化农业生产基地使用可降解农膜外,其他大部分农膜不可降解,常年残留在土壤中,有的残留率高达 40%以上。农膜残留在土壤中,对耕地造成了严重损害。因此,有必要在《中华人民共和国环境保护法》中明确政府及其农业等有关部门和机构在指导农业生产经营者科学种植和养殖,科学合理施用农药、化肥等农业投入品,科学处置农用薄膜、农作物秸秆等农业废弃物等方面的责任,防止农业面源污染。

禁止将不符合农用标准及环境保护标准的固体废物、废水施入农田。施用农药、化肥等农业投入品以及进行灌溉,应当采取措施,防止重金属及其他有毒有害物质污染环境。据初步统计,我国由污水灌溉造成的耕地污染面积达 3 250 万亩,这些污染以镉、汞、镍等重金属污染为主。

畜禽养殖场、养殖小区、定点屠宰企业等的选址、建设和管理应当符合有关法律法规规定,有关单位、个人应当采取措施,对畜禽粪便、尸体和污水等废弃物进行科学处置,防止污染环境。改革开放以来,我国畜牧业持续快速发展。畜牧业已经成为农村经济的支柱产业,但也带来了严重的环境污染。资料显示,2000 年,我国畜禽粪便产生量达到 19 亿吨,是当年我国工业废弃物产生量的 2.4 倍。一些地区养殖总量已经超过当地土地负荷警戒值,大多数养殖场粪便、污水的贮运和处理能力不足,90%以上的规模化养殖场没有污染防治设施,大量粪便、污水不经任何处理直接排入水体,加速了我国水体富营养化的趋势。另外,饲料中大量使用各类添加剂,造成有机肥中含有较多的污染物质(如重金属、抗生素以及动物生长激素等),以及畜禽养殖的废弃物,如果得不到治理,最终也会导致水污染和土壤污染。

五、信息公开和公众参与

《中华人民共和国环境保护法》第五十六条规定：

"对依法应当编制环境影响报告书的建设项目，建设单位应当在编制时向可能受影响的公众说明情况，充分征求意见。

负责审批建设项目环境影响评价文件的部门在收到建设项目环境影响报告书后，除涉及国家秘密和商业秘密的事项外，应当全文公开；发现建设项目未充分征求公众意见的，应当责成建设单位征求公众意见。"

公众参与是一项环境保护原则，公众参与建设项目环境影响评价是公众参与原则的具体化和重要体现，也是国际上的一种普遍做法。建设项目，特别是一些对可能造成重大环境影响的建设项目，直接关系到周围公众的环境权益，应当引入公众参与，以便环境影响评价结果更为客观和可接受。环境影响评价本身是一种预测性的行为，需要听取方方面面的意见，收集各种数据，进行论证、评估，让公众参与是十分必要的。

1. 公众参与建设项目环境影响评价的情况

我国在 20 世纪 90 年代初就开始在环境影响评价过程中推行公众参与，1996 年的《中华人民共和国水污染防治法》以及《中华人民共和国环境噪声污染防治法》都规定了建设项目的环境影响报告书中应当有建设项目所在地单位和居民的意见。在这一阶段，公众参与制度才刚刚起步，法律规定为原则性的，公众参与的具体要求不明确，实施中很多项目在建设前一般不向公众公布相关情况，公众参与度不高。2002 年《中华人民共和国环境影响评价法》将公众参与建设项目环境影响评价向前推进了一大步，明确规定：除国家规定需要保密的情形外，对环境可能造成重大影响、应当编制环境影响报告书的建设项目，建设单位应当在报批建设项目环境影响报告书前，举行论证会、听证会，或者采取其他形式，征求有关单位、专家和公众的意见。建设单位报批的环境影响报告书应当附具对有关单位、专家和公众的意见采纳或者不采纳的说明。

2. 公众参与建设项目环境影响评价的发展

《中华人民共和国环境影响评价法》实施以来，公众参与有了长足进步，但也存在公众参与走过场、不透明、被操纵的情况，特别是在发生的一些环境群体性事件中，公众因为不了解情况导致的不信任或严重对立引起了社会的关注。公众参与需要更为明确和有效的法律规定。2014 年《中华人民共和国环境保护法》修改回应了社会呼声，在《中华人民共和国环境影响评价法》规定的基础上，对公众参与建设项目环境影响评价做了进一步规定。公众参与原则需要注意一个坚持和三个新发展，一个坚持是《中华人民共和国环境影响评价法》中公众参与的建设项目范围，不是所有建设项目的环境影响评价都要执行公众参与程序，只有对环境可能造成重大影响，也就是需要依法编制环境影响评价报告书的建设项目必须有公众参与环节。对于只需编制环境影响报告表和登记表的建设项目，没有对公众参与作出强制性要求。三个新发展包括：一是公众参与的时间提前。《中华人民共和国环境影响评价法》规定在报批建设项目环境影响报告书前要征求公众意见。实践中，建设单位往往在起草完环境影响报告书后再征求公众意见，公众参与作为报批前的最后一个环节，公众意见不易被吸收，公众参与形同走过场。因此，2014年修订的《中华人民共和国环境保护法》明确在编制环境影响报告书时就要征求公众意见，将公众参与环节提前，以利于发挥公众参与的实效。二是明确了参与公众的范围。《中华人民共和国环境影响评价法》规定征求有关公众的意见，实践中一些建设单位对"有关公众"进行选择，征求一些关系不大或者明显支持建设项目的公众的意见，达不到公众参与的本来目的。因此，修订后的《中华人民共和国环境保护法》明确，只要是可能受到建设项目影响的公众，都要征求其意见，对公众参与的程度做了要求。三是强调了应当充分征求公众意见。

3. 公众参与的保障机制

《中华人民共和国环境影响评价法》为了保证公众参与，规定环境影响报告书应当附具对有关公众意见采纳或者不采纳的说明。在此基础上，《中华人民共和国环境保护法》修改增加了两项公众参与的保障机制。一是环境影响报告书全文公开。负责审批建设项目环境影响评价文件的部门在收到建设项目环境影响报告书后，除涉及国家秘密和商业秘密的事项外，应当全文公开。全文公开是全部公开，不能只公开报告书的提纲或者简略本。在《中华人民共和国环境保护法》修改过程中，许多社会公众和环保组织对如何公开环境影响报告书提出了意见。实践中这方面实际执行问题较多，有些建设单位只公开报告书的提纲或者简略本，详细信息无从知道，影响了社会公众的了解和判断。全文公开可以采用书面或者电子数据等形式。全文公开方便受建设项目影响的公众知晓建设项目的存在和基本情况，如果建设项目的环境影响报告书编制未征求公众意见或者征求意见不充分的，可以向审批机关反映情况，提出要求参与的诉求。二是审批机关发现建设项目未充分征求公众意见的，应当责成建设单位征求公众意见。也就是说，审批机关应当将送审的建设项目环境影响报告书退回建设单位，要求重新编制，并开展公众参与相关工作，向可能受影响的公众说明情况，充分征求意见。

第四章　规划的环境影响评价

为了实施可持续发展战略，预防因规划和建设项目实施后对环境造成不良影响，促进经济、社会和环境的协调发展，2003 年实施的《中华人民共和国环境影响评价法》，对环境影响评价制度进行了重大拓展。第一章"总则"中明确规定规划要进行环境影响评价；第二章"规划的环境影响评价"中对规划环境影响评价的适用范围、评价内容和工作程序作了规定；第四章"法律责任"中对规划环境影响评价的法律责任也作了规定。我国环境影响评价已从建设项目延伸到规划，从决策源头防治环境污染和生态破坏，全面实施可持续发展战略。2009 年 8 月 17 日，国务院颁布了《规划环境影响评价条例》，标志着环境保护参与综合决策进入了新阶段。

第一节　规划环境影响评价的原则和范围

规划是指比较全面、长远的发展计划。"计划"一词，是指人们对未来事业发展所做的预见、部署和安排，具有很大的决策性。它一般具有明确的预期目标，规定具体的执行者及应采取的措施，以保证预定目标的实现。我国的一般情况是，凡调控期为五年或者五年以上的部署和安排，不论名称为计划还是规划，均属于规划。在国外，规划指的就是计划。随着社会生产力的发展，社会化程度的提高，经济生活和社会生活日趋复杂和多样化，计划和规划日益成为人类组织社会生产活动的重要管理方法，规划的实施往往会对经济、社会和环境产生广泛和深远的影响。因此规划的环境影响评价对促进社会、经济和环境的协调发展具有更重要作用。

一、规划环境影响评价的原则

《规划环境影响评价条例》第三条至第六条规定：

"第三条　对规划进行环境影响评价，应当遵循客观、公开、公正的原则。

第四条　国家建立规划环境影响评价信息共享制度。

县级以上人民政府及其有关部门应当对规划环境影响评价所需资料实行信息共享。

第五条　规划环境影响评价所需的费用应当按照预算管理的规定纳入财政预算，严格支出管理，接受审计监督。

第六条　任何单位和个人对违反本条例规定的行为或者对规划实施过程中产生的

第四章　规划的环境影响评价　　　　37

重大不良环境影响，有权向规划审批机关、规划编制机关或者环境保护主管部门举报。有关部门接到举报后，应当依法调查处理。"

二、规划环境影响评价的范围

1. 需要进行环境影响评价的规划类别

《中华人民共和国环境影响评价法》第七条第一款规定：

"国务院有关部门、设区的市级以上地方人民政府及其有关部门，对其组织编制的土地利用的有关规划，区域、流域、海域的建设、开发利用规划，应当在规划编制过程中组织进行环境影响评价，编写该规划有关环境影响的篇章或者说明。"

《中华人民共和国环境影响评价法》第八条规定：

"国务院有关部门、设区的市级以上地方人民政府及其有关部门，对其组织编制的工业、农业、畜牧业、林业、能源、水利、交通、城市建设、旅游、自然资源开发的有关专项规划（以下简称专项规划），应当在该专项规划草案上报审批前，组织进行环境影响评价，并向审批该专项规划的机关提出环境影响报告书。

前款所列专项规划中的指导性规划，按照本法第七条的规定进行环境影响评价。"

《规划环境影响评价条例》第二条也对需进行环境影响评价的规划的类别进行了相同的规定。

"国务院有关部门"是指：国务院组成部门、直属机构、办事机构、直属事业单位和部委管理的国家局。"设区的市级以上地方人民政府及其有关部门"是指：各省、自治区、直辖市人民政府和设区的市（通常为省辖市、州、盟）人民政府及其组成部门、直属机构和特设机构及政府议事协调机构的常设办事机构。

《中华人民共和国环境影响评价法》中对这些政府和部门组织编制的有关规划提出了开展规划环境影响评价的要求，这些规划主要分为三类：第一类是"一地"，即土地利用的有关规划；第二类是"三域"，即区域、流域及海域的建设开发利用规划；第三类是"十个专项"，即工业、农业、畜牧业、林业、能源、水利、交通、城市建设、旅游、自然资源开发的有关专项规划，又分为指导性规划和非指导性规划。

《中华人民共和国环境影响评价法》第三十五条规定：

"省、自治区、直辖市人民政府可以根据本地的实际情况，要求对本辖区的县级人民政府编制的规划进行环境影响评价。具体办法由省、自治区、直辖市参照本法第二章的规定制定。"

对县级（含县级市）人民政府组织编制的规划是否应进行环境影响评价，法律没有强求一律。至于县级人民政府所属部门及乡、镇级人民政府组织编制的规划，法律没有规定进行环境影响评价。

2. 进行规划环境影响评价的规划的具体范围

《中华人民共和国环境影响评价法》第九条规定：

"依照本法第七条、第八条的规定进行环境影响评价的规划的具体范围，由国务院生态环境主管部门会同国务院有关部门规定，报国务院批准。"

依据此规定，经国务院批准，国家环境保护总局于 2004 年 7 月 3 日颁布了《关于印发〈编制环境影响报告书的规划的具体范围（试行）〉和〈编制环境影响篇章或说明的规划的具体范围（试行）〉的通知》（环发〔2004〕98 号），对编制环境影响报告书的规划和编制环境影响篇章或说明的规划划定了具体范围。

（1）编制环境影响报告书的规划的具体范围

① 工业有关专项规划：

- 省级及设区的市级工业各行业规划。

② 农业有关专项规划：

- 设区的市级以上种植业发展规划；
- 省级及设区的市级渔业发展规划；
- 省级及设区的市级乡镇企业发展规划。

③ 畜牧业有关专项规划：

- 省级及设区的市级畜牧业发展规划；
- 省级及设区的市级草原建设、利用规划。

④ 能源有关专项规划：

- 油（气）田总体开发方案；
- 设区的市级以上流域水电规划。

⑤ 水利有关专项规划：

- 流域、区域涉及江河、湖泊开发利用的水资源开发利用综合规划和供水、水力发电等专业规划；
- 设区的市级以上跨流域调水规划；
- 设区的市级以上地下水资源开发利用规划。

⑥ 交通有关专项规划：

- 流域（区域）、省级内河航运规划；
- 国道网、省道网及设区的市级交通规划；
- 主要港口和地区性重要港口总体规划；
- 城际铁路网建设规划；
- 集装箱中心站布点规划；
- 地方铁路建设规划。

⑦ 城市建设有关专项规划：

- 直辖市及设区的市级城市专项规划。

⑧ 旅游有关专项规划：

- 省级及设区的市级旅游区的发展总体规划。

⑨ 自然资源开发有关专项规划：

- 矿产资源：设区的市级以上矿产资源开发利用规划；
- 土地资源：设区的市级以上土地开发整理规划；
- 海洋资源：设区的市级以上海洋自然资源开发利用规划；
- 气候资源：气候资源开发利用规划。

（2）编制环境影响篇章或说明的规划的具体范围

① 土地利用有关规划：

- 设区的市级以上土地利用总体规划。

② 区域的建设、开发利用规划：

- 国家经济区规划。

③ 流域的建设、开发利用规划：

- 全国水资源战略规划；
- 全国防洪规划；
- 设区的市级以上防洪、治涝、灌溉规划。

④ 海域的建设、开发利用规划：

- 设区的市级以上海域建设、开发利用规划。

⑤ 工业指导性专项规划：

- 全国工业有关行业发展规划。

⑥ 农业指导性专项规划：

- 设区的市级以上农业发展规划；
- 全国乡镇企业发展规划；
- 全国渔业发展规划。

⑦ 畜牧业指导性专项规划：

- 全国畜牧业发展规划；
- 全国草原建设、利用规划。

⑧ 林业指导性专项规划：

- 设区的市级以上商品林造林规划（暂行）；
- 设区的市级以上森林公园开发建设规划。

⑨ 能源指导性专项规划：

- 设区的市级以上能源重点专项规划；
- 设区的市级以上电力发展规划（流域水电规划除外）；
- 设区的市级以上煤炭发展规划；
- 油（气）发展规划。

⑩ 交通指导性专项规划：

- 全国铁路建设规划；

- 港口布局规划；
- 民用机场总体规划。

⑪ 城市建设指导性专项规划：
- 直辖市及设区的市级城市总体规划（暂行）；
- 设区的市级以上城镇体系规划；
- 设区的市级以上风景名胜区总体规划。

⑫ 旅游指导性专项规划：
- 全国旅游区的总体发展规划。

⑬ 自然资源开发指导性专项规划：
- 设区的市级以上矿产资源勘查规划。

第二节　规划环境影响评价内容和要求

一、规划环境影响评价的内容

规划编制机关应当在规划编制过程中对规划组织进行环境影响评价，《规划环境影响评价条例》第八条明确规定了对规划进行环境影响评价，应当分析、预测和评估的主要内容：

"对规划进行环境影响评价，应当分析、预测和评估以下内容：

（一）规划实施可能对相关区域、流域、海域生态系统产生的整体影响；

（二）规划实施可能对环境和人群健康产生的长远影响；

（三）规划实施的经济效益、社会效益与环境效益之间以及当前利益与长远利益之间的关系。"

规划环境影响评价文件的具体形式有两类，即对综合性规划和专项规划中的指导性规划编写环境影响篇章或者说明，对其他专项规划编制环境影响报告书。《中华人民共和国环境影响评价法》第七条第二款和第十条分别规定了规划有关环境影响的篇章或者说明的内容以及专项规划环境影响报告书内容：

第七条第二款　"规划有关环境影响的篇章或者说明，应当对规划实施后可能造成的环境影响作出分析、预测和评估，提出预防或者减轻不良环境影响的对策和措施，作为规划草案的组成部分一并报送规划审批机关。"

"第十条　专项规划的环境影响报告书应当包括下列内容：

（一）实施该规划对环境可能造成影响的分析、预测和评估；

（二）预防或者减轻不良环境影响的对策和措施；

（三）环境影响评价的结论。"

《规划环境影响评价条例》第十一条在此基础上进一步明确了相关内容：

"环境影响篇章或者说明应当包括下列内容:

(一)规划实施对环境可能造成影响的分析、预测和评估。主要包括资源环境承载能力分析、不良环境影响的分析和预测以及与相关规划的环境协调性分析。

(二)预防或者减轻不良环境影响的对策和措施。主要包括预防或者减轻不良环境影响的政策、管理或者技术等措施。

环境影响报告书除包括上述内容外,还应当包括环境影响评价结论。主要包括规划草案的环境合理性和可行性,预防或者减轻不良环境影响的对策和措施的合理性和有效性,以及规划草案的调整建议。"

无论是篇章或说明还是环境影响报告书,都要求对规划实施后可能造成的环境影响作出分析、预测和评估,并且提出预防或者减轻不良环境影响的对策和措施,同时在专项规划的环境影响报告书中,还必须有环境影响评价的明确结论。

二、规划环境影响评价的要求

1. 规划环境影响评价的责任主体

《规划环境影响评价条例》第十二条规定:

"环境影响评价篇章或者说明、环境影响报告书,由规划编制机关编制或者组织规划环境影响评价技术机构编制。规划编制机关应当对环境影响评价文件的质量负责。"

规划环境影响评价文件可由规划编制机关编制,也可由规划编制机关组织规划环境影响评价技术机构编制,但无论规划环境影响评价文件由谁编制完成,规划环境影响评价的责任主体都是规划编制机关。

2. 规划环境影响评价的依据

《规划环境影响评价条例》第九条规定:

"对规划进行环境影响评价,应当遵守有关环境保护标准以及环境影响评价技术导则和技术规范。

规划环境影响评价技术导则由国务院环境保护主管部门会同国务院有关部门制定;规划环境影响评价技术规范由国务院有关部门根据规划环境影响评价技术导则制定,并抄送国务院环境保护主管部门备案。"

目前我国已发布实施的规划环境影响评价技术导则主要有《规划环境影响评价技术导则 总纲》(HJ 130—2019)、《规划环境影响评价技术导则 煤炭工业矿区总体规划》(HJ 463—2009)、《规划环境影响评价技术导则 流域综合规划》(HJ 1218—2021)、《规划环境影响评价技术导则 产业园区》(HJ 131—2021)等。

3. 规划环境影响评价的公众参与

《中华人民共和国环境影响评价法》第五条规定:

"国家鼓励有关单位、专家和公众以适当方式参与环境影响评价。"

环境影响评价是为环境决策提供科学依据的过程,鼓励公众参与的主体即有关单位、专家和公众以适当方式参与环境影响评价，是决策民主化的体现，也是决策科学化的必要环节。因此，不仅针对建设项目，对涉及国民经济发展的有关规划的环境影响评价开展公众参与，更有必要。

《中华人民共和国环境影响评价法》第十一条第一款规定：

"专项规划的编制机关对可能造成不良环境影响并直接涉及公众环境权益的规划，应当在该规划草案报送审批前，举行论证会、听证会，或者采取其他形式，征求有关单位、专家和公众对环境影响报告书草案的意见。但是，国家规定需要保密的情况除外。"

《规划环境影响评价条例》第十三条规定：

"规划编制机关对可能造成不良环境影响并直接涉及公众环境权益的专项规划，应当在规划草案报送审批前，采取调查问卷、座谈会、论证会、听证会等形式，公开征求有关单位、专家和公众对环境影响报告书的意见。但是，依法需要保密的除外。

有关单位、专家和公众的意见与环境影响评价结论有重大分歧的，规划编制机关应当采取论证会、听证会等形式进一步论证。

规划编制机关应当在报送审查的环境影响报告书中附具对公众意见采纳与不采纳情况及其理由的说明。"

《环境影响评价公众参与办法》（生态环境部令　第 4 号）、《关于发布〈环境影响评价公众参与办法〉配套文件的公告》（生态环境部公告　2018 年第 48 号）规定：

"第四条　专项规划编制机关应当在规划草案报送审批前，举行论证会、听证会，或者采取其他形式，征求有关单位、专家和公众对环境影响报告书草案的意见。

第六条　专项规划编制机关和建设单位负责组织环境影响报告书编制过程的公众参与，对公众参与的真实性和结果负责。

专项规划编制机关和建设单位可以委托环境影响报告书编制单位或者其他单位承担环境影响评价公众参与的具体工作。

第三十三条　土地利用的有关规划和区域、流域、海域的建设、开发利用规划的编制机关，在组织进行规划环境影响评价的过程中，可以参照本办法的有关规定征求公众意见。"

法律只规定了专项规划环境影响评价的公众参与，是规划实施可能造成不良环境影响、直接涉及公众环境权益，并只限于编制环境影响报告书的专项规划环境影响评价，不包括编写环境影响篇章或者说明的规划。公众参与的实施主体是规划编制机关，公众参与的时间是在规划草案报送审批机关审批之前，公众参与的对象是规划的环境影响报告书草案，公众参与的形式包括调查问卷、座谈会、论证会、听证会或者其他形式。论证会主要是对规划的环境影响报告书草案涉及的有关专门问题，邀请有关专家和具有一定专门知识的公民和有关单位代表进行论证；听证会是指按照规范的程序，听取与规划的环境影响有利害关系的有关单位、专家和公众代表对规划环境影响报告书草案意见的一种会议形式，可进行辩论和举证。

组织编制规划的政府及其有关部门，在组织征求公众对规划草案的环境影响报告书草案意见之前，应当事先把该环境影响报告书草案公开或发送给前来提出意见的有关单位、专家和公众，在他们发表意见后，要认真予以考虑，对环境影响报告书草案进行修改和完善，并应当在向规划的审批机关报送环境影响报告书时附具对公众意见已采纳或者不采纳的说明。对公众提出的意见，采纳的要说明，不采纳的也要说明，供审批机关充分考虑各方面的意见，在民主科学的基础上作出正确决策。

有些规划涉及国家机密，不能公开，或因其他原因，国家规定需要保密，不宜公开的专项规划，规划编制过程中不实行公众参与。

第三节　规划环境影响评价的报送与审查

一、需进行环境影响评价的规划草案的报送

《中华人民共和国环境影响评价法》第七条规定了国务院有关部门、设区的市级以上地方人民政府及其有关部门，对其组织编制的"一地""三域"有关规划及"十个专项"规划中的指导性规划，应当在规划编制过程中组织进行环境影响评价，编写该规划有关环境影响的篇章或者说明。在报送审批规划草案时，将环境影响的篇章或者说明作为规划草案的组成部分一并报送规划审批机关。因为环境影响的篇章或者说明不是一个独立的文件，而是规划草案的一部分，因此，必须在规划编制过程中同时进行环境影响评价。《规划环境影响评价条例》第十五条还补充规定：未编写环境影响篇章或者说明的，规划审批机关应当要求其补充；未补充的，规划审批机关不予审批。

《中华人民共和国环境影响评价法》第八条中规定了国务院有关部门、设区的市级以上地方人民政府及其有关部门，对其组织编制的"十个专项"规划中的非指导性规划，应当在该专项规划草案上报审批前，组织进行环境影响评价，并向审批该专项规划的机关提出环境影响报告书。《规划环境影响评价条例》第十六条也对此进行了规定：规划编制机关在报送审批专项规划草案时，应当将环境影响报告书一并附送规划审批机关审查；未附送环境影响报告书的，规划审批机关应当要求其补充；未补充的，规划审批机关不予审批。

规划的环境影响报告书是一份独立的文件，它应该在专项规划基本编制完成后，针对专项规划进行环境影响评价，才能达到环境影响评价的目的。如果专项规划尚未编制完成就开始进行环境影响评价，评价对象不明确，针对性不强，就达不到评价预期的效果；如果在专项规划上报后再进行环境影响评价，就不能及时给上级审批机关提供科学决策的依据，同样使评价工作失去意义。对专项规划环境影响报告书与规划草案一并送审的规定，目的在于确保规划环境影响评价制度的执行，确保规划环境影响评价发挥作用。规划审批机关在审批规划时，能够全面了解所审批的规划是否真正符合可持续发展

战略和环境保护法律、法规要求，所采取的环境保护对策和措施是否合理可行，以便及时作出正确决策。

二、专项规划环境影响报告书的审查

1. 审查主体和程序

《中华人民共和国环境影响评价法》第十三条规定：

"设区的市级以上人民政府在审批专项规划草案，作出决策前，应当先由人民政府指定的生态环境主管部门或者其他部门召集有关部门代表和专家组成审查小组，对环境影响报告书进行审查。审查小组应当提出书面审查意见。

参加前款规定的审查小组的专家，应当从按照国务院生态环境主管部门的规定设立的专家库内的相关专业的专家名单中，以随机抽取的方式确定。

由省级以上人民政府有关部门负责审批的专项规划，其环境影响报告书的审查办法，由国务院生态环境主管部门会同国务院有关部门制定。"

为提高可操作性，并进一步保证审查的客观公正性，《规划环境影响评价条例》第十七条和十八条在法律基础上进一步明确了审查小组的召集部门及审查小组的构成：

"第十七条　设区的市级以上人民政府审批的专项规划，在审批前由其环境保护主管部门召集有关部门代表和专家组成审查小组，对环境影响报告书进行审查。审查小组应当提交书面审查意见。

省级以上人民政府有关部门审批的专项规划，其环境影响报告书的审查办法，由国务院环境保护主管部门会同国务院有关部门制定。

第十八条　审查小组的专家应当从依法设立的专家库内相关专业的专家名单中随机抽取。但是，参与环境影响报告书编制的专家，不得作为该环境影响报告书审查小组的成员。

审查小组中专家人数不得少于审查小组总人数的二分之一；少于二分之一的，审查小组的审查意见无效。"

环境影响评价政策性和技术性较强，上级审批机关很难对与规划草案一起报送的环境影响报告书进行细致的专业审查。为了不使规划审批机关对规划草案环境影响报告书的审查流于形式，法律规定由有关部门的代表和专家组成审查小组先行把关，从专业技术角度对环境影响报告书提出审查意见，这是实现政府决策科学化的一项重要制度安排。

设区的市级以上人民政府审批专项规划草案，作出决策前，由其生态环境主管部门召集有关部门代表和专家组成审查小组。审查小组的有关部门代表主要是生态环境部门、规划的编制机关、规划实施机关以及涉及的其他有关部门代表；审查小组的专家，从国务院环境保护主管部门设立的专家库内选择确定。为保证召集单位公平、公正遴选参加规划环境影响报告书审查的专家，国家环境保护总局于2003年发布了《环境影响评价审查专家库管理办法》，要求召集单位应根据规划涉及的专业和行业，从专家库中以随机抽取的方式确定。

省级以上人民政府有关部门负责审批的专项规划，其环境影响报告书的审查办法没有做具体规定，授权国务院环境保护主管部门会同国务院有关部门制定。据此，国家环境保护总局于2003年制定发布了《专项规划环境影响报告书审查办法》，对省级以上人民政府有关部门负责审批的专项规划环境影响报告书的审查程序和时限作出了规定。专项规划的审批机关在作出审批专项规划草案的决定前，应当将专项规划环境影响报告书送同级生态环境主管部门，由同级生态环境主管部门会同专项规划的审批机关对环境影响报告书进行审查。生态环境主管部门应当自收到专项规划环境影响报告书之日起30日内，会同专项规划审批机关召集有关部门代表和专家组成审查小组，对专项规划环境影响报告书进行审查，并在审查小组提出书面审查意见之日起10日内将审查意见提交专项规划审批机关。

2．审查内容和审查意见

审查小组应当对环境影响报告书的基础资料、数据，评价方法，分析、预测和评估情况，提出的对策和措施，公众意见情况，环境影响评价结论六个方面的内容进行审查。发现规划存在重大环境问题的，审查小组应当提出不予通过环境影响报告书的意见；发现规划环境影响报告书质量存在重大问题的，审查小组应当提出对环境影响报告书进行修改并重新审查的意见。审查意见应当经审查小组3/4以上成员签字同意。

《规划环境影响评价条例》第十九条规定：

"审查意见应当包括下列内容：

（一）基础资料、数据的真实性；

（二）评价方法的适当性；

（三）环境影响分析、预测和评估的可靠性；

（四）预防或者减轻不良环境影响的对策和措施的合理性和有效性；

（五）公众意见采纳与不采纳情况及其理由的说明的合理性；

（六）环境影响评价结论的科学性。"

《规划环境影响评价条例》第二十条规定：

"有下列情形之一的，审查小组应当提出对环境影响报告书进行修改并重新审查的意见：

（一）基础资料、数据失实的；

（二）评价方法选择不当的；

（三）对不良环境影响的分析、预测和评估不准确、不深入，需要进一步论证的；

（四）预防或者减轻不良环境影响的对策和措施存在严重缺陷的；

（五）环境影响评价结论不明确、不合理或者错误的；

（六）未附具对公众意见采纳与不采纳情况及其理由的说明，或者不采纳公众意见的理由明显不合理的；

（七）内容存在其他重大缺陷或者遗漏的。"

《规划环境影响评价条例》第二十一条规定：

"有下列情形之一的，审查小组应当提出不予通过环境影响报告书的意见：

（一）依据现有知识水平和技术条件，对规划实施可能产生的不良环境影响的程度或者范围不能作出科学判断的；

（二）规划实施可能造成重大不良环境影响，并且无法提出切实可行的预防或者减轻对策和措施的。"

环境影响报告书结论及审查意见是决策的重要依据，是要存档备查的。审查小组提出的审查意见应当全面表述专家和代表的意见，特别是要如实记录和反映有保留的不同意见，供审批部门决策参考。

3．审查效力

《中华人民共和国环境影响评价法》第十四条第二款和第三款规定：

"设区的市级以上人民政府或者省级以上人民政府有关部门在审批专项规划草案时，应当将环境影响报告书结论以及审查意见作为决策的重要依据。

在审批中未采纳环境影响报告书结论以及审查意见的，应当作出说明，并存档备查。"

《规划环境影响评价条例》第二十二条第二款进一步细化的相关规定：

"规划审批机关对环境影响报告书结论以及审查意见不予采纳的，应当逐项就不予采纳的理由作出书面说明，并存档备查。有关单位、专家和公众可以申请查阅；但是，依法需要保密的除外。"

专项规划的环境影响报告书结论和审查小组审查意见具有重要的作用。专项规划的审批机关在审批规划草案时应将环境影响报告书结论以及审查意见作为决策的重要依据。要达到法律的这一要求，就需要审批机关在审查规划草案，作出批准或者不批准决定时，认真考虑规划的环境影响报告书结论以及审查意见。对环境影响报告书结论以及审查意见认为该规划草案符合环境保护要求，与规划审批机关审查认为该规划实施与环境保护目标一致的，就应当将上述结论和审查意见作为批准该规划草案的重要依据；对于环境影响报告书结论以及审查意见认为该规划实施将会对环境造成严重不良影响，并且规划草案的审批机关进行综合审查，认为规划不合理，可作出不予批准该规划草案或者要求编制机关进一步修改、完善，使其符合环境保护要求后重新报批的决定。

规划草案审批机关在考虑环境保护的同时，从国民经济和社会发展特别是国家安全的全局进行综合平衡，虽然环境影响报告书结论和审查意见认为规划需要进行重大修改或不宜实施，审批机关也可以决定不采纳该结论和审查意见。但是，规划草案审批机关在审批中未采纳环境影响报告书结论以及审查意见的，必须作出不予采纳的书面说明并按照程序存档备查。

第四节　规划环境影响的跟踪评价

一、跟踪评价的内容

《中华人民共和国环境影响评价法》第十五条规定：

"对环境有重大影响的规划实施后，编制机关应当及时组织环境影响的跟踪评价，并将评价结果报告审批机关；发现有明显不良环境影响的，应当及时提出改进措施。"

《规划环境影响评价条例》第二十五条对跟踪评价的内容进行了规定：

"规划环境影响的跟踪评价应当包括下列内容：

（一）规划实施后实际产生的环境影响与环境影响评价文件预测可能产生的环境影响之间的比较分析和评估；

（二）规划实施中所采取的预防或者减轻不良环境影响的对策和措施有效性的分析和评估；

（三）公众对规划实施所产生的环境影响的意见；

（四）跟踪评价的结论。"

《规划环境影响评价条例》第二十六条对跟踪评价的公众参与进行了规定：

"规划编制机关对规划环境影响进行跟踪评价，应当采取调查问卷、现场走访、座谈会等形式征求有关单位、专家和公众的意见。"

对环境有重大影响的规划实施后，规划编制机关应及时组织力量，对该规划实施后实际产生的环境影响与环境影响评价文件预测可能产生的环境影响之间进行比较分析和评估，对预防或减轻不良环境影响对策和措施的有效性进行分析和评估，发现对环境有明显不良影响的，应及时提出并采取新的相应改进措施。

规划的实施和运作是一个长期的过程，由于人类认知水平限制、社会经济生活以及自然条件的变化，即使规划编制者对规划作出了详尽的环境影响评价，仍然难以保证实施后该规划不会产生新的环境问题。对环境有重大影响的规划，在规划审批前进行了评价，规划实施后仍可能会出现一些未曾预料到的环境问题。因此，规划编制机关应进行环境影响的跟踪评价，有助于及时发现规划实施后出现的环境问题，采取相应措施及时加以解决。同时也有利于总结和积累经验，进一步完善规划环境影响评价的方法与制度。

二、规划实施过程中产生重大不良环境影响时的应对措施

规划实施过程中产生重大不良环境影响的，规划编制机关、环境保护部门、规划审批机关等部门应及时采取措施，减轻不良影响。《规划环境影响评价条例》第二十七条

至第三十条对此进行了明确规定：

"第二十七条　规划实施过程中产生重大不良环境影响的，规划编制机关应当及时提出改进措施，向规划审批机关报告，并通报环境保护等有关部门。

第二十八条　环境保护主管部门发现规划实施过程中产生重大不良环境影响的，应当及时进行核查。经核查属实的，向规划审批机关提出采取改进措施或者修订规划的建议。

第二十九条　规划审批机关在接到规划编制机关的报告或者环境保护主管部门的建议后，应当及时组织论证，并根据论证结果采取改进措施或者对规划进行修订。

第三十条　规划实施区域的重点污染物排放总量超过国家或者地方规定的总量控制指标的，应当暂停审批该规划实施区域内新增该重点污染物排放总量的建设项目的环境影响评价文件。"

规划编制机关组织规划环境影响的跟踪评价，发现产生重大不良环境影响的，应当及时提出改进措施，向规划审批机关报告；环境保护主管部门发现产生重大不良环境影响的，也应当及时向规划审批机关提出采取改进措施或者修订规划的建议。规划审批机关应当及时组织论证，并根据论证结果采取改进措施或者对规划进行修订。为了保证把规划环境影响评价对策、措施落到实处，《规划环境影响评价条例》建立了区域限批制度。

第五节　规划环境影响评价的法律责任

一、规划编制机关有关人员的法律责任

1. 规划编制机关的违法行为

《中华人民共和国环境影响评价法》第二十九条规定：

"规划编制机关违反本法规定，未组织环境影响评价，或者组织环境影响评价时弄虚作假或者有失职行为，造成环境影响评价严重失实的，对直接负责的主管人员和其他直接责任人员，由上级机关或者监察机关依法给予行政处分。"

规划编制机关组织环境影响评价时弄虚作假或有失职行为，一般有下列五种情况：

① 应当在规划编制过程中组织进行环境影响评价而未做环境影响评价的；

② 按规定应提交环境影响报告书而未编制环境影响报告书，只在规划中编写该规划有关环境影响的篇章或说明的；

③ 应征求有关单位、专家和公众对环境影响报告书草案的意见而未征求的；

④ 报送审查的环境影响报告书中不附公众意见是否采纳说明的；

⑤ 规划编制机关组织进行环境影响评价时，提供虚假情况或资料，或者工作不负责任，致使评价结论失实的。

法律中还规定，规划编制机关除有违法事实外，还必须有违法后果，即规划编制机关组织环境影响评价时弄虚作假或者有失职行为，造成环境影响评价严重失实的，才承担法律责任。环境影响评价严重失实一般认为是评价结论与实际情况严重不符。环境影响评价是否严重失实可从以下三个方面判定：

① 有关部门代表和专家组成的审查小组对环境影响报告书进行审查时，认为规划编制机关组织的环境影响评价有弄虚作假或者有失职行为，环境影响评价结果有误，严重失实，审查小组有上述明确的书面审查意见的；

② 规划实施后，编制机关组织环境影响跟踪评价时，发现规划实施后产生的社会效益或环境效益与环境影响评价结果有明显差异，严重失实，产生不良的社会影响或环境影响的；

③ 规划实施后，产生的社会效益或环境效益与环境影响评价结果明显不同，造成不良的社会影响或环境影响，被公众举报的。

2．规划编制机关责任人员的处罚

规划编制机关具有上述违法事实和违法后果，直接负责的主管人员（指在规划编制机关中直接负责规划编制并对规划编制违法行为负有直接领导责任的人员，包括对违法行为作出决定或者事后对违法行为予以认可和支持，或因疏于管理和放任，对违法行为有不可推卸责任的领导人员）和其他责任人员（指在规划编制过程中没有依法组织进行环境影响评价、直接实施违法行为的规划编制工作人员），要承担法律责任，由上级机关或监察机关依法给予行政处分。

上级机关是指规划编制机关的上级行政主管部门。国务院是国务院有关部门和省、自治区、直辖市人民政府的上级机关；省、自治区人民政府是其所属有关部门和设区的市级人民政府的直接上级机关；设区的市级人民政府是其所属有关部门的直接上级机关。

依据《中华人民共和国公务员法》，国家公务员行政处分包括警告、记过、记大过、降级、撤职、开除六种。规划编制机关违反《中华人民共和国环境影响评价法》规定，上级机关根据违法人员违法行为的情节轻重，对直接负责的主管人员和其他直接责任人员，按照干部管理权限，作出具体处罚决定。

二、规划审批机关有关人员的法律责任

《中华人民共和国环境影响评价法》第三十条规定：

"规划审批机关对依法应当编写有关环境影响的篇章或者说明而未编写的规划草案，依法应当附送环境影响报告书而未附送的专项规划草案，违法予以批准的，对直接负责的主管人员和其他直接责任人员，由上级机关或者监察机关依法给予行政处分。"

《规划环境影响评价条例》第三十二条进一步细化了规划审批机关的违规行为：

"规划审批机关有下列行为之一的，对直接负责的主管人员和其他直接责任人员，依法给予处分：

（一）对依法应当编写而未编写环境影响篇章或者说明的综合性规划草案和专项规划中的指导性规划草案，予以批准的；

（二）对依法应当附送而未附送环境影响报告书的专项规划草案，或者对环境影响报告书未经审查小组审查的专项规划草案，予以批准的。"

违法责任由规划审批机关直接负责该规划审批的主管人员和其他与该规划审批有关的直接责任人员承担。直接负责的主管人员应是审批机关中由于疏于管理或放任，对违法审批负有不可推卸责任的直接负责人。对直接负责的主管人员和其他责任人员的违法审批行为，由其上级行政机关依据《中华人民共和国公务员法》的规定，视违法情节，对违法人员予以警告、记过、记大过、降级、撤职或开除的行政处分。

三、审查小组和规划环境影响评价技术机构的法律责任

《规划环境影响评价条例》在《中华人民共和国环境影响评价法》的基础上，补充规定了审查小组和规划环境影响评价技术机构的法律责任。

《规划环境影响评价条例》第三十三条规定：

"审查小组的召集部门在组织环境影响报告书审查时弄虚作假或者滥用职权，造成环境影响评价严重失实的，对直接负责的主管人员和其他直接责任人员，依法给予处分。

审查小组的专家在环境影响报告书审查中弄虚作假或者有失职行为，造成环境影响评价严重失实的，由设立专家库的环境保护主管部门取消其入选专家库的资格并予以公告；审查小组的部门代表有上述行为的，依法给予处分。"

《规划环境影响评价条例》第三十四条规定：

"规划环境影响评价技术机构弄虚作假或者有失职行为，造成环境影响评价文件严重失实的，由国务院环境保护主管部门予以通报，处所收费用 1 倍以上 3 倍以下的罚款；构成犯罪的，依法追究刑事责任。"

第六节　规划环境影响评价的趋势

一、规划环境影响评价与建设项目环境影响评价联动的有关规定

1. 规划环评与项目环评联动机制

2009 年 9 月 2 日，环境保护部印发了《关于学习贯彻〈规划环境影响评价条例〉加强规划环境影响评价工作的通知》（环发〔2009〕96 号），提出了完善规划环评与项目环评联动机制，主要内容如下：

"按照《规划环境影响评价条例》规定，将规划环评结论作为规划所包含建设项目

环评的重要依据，建立规划环评与项目环评的联动机制。未进行环境影响评价的规划所包含的建设项目，不予受理其环境影响评价文件。已经批准的规划在实施范围、适用期限、规模、结构和布局等方面进行重大调整或者修订的，应当重新或者补充进行环境影响评价，未开展环评的，不予受理其规划中建设项目的环境影响评价文件。已经开展了环境影响评价的规划，其包含的建设项目环境影响评价的内容可以根据规划环境影响评价的分析论证情况予以适当简化，简化的具体内容以及需要进一步深入评价的内容都应在审查意见中明确。"

环境保护部于 2015 年 12 月 30 日发布了《关于加强规划环境影响评价与建设项目环境影响评价联动工作的意见》（环发〔2015〕178 号），要求按照国务院简政放权、放管结合的总体部署，为落实《中华人民共和国环境保护法》《中华人民共和国环境影响评价法》和《规划环境影响评价条例》的有关规定，加强规划环境影响评价对建设项目环境影响评价工作的指导和约束，推动在项目环评审批及事中、事后监督管理中落实规划环评成果，实现强化宏观指导、简化微观管理的目标。切实加强规划环评工作，从决策源头防治环境污染。做好项目环评审批简政放权、加强事中事后监管手段。加强规划环评与项目环评联动，提高规划环评工作的质量。将规划环评工作任务完成情况及规划环评结论的科学性作为审查的重点，充分关注规划环评结论对于建设项目环评的指导和约束作用。

加强产业园区、公路、铁路及轨道交通、港口、航道、矿产资源开发和水利水电开发等重点领域规划环评。加强项目环评对规划环评落实情况的联动反馈，认真分析项目涉及的规划及其环评情况，并将与规划环评结论及审查意见的符合性作为项目环评文件审批的重要依据。

对符合规划环评结论及审查意见要求的建设项目，其环评文件应按照规划环评的意见进行简化；对于明显不符合相关规划环评结论及审查意见的项目环评文件，各级环保部门应将与规划环评结论的符合性作为项目审批的依据之一；对于要求项目环评中深入论证的内容，应强化论证。

对于相关项目环评应简化的内容，可采用在项目环评文件中引用规划环评结论、减少环评文件内容或章节等方式实现。

2023 年 9 月 20 日，生态环境部办公厅印发《关于进一步优化环境影响评价工作的意见》（环环评〔2023〕52 号），提出深化环评改革试点，要求如下：

"（七）按程序实施联动改革。省级生态环境部门应参照我部《关于进一步加强产业园区规划环境影响评价工作的意见》（环环评〔2020〕65 号），进一步细化开展规划环评与项目环评联动的产业园区要求。明确纳入试点的产业园区申请、跟踪评估、退出等程序规定，形成园区名录报我部，并向社会公开，不符合要求的不得开展改革试点，评估不合格的退出改革试点。涉重金属重点行业、涉有毒有害污染物排放、涉新污染物排放的项目不得纳入此次改革，不得简化管理要求。

（八）试点推进一批登记表免予办理备案手续。纳入试点的产业园区内应填报环境影响登记表的城市道路，城市管网及管廊，分布式光伏发电，基层医疗卫生服务，城镇排涝河流水闸、排涝泵站等五类建设项目，可免予环评备案管理。生态环境部将及时总结试点经验，并纳入《建设项目环境影响评价分类管理名录》修订。

（九）推广一批报告表'打捆'审批。纳入试点的产业园区内应编制环境影响报告表的纺织服装、服饰业，木材加工和木、竹、藤、棕、草制品业，家具制造业，文教、工美、体育和娱乐用品制造业，塑料制品业，通用设备制造业，专用设备制造业，仪器仪表制造业，金属制品、机械和设备维修业等九类建设项目，以及其他集中搬迁入园报告表项目，可开展同类项目环评'打捆'审批，并明确相应企业的环保责任。纳入试点的产业园区内生产设施和污染防治设施不变，仅原辅料和产品发生变化的生物药品制造及其研发中试建设项目，经有审批权的生态环境部门组织确认污染物排放种类和排放量未超过原环评的，无需重新办理环评。

（十）简化一批报告书（表）内容。已完成环评的产业园区规划和煤炭矿区、港口、航运、水利、水电、轨道交通等专项规划包含的建设项目，在规划期内，项目环评可简化政策规划符合性分析、选址的环境合理性和可行性论证等内容，可直接引用规划环评中符合时效性要求的现状环境监测数据和生态环境调查内容。产业园区内建设项目依托的集中供热、交通运输等基础设施已按园区规划环评要求建设并运行的，项目环评可简化相关依托设施分析内容。已取得入河排污口设置决定书的，对符合环评导则技术要求的有关涉水论证报告内容，项目环评相关内容可通过引用结论等形式予以适当简化。

（十一）试点优化完善一批项目环评总量指标审核管理。充分用好总量指标重点保障政策，纳入经党中央、国务院同意或批准的规划和政策文件的建设项目，地市级行政区域内总量指标不足时，在满足区域环境质量改善要求的基础上，可在省级行政区内统筹调配予以支持，具体办法由省级生态环境部门制定。区分建设项目轻重缓急，优先保障环保指标达到先进水平，且在'十四五'期间可以投产或达产的建设项目。'先立后改'的煤电项目，主要大气污染物总量指标可来源于本行业或非电工业行业可量化的清洁能源替代、落后产能淘汰形成的减排量。纳入试点的产业园区内，氮氧化物、化学需氧量、挥发性有机污染物的单项新增年排放量小于 0.1 吨，氨氮小于 0.01 吨的，项目环评审批中，建设单位免予提交主要污染物总量来源说明，由地方生态环境部门统筹总量指标替代来源，并纳入管理台账。

（十二）继续开展重点领域、重点行业温室气体排放环评试点。深入推进将减污降碳协同纳入生态环境分区管控、产业园区规划环评和重点行业建设项目环评的试点工作，形成一批可复制、可推广的案例。立足于完善现有环评体系，推动形成污染物与温室气体管理统筹融合的环评技术方法和管理制度，衔接现有碳排放管理体系，有效发挥环评制度减污降碳协同增效的源头预防作用。严格落实消耗臭氧层物质和氢氟碳化物管控要求。探索在煤炭开采、油气开采、垃圾填埋和污水处理等行业项目环评中开展甲烷管控研究。"

2. 规划环评加强空间管制、总量管控和环境准入

环境保护部于 2016 年 2 月 24 日印发了《关于规划环境影响评价加强空间管制、总量管控和环境准入的指导意见（试行）》（环办环评〔2016〕14 号），为进一步提升规划环境影响评价质量，充分发挥规划环评优化空间开发布局、推进区域（流域）环境质量改善以及推动产业转型升级的作用，提出了以下指导意见：

"（一）规划环评应充分发挥优化空间开发布局、推进区域（流域）环境质量改善以及推动产业转型升级的作用，并在执行相关技术导则和技术规范的基础上，将空间管制、总量管控和环境准入作为评价成果的重要内容。

（二）加强空间管制，是指在明确并保护生态空间的前提下，提出优化生产空间和生活空间的意见和要求，推进构建有利于环境保护的国土空间开发格局。加强总量管控，是指应以推进环境质量改善为目标，明确区域（流域）及重点行业污染物排放总量上限，作为调控区域内产业规模和开发强度的依据。加强环境准入，是指在符合空间管制和总量管控要求的基础上，提出区域（流域）产业发展的环境准入条件，推动产业转型升级和绿色发展。

（三）规划环评工作要尽早介入规划编制，并将空间管制、总量管控和环境准入成果充分融入规划编制、决策和实施的全过程，切实发挥优化规划目标定位、功能分区、产业布局、开发规模和结构的作用，推进区域（流域）环境质量改善，维护生态安全。

（四）本指导意见适用于具有明确空间范围并涉及具体开发建行为规划环评。其他规划环评可根据规划特点有针对性地执行本指导意见的有关规定，区域战略环境评价可参照执行。

（五）规划环评应结合区域特征，从维护生态系统完整性的角度，识别并确定需要严格保护的生态空间，作为区域空间开发的底线，并据此优化相关生产空间和生活空间布局，强化开发边界管制。

（六）应在生态空间明确的基础上，结合环境质量目标及环境风险防范要求，对规划提出的生产空间、生活空间布局的环境合理性进行论证，基于环境影响的范围和程度，对生产空间和生活空间布局提出优化调整建议，避免或减缓生产活动对人居环境和人群健康的不利影响。

（七）应在全面分析区域生态重要性和生态敏感性空间分布规律的基础上，结合区域经济发展规划、土地利用规划、城乡规划、生态环境保护规划等综合确定生态空间，并与全国和省级主体功能区规划、生态功能区划、水生态环境功能区划、生物多样性保护优先区域保护规划、自然保护区发展规划等相协调。生态空间应包括重点生态功能区、生态敏感区、生态脆弱区、生物多样性保护优先区和自然保护区等法定禁止开发区域，以及其他对于维持生态系统结构和功能具有重要意义的区域。

（八）规划区域已经划定生态保护红线的，应将生态保护红线区作为生态空间的核心部分。同时，应根据规划特点、区域生态敏感性和环境保护要求，将其他需要重点保护的区域一并纳入生态空间。规划区域尚未划定生态保护红线的，要提出禁止开发和重点保护的生态空间，为划定生态保护红线提供参考依据。

（九）规划环评的空间管制成果，应包括生态空间分布图和优化后的生活空间、生产空间分布图，生产、生活、生态空间及其组成区块开发管制总图，以及其他必要的支撑性图件。

（十）根据规划区域及上下游、下风向等周边地区环境质量现状和目标，考虑气象条件、水文条件等相关因素，按照最不利条件分析并预留一定的安全余量，提出区域（流域）污染物排放总量控制上限的建议，作为区域（流域）污染物排放总量管控限值。综合分析环境质量改善目标、排放现状、减排成本和技术可行性，确定区域污染物排放总量削减的阶段性目标。

（十一）根据国家、地方环境质量改善目标及相关行业污染控制要求，结合现状环境污染特征和突出环境问题，确定纳入排放总量管控的主要污染物。

（十二）针对重点控制污染物，逐一估算每个区域（流域）控制单元内各项污染物的总量管控限值。根据流域特征、水文情势、水质监测和断面设置等划定适当的水体控制单元；水体控制单元应与已有水（环境）功能区、水生态环境功能区相衔接。根据区域大气传输扩散条件、自然地形、土地利用和地表覆盖等划定适当的大气污染控制单元。

（十三）综合考虑污染排放量、排放强度、特征污染物以及规划主导产业等，确定区域内纳入总量管控的重点行业。基于行业生产工艺水平、污染控制技术水平以及技术进步、污染控制成本等，筛选最佳适用技术（BAT），分析和测算重点行业的减排潜力。根据重点行业污染排放基数、减排潜力和技术经济等因素，提出该行业的污染物排放总量管控要求。

（十四）当区域环境质量现状超标或重点行业污染物排放已超出总量管控要求时，应根据环境质量改善目标，提出区域或者行业污染物减排任务，推动制定污染物减排方案以及加快淘汰落后产能、促进产业结构调整、提升技术工艺、加强节能节水控污等措施。

（十五）对于区域（流域）内的产业发展，在满足环境质量目标的前提下，可以赋予地方在具体建设项目污染物排放总量分配上的主动权。在产业技术水平提高、清洁生产水平提高、区域污染治理水平提高的情况下，产业发展规模可以在污染物排放总量不突破上限的情况下适当扩大。

（十六）当规划区域环境目标、产业结构和生产力布局以及水文、气象条件等发生重大变化时，应动态调整区域行业污染物总量管控要求，结合规划和规划环评的修编或者跟踪评价对区域能够承载的污染物排放总量重新进行估算，不断完善相关总量管控要求。

（十七）在综合考虑规划空间管制要求、环境质量现状和目标等因素的基础上，论证区域产业发展定位的环境合理性，提出环境准入负面清单和差别化环境准入条件，发挥对规划编制、产业发展和建设项目环境准入的指导作用。

（十八）根据区域资源禀赋和生态环境保护要求，选取单位面积（单位产值）的水耗、能耗、污染物排放量、环境风险等一项或多项指标，作为制定规划区域行业环境准入负面清单的否定性指标并确定其限值。

（十九）建立包括环境影响、资源消耗强度、土地利用效率、经济社会贡献等指标在内的评价指标体系，对重点行业进行综合评价。对规划区域资源环境影响突出、经济社会贡献偏小的行业原则上应列入禁止准入类。限制准入类行业应进一步结合区域环境保护目标和要求、资源环境承载能力、产业现状等确定。

（二十）根据环境保护政策规划、总量管控要求、清洁生产标准等，明确应限制或禁止的生产工艺或产品清单。

（二十一）当区域（流域）环境质量现状超标时，应在推动落实污染物减排方案的同时，根据环境质量改善目标，针对超标因子涉及的行业、工艺、产品等，提出更加严格的环境准入要求。"

3. 强化"三线一单"的约束作用

在前述要求的基础上，为适应以改善环境质量为核心的环境管理要求，环境保护部于 2016 年 10 月 26 日发布了《关于以改善环境质量为核心加强环境影响评价管理的通知》（环环评〔2016〕150 号），其中与规划环评相关的内容和要求主要体现在强化"三线一单"约束作用和加强规划环评与建设项目环评联动上：

"（一）生态保护红线是生态空间范围内具有特殊重要生态功能必须实行强制性严格保护的区域。相关规划环评应将生态空间管控作为重要内容，规划区域涉及生态保护红线的，在规划环评结论和审查意见中应落实生态保护红线的管理要求，提出相应对策措施。除受自然条件限制、确实无法避让的铁路、公路、航道、防洪、管道、干渠、通讯、输变电等重要基础设施项目外，在生态保护红线范围内，严控各类开发建设活动，依法不予审批新建工业项目和矿产开发项目的环评文件。

（二）环境质量底线是国家和地方设置的大气、水和土壤环境质量目标，也是改善环境质量的基准线。有关规划环评应落实区域环境质量目标管理要求，提出区域或者行业污染物排放总量管控建议以及优化区域或行业发展布局、结构和规模的对策措施。项目环评应对照区域环境质量目标，深入分析预测项目建设对环境质量的影响，强化污染防治措施和污染物排放控制要求。

（三）资源是环境的载体，资源利用上线是各地区能源、水、土地等资源消耗不得突破的'天花板'。相关规划环评应依据有关资源利用上线，对规划实施以及规划内项目的资源开发利用，区分不同行业，从能源资源开发等量或减量替代、开采方式和规模控制、利用效率和保护措施等方面提出建议，为规划编制和审批决策提供重要依据。

（四）环境准入负面清单是基于生态保护红线、环境质量底线和资源利用上线，以清单方式列出的禁止、限制等差别化环境准入条件和要求。要在规划环评清单式管理试点的基础上，从布局选址、资源利用效率、资源配置方式等方面入手，制定环境准入负面清单，充分发挥负面清单对产业发展和项目准入的指导和约束作用。

（五）加强规划环评与建设项目环评联动。规划环评要探索清单式管理，在结论和审查意见中明确'三线一单'相关管控要求，并推动将管控要求纳入规划。规划环评要作为规划所包含项目环评的重要依据，对于不符合规划环评结论及审查意见的项目环评，依法不予审批。规划所包含项目的环评内容，应当根据规划环评结论和审查意见予以简化。"

二、重点领域规划环评的有关要求

1. 推进重点领域规划环评相关要求

《关于学习贯彻〈规划环境影响评价条例〉加强规划环境影响评价工作的通知》（环发〔2009〕96号）中明确提出了大力推进重点领域规划环评的相关要求：

"切实加强区域、流域、海域规划环评，把区域、流域、海域生态系统的整体性、长期性环境影响作为评价的关键点。努力提高城市规划环评质量，把规划环评早期介入城市总体规划及有关建设规划编制，实现与规划的全过程互动作为切入点。不断强化矿产资源开发规划环评的实效性，把保障资源开发区域的生态服务功能作为落脚点。认真做好交通及重要基础设施规划环评，把协调好规划布局与重要生态环境敏感区的关系作为着力点。严格规范各类开发区及工业园区规划环评，把园区布局、产业结构和重要环保基础设施建设方案的环境合理性作为评价工作的重中之重。当前，要进一步加强对钢铁、水泥等产能过剩行业规划的环境影响评价。将区域产业规划环评作为受理审批区域内高耗能项目环评文件的前提，避免产能过剩、重复建设引发新的区域性环境问题。"

2. 产业园区规划环评相关要求

为进一步加强和规范产业园区的规划环评工作，生态环境部于2020年11月12日发布了《关于进一步加强产业园区规划环境影响评价工作的意见》（环环评〔2020〕65号），主要内容包括：

"（一）编制产业园区开发建设规划时应依法开展规划环评。国务院及其有关部门、省级人民政府批准设立的经济技术开发区、高新技术产业开发区、旅游度假区等产业园区以及设区的市级人民政府批准设立的各类产业园区，在编制开发建设有关规划时，应依法开展规划环评工作，编制环境影响报告书。在规划审批前，报送相应生态环境主管部门召集审查。产业园区开发建设规划应符合国家政策和相关法律法规要求，规划发生重大调整或修订的，应当依法重新或补充开展规划环评工作。省级生态环境主管部门可根据本省人民政府有关规定，研究确定本行政区域开展规划环评的产业园区范围。

（二）产业园区规划环评结论及审查意见应依法作为规划审批决策的依据。规划环评应重点围绕产业园区产业定位、布局、结构、规模、实施时序以及产业园区重大基础设施建设等内容，从生态环境保护角度提出优化调整建议和减缓不良环境影响的对策措施。规划审批机关在审批规划时，应将规划环评结论及审查意见作为决策的重要依据，在审批中未采纳环境影响报告书结论及审查意见的，应当作出说明并存档备查。

（三）产业园区规划环评是入园建设项目环评工作的重要依据。入园建设项目开展环评工作时，应以产业园区规划环评为依据，重点分析项目环评与规划环评结论及审查意见的符合性；产业园区招商引资、入园建设项目环评审批等应将规划环评结论及审查意见作为重要依据。

（四）对环境影响报告书的质量和结论负责。产业园区管理机构应按照环境影响评价法和《规划环境影响评价条例》要求，在编制（修编）产业园区开发建设规划时，同步组织开展环评工作。工作过程中，如实提供基础资料，重视规划实施面临的生态环境制约，认真研究规划环评技术机构提出的优化调整建议，依法征求相关部门、专家和公众的意见，涉及重点区域、重点行业且跨区域环境影响的规划，还应依照相关规定组织开展环评会商。切实担负起规划环评的主体责任，对规划环评的质量和结论负责，并接受所属人民政府的监督。

（五）落实规划环评及相关环保要求。产业园区管理机构应将规划环评结论及审查意见落实到规划中。负责统筹区域内生态环境基础设施建设，不得引入不符合规划环评结论及审查意见的入园建设项目；对现有生态环境问题组织整改，落实污染物总量控制和减排任务，督促污染企业做好退出地块的土壤、地下水等风险防控工作；加强产业园区环境风险防控体系建设并编制应急预案，细化明确产业园区及区内企业环境风险防范责任，与地方政府应急预案做好衔接联动，切实做好环境风险防范工作。

（六）组织开展规划环境影响跟踪评价。对可能导致区域环境质量下降、生态功能退化，实施五年以上且未发生重大调整的规划，产业园区管理机构应及时开展环境影响跟踪评价工作，编制规划环境影响跟踪评价报告。环境影响跟踪评价报告应包括对已实施规划内容的评估和后续规划内容的优化调整建议，评价结论应报告相关生态环境主管部门。生态环境主管部门可结合实际情况对评价结果作出反馈。

（七）共享产业园区环境质量和规划环评信息。统筹安排产业园区环境监测监控网络建设，大气、水等环境质量和污染源在线监测结果与当地生态环境主管部门联网，非在线数据存档备查，督促排污企业落实自行监测责任，建立产业园区规划环评文件、环境质量监测数据等信息共享工作机制并与入园建设项目及时共享。

（八）规划环评技术机构应提供客观科学的技术服务。受产业园区管理机构委托承担规划环评工作的技术机构，应恪守职业道德，提高技术能力，加强规划环评质量管理，按照相关技术导则和规范开展工作。如实向产业园区管理机构反映区域存在的生态环境问题和规划实施面临的生态环境制约因素，在规划环评阶段与园区管理机构保持充分互动、客观、科学地提出规划方案优化调整建议、污染物减排建议和减缓不良环境影响的对策措施，切实发挥技术支撑作用。

（九）依法依规召集审查。产业园区规划环境影响报告书原则上由批准设立该产业园区的人民政府所属生态环境主管部门召集审查。各省（区、市）对于省级以下产业园区规划环境影响报告书审查另有规定的，按照地方有关法规执行。

（十）探索审查与生态环境分区管控衔接。已经发布'三线一单'（生态保护红线、环境质量底线、资源利用上线和生态环境准入清单）生态环境分区管控方案并组织实施的省份，其行政区域内国家级产业园区规划环境影响报告书可由生态环境部委托其所在省级生态环境主管部门召集审查，审查意见抄报生态环境部；具体委托工作由各省（区、市）结合实际需求向生态环境部提出申请。省级以下产业园区规划环境影响报告书审查与生态环境分区管控的衔接，可按照省级人民政府规定统筹安排。

（十一）突出审查重点。各级生态环境主管部门依法召集有关部门代表和专家组成审查小组，对环境影响报告书基础资料和数据的真实性，评价方法的适当性，环境影响分析、预测和评估的可靠性，以及衔接落实区域生态环境分区管控要求的情况，规划方案及优化调整建议的可行性，预防或者减轻不良环境影响的对策和措施的合理性和有效性，公众意见采纳与不采纳情况及其理由说明的合理性，环境影响评价结论的科学性等进行审查，重点关注产业园区存在的主要生态环境问题，形成客观、公正、独立的审查意见。

（十二）聚焦产业园区生态环境质量改善。坚持以生态环境质量改善、防范环境风险为核心，系统梳理区域存在的环境问题，明确制约产业园区环境质量改善的主要因素，落实排污许可证全覆盖工作部署，调查产业园区主要污染行业、污染源和污染物，分析主要污染物排放情况和减排潜力，预测规划实施可能产生的不良环境影响，从生态环境保护角度对规划的产业定位、布局、结构、发展规模、建设时序、运输方式及产业园区循环化和生态化建设等方面提出优化调整建议，推进区域生态环境质量改善。

（十三）优化产业园区基础设施建设。深入论证园区所涉及的集中供水、供热、污水处理、中水回用及配套管网、一般固体废物和危险废物集中贮存和处理处置、交通运输等基础设施建设方案的环境合理性和可行性。从产业园区基础设施选址、规模、工艺、建设时序或区域基础设施共建共享等方面提出优化调整建议。

（十四）推动建立健全环境风险防控体系。涉及易燃易爆、有毒有害危险物质生产、使用、贮存等的产业园区，应强化环境风险评价。重点关注对周边生态环境敏感目标的影响，强化产业园区环境监测与预警能力建设、环境风险应急与防范措施，从产业园区风险防控体系建设、突发环境事件响应与管理等方面提出对策建议。推动建立责任明确、联动有序、涵盖企业、产业园区、地方政府的环境风险防控体系，强化对入园建设项目环境风险评价的指导。

（十五）强化入园建设项目环评指导。产业园区规划环评结论及审查意见被产业园区管理机构和规划审批机关采纳的，其入园建设项目的环评内容可以适当简化。简化内容包括：符合产业园区规划环评结论及审查意见的入园建设项目政策规划符合性分析、选址的环境合理性和可行性论证；符合时效性要求的区域生态环境现状调查评价（区域环境质量呈下降趋势或项目新增特征污染物的除外）；入园建设项目依托的集中供热、污水处理、固体废物处理处置、交通运输等基础设施已按产业园区规划环评要求建设并运行的相关评价内容。

（十六）探索入园建设项目环评改革试点。鼓励满足如下条件的地方开展国家级和省级产业园区试点改革工作：产业园区已依法完成规划环评工作，且采纳落实了规划环评结论及审查意见；省级人民政府已经制定发布或授权制定区域环评审批负面清单、严格环评管理重点行业名录等，对入园建设项目污染和环境风险能有效防控；产业园区环境质量稳定达标且持续改善；产业园区环境基础设施完善、运行稳定，环境管理和风险防控体系健全且近5年内未发生重大环境事件。

开展试点的省级生态环境主管部门，要依照省级政府规定，明确上述试点工作的具体范围、任务及要求，及时总结试点工作进展成效、存在问题，不断完善相关工作，并将试点工作情况报送生态环境部，试点期限不超过2年。产业园区内共用污染治理设施或废水排放口的排污单位，要进一步优化排污许可管理，明确责任。

（十七）加强对规划环评质量的监管。各级生态环境主管部门发现规划环境影响报告书质量存在基础资料严重失实、不符合法律法规要求、不能为规划优化调整提供技术支撑，甚至出现弄虚作假等情形的，可依法依规对产业园区管理机构及其委托的规划环评技术机构予以处理。产业园区管理机构未开展规划环评、未落实相关要求，或在组织开展环评时存在弄虚作假等失职行为的，各级生态环境主管部门可通过约谈、通报等方式督促整改，并将有关信息及时反馈生态环境保护督察。规范规划环评审查专家库管理，对审查中存在弄虚作假或失职行为的，依法取消其资格并予以公告，审查小组的部门代表有上述行为的，应通报其所在部门，依法给予处分。

生态环境部将建立健全规划环评跟踪监管长效机制，定期调度产业园区规划环评及跟踪评价开展、落实情况，采取'定期检查＋不定期抽查'相结合的方式加大规划环境影响报告书质量监管。重点检查编制质量及规划环评落实情况，对编制质量差、规划环评落实不力的相关责任主体公开曝光并依法依规处理。

（十八）强化对规划环评效力的监管。各级生态环境主管部门应加强规划实施跟踪监管，依法对已发生重大不良影响的规划及时组织核查，评估规划环评实施效果及产生重大不良环境影响的主要原因，根据核查情况向规划审批机关和产业园区管理机构提出修订规划或者采取改进措施的建议。地方各级生态环境主管部门要加强对产业园区环境质量变化情况以及污染物排放情况的监管，强化对重污染或涉有毒有害污染物排放产业园区的环境质量例行监测，依法开展执法监测，落实监管责任。

（十九）加快推动信息化建设和成果共享。省级生态环境主管部门每年组织对省级及以下产业园区的规划环评和跟踪评价开展、落实情况进行调度，及时理清行政区域内产业园区底数，加快推动规划环评报送、规划环评审查及落实情况、公开与通报等信息化建设，推进规划环评、项目环评成果的共享共用。

（二十）严格落实规划环评要求。各级生态环境主管部门和行政审批部门应把规划环评结论及审查意见的符合性作为入园建设项目环评审批的重要依据。落实好产业园区规划环评对项目环评的指导要求，按要求可以简化内容的项目环评，不再增加相关环评内容要求。规划环评提出需要深入论证的，在项目环评审批阶段应重点把关。"

3．规划环评中强化环境风险评价的有关要求

为有效防范环境风险，环境保护部于 2012 年 7 月发布了《关于进一步加强环境影响评价管理防范环境风险的通知》（环发〔2012〕77 号）；同年 8 月发布了《关于切实加强风险防范严格环境影响评价管理的通知》（环发〔2012〕98 号），其中均涉及规划环评的有关要求，相关内容如下：

"充分发挥规划环境影响评价的指导作用，源头防范环境风险。

（一）石化化工建设项目原则上应进入依法合规设立、环保设施齐全的产业园区，并符合园区发展规划及规划环境影响评价要求。涉及港区、资源开采区和城市规划区的建设项目，应符合相关规划及规划环境影响评价的要求。

（二）产业园区应认真贯彻落实我部《关于加强产业园区规划环境影响评价有关工作的通知》（环发〔2011〕14 号）要求，在规划环境影响评价中强化环境风险评价，优化园区选址及产业定位、布局、结构和规模，从区域角度防范环境风险。涉及重点行业建设项目的港区、资源开采区规划环境影响评价也应强化环境风险评价工作。

（三）已经开展战略环境影响评价工作的重点区域内的产业园区、港区、资源开采区等，其规划环境影响评价应以战略环境影响评价结论为指导和依据，并符合战略环境影响评价提出的布局、结构、规模及环境风险防范等要求。

化工石化、有色冶炼、制浆造纸等可能引发环境风险的项目，在符合国家产业政策和清洁生产水平要求、满足污染物排放标准以及污染物排放总量控制指标的前提下，必须在依法设立、环境保护基础设施齐全并经规划环评的产业园区内布设。"

4．涉及水生生物资源和生境的规划环评有关要求

为进一步加强水生生物资源及其生境保护，严格环境影响评价管理，环境保护部联合农业部于 2013 年 8 月 5 日发布了《关于进一步加强水生生物资源保护严格环境影响评价管理的通知》（环发〔2013〕86 号），其中对相关环评提出明确要求：

"一、编制区域、流域、海域的建设、开发利用规划等综合性规划，以及工业、农业、畜牧业、林业、能源、水利、交通、城市建设、旅游、自然资源开发等专项规划，应依法开展环境影响评价。其中，对水生生物产卵场、索饵场、越冬场以及洄游通道可能造成不良影响的开发建设规划，在环境影响评价中应进一步强化以下内容：

（一）将重要水生物种资源及其关键栖息场所列为敏感目标，开展重要水生物种资

源及其关键栖息场所等调查监测，科学客观地评价规划实施可能带来的长期影响，并按照避让、减缓、恢复的顺序提出切实可行的建议和对策措施。

（二）规划涉及港口、码头、桥梁、航道整治疏浚等涉水工程以及围填海等海岸工程的，应综合评估规划实施可能造成的底栖生物、鱼卵、仔稚鱼等水生生物资源的损失和长期影响。

（三）规划涉及水利、水电、航电等筑坝工程的，应调查洄游性水生生物情况，调查影响区域内漂流性鱼卵的生产和生长习性、调查影响区域内水生生物产卵场等关键栖息场所分布状况，全面评估规划实施对洄游性水生生物和生物种群结构的影响。

二、各级环境保护部门在召集港口、码头、桥梁、航道、水电、航电、水利等开发建设规划环境影响报告书审查时，涉及可能对水生生物资源及其生境造成不良影响的，应严格执行以下要求：

（一）将渔业部门以及水生生态、水生生物资源、渔业资源（重点是鱼类）保护等方面的专家纳入审查小组。

（二）审查小组应将水生生物影响评价内容和有关结论作为审查重点之一，对可能造成重大不良环境影响的规划方案，应在书面审查意见中给出明确结论。

（三）审查小组成员应当客观、公正、独立地对环境影响报告书提出书面审查意见，规划审批机关、规划编制机关、审查小组的召集部门不得干预。"

5. 矿产资源规划环境影响评价工作的有关要求

为进一步指导和规范矿产资源规划环境影响评价工作，切实统筹好资源开发与环境保护，大力推进生态文明建设，2015年12月7日，环境保护部、国土资源部发布了《关于做好矿产资源规划环境影响评价工作的通知》（环发〔2015〕158号），对相关矿产资源规划环评提出了明确要求：

"一、切实加强矿产资源规划环境影响评价工作

（二）分类开展矿产资源规划环评工作。需编写环境影响篇章或说明的矿产资源规划包括：全国矿产资源规划，全国及省级地质勘查规划，设区的市级矿产资源总体规划，重点矿种等专项规划。需编制环境影响报告书的矿产资源规划包括：省级矿产资源总体规划，设区的市级以上矿产资源开发利用专项规划、国家规划矿区、大型规模以上矿产地开发利用规划。县级矿产资源规划原则上不开展规划环境影响评价，各省级人民政府有规定的按照其规定执行。

二、准确把握矿产资源规划环境影响评价的基本要求

（四）总体要求。矿产资源规划环境影响评价，应符合《规划环境影响评价技术导则 总纲》（HJ 130—2014）和有关技术规范。

（五）全国矿产资源规划环境影响评价。应结合相关主体功能区规划、环境功能区划、生态功能区划、土地利用总体规划及其他相关规划，综合评判矿产资源开发布局与经济社会、生态环境功能格局的协调性、一致性；预测规划实施和资源开发对区域生态

系统、环境质量等造成的重大影响，提出预防或减轻不良环境影响的对策措施；论证资源差别化管理政策和开发负面清单的合理性与有效性，从源头预防资源开发带来的不利环境影响。

（六）省级矿产资源规划环境影响评价。应以资源环境承载能力为基础，科学评价矿产资源勘查开发总体布局与区域经济社会发展、生态安全格局的协调性、一致性；从经济社会可持续发展、矿产资源可持续利用和维护区域生态安全的角度，评价规划定位、目标、任务的环境合理性；重点识别规划实施可能影响的自然保护区、风景名胜区、饮用水水源保护区、地质公园、历史文化遗迹等重要环境敏感区及其他资源环境制约因素；结合本行政区重要环境保护目标，预测规划实施可能对区域生态系统产生的整体影响、对环境产生的长远影响；提出规划优化调整建议和减轻不良环境影响的对策措施。省级矿产资源总体规划环境影响评价技术要点由环境保护部会同国土资源部联合制定，另行印发。

（七）设区的市级矿产资源规划环境影响评价。主要是围绕砂石黏土及小型非金属矿等资源的开发利用与保护活动，评价规划部署与区域经济发展、民生改善和生态保护的协调性；预测规划实施和资源开发可能对生态环境造成的直接和间接影响；评价矿山地质环境治理恢复与矿区土地复垦重点项目安排的合理性，以及开采规划准入条件的有效性。"

6. 公路水路交通运输规划环境影响评价工作的有关要求

为进一步规范和指导公路水路交通运输规划环境影响评价工作，促进"资源节约型、环境友好型"交通运输行业发展，环境保护部和交通运输部联合发布了《关于进一步加强公路水路交通运输规划环境影响评价工作的通知》（环发〔2012〕49号），主要要求如下：

"交通运输行政主管部门在组织编制公路水路交通运输规划时，应严格执行规划环境影响评价制度，同步组织开展规划环境影响评价工作。已批准的规划在实施范围、适用期限、规模、结构和布局等方面进行重大调整或修订的，应当重新或补充进行环境影响评价。

综合交通运输体系规划环境影响评价，应立足当地资源环境特点，重点分析综合交通运输体系规划实施的环境制约因素，预测分析综合交通运输体系规划实施对区域资源环境的直接、间接和累积影响，并提出规划优化调整建议和减轻环境影响的针对性措施。

国（省）道公路网规划、公路运输枢纽总体规划环境影响评价，应按照'统筹规划、合理布局、保护生态、有序发展'的原则，科学合理地确定公路网、公路运输枢纽布局、规模和技术标准，优化交通运输资源配置，完善公路网络结构，从源头预防或减轻公路建设的生态环境影响。

港口总体规划环境影响评价，应综合判断港口开发对区域资源环境可能带来的不良影响，从源头避免港口开发建设的生态环境影响。航道建设规划环境影响评价，要坚持合理利用资源，维护生态平衡；涉及航电枢纽建设的，要贯彻落实'生态优先、统筹考虑、适度开发、确保底线'基本原则，重点关注规划实施可能产生的重大生态环境影响。

加强公路水路交通运输规划环境影响报告书的审查。审查小组的专家应当从环境保护行政主管部门依法设立的环境影响评价审查专家库内的相关专业、行业专家名单中随机抽取，应当包括环评、交通环保、水环境、水生生态、陆生生态、大气环境、声环境、重金属、化学品环境管理、规划等方面的专家，专家人数不得少于审查小组总人数的1/2。"

7. 水利规划环境影响评价相关要求

为进一步规范和指导水利规划环境影响评价工作，有效保护水资源、水生态和水环境，推进生态文明建设，环境保护部、水利部决定进一步加强水利规划环境影响评价工作，联合发布了《关于进一步加强水利规划环境影响评价工作的通知》（环发〔2014〕43号），主要要求如下：

"一、严格执行规划环境影响评价制度

（一）水行政主管部门在组织编制有关水利规划时，应根据法律法规的要求，严格执行规划环境影响评价制度，同步组织开展规划环境影响评价工作。对已经批准的规划在实施范围、适用期限、规模、结构和布局等方面进行重大调整或修订的，应当依法重新或补充进行环境影响评价。

（二）规划编制单位在报送水利规划草案时，应将环境影响篇章或说明（作为规划草案的组成部分）、环境影响报告书一并报送规划审批机关。未依法编写环境影响篇章或说明、环境影响报告书的，规划审批机关应当要求其补充；未补充的，规划审批机关不予审批。

二、水利规划环境影响评价的范围规定

（三）需编写环境影响篇章或说明的水利规划包括：水资源战略（综合）规划及水中长期供求规划等涉及水利可持续发展的战略规划；水利发展规划；防洪、治涝、抗旱、灌溉、采砂管理等专业规划或专项规划。

（四）需编制环境影响报告书的水利规划包括：流域综合规划；水力发电、水资源开发利用（含供水）等专业规划；河口整治、水库建设、跨流域调水等专项规划。作为一项整体建设项目的水利规划，按照建设项目进行环境影响评价，不进行规划的环境影响评价，其具体范围的界定标准由水利部会同环境保护部制定发布后实施。

三、水利规划环境影响评价的基本要求

（五）水利规划环境影响评价，应当树立尊重自然、顺应自然、保护自然的生态文明理念，坚持节约优先、保护优先、自然恢复为主的方针，落实流域统筹、综合规划要求，促进干支流、上下游科学有序开发。

（六）水利规划环境影响评价，应当从经济、社会可持续发展、水资源可持续利用和维护流域生态安全的角度，全面评价规划实施可能对流域生态系统产生的整体影响、对环境及人群健康产生的长远影响，评价规划实施的经济效益、社会效益与环境效益之间以及当前利益与长远利益之间的关系。

（七）水利规划环境影响评价，应当依据国家有关法律法规，按照有关技术导则和规范的要求，结合自然环境特征和水利规划特点，重点分析与相关政策法规、全国主体功能区规划及其他相关功能区划等的符合性；识别规划实施可能影响的自然保护区、风景名胜区、饮用水水源保护区、珍稀动植物生境、历史文化遗迹等重要环境敏感区及其他资源环境制约因素；预测规划实施可能对生态环境造成的直接、间接和累积性影响；提出预防或减轻不良环境影响的对策措施。编制环境影响报告书的，还应包括规划草案的环境合理性和可行性、预防或减轻不良环境影响的对策和措施的合理性和有效性，以及规划草案的调整建议等环境影响评价结论。

四、加强水利规划环境影响报告书的审查

（八）设区的市级以上人民政府审批的水利规划，在审批前由其环境保护行政主管部门召集有关部门代表和专家组成审查小组，对环境影响报告书进行审查。审查小组提交书面审查意见。

（九）省级以上人民政府水行政主管部门审批或牵头审批的水利规划，在审批前由同级环境保护行政主管部门会同水行政主管部门召集有关部门代表和专家组成审查小组，对环境影响报告书进行审查。审查小组提交书面审查意见。

（十）审查意见应当包括以下内容：

1. 基础资料、数据的真实性；

2. 评价方法的恰当性；

3. 环境影响分析、预测和评估的可靠性；

4. 预防或者减轻不良环境影响的对策和措施的合理性和有效性；

5. 公众意见采纳与不采纳情况及其理由说明的合理性；

6. 环境影响评价结论的科学性。

（十一）审查小组的专家应当从环境保护行政主管部门依法设立的专家库内的相关专业、行业专家名单中随机抽取，应当包括水资源、水环境、水生态、水利规划、陆生生态、环境风险等环评方面的专家，专家人数不得少于审查小组总人数的 1/2。

（十二）环境保护行政主管部门负责对环境影响评价审查专家库进行动态更新，在更新和补充涉及水利行业专家名单时，应充分征求水行政主管部门的意见。

五、加强环境保护部门和水利部门的协调配合

（十三）水行政主管部门在审批规划草案时，应当将环境影响报告书结论以及审查意见作为规划审批决策的重要依据。对环境影响报告书结论以及审查意见不予采纳的，应当逐项对不予采纳的理由作出书面说明，并存档备查。

（十四）环境保护行政主管部门要加强对水利规划环境影响评价工作的指导，落实规划环评和项目环评的联动机制。自本通知下发之日起，未进行环境影响评价的规划所包含的建设项目，在受理其环境影响评价文件之前，应补充规划阶段的环境影响评价；已经进行环境影响评价的规划（包括本轮修编的七大流域综合规划）包含具体建设项目

的，规划的环境影响评价结论应当作为建设项目环境影响评价的重要依据，建设项目环境影响评价内容可以根据规划环境影响评价的分析论证情况予以简化。

（十五）各级环境保护行政主管部门和水行政主管部门要进一步加强沟通和协调，各司其职，各负其责，建立有效的部门合作机制，实现环评与规划编制早期介入、全程互动，不断提高水利规划环境影响评价质量，促进水利事业全面协调可持续发展。"

8. 煤电基地规划环境影响评价相关工作要求

为进一步做好煤电基地规划环境影响评价工作，以环境保护优化煤电基地发展，促进相关区域大气污染防治目标实现，环境保护部发布了《关于做好煤电基地规划环境影响评价工作的通知》（环办〔2014〕60号），主要要求如下：

"一、强化煤电基地规划环境影响评价管理

（一）编制煤电基地规划，应严格依法做好环境影响评价，在规划草案报送前编制完成规划环境影响报告书，并报送负责召集审查的环境保护部门。煤电基地规划范围、布局、结构、规模等发生重大调整或修订的，应依法重新或补充进行规划环境影响评价。

（二）煤电基地规划环境影响评价应尽早介入，贯穿规划编制的全过程。环境影响报告书编制单位应及时将规划草案的资源环境制约、可能产生的环境问题和优化调整建议，反馈规划编制机关，在规划方案的制定完善中予以充分体现。

（三）煤电基地规划环境影响报告书和审查意见应与规划草案一并报送规划审批机关，作为规划决策和实施的重要依据。

（四）规划的环境影响评价结论应作为建设项目环境影响评价的重要依据，建设项目环境影响评价内容可以根据规划环境影响评价的分析论证情况予以简化。对未完成环境影响评价工作的规划，环境保护部门不予受理规划中建设项目的环境影响评价文件。

二、煤电基地规划环境影响评价的总体要求

（五）科学调控发展规模。坚持保护优先，依据区域资源环境承载能力，以确保生态环境质量不降低和大气污染防治目标实现为前提，深入论证煤电基地发展规模的环境合理性，推动煤电基地适度、有序发展。

（六）优化煤电基地发展布局。严格落实大气污染防治重点区域和重点控制区煤电准入要求，依据区域大气环境容量和地形、气象条件，避让、减缓对环境敏感目标的不利影响，优化电源点布局。

（七）统筹区域内相关产业结构。推进科学配置区域资源环境要素，有保有压，优化煤电上下游产业链条，提升相关产业资源环境效率，推动循环绿色发展。

三、煤电基地规划环境影响评价应重点做好的工作

（八）与相关规划等的协调性分析。应重点分析煤电基地规划与主体功能区规划、生态功能区划、环保政策和规划等在功能定位、开发原则和环境准入等方面的符合性。分析规划方案与其他相关规划在资源保护与利用、生态环境要求等方面的冲突与矛盾。

论证规划方案规模、布局、结构、建设时序与区域发展目标、定位的协调性，以外送为主的煤电基地还应重点分析与相关输电通道规划的协调性。

（九）区域生态环境现状分析和回顾性评价。应结合自然保护区、饮用水水源保护区等重要环境保护目标，重点说明近年来大气环境、地表水、地下水、土壤环境等区域生态环境现状与变化。通过分析区域内煤电和相关煤炭、有色、煤化工行业规划实施引发的生态环境演变趋势，准确识别区域突出的生态环境问题及其成因。说明相关战略环评成果、规划环评审查意见及有关项目环评批复的落实情况。

（十）资源环境承载力分析。应重点分析大气环境及水环境容量，深入开展生态承载力分析。立足煤电基地内主要用水行业现有和规划的各项水资源需求，依据水资源调配引发的生态环境影响分析水资源承载能力。根据所依托矿区的煤炭产能、产量与流向，核实煤炭资源承载能力。

（十一）环境影响预测和分析。应重点开展大气环境影响预测，综合考虑煤矿、煤电及区域相关产业排放的二氧化硫（SO_2）、氮氧化物（NO_x）、可吸入颗粒物（PM_{10}）、细颗粒物（$PM_{2.5}$）和汞等重金属及有毒有害化学物质对煤电基地大气环境的影响，分析其对周边重点城市的跨界影响。分析煤电及相关产业发展对区域防风固沙、水土保持、水源涵养、生物多样性保护等重要生态功能的影响，明确煤电基地开发是否会导致生态系统主导功能发生显著不良变化或丧失，是否会加剧现有生态环境问题。

（十二）规划优化调整建议。应以资源环境可承载为前提，从煤电基地规划规模和空间布局、外送电和自用电比例、下游产业发展方向及区域产业结构调整等方面提出规划草案的优化调整建议。对与环保政策要求存在明显冲突、将显著加剧或引发严重生态环境问题、建设规模缺乏必要性或无输电通道支撑、现状环境容量不足且区域削减措施滞后或效果不佳、现状水资源难以承载且供水存在较大不确定性等情况，均应明确提出规划规模调减和布局优化等建议。

（十三）预防或减缓不良环境影响的对策措施。应立足大气环境质量改善，提出煤电基地所在区域大气污染物削减方案、大气污染防控对策，以及受电区域控制煤电行业发展的政策建议。统筹制定煤电基地环境保护和生态修复方案，细化水资源循环利用方案，分类明确固体废物综合利用、处理处置的有效途径和方式。制定有针对性的跟踪评价方案，对煤电基地开发产生的实际环境影响、环境质量变化趋势、环境保护措施落实情况和有效性做好监测和评价。

四、开展重点区域煤电基地规划环评会商

（十四）山西省和内蒙古自治区编制的煤电基地规划环境影响报告书，应根据报告书结论建议开展京津冀及周边地区环评会商，形成会商意见，重点从减缓跨界影响的角度提出规划方案优化调整和加强区域联防联控等方面措施建议。

（十五）会商完成后，应根据会商情况修改完善煤电基地规划环境影响报告书，作为进一步优化规划草案和完善大气等污染防治对策措施的重要依据。环境保护部门在召集规划环境影响报告书审查时，应邀请参与会商的相关地方政府或部门代表参加，充分考虑会商意见的采纳情况。"

9. 国土空间总体规划环评相关要求

为做好国土空间总体规划环境影响评价工作，2023 年 1 月 20 日，生态环境部办公厅、自然资源部办公厅印发了《关于做好国土空间总体规划环境影响评价工作的通知》（环办环评函〔2023〕34 号），主要内容包括：

"一、各地在组织编制省级、市级（包括副省级和地级城市）国土空间总体规划过程中，应依法开展规划环评，编写环境影响说明，作为国土空间总体规划成果的组成部分一并报送规划审批机关，缺少环境影响说明的，不得报批。环境影响说明内容应当包括规划实施对环境可能造成影响的分析、预测和评估，预防或减轻不良环境影响的对策和措施等，具体技术要求可参考《市级国土空间总体规划环境影响评价技术要点（试行）》。市级以下国土空间总体规划的环境影响评价，可由省级人民政府根据需要规定。

二、加强国土空间总体规划编制与规划环评的衔接互动。规划编制机关应及时启动规划环评工作，建立规划编制与规划环评的对接机制。在规划编制过程中，协同推动规划编制和规划环评，充分利用'双评价'（资源环境承载能力和国土空间开发适宜性评价）、生态环境分区管控方案等现有成果作为规划编制的基础，及时交流各阶段工作进展和相关信息，避免规划编制和规划环评工作相脱节。

三、国家和省级生态环境主管部门在配合同级自然资源部门审查下级政府报送的国土空间总体规划时，应重点对规划环评的开展情况、内容、方法、对策措施等进行审查。

四、生态环境部、自然资源部依法做好对国土空间总体规划环境影响评价的技术指导，不断完善相关技术要求，加强监督管理，适时组织对国土空间总体规划环境影响评价的开展情况进行跟踪和检查。

五、地方各级生态环境主管部门和自然资源主管部门要加强沟通和协调，各司其职、各负其责，建立畅通的部门协作机制，做好数据共享，加强队伍建设和培训交流，制定本地区的具体规定或实施细则，共同推动国土空间格局持续优化和生态环境质量持续改善。"

10. 开展规划环境影响评价会商

为从规划决策的源头预防和减缓跨界不利环境影响，在环境问题较为突出的区域、流域推进联防联控，推动环境质量改善，2015 年 12 月 30 日，环境保护部发布了《关于开展规划环境影响评价会商的指导意见（试行）》（环发〔2015〕179 号），就开展规划环境影响评价会商工作提出如下主要指导意见：

"（一）会商主体。规划编制机关是依法组织开展规划环评和会商的主体，应在环境影响报告书报送审查前组织完成会商，并将会商意见与环境影响报告书一并报送环境保护主管部门（以下称环保部门）。

（二）会商对象。会商对象一般为会商范围内省（区、市）人民政府或者相关部门，由规划编制机关根据规划特点和可能产生的跨省（区、市）界环境影响情况具体确定。

（三）环保部门。环保部门协助指导规划编制机关组织开展规划环评会商，在召集审查过程中充分关注会商意见的采纳落实情况。

（四）界定应开展会商的规划环评范围。位于京津冀、长三角、珠三角区域内的，主导产业包括石化、化工、有色冶炼、钢铁、水泥的国家级产业园区规划环境影响报告书；京津冀及周边地区的煤电基地规划环境影响报告书；国家级流域综合规划、水电开发规划环境影响报告书，应在规划环评编制阶段进行会商。

（五）确定规划环评会商对象。规划环境影响报告书应根据跨界环境影响分析预测，按不利影响大小程度对区域（流域）内及相邻的省（区、市）进行排序。国家级产业园区规划环评一般应会商受影响最大的省（区、市），跨界影响轻微的也可会商主要受影响的相邻地级城市；京津冀及周边地区的煤电基地规划环评应会商受影响最大的两个省（区、市）；流域综合规划环评、水电开发规划环评应会商规划涉及的所有省（区、市），也可根据需要适当扩大会商范围。

（六）提高会商材料质量。会商材料包括规划环境影响报告书等相关文件。会商材料应采用科学合理的方法评价跨界环境影响的程度和范围，提出拟采取的规划优化调整方案，以及最大程度预防、减缓跨界影响的对策措施。对不同类型的规划，会商材料还可结合跨界影响和资源环境承载情况，提出禁止开发的生态空间红线、区域污染物行业排放总量、禁止新建的产业以及适宜发展产业的环境准入要求等，便于规划采纳和实施。

（七）规范会商流程和时限。规划编制机关应在启动会商时正式函告会商对象，受邀单位在收到函件之日起 5 个工作日内做出是否参与会商的决定并通知对方，同意参加会商的应明确联系人和联系方式。规划编制机关应在确定会商对象后 10 个工作日内确定会商形式并通知会商对象，向其提供会商材料。完成会商后应在 15 个工作日内形成会商意见。

（八）确定会商开展形式。规划编制机关可采取书面征求意见、召开座谈会、启动区域和流域污染防治协作机制等形式组织开展会商。

（九）明确会商意见内容。会商意见应聚焦跨界环境影响，明确说明规划实施可能产生环境影响的范围和程度；评价预防和减缓跨界环境影响对策措施的有效性；提出优化调整规划方案的具体建议，以及进一步完善和加强联防联控的措施建议。

（十）根据会商成果完善规划环境影响报告书。规划环境影响报告书应根据会商意见完善相关内容，说明会商意见采纳情况，不采纳的应逐项就不予采纳的理由作出书面说明；在此基础上提出有针对性的规划优化调整建议以及预防或减缓区域性流域性生态环境影响的对策措施。

（十一）根据会商成果提升规划科学性。规划编制机关应当将规划环境影响报告书结论、会商意见作为完善规划编制的重要依据，对规划草案进行优化调整，完善区域和流域污染联防联控的对策措施，并在规划实施中做好贯彻落实。

（十二）在审查管理时纳入会商意见。环保部门在召集规划环境影响报告书审查时，应邀请参与会商的代表参加审查会，并将会商意见作为审查意见的重要内容，推动优化开发布局、合理调控规模和转型升级发展，强化联防联控，维护和改善环境质量。

（十三）由省级环保部门召集审查的规划环评，可能造成跨区域（流域）环境影响的，鼓励开展会商工作。具体办法可参照本意见执行，也可制定相关办法确定具体会商区域、流域范围，会商对象，规划环评领域等，加强对会商工作的指导和规范。"

11. 规划环评中碳排放评价的有关要求

为积极应对气候变化，实现碳达峰与碳中和目标，2021年1月9日，生态环境部印发的《关于统筹和加强应对气候变化与生态环境保护相关工作的指导意见》（环综合〔2021〕4号）提出：

"推动评价管理统筹融合。将应对气候变化要求纳入'三线一单'（生态保护红线、环境质量底线、资源利用上线和生态环境准入清单）生态环境分区管控体系，通过规划环评、项目环评推动区域、行业和企业落实煤炭消费削减替代、温室气体排放控制等政策要求，推动将气候变化影响纳入环境影响评价。"

2021年6月7日，生态环境部办公厅印发的《环境影响评价与排污许可领域协同推进碳减排工作方案》（环办环评函〔2021〕277号）提出：

"探索建立政策生态环境影响论证、规划环评层面应对气候变化的工作机制

（一）组织开展试点，探索推进以绿色低碳为导向的政策生态环境影响论证工作机制。结合重大经济、技术政策生态环境影响论证试点，组织选取碳排放强度高的重点行业或区域开展试点工作，将绿色低碳作为试点工作重要内容。探索政策生态环境影响论证中以绿色低碳为导向的评价指标和评价方法，形成可复制、可推广的经验。到2025年初步建立以绿色低碳为导向的重大经济、技术政策生态环境影响论证工作机制。

（二）组织开展试点，探索在规划环评中开展碳排放环境影响评价。在现有规划环评工作框架下，选取工作基础较好的区域，组织开展国家和省级产业园区、能源基地等规划环评试点工作。通过强化规划替代方案研究，以降低二氧化碳等温室气体排放为重要评价内容，探索将气候变化因素纳入规划环评的路径。

（三）逐步建立将气候变化因素纳入规划环评的技术规范，强化减污降碳协同管控和准入。总结试点工作经验和评价方法，探索将气候变化因素纳入规划环评技术方法体系，推动形成减污降碳协同管控的规划环评技术规范。按照国家统一部署确定碳排放控制目标，探索从规划空间布局、结构调整、总量管控等方面构建规划环评约束指标，推动形成区域、行业相关规划的减污降碳协同管控，助力碳达峰。"

2021年10月17日，生态环境部办公厅印发了《关于在产业园区规划环评中开展碳排放评价试点的通知》（环办环评函〔2021〕471号），工作任务包括：

"（一）探索规划环评中开展碳排放评价的技术方法

以生态环境质量改善为核心，推进减污降碳协同增效，在《规划环境影响评价技术

导则 产业园区》的基础上，结合产业园区规划环评中开展碳排放评价试点工作要点，采取定性与定量相结合的方式，探索开展不同行业、区域尺度上碳排放评价的技术方法，包括碳排放现状核算方法研究、碳排放评价指标体系构建、碳排放源识别与监控方法、低碳排放与污染物排放协同控制方法等方面。

（二）完善将碳排放评价纳入规划环评的环境管理机制

结合碳排放评价结果，进一步衔接区域'三线一单'生态环境分区管控要求、国土空间规划和行业发展规划内容，细化考虑气候变化因素的生态环境准入清单，为区域建设项目准入、企业排污许可证申领、执法检查等环境管理提供基础。

（三）形成一批可复制、可推广的案例经验

通过试点工作，重点从碳排放评价技术方法、减污降碳协同治理、考虑气候变化因素的规划优化调整方式和环境管理机制等方面总结经验，形成一批可复制、可推广的案例，为碳排放评价纳入环评体系提供工作基础。"

第五章　建设项目环境影响评价

我国现行的法律法规都没有对建设项目进行定义和解释，但在不同的文件中有大致相同的范围列举。1986 年，国家计委、国家经委、国务院环境保护委员会发布的《建设项目环境保护管理办法》第二条列举了"工业、交通、水利、农林、商业、卫生、文教、科研、旅游、市政等对环境有影响的一切基本建设项目和技术改造项目以及区域开发建设项目"。1987 年，国家计委、国务院环境保护委员会颁布的《建设项目环境保护设计规定》又补充了"机场"，并对项目类型拓展为"新建、扩建、改建"项目以及"中外合资、中外合作、外商独资"等项目。

基本建设项目的概念来自固定资产投资扩大再生产，凡是属于固定资产投资的活动方式，大都可以纳入建设项目的管理范畴，如房地产开发等。对上述概念，国家有关管理部门和地方各级人民政府在理解和实施上都没有异议，建设项目环境保护管理也在这个范畴内实施。

第一节　建设项目环境保护的总体要求

《建设项目环境保护管理条例》第一章规定了建设项目环境保护的总体要求：

"第三条　建设产生污染的建设项目，必须遵守污染物排放的国家标准和地方标准；在实施重点污染物排放总量控制的区域内，还必须符合重点污染物排放总量控制的要求。

第四条　工业建设项目应当采用能耗物耗小、污染物产生量少的清洁生产工艺，合理利用自然资源，防止环境污染和生态破坏。

第五条　改建、扩建项目和技术改造项目必须采取措施，治理与该项目有关的原有环境污染和生态破坏。"

第二节　建设项目环境影响评价的分类管理

一、环境影响评价分类管理的原则规定

建设项目对环境的影响千差万别，不仅不同的行业、不同的产品、不同的规模、不

同的工艺、不同的原材料产生的污染物种类和数量不同，对环境的影响不同，即使是相同的企业处于不同的地点、不同的区域，对环境的影响也不一样。《中华人民共和国环境影响评价法》第十六条和《建设项目环境保护管理条例》第七条具体规定了国家对建设项目的环境保护实行分类管理。

《中华人民共和国环境影响评价法》第十六条规定：

"国家根据建设项目对环境的影响程度，对建设项目的环境影响评价实行分类管理。

建设单位应当按照下列规定组织编制环境影响报告书、环境影响报告表或者填报环境影响登记表（以下统称环境影响评价文件）：

（一）可能造成重大环境影响的，应当编制环境影响报告书，对产生的环境影响进行全面评价；

（二）可能造成轻度环境影响的，应当编制环境影响报告表，对产生的环境影响进行分析或者专项评价；

（三）对环境影响很小、不需要进行环境影响评价的，应当填报环境影响登记表。

建设项目的环境影响评价分类管理名录，由国务院生态环境主管部门制定并公布。"

《建设项目环境保护管理条例》对分类管理也有相同的规定，但提法是环境保护分类管理。《建设项目环境保护管理条例》第七条规定：

"国家根据建设项目对环境的影响程度，按照下列规定对建设项目的环境保护实行分类管理：

（一）建设项目对环境可能造成重大影响的，应当编制环境影响报告书，对建设项目产生的污染和对环境的影响进行全面、详细的评价；

（二）建设项目对环境可能造成轻度影响的，应当编制环境影响报告表，对建设项目产生的污染和对环境的影响进行分析或者专项评价；

（三）建设项目对环境影响很小、不需要进行环境影响评价的，应当填报环境影响登记表。

建设项目环境影响评价分类管理名录，由国务院环境保护行政主管部门在组织专家进行论证和征求有关部门、行业协会、企事业单位、公众等意见的基础上制定并公布。"

分类管理体现了环境保护工作既要促进经济发展，又要保护好环境的"双赢"理念。对环境影响大的建设项目从严把关管理，坚决防止对环境的污染和生态的破坏；对环境影响小的建设项目适当简化评价内容和审批程序，促进经济的快速发展。

二、环境影响评价分类管理的具体要求

根据上述法律法规的规定，国家环境保护总局于2002年10月以第14号令颁布《建设项目环境保护分类管理名录》，之后分别于2008年9月2日环境保护部第2号令及2015年4月9日环境保护部第33号令对其进行了修订。2017年6月29日环境保护部

第 44 号令修订通过《建设项目环境影响评价分类管理名录》，2018 年 4 月 28 日生态环境部令第 1 号对其部分内容进行修改。2020 年 11 月 30 日生态环境部令第 16 号修订发布了《建设项目环境影响评价分类管理名录（2021 年版）》。

1. 建设项目环境影响评价分类管理类别确定

根据建设项目特征和所在区域的环境敏感程度，综合考虑建设项目可能对环境产生的影响，对建设项目的环境影响评价实行分类管理。建设单位应当按照名录的规定，分别组织编制建设项目环境影响报告书、环境影响报告表或者填报环境影响登记表。

建设单位应当严格按照名录确定建设项目环境影响评价类别，不得擅自改变环境影响评价类别。建设内容涉及名录中两个及以上项目类别的建设项目，其环境影响评价类别按照其中单项等级最高的确定，建设内容不涉及主体工程的改建、扩建项目，其环境影响评价类别按照改建、扩建的工程内容确定。

名录未做规定的建设项目，不纳入建设项目环境影响评价管理；省级生态环境主管部门对名录未做规定的建设项目，认为确有必要纳入建设项目环境影响评价管理的，可以根据建设项目的污染因子、生态影响因子特征及其所处环境的敏感性质和敏感程度等，提出环境影响评价分类管理的建议，报生态环境部认定后实施。

2. 环境敏感区的界定

《建设项目环境影响评价分类管理名录》第三条规定：

"本名录所称环境敏感区是指依法设立的各级各类保护区域和对建设项目产生的环境影响特别敏感的区域，主要包括下列区域：

（一）国家公园、自然保护区、风景名胜区、世界文化和自然遗产地、海洋特别保护区、饮用水水源保护区；

（二）除（一）外的生态保护红线管控范围，永久基本农田、基本草原、自然公园（森林公园、地质公园、海洋公园等）、重要湿地、天然林、重点保护野生动物栖息地、重点保护野生植物生长繁殖地，重要水生生物的自然产卵场、索饵场、越冬场和洄游通道，天然渔场，水土流失重点预防区和重点治理区、沙化土地封禁保护区、封闭及半封闭海域；

（三）以居住、医疗卫生、文化教育、科研、行政办公为主要功能的区域，以及文物保护单位。

环境影响报告书、环境影响报告表应当就建设项目对环境敏感区的影响做重点分析。"

三、整体建设项目规划的环境影响评价

《中华人民共和国环境影响评价法》第十八条第二款、第三款规定：

"作为一项整体建设项目的规划，按照建设项目进行环境影响评价，不进行规划的环境影响评价。

已经进行了环境影响评价的规划包含具体建设项目的，规划的环境影响评价结论应当作为建设项目环境影响评价的重要依据，建设项目环境影响评价的内容应当根据规划的环境影响评价审查意见予以简化。"

《规划环境影响评价条例》第二十三条规定：

"已经进行环境影响评价的规划包含具体建设项目的，规划的环境影响评价结论应当作为建设项目环境影响评价的重要依据，建设项目环境影响评价的内容可以根据规划环境影响评价的分析论证情况予以简化。"

一项整体建设项目的规划是指一个具体的建设发展规划，规划中一般包括多个建设项目。规划中建设项目的地点、规模、产品、工艺都比较具体，尽管是在一段时间内陆续建设，但可以运用建设项目环境影响评价方法来预测其建成规模对环境可能造成的影响程度，也可以提出具体的防治污染及保护生态的措施，可视为分期建设、分期投产的"一揽子"项目。对这种建设项目规划，采用建设项目环境影响评价技术导则和管理程序更有利于做好规划项目的环境保护，因此应按建设项目进行环境影响评价，不按规划环境影响评价的程序进行规划环境影响评价。

已经开展环境影响评价的规划中，如果包含了一些具体的建设项目，规划的环境影响评价结论应当作为建设项目环境影响评价的重要依据，这些建设项目开始建设时与规划环境影响评价中的规模、产品、工艺相比没有变化的，其环境影响评价内容可以根据规划的环境影响评价审查意见予以简化。

第三节　建设项目环境影响评价文件的内容和要求

一、建设项目环境影响评价报告书的基本内容

建设项目环境影响评价文件分为环境影响报告书、环境影响报告表和环境影响登记表。根据建设项目环境保护分类管理的要求，不以投资主体、资金来源、项目性质和投资规模，而以建设项目特征和所在区域的环境敏感程度，综合考虑建设项目可能对环境产生的影响，对建设项目的环境影响评价试行分类管理。为保证环境影响评价的工作质量，督促建设单位认真履行环境影响评价义务，规范环境影响评价文件的编制，《中华人民共和国环境影响评价法》第十七条和《建设项目环境保护管理条例》第八条对建设项目环境影响报告书的内容以及环境影响报告表、环境影响登记表的内容和格式作出了规定。

《中华人民共和国环境影响评价法》第十七条：

"建设项目的环境影响报告书应当包括下列内容：

（一）建设项目概况；

（二）建设项目周围环境现状；

（三）建设项目对环境可能造成影响的分析、预测和评估；

（四）建设项目环境保护措施及其技术、经济论证；

（五）建设项目对环境影响的经济损益分析；

（六）对建设项目实施环境监测的建议；

（七）环境影响评价的结论。

环境影响报告表和环境影响登记表的内容和格式，由国务院生态环境主管部门制定。"

除上述评价内容外，根据形势的发展，鉴于建设项目风险事故对环境会造成危害，对存在风险事故的建设项目，特别是在原料、生产、产品、储存、运输中涉及危险化学品的建设项目，在环境影响报告书的编制中，还需有环境风险评价的内容。

二、建设项目环境影响报告表内容及编制要求

2020 年 12 月 24 日，生态环境部印发《关于印发〈建设项目环境影响报告表〉内容、格式及编制技术指南的通知》（环办环评〔2020〕33 号）。通知是为了深化建设项目环境影响评价"放管服"改革，优化和规范环境影响报告表编制，提高环境影响评价制度的有效性。根据建设项目环境影响特点将报告表分为污染影响类和生态影响类，配套制定了《建设项目环境影响报告表编制技术指南（污染影响类）（试行）》和《建设项目环境影响报告表编制技术指南（生态影响类）（试行）》。

《建设项目环境影响报告表编制技术指南（污染影响类）（试行）》要求：

"一、适用范围

本指南适用《建设项目环境影响评价分类管理名录》中以污染影响为主要特征的建设项目环境影响报告表编制，包括制造业，电力、热力生产和供应业的火力发电、热电联产、生物质能发电、热力生产项目，燃气生产和供应业，水的生产和供应业，研究和试验发展，生态保护和环境治理业（不包括泥石流等地质灾害治理工程），公共设施管理业，卫生，社会事业与服务业的有化学或生物实验室的学校、胶片洗印厂、加油加气站、汽车或摩托车维修场所、殡仪馆和动物医院，交通运输业中的导航台站、供油工程、维修保障等配套工程，装卸搬运和仓储业，海洋工程中的排海工程，核与辐射（不包括已单独制定建设项目环境影响报告表格式的核与辐射类建设项目），以及其他以污染影响为主的建设项目。其他同时涉及污染和生态影响的建设项目，填写《建设项目环境影响报告表（生态影响类）》。

二、总体要求

一般情况下，建设单位应按照本指南要求，组织填写建设项目环境影响报告表。建设项目产生的环境影响需要深入论证的，应按照环境影响评价相关技术导则开展专项评价工作。根据建设项目排污情况及所涉环境敏感程度，确定专项评价的类别。大气、地表水、环境风险、生态和海洋专项评价，具体设置原则见表1。土壤、声环境不开展专

项评价。地下水原则上不开展专项评价，涉及集中式饮用水水源和热水、矿泉水、温泉等特殊地下水资源保护区的开展地下水专项评价工作。专项评价一般不超过两项，印刷电路板制造类建设项目专项评价不超过三项。

表 1　专项评价设置原则表

专项评价类别	设置原则
大气	排放废气含有毒有害污染物[1]、二噁英、苯并[a]芘、氰化物、氯气且厂界外 500 米范围内有环境空气保护目标[2]的建设项目
地表水	新增工业废水直排建设项目（槽罐车外送污水处理厂的除外）；新增废水直排的污水集中处理厂
环境风险	有毒有害和易燃易爆危险物质存储量超过临界量[3]的建设项目
生态	取水口下游 500 米范围内有重要水生生物的自然产卵场、索饵场、越冬场和洄游通道的新增河道取水的污染类建设项目
海洋	直接向海排放污染物的海洋工程建设项目

注：1. 废气中有毒有害污染物指纳入《有毒有害大气污染物名录》的污染物（不包括无排放标准的污染物）。

2. 环境空气保护目标指自然保护区、风景名胜区、居住区、文化区和农村地区中人群较集中的区域。

3. 临界量及其计算方法可参考《建设项目环境风险评价技术导则》（HJ 169）附录 B、附录 C。

三、具体编制要求

（一）建设项目基本情况

建设项目名称：指立项批复时的项目名称。无立项批复则为可行性研究报告或相关设计文件的项目名称。

项目代码：指发展改革部门核发的唯一项目代码。发展改革部门未核发项目代码，填写‘无’。

建设地点：指项目具体建设地址。海洋工程建设地点应明确项目所在海域位置。

地理坐标：指建设地点中心坐标。坐标经纬度采用度分秒（秒保留 3 位小数）。

国民经济行业类别：填写《国民经济行业分类》小类。

建设项目行业类别：指《建设项目环境影响评价分类管理名录》中项目行业具体类别。

是否开工建设：填写是否开工建设。存在‘未批先建’违法行为的，填写已建设内容、处罚及执行情况。

用地（用海）面积（m^2）：指建设项目所占有或使用的土地水平投影面积。租用建筑物的建设项目填写实际租用面积。海洋工程填写占用的海域面积。改建、扩建工程填写新增用地面积。

专项评价设置情况：需要设置专项评价的，填写专项评价名称，并参照表 1 说明设置理由。未设置专项评价的，填写‘无’。

规划情况：填写建设项目所依据的行业、产业园区等相关规划名称、审批机关、审批文件名称及文号。无相关规划的，填写'无'。

规划环境影响评价情况：填写规划环境影响评价文件名称、召集审查机关、审查文件名称及文号。未开展规划环境影响评价的，填写'无'。

规划及规划环境影响评价符合性分析：分析建设项目与相关规划、规划环境影响评价结论及审查意见的符合性。

其他符合性分析：分析建设项目与所在地'三线一单'（生态保护红线、环境质量底线、资源利用上线和生态环境准入清单）及相关生态环境保护法律法规政策、生态环境保护规划的符合性。

（二）建设项目工程分析

建设内容：填写主体工程、辅助工程、公用工程、环保工程、储运工程、依托工程，明确主要产品及产能、主要生产单元、主要工艺、主要生产设施及设施参数、主要原辅材料及燃料的种类和用量（改建、扩建及技改项目应说明原辅料及产品变化情况）。简要分析主要原辅料中与污染排放有关的物质或元素，必要时开展相关元素平衡计算。产生工业废水的建设项目应开展水平衡分析。明确劳动定员及工作制度。简述厂区平面布置并附图。

工艺流程和产排污环节：简述工艺流程和产排污环节，绘制包括产排污环节的生产工艺流程图。

与项目有关的原有环境污染问题：改建、扩建及技改项目说明现有工程履行环境影响评价、竣工环境保护验收、排污许可手续等情况，核算现有工程污染物实际排放总量，梳理与该项目有关的主要环境问题并提出整改措施。

（三）区域环境质量现状、环境保护目标及评价标准

区域环境质量现状：

1. 大气环境。常规污染物引用与建设项目距离近的有效数据，包括近 3 年的规划环境影响评价的监测数据，国家、地方环境空气质量监测网数据或生态环境主管部门公开发布的质量数据等。排放国家、地方环境空气质量标准中有标准限值要求的特征污染物时，引用建设项目周边 5 千米范围内近 3 年的现有监测数据，无相关数据的选择当季主导风向下风向 1 个点位补充不少于 3 天的监测数据。

根据建设项目所在环境功能区及适用的国家、地方环境质量标准，以及地方环境质量管理要求评价大气环境质量现状达标情况。

2. 地表水环境。引用与建设项目距离近的有效数据，包括近 3 年的规划环境影响评价的监测数据，所在流域控制单元内国家、地方控制断面监测数据，生态环境主管部门发布的水环境质量数据或地表水达标情况的结论。

3. 声环境。厂界外周边 50 米范围内存在声环境保护目标的建设项目，应监测保护目标声环境质量现状并评价达标情况。各点位应监测昼夜间噪声，监测时间不少于 1 天，

项目夜间不生产则仅监测昼间噪声。

4. 生态环境。产业园区外建设项目新增用地且用地范围内含有生态环境保护目标时，应进行生态现状调查。

5. 电磁辐射。新建或改建、扩建广播电台、差转台、电视塔台卫星地球上行站、雷达等电磁辐射类项目，应根据相关技术导则对项目电磁辐射现状开展监测与评价。

6. 地下水、土壤环境。原则上不开展环境质量现状调查。建设项目存在土壤、地下水环境污染途径的，应结合污染源、保护目标分布情况开展现状调查以留作背景值。

环境保护目标：

1. 大气环境。明确厂界外500米范围内的自然保护区、风景名胜区、居住区、文化区和农村地区中人群较集中的区域等保护目标的名称及与建设项目厂界位置关系。

2. 声环境。明确厂界外50米范围内声环境保护目标。

3. 地下水环境。明确厂界外500米范围内的地下水集中式饮用水水源和热水、矿泉水、温泉等特殊地下水资源。

4. 生态环境。产业园区外建设项目新增用地的，应明确新增用地范围内生态环境保护目标。

污染物排放控制标准：填写建设项目相关的国家、地方污染物排放控制标准，以及污染物的排放浓度、排放速率限值。

总量控制指标：填写地方生态环境主管部门核定的总量控制指标。没有总量控制指标的，填写'无'。

开展专项评价的环境要素，应在表格中填写调查和评价结果。

（四）主要环境影响和保护措施

施工期环境保护措施：填写施工扬尘、废水、噪声、固体废物振动等防治措施。产业园区外建设项目新增用地的，应明确新增用地范围内生态环境保护目标的保护措施

运营期环境影响和保护措施：

以下内容参考源强核算技术指南和排污许可证申请与核发技术规范要求填写。

1. 废气。产排污环节、污染物种类、污染物产生量和浓度，排放形式（有组织、无组织）、治理设施（处理能力、收集效率、治理工艺去除率、是否为可行技术）、污染物排放浓度（速率）、污染物排放量、排放口基本情况（高度、排气筒内径、温度、编号及名称、类型、地理坐标），排放标准，监测要求（监测点位、监测因子、监测频次）。废气污染物排放源可列表说明，并在表格后以文字形式简单阐述其源强核算过程。结合源强、排放标准、污染治理措施等分析达标排放情况。生产设施开停炉（机）等非正常情况应分析频次、排放浓度、持续时间、排放量及措施。

废气污染治理设施未采用污染防治可行技术指南、排污许可技术规范中可行技术或未明确规定为可行技术的，应简要分析其可行性。

结合建设项目所在区域环境质量现状、环境保护目标、项目采取的污染治理措施及

污染物排放强度、排放方式，定性分析废气排放的环境影响。

2. 废水。产排污环节、类别、污染物种类、污染物产生浓度和产生量，治理设施（处理能力、治理工艺、治理效率、是否为可行技术）、废水排放量、污染物排放量和浓度、排放方式（直接排放、间接排放）、排放去向、排放规律、排放口基本情况（编号及名称、类型、地理坐标）、排放标准，监测要求（监测点位、监测因子、监测频次）。结合源强、排放标准、污染治理措施等分析达标情况废水污染治理设施未采用污染防治可行技术指南、排污许可技术规范中可行技术或未明确规定为可行技术的，应简要分析其可行性。

废水间接排放的建设项目应从处理能力、处理工艺、设计进出水水质等方面，分析依托集中污水处理厂的可行性。

3. 噪声。明确噪声源、产生强度、降噪措施、排放强度、持续时间，分析厂界和环境保护目标达标情况，提出监测要求（监测点位、监测频次）。

4. 固体废物。明确产生环节、名称、属性（一般工业固体废物、危险废物及编码）、主要有毒有害物质名称、物理性状、环境危险特性、年度产生量、贮存方式、利用处置方式和去向、利用或处置量、环境管理要求。

5. 地下水、土壤。分析地下水、土壤污染源、污染物类型和污染途径，按照分区防控要求提出相应的防控措施，并根据分析结果提出跟踪监测要求（监测点位、监测因子、监测频次）。

6. 生态。产业园区外建设项目新增用地且用地范围内含有生态环境保护目标的，应明确保护措施。

7. 环境风险。明确有毒有害和易燃易爆等危险物质和风险源分布情况及可能影响途径，并提出相应环境风险防范措施。

8. 电磁辐射。明确电磁辐射源布局、发射功率、频率范围、天线特性参数、运行工况，电磁辐射场强分布情况，环境保护目标达标情况，监测要求（监测点位、监测频次）。当建设项目存在多个电磁辐射源时，应考虑其对环境保护目标的综合影响，并说明相应的环境保护措施。

开展专项评价的环境要素，应在表格中填写主要环境影响评价结论。

（五）环境保护措施监督检查清单

按要素填写相关内容。

（六）结论

从环境保护角度，明确建设项目环境影响可行或不可行的结论（无须重复前文所述的项目概况、具体的影响分析及保护措施等内容）。

附表：填写建设项目污染物排放量汇总表，其中现有工程污染物排放情况根据排污许可证执行报告填写，无排污许可证执行报告或执行报告中无相关内容的，通过监测数据核算现有工程污染物排放情况。

（七）其他要求

1. 涉密建设项目应按照国家有关规定执行，非涉密建设项目不应包含涉密数据及图件。

2. 报告表中含有知识产权、商业秘密等不可公开内容的应注明并说明理由，未注明的视为可公开内容。

3. 附图主要包括建设项目地理位置图、厂区平面布置图、环境保护目标分布图，根据项目实际情况可附具现状监测布点图、地下水和土壤跟踪监测布点图等。附图中应标明指北针、图例及比例尺等相关图件信息。"

《建设项目环境影响报告表编制技术指南（生态影响类）（试行）》要求：

"一、适用范围

本指南适用《建设项目环境影响评价分类管理名录》中以生态影响为主要特征的建设项目环境影响报告表编制，包括农业，林业，渔业，采矿业，电力、热力生产和供应业的水电、风电、光伏发电、地热等其他能源发电，房地产业，专业技术服务业，生态保护和环境治理业的泥石流等地质灾害治理工程，社会事业与服务业（不包括有化学或生物实验室的学校、胶片洗印厂、加油加气站、洗车场、汽车或摩托车维修场所、殡仪馆、动物医院），水利，交通运输业（不包括导航台站、供油工程、维修保障等配套工程），管道运输业，海洋工程（不包括排海工程），以及其他以生态影响为主要特征的建设项目（不包括已单独制定建设项目环境影响报告表格式的核与辐射类建设项目）。

以生态影响为主要特征的建设项目环境影响报告表依据本指南进行填写，与本指南要求不一致的以本指南为准。

二、总体要求

一般情况下，建设单位应按照本指南要求，组织填写建设项目环境影响报告表。建设项目产生的生态环境影响需要深入论证的，应按照环境影响评价相关技术导则开展专项评价工作。根据建设项目特点和涉及的环境敏感区类别，确定专项评价的类别，设置原则参照表1，确有必要的可根据建设项目环境影响程度等实际情况适当调整。专项评价一般不超过两项，水利水电、交通运输（公路、铁路）、陆地石油和天然气开采类建设项目不超过三项。

表 1 专项评价设置原则表

专项评价类别	涉及项目类别
地表水	水力发电：引水式发电、涉及调峰发电的项目； 人工湖、人工湿地：全部； 水库：全部； 引水工程：全部（配套的管线工程等除外）； 防洪除涝工程：包含水库的项目； 河湖整治：涉及清淤且底泥存在重金属污染的项目

专项评价类别	涉及项目类别
地下水	陆地石油和天然气开采：全部； 地下水（含矿泉水）开采：全部； 水利、水电、交通等：含穿越可溶岩地层隧道的项目
生态	涉及环境敏感区（不包括饮用水水源保护区，以居住、医疗卫生、文化教育科研、行政办公为主要功能的区域，以及文物保护单位）的项目
大气	油气、液体化工码头：全部； 干散货（含煤炭、矿石），件杂，多用途、通用码头：涉及粉尘、挥发性有机物排放的项目
噪声	公路、铁路、机场等交通运输业涉及环境敏感区（以居住、医疗卫生、文化教育、科研、行政办公为主要功能的区域）的项目； 城市道路（不含维护，不含支路、人行天桥、人行地道）：全部
环境风险	石油和天然气开采：全部； 油气、液体化工码头：全部； 原油、成品油、天然气管线（不含城镇天然气管线、企业厂区内管线），危险化学品输送管线（不含企业厂区内管线）：全部

注："涉及环境敏感区"是指建设项目位于、穿（跨）越（无害化通过的除外）环境敏感区，或环境影响范围涵盖环境敏感区。环境敏感区是指《建设项目环境影响评价分类管理名录》中针对该类项目所列的敏感区。

三、具体编制要求

（一）建设项目基本情况

建设项目名称：指立项批复时的项目名称。无立项批复则为可行性研究报告或相关设计文件的项目名称。

项目代码：指发展改革部门核发的唯一项目代码。若发展改革部门未核发项目代码，此项填'无'。

建设地点：指项目具体建设地址。线性工程等涉及地点较多的可根据实际情况填写至区县级或乡镇级行政区，海洋工程建设地点应明确项目所在海域位置。

地理坐标：指建设地点中心坐标，线性工程填写起点、终点及沿线重要节点坐标。坐标经纬度采用度分秒（秒保留3位小数）。

建设项目行业类别：指《建设项目环境影响评价分类管理名录》中项目行业具体类别。

用地（用海）面积（m²）/长度（km）：用地面积包括永久用地和临时用地。租用建筑物的建设项目填写实际租用面积。海洋工程填写占用的海域面积。线性工程填写用地面积及线路长度。改建、扩建工程填写新增用地面积。

是否开工建设：填写是否开工建设。存在'未批先建'违法行为的，填写已建设内容、处罚及执行情况。

专项评价设置情况：需要设置专项评价的，填写专项评价名称，并参照表1说明设置理由。未设置专项评价的，填写'无'。

规划情况：填写建设项目所依据的流域、交通等行业或专项规划等相关规划的名称、审批机关、审批文件名称及文号。无相关规划的，填写'无'。

规划环境影响评价情况：填写规划环境影响评价文件的名称召集审查机关、审查文件名称及文号。未开展规划环境影响评价的，填写'无'。

规划及规划环境影响评价符合性分析：分析建设项目与相关规划、规划环境影响评价结论及审查意见的符合性。

其他符合性分析：分析建设项目与所在地'三线一单'（生态保护红线、环境质量底线、资源利用上线和生态环境准入清单）及相关生态环境保护法律法规政策、生态环境保护规划的符合性。

（二）建设内容

地理位置：填写项目所在行政区、流域（海域）位置。线性工程填写线路总体走向（起点、终点及途经的省、地级或县级行政区）建设内容涉及河流（湖库、海洋）的项目填写所在行政区及所在流域（海域）、河流（湖库）。

项目组成及规模：填写主体工程、辅助工程、环保工程、依托工程、临时工程等工程内容，建设规模及主要工程参数，资源开发类建设项目还应说明开发方式。水利水电项目应明确工程任务及相应的建设内容、工程运行方式。

总平面及现场布置：简述工程布局情况和施工布置情况。

施工方案：填写施工工艺、施工时序、建设周期等内容。

其他：填写比选方案等其他内容。比选方案主要包括建设项目选址选线、工程布局、施工布置和工程运行方案等。无相关内容的，填写'无'。

（三）生态环境现状、保护目标及评价标准

生态环境现状：说明主体功能区规划和生态功能区划情况，以及项目用地及周边与项目生态环境影响相关的生态环境现状。其中，陆生生态现状应说明项目影响区域的土地利用类型、植被类型，水利水电等涉及河流的项目应说明所在流域现状及影响区域的水生生物现状，海洋工程项目应说明影响区域的海域开发利用类型、海洋生物现状，明确影响区域内重点保护野生动植物（含陆生和水生）及其生境分布情况，说明与建设项目的具体位置关系；项目涉及的水、大气、声、土壤等其他环境要素，应明确项目所在区域的环境质量现状。

开展专项评价的环境要素，应按照环境影响评价相关技术导则要求进行现状调查和评价，并在表格中填写其现状调查和评价结果概要（不宜直接全文摘抄）。不开展专项评价的环境要素，引用与项目距离近的有效数据和调查资料，包括符合时限要求的规划环境影响评价监测数据和调查资料，国家、地方环境质量监测网数据或生态环境主管部门公开发布的生态环境质量数据等；无相关数据的大气、固定声源环境质量现状监测参照《建设项目环境影响报告表编制技术指南（污染影响类）》相关规定开展补充监测，水生态、土壤等其他环境要素参照环境影响评价相关技术导则开展补充监测和调查。

与项目有关的原有环境污染和生态破坏问题：改建、扩建和技术改造项目，说明现有工程履行环境影响评价、竣工环境保护验收排污许可手续等情况，阐述与该项目有关的原有环境污染和生态破坏问题，并提出整改措施。

生态环境保护目标：按照环境影响评价相关技术导则要求确定评价范围并识别环境保护目标。填写环境保护目标的名称、与建设项目的位置关系、规模、主要保护对象和涉及的功能分区等。

评价标准：填写建设项目相关的国家和地方环境质量、污染物排放控制等标准。

其他：按照国家及地方相关政策规定，填写总量控制指标等其他相关内容。

（四）生态环境影响分析

结合建设项目特点，识别施工期、运营期可能产生生态破坏和环境污染的主要环节、因素，明确影响的对象、途径和性质，分析影响范围和影响程度。开展专项评价的环境要素，应按照环境影响评价相关技术导则要求进行影响分析，并在表格中填写影响分析结果概要（不宜直接全文摘抄）；不开展专项评价的环境要素，环境影响以定性分析为主。涉及环境敏感区的，应单独列出相关影响内容。涉及污染影响的，参照《建设项目环境影响报告表编制技术指南（污染影响类）》分析。

选址选线环境合理性分析：从环境制约因素、环境影响程度等方面分析选址选线的环境合理性，有不同方案的应进行环境影响对比分析，从环境角度提出推荐方案。

（五）主要生态环境保护措施

应针对建设项目生态环境影响的对象、范围、时段、程度，参照环境影响评价相关技术导则要求，提出避让、减缓、修复、补偿管理、监测等对策措施，分析措施的技术可行性、经济合理性、运行稳定性、生态保护和修复效果的可达性，选择技术先进、经济合理、便于实施、运行稳定、长期有效的措施，明确措施的内容、设施的规模及工艺、实施部位和时间、责任主体、实施保障、实施效果等，并估算（概算）环境保护投资，环境监测计划应明确监测因子、监测点位、监测频次、监测方法等。各要素应明确影响评价结论。

对重点保护野生植物造成影响的，应提出就地保护、迁地保护等措施，生态修复宜选用本地物种以防外来生物入侵。对重点保护野生动物及其栖息地造成影响的，应提出优化工程施工方案、运行方式，实施物种救护，划定栖息地保护区域，开展栖息地保护与修复，构建活动廊道或建设食源地等措施。项目建设产生阻隔影响的，应提出野生动物通道、过鱼设施等措施。涉及河流、湖泊或海域治理的，应尽量塑造近自然水域形态和亲水岸线，尽量避免采取完全硬化措施。水利水电项目应结合工程实施前后的水文情势变化情况、已批复的所在河流生态流量（水量）管理与调度方案等相关要求，确定合适的生态流量；具备调蓄能力且有生态需求的，应提出生态调度方案。

涉及生态修复的，应充分考虑项目所在地周边资源禀赋、自然生态条件，因地制宜，制定生态修复方案，重建与当地生态系统相协调的植被群落，恢复生物多样性。

涉及噪声影响的，从噪声源、传播途径、声环境保护目标等方面采取噪声防治措施；在技术经济可行条件下，优先考虑对噪声源和传播途径采取工程技术措施，实施噪声主动控制。

涉及其他污染影响的，参照《建设项目环境影响报告表编制技术指南（污染影响类）》提出污染治理措施。

涉及环境风险的，应根据风险源分布情况及可能影响途径，提出环境风险防范措施。

涉及环境敏感区的，应单独列出相关生态环境保护措施内容。

其他：填写未包含在前述要求的其他内容。

环保投资：填写各项生态环境保护措施的估算（概算）投资，主要包括预防和减缓建设项目不利环境影响采取的各项生态保护污染治理和环境风险防范等生态环境保护措施和设施的建设费用、运行维护费用，直接为建设项目服务的环境管理与监测费用以及相关科研费用等。

（六）生态环境保护措施监督检查清单

按要素填写相关内容。验收要求填写各项措施验收时达到的标准或效果等要求。

（七）结论

从环境保护角度，明确建设项目环境影响可行或不可行的结论（无须重复前文所述的建设内容、具体的影响分析及保护措施等内容）。

（八）其他要求

1. 涉密建设项目应按照国家有关规定执行，非涉密建设项目不应包含涉密数据及图件。

2. 报告表中含有知识产权、商业秘密等不可公开内容的应注明并说明理由，未注明的视为可公开内容。

3. 附图主要包括建设项目地理位置图、线路走向图（线性工程）、所在流域水系图（涉水工程）、工程总平面布置图、施工总布置图、生态环境保护目标分布及位置关系图、生态环境监测布点图（包括现状监测布点图和监测计划布点图）、主要生态环境保护措施设计图（包括生态环境保护措施平面布置示意图、典型措施设计图）等。附图中应标明指北针、图例及比例尺等相关图件信息。"

三、建设项目环境影响登记表备案管理要求

2016年11月2日，环境保护部以部令第41号颁布的《建设项目环境影响登记表备案管理办法》中规定：

"第九条　建设单位应当在建设项目建成并投入生产运营前，登录网上备案系统，在网上备案系统注册真实信息，在线填报并提交建设项目环境影响登记表。

第十一条　建设单位填报建设项目环境影响登记表时，应当同时就其填报的环境影响登记表内容的真实、准确、完整作出承诺，并在登记表中的相应栏目由该建设单位的

法定代表人或者主要负责人签署姓名。

第十二条　建设单位在线提交环境影响登记表后，网上备案系统自动生成备案编号和回执，该建设项目环境影响登记表备案即为完成。

第十三条　建设项目环境影响登记表备案完成后，建设单位或者其法定代表人或者主要负责人在建设项目建成并投入生产运营前发生变更的，建设单位应当依照本办法规定再次办理备案手续。

第十四条　建设项目环境影响登记表备案完成后，建设单位应当严格执行相应污染物排放标准及相关环境管理规定，落实建设项目环境影响登记表中填报的环境保护措施，有效防治环境污染和生态破坏。"

四、建设项目环境影响评价的公众参与和信息公开机制

环境影响评价公众参与和信息公开是保障公众环境保护权益、构建共同参与的环境治理体系的有效途径。2006 年 2 月，国家环境保护总局发布了《环境影响评价公众参与暂行办法》（环发〔2006〕28 号），首次对环境影响评价公众参与进行了全面、系统的规定。为了健全环境治理体系，建立全过程、全覆盖的建设项目环评信息公开机制，保障公众对项目建设的环境影响知情权、参与权和监督权，环境保护部于 2015 年 12 月 10日发布了《建设项目环境影响评价信息公开机制方案》（环发〔2015〕162 号）。2018 年7 月 16 日，生态环境部发布了《环境影响评价公众参与办法》（生态环境部令　第 4 号），对原暂行办法进行了全面修订，并于 2018 年 10 月 12 日发布《关于发布〈环境影响评价公众参与办法〉配套文件的公告》（公告 2018 年　第 48 号），于 2019 年 1 月 1 日起施行。

1．法律和行政法规有关规定

《中华人民共和国环境影响评价法》规定：

"第五条　国家鼓励有关单位、专家和公众以适当方式参与环境影响评价。

第二十一条　除国家规定需要保密的情形外，对环境可能造成重大影响、应当编制环境影响报告书的建设项目，建设单位应当在报批建设项目环境影响报告书前，举行论证会、听证会，或者采取其他形式，征求有关单位、专家和公众的意见。

建设单位报批的环境影响报告书应当附具对有关单位、专家和公众的意见采纳或者不采纳的说明。"

《建设项目环境保护管理条例》规定：

"第十四条　建设单位编制环境影响报告书，应当依照有关法律规定，征求建设项目所在地有关单位和居民的意见。"

2．环境影响评价公众参与的原则

《环境影响评价公众参与办法》规定环境影响评价公众参与应当遵循以下原则：

"第三条　国家鼓励公众参与环境影响评价。

环境影响评价公众参与遵循依法、有序、公开、便利的原则。"

3．建设单位听取意见的范围

《环境影响评价公众参与办法》规定：

"第五条　建设单位应当依法听取环境影响评价范围内的公民、法人和其他组织的意见，鼓励建设单位听取环境影响评价范围之外的公民、法人和其他组织的意见。

第三十二条　核设施建设项目建造前的环境影响评价公众参与依照本办法有关规定执行。

堆芯热功率300兆瓦以上的反应堆设施和商用乏燃料后处理厂的建设单位应当听取该设施或者后处理厂半径15公里范围内公民、法人和其他组织的意见；其他核设施和铀矿冶设施的建设单位应当根据环境影响评价的具体情况，在一定范围内听取公民、法人和其他组织的意见。

大型核动力厂建设项目的建设单位应当协调相关省级人民政府制定项目建设公众沟通方案，以指导与公众的沟通工作。"

4．建设单位公开环境影响评价信息的方式、内容和程序

《环境影响评价公众参与办法》规定：

"第八条　建设项目环境影响评价公众参与相关信息应当依法公开，涉及国家秘密、商业秘密、个人隐私的，依法不得公开。法律法规另有规定的，从其规定。

生态环境主管部门公开建设项目环境影响评价公众参与相关信息，不得危及国家安全、公共安全、经济安全和社会稳定。

第九条　建设单位应当在确定环境影响报告书编制单位后7个工作日内，通过其网站、建设项目所在地公共媒体网站或者建设项目所在地相关政府网站（以下统称网络平台），公开下列信息：

（一）建设项目名称、选址选线、建设内容等基本情况，改建、扩建、迁建项目应当说明现有工程及其环境保护情况；

（二）建设单位名称和联系方式；

（三）环境影响报告书编制单位的名称；

（四）公众意见表的网络链接；

（五）提交公众意见表的方式和途径。

在环境影响报告书征求意见稿编制过程中，公众均可向建设单位提出与环境影响评价相关的意见。

公众意见表的内容和格式，由生态环境部制定。

第十条　建设项目环境影响报告书征求意见稿形成后，建设单位应当公开下列信息，征求与该建设项目环境影响有关的意见：

（一）环境影响报告书征求意见稿全文的网络链接及查阅纸质报告书的方式和途径；

（二）征求意见的公众范围；

（三）公众意见表的网络链接；

（四）公众提出意见的方式和途径；

（五）公众提出意见的起止时间。

建设单位征求公众意见的期限不得少于 10 个工作日。

第十一条　依照本办法第十条规定应当公开的信息，建设单位应当通过下列三种方式同步公开：

（一）通过网络平台公开，且持续公开期限不得少于 10 个工作日；

（二）通过建设项目所在地公众易于接触的报纸公开，且在征求意见的 10 个工作日内公开信息不得少于 2 次；

（三）通过在建设项目所在地公众易于知悉的场所张贴公告的方式公开，且持续公开期限不得少于 10 个工作日。

鼓励建设单位通过广播、电视、微信、微博及其他新媒体等多种形式发布本办法第十条规定的信息。

第十二条　建设单位可以通过发放科普资料、张贴科普海报、举办科普讲座或者通过学校、社区、大众传播媒介等途径，向公众宣传与建设项目环境影响有关的科学知识，加强与公众互动。"

5. 公众意见收集整理和公众参与说明的规定

《环境影响评价公众参与办法》规定：

"第十三条　公众可以通过信函、传真、电子邮件或者建设单位提供的其他方式，在规定时间内将填写的公众意见表等提交建设单位，反映与建设项目环境影响有关的意见和建议。

公众提交意见时，应当提供有效的联系方式。鼓励公众采用实名方式提交意见并提供常住地址。

对公众提交的相关个人信息，建设单位不得用于环境影响评价公众参与之外的用途，未经个人信息相关权利人允许不得公开。法律法规另有规定的除外。

第十八条　建设单位应当对收到的公众意见进行整理，组织环境影响报告书编制单位或者其他有能力的单位进行专业分析后提出采纳或者不采纳的建议。

建设单位应当综合考虑建设项目情况、环境影响报告书编制单位或者其他有能力的单位的建议、技术经济可行性等因素，采纳与建设项目环境影响有关的合理意见，并组织环境影响报告书编制单位根据采纳的意见修改完善环境影响报告书。

对未采纳的意见，建设单位应当说明理由。未采纳的意见由提供有效联系方式的公众提出的，建设单位应当通过该联系方式，向其说明未采纳的理由。

第十九条　建设单位向生态环境主管部门报批环境影响报告书前，应当组织编写建设项目环境影响评价公众参与说明。公众参与说明应当包括下列主要内容：

（一）公众参与的过程、范围和内容；

（二）公众意见收集整理和归纳分析情况；

（三）公众意见采纳情况，或者未采纳情况、理由及向公众反馈的情况等。

公众参与说明的内容和格式，由生态环境部制定。

第二十条　建设单位向生态环境主管部门报批环境影响报告书前，应当通过网络平台，公开拟报批的环境影响报告书全文和公众参与说明。

第二十一条　建设单位向生态环境主管部门报批环境影响报告书时，应当附具公众参与说明。

第三十条　公众提出的涉及征地拆迁、财产、就业等与建设项目环境影响评价无关的意见或者诉求，不属于建设项目环境影响评价公众参与的内容。公众可以依法另行向其他有关主管部门反映。"

6．公众座谈会、专家论证会和听证会程序

《环境影响评价公众参与办法》规定：

"第十四条　对环境影响方面公众质疑性意见多的建设项目，建设单位应当按照下列方式组织开展深度公众参与：

（一）公众质疑性意见主要集中在环境影响预测结论、环境保护措施或者环境风险防范措施等方面的，建设单位应当组织召开公众座谈会或者听证会。座谈会或者听证会应当邀请在环境方面可能受建设项目影响的公众代表参加。

（二）公众质疑性意见主要集中在环境影响评价相关专业技术方法、导则、理论等方面的，建设单位应当组织召开专家论证会。专家论证会应当邀请相关领域专家参加，并邀请在环境方面可能受建设项目影响的公众代表列席。

建设单位可以根据实际需要，向建设项目所在地县级以上地方人民政府报告，并请求县级以上地方人民政府加强对公众参与的协调指导。县级以上生态环境主管部门应当在同级人民政府指导下配合做好相关工作。

第十五条　建设单位决定组织召开公众座谈会、专家论证会的，应当在会议召开的 10 个工作日前，将会议的时间、地点、主题和可以报名的公众范围、报名办法，通过网络平台和在建设项目所在地公众易于知悉的场所张贴公告等方式向社会公告。

建设单位应当综合考虑地域、职业、受教育水平、受建设项目环境影响程度等因素，从报名的公众中选择参加会议或者列席会议的公众代表，并在会议召开的 5 个工作日前通知拟邀请的相关专家，并书面通知被选定的代表。

第十六条　建设单位应当在公众座谈会、专家论证会结束后 5 个工作日内，根据现场记录，整理座谈会纪要或者专家论证结论，并通过网络平台向社会公开座谈会纪要或者专家论证结论。座谈会纪要和专家论证结论应当如实记载各种意见。

第十七条　建设单位组织召开听证会的，可以参考环境保护行政许可听证的有关规定执行。"

7. 建设项目环境影响评价公众参与简化规定

《环境影响评价公众参与办法》规定：

"第三十一条 依法批准设立的产业园区内的建设项目，若该产业园区已依法开展了规划环境影响评价公众参与且该建设项目性质、规模等符合经生态环境主管部门组织审查通过的规划环境影响报告书和审查意见，建设单位开展建设项目环境影响评价公众参与时，可以按照以下方式予以简化：

（一）免予开展本办法第九条规定的公开程序，相关应当公开的内容纳入本办法第十条规定的公开内容一并公开；

（二）本办法第十条第二款和第十一条第一款规定的 10 个工作日的期限减为 5 个工作日；

（三）免予采用本办法第十一条第一款第三项规定的张贴公告的方式。"

8. 生态环境主管部门建设项目环境影响评价公众参与

《环境影响评价公众参与办法》规定：

"第二十二条 生态环境主管部门受理建设项目环境影响报告书后，应当通过其网站或者其他方式向社会公开下列信息：

（一）环境影响报告书全文；

（二）公众参与说明；

（三）公众提出意见的方式和途径。

公开期限不得少于 10 个工作日。

第二十三条 生态环境主管部门对环境影响报告书作出审批决定前，应当通过其网站或者其他方式向社会公开下列信息：

（一）建设项目名称、建设地点；

（二）建设单位名称；

（三）环境影响报告书编制单位名称；

（四）建设项目概况、主要环境影响和环境保护对策与措施；

（五）建设单位开展的公众参与情况；

（六）公众提出意见的方式和途径。

公开期限不得少于 5 个工作日。

生态环境主管部门依照第一款规定公开信息时，应当通过其网站或者其他方式同步告知建设单位和利害关系人享有要求听证的权利。

生态环境主管部门召开听证会的，依照环境保护行政许可听证的有关规定执行。

第二十四条 在生态环境主管部门受理环境影响报告书后和作出审批决定前的信息公开期间，公民、法人和其他组织可以依照规定的方式、途径和期限，提出对建设项目环境影响报告书审批的意见和建议，举报相关违法行为。

生态环境主管部门对收到的举报，应当依照国家有关规定处理。必要时，生态环境主管部门可以通过适当方式向公众反馈意见采纳情况。

第二十五条　生态环境主管部门应当对公众参与说明内容和格式是否符合要求、公众参与程序是否符合本办法的规定进行审查。

经综合考虑收到的公众意见、相关举报及处理情况、公众参与审查结论等，生态环境主管部门发现建设项目未充分征求公众意见的，应当责成建设单位重新征求公众意见，退回环境影响报告书。

第二十六条　生态环境主管部门参考收到的公众意见，依照相关法律法规、标准和技术规范等审批建设项目环境影响报告书。

第二十七条　生态环境主管部门应当自作出建设项目环境影响报告书审批决定之日起 7 个工作日内，通过其网站或者其他方式向社会公告审批决定全文，并依法告知提起行政复议和行政诉讼的权利及期限。"

第四节　建设项目环境影响评价行为准则和编制单位要求

一、建设项目环境影响评价行为准则与廉政规定

为了规范建设项目环境影响评价行为，加强建设项目环境影响评价管理和廉政建设，保证建设项目环境保护管理工作廉洁高效依法进行，国家环境保护总局于 2005 年 11 月 23 日发布了《建设项目环境影响评价行为准则与廉政规定》（国家环境保护总局令第 30 号），2021 年 1 月 4 日，生态环境部以部令第 20 号对该规定进行了修订。其中，规定承担建设项目环境影响评价的机构或者其环境影响评价技术人员，应遵守以下行为准则及廉政要求：

"第四条　承担建设项目环境影响评价工作的机构（以下简称'评价机构'）或者其环境影响评价技术人员，应当遵守下列规定：

（一）评价机构及评价项目负责人应当对环境影响评价结论负责；

（二）建立严格的环境影响评价文件质量审核制度和质量保证体系，明确责任，落实环境影响评价质量保证措施，并接受生态环境主管部门的日常监督检查；

（三）不得为违反国家产业政策以及国家明令禁止建设的建设项目进行环境影响评价；

（四）必须依照有关的技术规范要求编制环境影响评价文件；

（五）应当合理收费，不得随意抬高、压低评价费用或者采取其他不正当竞争手段；

（六）评价机构不得无任何正当理由拒绝承担环境影响评价工作；

（七）不得转包或者变相转包环境影响评价业务；

（八）应当为建设单位保守技术秘密和业务秘密；

（九）在环境影响评价工作中不得隐瞒真实情况、提供虚假材料、编造数据或者

实施其他弄虚作假行为；

（十）应当按照生态环境主管部门的要求，参加其所承担环境影响评价工作的建设项目竣工环境保护验收工作，并如实回答验收委员会（组）提出的问题；

（十一）不得进行其他妨碍环境影响评价工作廉洁、独立、客观、公正的活动。

第五条　承担环境影响评价技术评估工作的单位（以下简称'技术评估机构'）或者其技术评估人员、评审专家等，应当遵守下列规定：

（一）技术评估机构及其主要负责人应当对环境影响评价文件的技术评估结论负责；

（二）应当以科学态度和方法，严格依照技术评估工作的有关规定和程序，实事求是、独立、客观、公正地对项目做出技术评估或者提出意见，并接受生态环境主管部门的日常监督检查；

（三）禁止索取或收受建设单位、评价机构或个人馈赠的财物或给予的其他不当利益，不得让建设单位、评价机构或个人报销应由评估机构或者其技术评估人员、评审专家个人负担的费用（按有关规定收取的咨询费等除外）；

（四）禁止向建设单位、评价机构或个人提出与技术评估工作无关的要求或暗示，不得接受邀请，参加旅游、社会营业性娱乐场所的活动以及任何赌博性质的活动；

（五）技术评估人员、评审专家不得以个人名义参加环境影响报告书编制工作或者对环境影响评价大纲和环境影响报告书提供咨询；承担技术评估工作时，与建设单位、评价机构或个人有直接利害关系的，应当回避；

（六）技术评估人员、评审专家不得泄露建设单位、评价机构或个人的技术秘密和业务秘密以及评估工作内情，不得擅自对建设单位、评价机构或个人作出与评估工作有关的承诺；

（七）技术评估人员在技术评估工作中，不得接受咨询费、评审费、专家费等相关费用；

（八）不得进行其他妨碍技术评估工作廉洁、独立、客观、公正的活动。

第六条　承担验收监测或调查工作的单位及其验收监测或调查人员，应当遵守下列规定：

（一）验收监测或调查单位及其主要负责人应当对建设项目竣工环境保护验收监测报告或验收调查报告结论负责；

（二）建立严格的质量审核制度和质量保证体系，严格按照国家有关法律法规规章、技术规范和技术要求，开展验收监测或调查工作和编制验收监测或验收调查报告，并接受生态环境主管部门的日常监督检查；

（三）验收监测报告或验收调查报告应当如实反映建设项目环境影响评价文件的落实情况及其效果；

（四）禁止泄露建设项目技术秘密和业务秘密；

（五）在验收监测或调查过程中不得隐瞒真实情况、提供虚假材料、编造数据或者实施其他弄虚作假行为；

（六）验收监测或调查收费应当严格执行国家和地方有关规定；

（七）不得在验收监测或调查工作中为个人谋取私利；

（八）不得进行其他妨碍验收监测或调查工作廉洁、独立、客观、公正的行为。

第七条　建设单位应当依法开展环境影响评价，办理建设项目环境影响评价文件的审批手续，接受并配合技术评估机构的评估、验收监测或调查单位的监测或调查，按要求提供与项目有关的全部资料和信息。

建设单位应当遵守下列规定：

（一）不得在建设项目环境影响评价、技术评估、验收监测或调查和环境影响评价文件审批及环境保护验收过程中隐瞒真实情况、提供虚假材料、编造数据或者实施其他弄虚作假行为；

（二）不得向组织或承担建设项目环境影响评价、技术评估、验收监测或调查和环境影响评价文件审批及环境保护验收工作的单位或个人馈赠或者许诺馈赠财物或给予其他不当利益；

（三）不得进行其他妨碍建设项目环境影响评价、技术评估、验收监测或调查和环境影响评价文件审批及环境保护验收工作廉洁、独立、客观、公正开展的活动。

第九条　在建设项目环境影响评价文件审批及环境保护验收工作中，生态环境主管部门及其工作人员应当遵守下列规定：

（一）不得利用工作之便向任何单位指定评价机构，推销环保产品，引荐环保设计、环保设施运营单位，参与有偿中介活动；

（二）不得接受咨询费、评审费、专家费等一切相关费用；

（三）不得参加一切与建设项目环境影响评价文件审批及环境保护验收工作有关的、或由公款支付的宴请；

（四）不得利用工作之便吃、拿、卡、要，收取礼品、礼金、有价证券或物品，或以权谋私搞交易；

（五）不得参与用公款支付的一切娱乐消费活动，严禁参加不健康的娱乐活动；

（六）不得在接待来访或电话咨询中出现冷漠、生硬、蛮横、推诿等态度；

（七）不得有越权、渎职、徇私舞弊，或违反办事公平、公正、公开要求的行为；

（八）不得进行其他妨碍建设项目环境影响评价文件审批及环境保护验收工作廉洁、独立、客观、公正的活动。"

二、建设项目环境影响评价文件编制监督管理要求

为了落实《中华人民共和国环境影响评价法》的相关要求，深化环评领域"放管服"改革的重要举措，规范建设项目环境影响报告书（表）编制行为，保障环评工作质量，

维护资质许可事项取消后的环评技术服务市场秩序，2019 年 9 月 20 日，生态环境部发布了《建设项目环境影响报告书（表）编制监督管理办法》，10 月 25 日发布了《建设项目环境影响报告书（表）编制监督管理办法》配套文件，包括《建设项目环境影响报告书（表）编制能力建设指南》（试行）、《建设项目环境影响报告书（表）编制单位和编制人员信息公开管理规定》（试行）、《建设项目环境影响报告书（表）编制单位和编制人员失信行为记分办法》（试行）。

　　监督管理办法及配套文件对编制单位和编制单位能力，建设单位和技术单位承担的责任，编制单位和编制人员信息公开，环境影响评价文件的全过程管理、档案管理提出了明确的要求，同时对编制行为的监督检查、严重质量问题的处罚、失信行为等内容都做了具体规定。

1.《建设项目环境影响报告书（表）编制监督管理办法》的主要内容

　　（1）建设项目环境影响报告书（表）的编制主体

　　"第二条　建设单位可以委托技术单位对其建设项目开展环境影响评价，编制环境影响报告书（表）；建设单位具备环境影响评价技术能力的，可以自行对其建设项目开展环境影响评价，编制环境影响报告书（表）。

　　技术单位不得与负责审批环境影响报告书（表）的生态环境主管部门或者其他有关审批部门存在任何利益关系。任何单位和个人不得为建设单位指定编制环境影响报告书（表）的技术单位。

　　本办法所称技术单位，是指具备环境影响评价技术能力、接受委托为建设单位编制环境影响报告书（表）的单位。"

　　（2）建设单位和接受委托的技术单位分别承担的责任

　　"第三条　建设单位应当对环境影响报告书（表）的内容和结论负责；技术单位对其编制的环境影响报告书（表）承担相应责任。"

　　（3）对编制单位的要求

　　"第九条　编制单位应当是能够依法独立承担法律责任的单位。

　　前款规定的单位中，下列单位不得作为技术单位编制环境影响报告书（表）：

　　（一）生态环境主管部门或者其他负责审批环境影响报告书（表）的审批部门设立的事业单位；

　　（二）由生态环境主管部门作为业务主管单位或者挂靠单位的社会组织，或者由其他负责审批环境影响报告书（表）的审批部门作为业务主管单位或者挂靠单位的社会组织；

　　（三）由本款前两项中的事业单位、社会组织出资的单位及其再出资的单位；

　　（四）受生态环境主管部门或者其他负责审批环境影响报告书（表）的审批部门委托，开展环境影响报告书（表）技术评估的单位；

　　（五）本款第四项中的技术评估单位出资的单位及其再出资的单位；

（六）本款第四项中的技术评估单位的出资单位，或者由本款第四项中的技术评估单位出资人出资的其他单位，或者由本款第四项中的技术评估单位法定代表人出资的单位。

个体工商户、农村承包经营户以及本条第一款规定单位的内设机构、分支机构或者临时机构，不得主持编制环境影响报告书（表）。"

（4）编制单位和编制人员信息公开的要求

"第十一条　编制单位和编制人员应当通过信用平台提交本单位和本人的基本情况信息。

生态环境部在信用平台建立编制单位和编制人员的诚信档案，并生成编制人员信用编号，公开编制单位名称、统一社会信用代码等基础信息以及编制人员姓名、从业单位等基础信息。

编制单位和编制人员应当对提交信息的真实性、准确性和完整性负责。相关信息发生变化的，应当自发生变化之日起二十个工作日内在信用平台变更。"

（5）环境影响报告书（表）主持编制单位和编制主持人的要求

"第十二条　环境影响报告书（表）应当由一个单位主持编制，并由该单位中的一名编制人员作为编制主持人。"

（6）环境影响评价全过程质量控制要求

"第十三条　编制单位应当建立和实施覆盖环境影响评价全过程的质量控制制度，落实环境影响评价工作程序，并在现场踏勘、现状监测、数据资料收集、环境影响预测等环节以及环境影响报告书（表）编制审核阶段形成可追溯的质量管理机制。有其他单位参与编制或者协作的，编制单位应当对参与编制单位或者协作单位提供的技术报告、数据资料等进行审核。

编制主持人应当全过程组织参与环境影响报告书（表）编制工作，并加强统筹协调。

委托技术单位编制环境影响报告书（表）的建设单位，应当如实提供相关基础资料，落实环境保护投入和资金来源，加强环境影响评价过程管理，并对环境影响报告书（表）的内容和结论进行审核。"

（7）编制单位档案管理要求

"第十五条　建设单位应当将环境影响报告书（表）及其审批文件存档。

编制单位应当建立环境影响报告书（表）编制工作完整档案。档案中应当包括项目基础资料、现场踏勘记录和影像资料、质量控制记录、环境影响报告书（表）以及其他相关资料。开展环境质量现状监测和调查、环境影响预测或者科学试验的，还应当将相关监测报告和数据资料、预测过程文件或者试验报告等一并存档。

建设单位委托技术单位主持编制环境影响报告书（表）的，建设单位和受委托的技术单位应当分别将委托合同存档。

存档材料应当为原件。"

（8）对环境影响报告书（表）编制行为监督检查要求

"第十六条　环境影响报告书（表）编制行为监督检查包括编制规范性检查、编制质量检查以及编制单位和编制人员情况检查。

第十七条　环境影响报告书（表）编制规范性检查包括下列内容:

（一）编制单位和编制人员是否符合本办法第九条和第十条的规定，以及是否列入本办法规定的限期整改名单或者本办法规定的环境影响评价失信'黑名单'（以下简称'黑名单'）;

（二）编制单位和编制人员是否按照本办法第十一条和第十四条第一款的规定在信用平台提交相关信息;

（三）环境影响报告书（表）是否符合本办法第十二条第一款和第十四条第二款的规定。

第十八条　环境影响报告书（表）编制质量检查的内容包括环境影响报告书（表）是否符合有关环境影响评价法律法规、标准和技术规范等规定，以及环境影响报告书（表）的基础资料是否明显不实，内容是否存在重大缺陷、遗漏或者虚假，环境影响评价结论是否正确、合理。

第十九条　编制单位和编制人员情况检查包括下列内容:

（一）编制单位和编制人员在信用平台提交的相关情况信息是否真实、准确、完整;

（二）编制单位建立和实施环境影响评价质量控制制度情况;

（三）编制单位环境影响报告书（表）相关档案管理情况;

（四）其他应当检查的内容。"

（9）受理环境影响报告书（表）的生态环境主管部门作出补正要求或不予受理决定的情形

"第二十条　各级生态环境主管部门在环境影响报告书（表）受理过程中，应当对报批的环境影响报告书（表）进行编制规范性检查。

受理环境影响报告书（表）的生态环境主管部门发现环境影响报告书（表）不符合本办法第十二条第一款、第十四条第二款的规定，或者由不符合本办法第九条、第十条规定的编制单位、编制人员编制，或者编制单位、编制人员未按照本办法第十一条、第十四条第一款规定在信用平台提交相关信息的，应当在五个工作日内一次性告知建设单位需补正的全部内容; 发现环境影响报告书（表）由列入本办法规定的限期整改名单或者本办法规定的'黑名单'的编制单位、编制人员编制的，不予受理。"

（10）生态环境主管部门在环境影响报告书（表）审批过程中应当作出不予批准决定的情形

"第二十一条　各级生态环境主管部门在环境影响报告书（表）审批过程中，应当对报批的环境影响报告书（表）进行编制质量检查; 发现环境影响报告书（表）基础资料明显不实，内容存在重大缺陷、遗漏或者虚假，或者环境影响评价结论不正确、不合理的，不予批准。"

（11）市级以上生态环境主管部门对相关单位及人员予以通报批评的环境影响报告书（表）质量问题情形

"第二十六条　在监督检查过程中发现环境影响报告书（表）不符合有关环境影响评价法律法规、标准和技术规范等规定、存在下列质量问题之一的，由市级以上生态环境主管部门对建设单位、技术单位和编制人员给予通报批评：

（一）评价因子中遗漏建设项目相关行业污染源源强核算或者污染物排放标准规定的相关污染物的；

（二）降低环境影响评价工作等级，降低环境影响评价标准，或者缩小环境影响评价范围的；

（三）建设项目概况描述不全或者错误的；

（四）环境影响因素分析不全或者错误的；

（五）污染源源强核算内容不全，核算方法或者结果错误的；

（六）环境质量现状数据来源、监测因子、监测频次或者布点等不符合相关规定，或者所引用数据无效的；

（七）遗漏环境保护目标，或者环境保护目标与建设项目位置关系描述不明确或者错误的；

（八）环境影响评价范围内的相关环境要素现状调查与评价、区域污染源调查内容不全或者结果错误的；

（九）环境影响预测与评价方法或者结果错误，或者相关环境要素、环境风险预测与评价内容不全的；

（十）未按相关规定提出环境保护措施，所提环境保护措施或者其可行性论证不符合相关规定的。

有前款规定的情形，致使环境影响评价结论不正确、不合理或者同时有本办法第二十七条规定情形的，依照本办法第二十七条的规定予以处罚。"

（12）市级以上生态环境主管部门予以处罚的环境影响报告书（表）严重质量问题情形

"第二十七条　在监督检查过程中发现环境影响报告书（表）存在下列严重质量问题之一的，由市级以上生态环境主管部门依照《中华人民共和国环境影响评价法》第三十二条的规定，对建设单位及其相关人员、技术单位、编制人员予以处罚：

（一）建设项目概况中的建设地点、主体工程及其生产工艺，或者改扩建和技术改造项目的现有工程基本情况、污染物排放及达标情况等描述不全或者错误的；

（二）遗漏自然保护区、饮用水水源保护区或者以居住、医疗卫生、文化教育为主要功能的区域等环境保护目标的；

（三）未开展环境影响评价范围内的相关环境要素现状调查与评价，或者编造相关内容、结果的；

（四）未开展相关环境要素或者环境风险预测与评价，或者编造相关内容、结果的；

（五）所提环境保护措施无法确保污染物排放达到国家和地方排放标准或者有效预防和控制生态破坏，未针对建设项目可能产生的或者原有环境污染和生态破坏提出有效防治措施的；

（六）建设项目所在区域环境质量未达到国家或者地方环境质量标准，所提环境保护措施不能满足区域环境质量改善目标管理相关要求的；

（七）建设项目类型及其选址、布局、规模等不符合环境保护法律法规和相关法定规划，但给出环境影响可行结论的；

（八）其他基础资料明显不实，内容有重大缺陷、遗漏、虚假，或者环境影响评价结论不正确、不合理的。"

（13）信用管理对象失信行为包括的情形

"第三十二条　信用管理对象的失信行为包括下列情形：

（一）编制单位不符合本办法第九条规定或者编制人员不符合本办法第十条规定的；

（二）未按照本办法及生态环境部相关规定在信用平台提交相关情况信息或者及时变更相关情况信息，或者提交的相关情况信息不真实、不准确、不完整的；

（三）违反本办法规定，由两家以上单位主持编制环境影响报告书（表）或者由两名以上编制人员作为环境影响报告书（表）编制主持人的；

（四）技术单位未按照本办法规定与建设单位签订主持编制环境影响报告书（表）委托合同的；

（五）未按照本办法规定进行环境影响评价质量控制的；

（六）未按照本办法规定在环境影响报告书（表）中附具编制单位和编制人员情况表并盖章或者签字的；

（七）未按照本办法规定将相关资料存档的；

（八）未按照本办法规定接受生态环境主管部门监督检查或者在接受监督检查时弄虚作假的；

（九）因环境影响报告书（表）存在本办法第二十六条第一款所列问题受到通报批评的；

（十）因环境影响报告书（表）存在本办法第二十六条第二款、第二十七条所列问题受到处罚的。"

（14）守信激励措施和失信惩戒措施的有关规定

"第三十六条　信用管理对象连续两个记分周期的每个记分周期内编制过十项以上经批准的环境影响报告书（表）且无失信记分的，信用平台在后续两个记分周期内将其列入守信名单，并将相关情况记入其诚信档案。生态环境主管部门应当减少对列入守信名单的信用管理对象编制的环境影响报告书（表）复核抽取比例和抽取频次。

信用管理对象在列入守信名单期间有失信记分的，信用平台将其从守信名单中移出，并将移出情况记入其诚信档案。

第三十七条 信用管理对象在一个记分周期内累计失信记分达到警示分数的，信用平台在后续两个记分周期内将其列入重点监督检查名单，并将相关情况记入其诚信档案。生态环境主管部门应当提高对列入重点监督检查名单的信用管理对象编制的环境影响报告书（表）复核抽取比例和抽取频次。

第三十八条 信用管理对象在一个记分周期内的失信记分实时累计达到限制分数的，信用平台将其列入限期整改名单，并将相关情况记入其诚信档案。限期整改期限为六个月，自达到限制分数之日起计算。

信用管理对象在限期整改期间的失信记分再次累计达到限制分数的，应当自再次达到限制分数之日起限期整改六个月。

第三十九条 信用管理对象因环境影响报告书（表）存在本办法第二十六条第二款、第二十七条所列问题，受到禁止从事环境影响报告书（表）编制工作处罚的，失信记分直接记为限制分数。信用平台将其列入'黑名单'，并将相关情况记入其诚信档案。列入'黑名单'的期限与处罚决定中禁止从事环境影响报告书（表）编制工作的期限一致。

对信用管理对象中列入'黑名单'单位的出资人，由列入'黑名单'单位或者其法定代表人出资的单位，以及由列入'黑名单'单位出资人出资的其他单位，信用平台将其列入重点监督检查名单，并将相关情况记入其诚信档案。列入重点监督检查名单的期限为二年，自列入'黑名单'单位达到限制分数之日起计算。生态环境主管部门应当提高对上述信用管理对象编制的环境影响报告书（表）的复核抽取比例和抽取频次。"

（15）编制单位、编制人员、全职和从业单位的含义

"第四条 本办法所称编制单位，是指主持编制环境影响报告书（表）的单位，包括主持编制环境影响报告书（表）的技术单位和自行主持编制环境影响报告书（表）的建设单位。

第五条 本办法所称编制人员，是指环境影响报告书（表）的编制主持人和主要编制人员。编制主持人是环境影响报告书（表）的编制负责人。主要编制人员包括环境影响报告书各章节的编写人员和环境影响报告表主要内容的编写人员。

第四十四条 本办法所称全职，是指与编制单位订立劳动合同（非全日制用工合同除外）并由该单位缴纳社会保险或者在事业单位类型的编制单位中在编等用工形式。

本办法所称从业单位，是指编制人员全职工作的编制单位。"

2.《建设项目环境影响报告书（表）编制单位和编制人员信息公开管理规定》（试行）的主要内容

（1）编制单位基本情况信息应当包括的内容

第三条 编制单位基本情况信息应当包括下列内容：

（一）单位名称、组织形式、法定代表人（负责人）及其身份证件类型和号码、住所、统一社会信用代码；

（二）出资人或者举办单位、业务主管单位、挂靠单位等的名称（姓名）和统一社会信用代码（身份证件类型及号码）；

（三）与《监督管理办法》第九条规定的符合性信息；

（四）单位设立材料。

编制单位在信用平台提交前款所列信息和编制单位承诺书后，信用平台建立编制单位诚信档案，向社会公开编制单位的名称、住所、统一社会信用代码等基础信息。

（2）编制人员基本情况信息应当包括的内容

"第四条　编制人员基本情况信息应当包括下列内容：

（一）姓名、身份证件类型及号码；

（二）从业单位名称；

（三）全职情况材料。

编制人员中的编制主持人基本情况信息还应当包括环境影响评价工程师职业资格证书管理号和取得时间。

编制人员应当在从业单位的诚信档案建立后，在信用平台提交本条第一款或者本条前两款所列信息和编制人员承诺书。

编制人员基本情况信息经从业单位在信用平台确认后，信用平台建立编制人员诚信档案，生成编制人员信用编号，向社会公开编制人员的姓名、从业单位、环境影响评价工程师职业资格证书管理号和信用编号等基础信息，并将其归集至从业单位的诚信档案。"

（3）环境影响报告书（表）基本情况信息应当包括的内容

"第五条　环境影响报告书（表）基本情况信息应当包括下列内容：

（一）建设项目名称、建设地点、项目类别；

（二）环境影响评价文件类型；

（三）建设单位信息；

（四）编制单位、编制人员及其编制分工、编制方式等信息。

除涉密项目外，编制单位应当在建设单位报批环境影响报告书（表）前，在信用平台提交前款所列信息和环境影响报告书（表）编制情况承诺书。其中，涉及编制人员的相关信息应当在提交前经本人在信用平台确认。

信用平台生成项目编号以及环境影响报告书（表）的《编制单位和编制人员情况表》，向社会公开环境影响报告书（表）的相关建设项目名称、类别、建设单位以及编制单位、编制人员等基础信息，并将环境影响报告书（表）相关编制信息归集至编制单位和编制人员诚信档案。"

（4）编制人员基本情况信息发生变更的有关规定

"第十条　编制人员发生下列情形之一的，应当自情形发生之日起20个工作日内在信用平台变更其基本情况信息：

（一）从业单位变更的；

（二）调离从业单位的。

编制人员发生前款第一项所列情形的，变更信息时，应当提交离职情况材料、变更后从业单位名称、变更后的全职情况材料和编制人员承诺书，并经原从业单位和变更后从业单位在信用平台确认。

编制人员发生本条第一款第二项所列情形的，变更信息时，应当提交离职情况材料和编制人员承诺书，并经原从业单位在信用平台确认。变更相关信息的，信用平台将其予以注销。

本条第一款中的编制人员变更相关信息需经原从业单位在信用平台确认的，原从业单位应当在5个工作日内确认。

编制人员发生本条第一款第一项所列情形，变更后从业单位已被信用平台注销或者未在信用平台建立诚信档案的，应当按照本条第一款第二项情形变更基本情况信息。

编制人员发生本条第一款所列情形，自情形发生之日起20个工作日内未在信用平台变更相关信息的，原从业单位应当自前述情形发生之日起20个工作日内，在信用平台变更编制人员基本情况信息。变更信息时，应当提交编制人员离职情况材料和编制单位承诺书。变更相关信息的，信用平台将该编制人员予以注销。

第十一条　编制人员未发生本规定第十条所列情形，全职情况发生变更、不再属于本单位全职人员的，其从业单位应当在信用平台变更编制人员基本情况信息。变更信息时，应当提交相关情况说明和编制单位承诺书。变更相关信息的，信用平台将该编制人员予以注销。

第十二条　编制人员在建立诚信档案后取得环境影响评价工程师职业资格证书的，可在信用平台变更其基本情况信息。变更信息时，应当提交相应的证书管理号、取得时间和编制人员承诺书。"

（5）对编制单位和编制人员未按规定在信息平台及时变更相关情况信息行为进行处罚和提出补正要求的有关规定

"第十三条　编制单位因未按照本规定在信用平台及时变更本单位及其编制人员相关情况信息，或者在信用平台提交的本单位及其编制人员相关情况信息不真实、不准确、不完整，被生态环境主管部门失信记分的，信用平台将该编制单位及其编制人员一并予以注销。

前款中被注销的编制单位应当在信用平台补正相关情况信息。补正信息时，应当提交编制单位承诺书。补正信息的，信用平台将其从被注销单位中移出；补正信息后，前款中被注销的编制人员仍需在该单位从业的，除有本规定第十四条第一款所列情形外，经本人在信用平台确认，信用平台将其从被注销人员中移出。

第十四条　编制人员因未按照本规定在信用平台及时变更本人相关情况信息，或者在信用平台提交的本人及其从业单位相关情况信息不真实、不准确、不完整，被生态环境主管部门失信记分的，信用平台将其予以注销。

前款中被注销的编制人员应当在信用平台补正相关情况信息。补正信息时，应当提交编制人员承诺书；其中，因提交的从业单位名称信息不真实被信用平台注销的，补正信息时，还应当提交全职情况材料，并经补正后的从业单位在信用平台确认。补正信息的，信用平台将其从被注销人员中移出，编制人员的从业单位已被信用平台注销或者未在信用平台建立诚信档案的除外。未补正信息的，不得变更其基本情况信息。"

（6）被信息平台注销的编制人员从注销人员中移除的有关规定

"第十五条　本规定第九条、第十条第三款和第十三条第一款中被信用平台注销的编制人员从业单位变更的，除下列情形外，可在信用平台变更其基本情况信息，并从被注销人员中移出：

（一）有本规定第十四条第一款所列情形，未补正信息的；

（二）变更后的从业单位已被信用平台注销或者未在信用平台建立诚信档案的。

前款中的编制人员变更信息时，应当在信用平台提交变更后从业单位名称、变更后的全职情况材料和编制人员承诺书，并经变更后从业单位在信用平台确认。其中，本规定第十三条第一款中被注销的编制人员变更相关信息时，还应当提交离职情况材料，并经原从业单位在信用平台确认；原从业单位应当在5个工作日内确认。

第十六条　本规定第十条第三款中被信用平台注销的编制人员调回原从业单位的，除下列情形外，可在信用平台变更其基本情况信息，并从被注销人员中移出：

（一）有本规定第十四条第一款所列情形，未补正信息的；

（二）原从业单位已被信用平台注销的。

前款中的编制人员变更信息时，应当在信用平台提交全职情况材料和编制人员承诺书，并经原从业单位在信用平台确认。"

3.《建设项目环境影响报告书（表）编制单位和编制人员失信行为记分办法（试行）》的主要内容

（1）信用管理对象失信行为记分周期的有关规定

"第二条　信用管理对象失信行为的记分周期（以下简称记分周期）为一年，自信用管理对象在全国统一的环境影响评价信用平台（以下简称信用平台）建立诚信档案之日起计算。

列入《监督管理办法》规定的限期整改名单的信用管理对象记分周期，自限期整改之日起重新计算。

列入《监督管理办法》规定的环境影响评价失信'黑名单'的信用管理对象，在禁止从事环境影响报告书（表）编制工作期间不再实施失信记分；禁止从事环境影响报告书（表）编制工作期满的，记分周期自期满次日起重新计算。

失信记分的警示分数为一个记分周期内累计失信记分 10 分。失信记分的限制分数为一个记分周期内失信记分直接达到 20 分或者实时累计达到 20 分。"

（2）信用管理对象失信情形及记分有关规定

"第三条　主持编制环境影响报告书（表）的技术单位因环境影响报告书（表）存在《监督管理办法》第二十六条第二款、第二十七条所列问题，禁止从事环境影响报告书（表）编制工作的，失信记分 20 分。

第四条　编制人员因环境影响报告书（表）存在《监督管理办法》第二十六条第二款、第二十七条所列问题，五年内或者终身禁止从事环境影响报告书（表）编制工作的，失信记分 20 分。

第五条　编制单位有下列情形之一的，失信记分 10 分：

（一）自行主持编制环境影响报告书（表）的建设单位因环境影响报告书（表）存在《监督管理办法》第二十六条第二款、第二十七条所列问题受到处罚的；

（二）接受委托主持编制环境影响报告书（表）的技术单位因环境影响报告书（表）存在《监督管理办法》第二十六条第二款、第二十七条所列问题受到处罚，但未禁止从事环境影响报告书（表）编制工作的；

（三）违反《监督管理办法》第九条第二款规定，作为技术单位编制环境影响报告书（表）的；

（四）内设机构、分支机构或者临时机构违反《监督管理办法》第九条第三款规定，主持编制环境影响报告书（表）的。

第六条　编制单位或者编制人员未按照《监督管理办法》第二十五条规定接受生态环境主管部门监督检查，或者在接受监督检查时弄虚作假，未如实说明情况、提供相关材料的，失信记分 10 分。

第七条　编制单位和编制人员因环境影响报告书（表）存在《监督管理办法》第二十六条第一款所列问题受到通报批评的，对编制单位和编制人员分别失信记分 5 分。

第八条　信用管理对象有下列情形之一的，对编制单位和编制人员分别失信记分 5 分：

（一）未按照《监督管理办法》第十条规定由编制单位全职人员作为环境影响报告书（表）编制人员的；

（二）未按照《监督管理办法》第十条规定由取得环境影响评价工程师职业资格证书人员作为环境影响报告书（表）编制主持人的。

第九条　编制单位有下列情形之一的，失信记分 4 分：

（一）未按照《监督管理办法》第十一条第一款和《建设项目环境影响报告书（表）编制单位和编制人员信息公开管理规定（试行）》（以下简称《公开管理规定》）第三条规定通过信用平台提交本单位基本情况信息的；

（二）未按照《监督管理办法》第十四条第一款和《公开管理规定》第五条规定通

过信用平台提交环境影响报告书（表）基本情况信息的；

（三）违反《监督管理办法》第十四条第二款规定，未在环境影响报告书（表）中附具《编制单位和编制人员情况表》或者未在《编制单位和编制人员情况表》中盖章的；

（四）违反《监督管理办法》第十四条第二款规定，在环境影响报告书（表）中附具的《编制单位和编制人员情况表》未由信用平台导出的。

第十条 编制人员未按照《监督管理办法》第十一条第一款和《公开管理规定》第四条规定通过信用平台提交本人基本情况信息的，失信记分4分。

第十一条 编制单位未按照《监督管理办法》第十三条第一款规定进行环境影响评价质量控制的，失信记分3分。

第十二条 编制单位未按照《监督管理办法》和《公开管理规定》在信用平台及时变更本单位及其编制人员相关情况信息，或者在信用平台提交的本单位及其编制人员相关情况信息不真实、不准确、不完整，有下列情形之一的，失信记分3分：

（一）提交的与《监督管理办法》第九条第二款规定的符合性信息不真实、不准确、不完整的；

（二）与《监督管理办法》第九条第二款规定的符合性发生变更，未及时变更基本情况信息的；

（三）内设机构、分支机构或者临时机构以提交虚假的《监督管理办法》第九条第三款规定的符合性信息为手段，建立诚信档案的；

（四）未按照《公开管理规定》第十条规定对编制人员相关情况信息进行确认或者变更，或者未按照《公开管理规定》第十五条规定对编制人员相关情况信息进行确认的。

第十三条 编制人员未按照《监督管理办法》和《公开管理规定》在信用平台及时变更本人相关情况信息，或者在信用平台提交的本人及其从业单位相关情况信息不真实、不准确、不完整，有下列情形之一的，失信记分3分：

（一）提交的从业单位名称信息不真实的；

（二）提交的环境影响评价工程师职业资格证书管理号或者取得时间不真实的；

（三）发生《公开管理规定》第十条所列情形，未及时变更基本情况信息的；

（四）编制单位未发生《公开管理规定》第九条第一款所列情形，变更编制单位基本情况信息的。

编制人员有前款第一项所列情形的，还应当对其提交信息中的从业单位失信记分3分。

第十四条 信用管理对象有下列情形之一的，对编制单位失信记分2分：

（一）违反《监督管理办法》第十二条第一款规定，由两家及以上单位主持编制环境影响报告书（表）的；

（二）违反《监督管理办法》第十二条第一款规定，由两名及以上编制人员作为环境影响报告书（表）编制主持人的。

第十五条 编制单位有下列情形之一的，失信记分2分：

（一）未按照《监督管理办法》第十五条规定将相关资料存档的；

（二）主持编制环境影响报告书（表）的技术单位未按照《监督管理办法》第十二条第二款规定与建设单位签订委托合同的；

（三）在信用平台提交的环境影响报告书（表）基本情况信息不真实、不准确、不完整的；

（四）除本办法第十二条所列情形外，未按照《监督管理办法》和《公开管理规定》在信用平台及时变更本单位相关情况信息，或者提交的本单位及其编制人员的信息不真实、不准确、不完整的。

第十六条 除本办法第十三条所列情形外，编制人员在信用平台提交的信息不真实、不准确、不完整的，失信记分2分。

第十七条 编制人员有下列情形之一的，对编制单位和编制人员分别失信记分2分：

（一）未按照《监督管理办法》第十三条第二款规定进行环境影响评价质量控制的；

（二）未按照《监督管理办法》第十四条第二款规定在《编制单位和编制人员情况表》中签字的。"

（3）对信用管理对象继续累计失信记分的有关规定

"第十九条 信用管理对象名称或者姓名发生变更，统一社会信用代码或者身份证件号码未发生变化的，信用平台按照同一信用管理对象继续累计失信记分。

信用管理对象在《监督管理办法》规定的限期整改期间，被发现存在失信行为的，生态环境主管部门应当继续对失信行为实施失信记分。"

（4）对失信对象按照不同失信行为分别作出失信记分的情形

"第二十条 信用管理对象失信行为有下列情形的，应当按照不同失信行为分别作出失信记分：

（一）涉及本办法第五条至第十七条中不同条款或者同一条款中不同项的；

（二）有本办法第五条、第七条、第八条、第九条第二项至第四项、第十一条、第十四条、第十五条第一项至第三项或者第十七条所列任一失信行为，涉及不同环境影响报告书（表）的；

（三）有本办法第六条、第十二条第一项、第十二条第二项或者第十三条所列任一失信行为，涉及不同时段的；

（四）有本办法第十二条第三项所列失信行为，涉及不同内设机构、分支机构或者临时机构，或者涉及不同时段的；

（五）有本办法第十二条第四项所列任一失信行为，涉及不同编制人员的；

（六）有本办法第十五条第四项或者第十六条所列任一失信行为，涉及不同信息或者不同时段的。

第二十一条 同一失信行为已由其他生态环境主管部门实施失信记分的，不得重复记分。

第二十二条　失信记分不符合本办法第二十一条规定的，信用管理对象可按照《监督管理办法》第三十三条第二款的规定作出书面陈述和申辩。

第二十三条　本办法所称技术单位、编制单位、编制人员、编制主持人和从业单位，是指《监督管理办法》第二条、第四条、第五条和第四十四条中的相关单位和人员。"

第五节　建设项目环境影响评价文件的审批

一、环境影响评价文件的报批与审批时限

1. 环境影响评价文件的报批时限

《建设项目环境保护管理条例》第九条规定：

"依法应当编制环境影响报告书、环境影响报告表的建设项目，建设单位应当在开工建设前将环境影响报告书、环境影响报告表报有审批权的环境保护行政主管部门审批；建设项目的环境影响评价文件未依法经审批部门审查或者审查后未予批准的，建设单位不得开工建设。

环境保护行政主管部门审批环境影响报告书、环境影响报告表，应当重点审查建设项目的环境可行性、环境影响分析预测评估的可靠性、环境保护措施的有效性、环境影响评价结论的科学性等，并分别自收到环境影响报告书之日起 60 日内、收到环境影响报告表之日起 30 日内，作出审批决定并书面通知建设单位。

环境保护行政主管部门可以组织技术机构对建设项目环境影响报告书、环境影响报告表进行技术评估，并承担相应费用；技术机构应当对其提出的技术评估意见负责，不得向建设单位、从事环境影响评价工作的单位收取任何费用。

依法应当填报环境影响登记表的建设项目，建设单位应当按照国务院环境保护行政主管部门的规定将环境影响登记表报建设项目所在地县级环境保护行政主管部门备案。

环境保护行政主管部门应当开展环境影响评价文件网上审批、备案和信息公开。"

当前，在投资体制改革新形势下，建设项目分为核准和备案两大类。2016 年 11 月 30 日，国务院以国务院令第 673 号发布《企业投资项目核准和备案管理条例》，该条例于 2017 年 2 月 1 日起施行。该条例进一步深化了投资体制改革，将企业投资项目分为核准管理和备案管理两类。对关系国家安全、涉及全国重大生产力布局、战略性资源开发和重大公共利益等项目，实行核准管理。对前款规定以外的项目，实行备案管理。

2014 年 12 月 10 日，国务院办公厅以国办发〔2014〕59 号发布《关于印发精简审批事项规范中介服务实行企业投资项目网上并联核准制度工作方案的通知》，其中对精简前置审批提出了要求：只保留规划选址、用地预审（用海预审）两项前置审批，其他审批事项实行并联办理。对重特大项目，也应将环评（海洋环评）审批作为前置条

件，由国家发展改革委商环境保护部、海洋局于 2014 年年底前研究提出重特大项目的具体范围。

2016 年 9 月 1 日起施行的修改后的《中华人民共和国环境影响评价法》取消了环评审批的前置要求，提出在开工建设前环评需要依法经审批部门审查批准，第二十五条规定：

"建设项目的环境影响评价文件未依法经审批部门审查或者审查后未予批准的，建设单位不得开工建设。"

2．环境影响评价文件的审批程序和时限

《中华人民共和国环境影响评价法》第二十二条规定：

"建设项目的环境影响报告书、报告表，由建设单位按照国务院的规定报有审批权的生态环境主管部门审批。

海洋工程建设项目的海洋环境影响报告书的审批，依照《中华人民共和国海洋环境保护法》的规定办理。

审批部门应当自收到环境影响报告书之日起六十日内，收到环境影响报告表之日起三十日内，分别作出审批决定并书面通知建设单位。

国家对环境影响登记表实行备案管理。

审核、审批建设项目环境影响报告书、报告表以及备案环境影响登记表，不得收取任何费用。"

修改后的《中华人民共和国环境影响评价法》针对不同的环境影响评价文件，其审批的时限要求不同，环境影响报告书是六十日内，环境影响报告表是三十日内。不仅要作出审批决定，而且要书面通知建设单位。对生态环境主管部门环境影响评价文件审批时限作出规定，能有效地履行政府职责，加快审批速度，提高工作效率。

此外，修改后的《中华人民共和国环境影响评价法》将原属于审批范围的环境影响登记表改为备案管理，进一步简化了对环境影响很小、不需要进行环境影响评价的建设项目的环境影响评价管理。为此，环境保护部以部令第 41 号颁布了《建设项目环境影响登记表备案管理办法》，自 2017 年 1 月 1 日起施行环境影响登记表的备案管理。

二、环境影响评价文件的重新报批和重新审核

《中华人民共和国环境影响评价法》第二十四条规定：

"建设项目的环境影响评价文件经批准后，建设项目的性质、规模、地点、采用的生产工艺或者防治污染、防止生态破坏的措施发生重大变动的，建设单位应当重新报批建设项目的环境影响评价文件。

建设项目的环境影响评价文件自批准之日起超过五年，方决定该项目开工建设的，其环境影响评价文件应当报原审批部门重新审核；原审批部门应当自收到建设项目环境影响评价文件之日起十日内，将审核意见书面通知建设单位。"

《建设项目环境保护管理条例》第十二条也有相同的规定，并对重新审核环境影响评价文件的，明确规定"逾期未通知的，视为审核同意"。

重新报批环境影响评价文件的，主要针对"环境影响评价文件经批准后，建设项目的性质、规模、地点、采用的生产工艺或者防治污染、防止生态破坏的措施发生重大变动的"建设项目，审批程序和时限执行《中华人民共和国环境影响评价法》第二十二条第一款、第三款和《建设项目环境保护管理条例》第九条第一款、第二款。

重新审核环境影响评价文件的，主要针对"环境影响评价文件自批准之日起超过五年，方决定该项目开工建设的"建设项目，若建设项目的性质、规模、地点、采用的生产工艺或者防治污染、防止生态破坏的措施未发生重大变动，由原审批部门提出审核意见，并要求在十日内书面通知建设单位。若建设项目的性质、规模、地点、采用的生产工艺或者防治污染、防止生态破坏的措施发生重大变动，则应执行重新报批程序。

为界定环评管理中建设项目的重大变动，2015 年 6 月 4 日，环境保护部发布《关于印发环评管理中部分行业建设项目重大变动清单的通知》（环办〔2015〕52 号），给出了界定重大变动的原则：

"根据《环境影响评价法》和《建设项目环境保护管理条例》有关规定，建设项目的性质、规模、地点、生产工艺和环境保护措施五个因素中的一项或一项以上发生重大变动，且可能导致环境影响显著变化（特别是不利环境影响加重）的，界定为重大变动。属于重大变动的应当重新报批环境影响评价文件，不属于重大变动的纳入竣工环境保护验收管理。"

2020 年 12 月 13 日，生态环境部发布了《关于印发〈污染影响类建设项目重大变动清单（试行）〉的通知》（环办环评函〔2020〕688 号），给出了污染影响类建设项目界定重大变更的细化原则：

"性质：

1. 建设项目开发、使用功能发生变化的。

规模：

2. 生产、处置或储存能力增大 30%及以上的。

3. 生产、处置或储存能力增大，导致废水第一类污染物排放量增加的。

4. 位于环境质量不达标区的建设项目生产、处置或储存能力增大，导致相应污染物排放量增加的（细颗粒物不达标区，相应污染物为二氧化硫、氮氧化物、可吸入颗粒物、挥发性有机物；臭氧不达标区，相应污染物为氮氧化物、挥发性有机物；其他大气、水污染物因子不达标区，相应污染物为超标污染因子）；位于达标区的建设项目生产、处置或储存能力增大，导致污染物排放量增加 10%及以上的地点。

5. 重新选址；在原厂址附近调整（包括总平面布置变化）导致环境防护距离范围变化且新增敏感点的。

生产工艺：

6. 新增产品品种或生产工艺（含主要生产装置、设备及配套设施）、主要原辅材料、燃料变化，导致以下情形之一：

（1）新增排放污染物种类的（毒性、挥发性降低的除外）；

（2）位于环境质量不达标区的建设项目相应污染物排放量增加的；

（3）废水第一类污染物排放量增加的；

（4）其他污染物排放量增加 10%及以上的。

7. 物料运输、装卸、贮存方式变化，导致大气污染物无组织排放量增加 10%及以上的。

环境保护措施：

8. 废气、废水污染防治措施变化，导致第 6 条中所列情形之一（废气无组织排放改为有组织排放、污染防治措施强化或改进的除外）或大气污染物无组织排放量增加 10%及以上的。

9. 新增废水直接排放口；废水由间接排放改为直接排放；废水直接排放口位置变化，导致不利环境影响加重的。

10. 新增废气主要排放口（废气无组织排放改为有组织排放的除外）；主要排放口排气筒高度降低 10%及以上的。

11. 噪声、土壤或地下水污染防治措施变化，导致不利环境影响加重的。

12. 固体废物利用处置方式由委托外单位利用处置改为自行利用处置的（自行利用处置设施单独开展环境影响评价的除外）；固体废物自行处置方式变化，导致不利环境影响加重的。

13. 事故废水暂存能力或拦截设施变化，导致环境风险防范能力弱化或降低的。"

同时环境保护部也制定了水电、水利、火电、煤炭、油气管道、铁路、高速公路、港口、石油炼制与石油化工建设项目重大变动清单（试行），并提出将根据情况进一步补充、调整、完善；通知同时指出，省级环保部门可结合本地区实际，制定本行政区特殊行业重大变动清单，报环境保护部备案。

环境保护部于 2016 年 8 月 8 日发布了《关于印发〈输变电建设项目重大变动清单（试行）〉的通知》（环办辐射〔2016〕84 号）对输变电建设项目的重大变动给出了详细清单。2018 年 1 月 29 日又发布了《关于印发制浆造纸等十四个行业建设项目重大变动清单的通知》（环办环评〔2018〕6 号），进一步制定了制浆造纸、制药、农药、化肥（氮肥）、纺织印染、制革、制糖、电镀、钢铁、炼焦、平板玻璃、水泥、铜铅锌冶炼、铝冶炼建设项目重大变动清单（试行）。2019 年 12 月 13 日，生态环境部又发布了《关于印发淀粉等五个行业建设项目重大变动清单的通知》（环办环评函〔2019〕934 号），进一步制定了淀粉，水处理，肥料制造，镁、钛冶炼，镍、钴、锡、锑、汞冶炼建设项目重大变动清单（试行）。

截至 2023 年年底，生态环境部已经发布了 30 个细化的行业建设项目重大变动清单。

三、环境影响评价文件的分级审批

《中华人民共和国环境影响评价法》第二十三条规定：

"国务院生态环境主管部门负责审批下列建设项目的环境影响评价文件：

（一）核设施、绝密工程等特殊性质的建设项目；

（二）跨省、自治区、直辖市行政区域的建设项目；

（三）由国务院审批的或者由国务院授权有关部门审批的建设项目。"

前款规定以外的建设项目的环境影响评价文件的审批权限，由省、自治区、直辖市人民政府规定。

建设项目可能造成跨行政区域的不良环境影响，有关生态环境主管部门对该项目的环境影响评价结论有争议的，其环境影响评价文件由共同的上一级生态环境主管部门审批。

《建设项目环境保护管理条例》第十条也有相同规定。《中华人民共和国环境影响评价法》第二十五条进一步规定了我国的环境影响审批制度：

"建设项目的环境影响评价文件未经法律规定的审批部门审查或者审查后未予批准的，该项目审批部门不得批准其建设，建设单位不得开工建设。"

为进一步加强和规范建设项目环境影响评价文件审批，提高审批效率，明确审批权责，环境保护部修订并公布了《建设项目环境影响评价文件分级审批规定》（环境保护部令　第5号）。其中规定：

"第二条　建设对环境有影响的项目，不论投资主体、资金来源、项目性质和投资规模，其环境影响评价文件均应按照本规定确定分级审批权限。

有关海洋工程和军事设施建设项目的环境影响评价文件的分级审批，依据有关法律和行政法规执行。

第三条　各级环境保护部门负责建设项目环境影响评价文件的审批工作。

第四条　建设项目环境影响评价文件的分级审批权限，原则上按照建设项目的审批、核准和备案权限及建设项目对环境的影响性质和程度确定。

第五条　环境保护部负责审批下列类型的建设项目环境影响评价文件：

（一）核设施、绝密工程等特殊性质的建设项目；

（二）跨省、自治区、直辖市行政区域的建设项目；

（三）由国务院审批或核准的建设项目，由国务院授权有关部门审批或核准的建设项目，由国务院有关部门备案的对环境可能造成重大影响的特殊性质的建设项目。

第六条　环境保护部可以将法定由其负责审批的部分建设项目环境影响评价文件的审批权限，委托给该项目所在地的省级环境保护部门，并应当向社会公告。

受委托的省级环境保护部门，应当在委托范围内，以环境保护部的名义审批环境影响评价文件。

受委托的省级环境保护部门不得再委托其他组织或者个人。

环境保护部应当对省级环境保护部门根据委托审批环境影响评价文件的行为负责监督，并对该审批行为的后果承担法律责任。

第七条　环境保护部直接审批环境影响评价文件的建设项目的目录、环境保护部委托省级环境保护部门审批环境影响评价文件的建设项目的目录，由环境保护部制定、调整并发布。

第八条　第五条规定以外的建设项目环境影响评价文件的审批权限，由省级环境保护部门参照第四条及下述原则提出分级审批建议，报省级人民政府批准后实施，并抄报环境保护部。

（一）有色金属冶炼及矿山开发、钢铁加工、电石、铁合金、焦炭、垃圾焚烧及发电、制浆等对环境可能造成重大影响的建设项目环境影响评价文件由省级环境保护部门负责审批。

（二）化工、造纸、电镀、印染、酿造、味精、柠檬酸、酶制剂、酵母等污染较重的建设项目环境影响评价文件由省级或地级市环境保护部门负责审批。

（三）法律和法规关于建设项目环境影响评价文件分级审批管理另有规定的，按照有关规定执行。

第九条　建设项目可能造成跨行政区域的不良环境影响，有关环境保护部门对该项目的环境影响评价结论有争议的，其环境影响评价文件由共同的上一级环境保护部门审批。

第十条　下级环境保护部门超越法定职权、违反法定程序或者条件做出环境影响评价文件审批决定的，上级环境保护部门可以按照下列规定处理：

（一）依法撤销或者责令其撤销超越法定职权、违反法定程序或者条件做出的环境影响评价文件审批决定。

（二）对超越法定职权、违反法定程序或者条件做出环境影响评价文件审批决定的直接责任人员，建议由任免机关或者监察机关依照《环境保护违法违纪行为处分暂行规定》的规定，对直接责任人员，给予警告、记过或者记大过处分；情节较重的，给予降级处分；情节严重的，给予撤职处分。"

随着精简审批事项，规范中介服务的推进，生态环境部委托和下放了部分审批权限，于 2019 年 2 月 26 日发布了《生态环境部审批环境影响评价文件的建设项目目录（2019 年本）》的公告（公告　2019 年第 8 号），对审批环境影响评价文件的建设项目进行了规范，并要求省级生态环境部门应根据本公告结合本地区实际情况和基层生态环境部门承接能力，及时调整公告目录以外的建设项目环境影响评价文件审批权限，报省级人民政府批准并公告实施。

四、环境影响评价文件的审批原则

《建设项目环境保护管理条例》在第九条第二款和第十条对生态环境主管部门审批环境影响报告书、环境影响报告表重点审查的内容以及不予批准的情形作了原则规定：

"第九条 环境保护行政主管部门审批环境影响报告书、环境影响报告表，应当重点审查建设项目的环境可行性、环境影响分析预测评估的可靠性、环境保护措施的有效性、环境影响评价结论的科学性等，并分别自收到环境影响报告书之日起60日内、收到环境影响报告表之日起30日内，作出审批决定并书面通知建设单位。

第十一条 建设项目有下列情形之一的，环境保护行政主管部门应当对环境影响报告书、环境影响报告表作出不予批准的决定：

（一）建设项目类型及其选址、布局、规模等不符合环境保护法律法规和相关法定规划；

（二）所在区域环境质量未达到国家或者地方环境质量标准，且建设项目拟采取的措施不能满足区域环境质量改善目标管理要求；

（三）建设项目采取的污染防治措施无法确保污染物排放达到国家和地方排放标准，或者未采取必要措施预防和控制生态破坏；

（四）改建、扩建和技术改造项目，未针对项目原有环境污染和生态破坏提出有效防治措施；

（五）建设项目的环境影响报告书、环境影响报告表的基础资料数据明显不实，内容存在重大缺陷、遗漏，或者环境影响评价结论不明确、不合理。"

在委托和下放部分审批权限后，为进一步规范建设项目环境影响评价文件审批，统一管理尺度，环境保护部于2015年12月18日发布了《关于规范火电等七个行业建设项目环境影响评价文件审批的通知》（环办〔2015〕112号），提出了火电、水电、钢铁、铜铅锌冶炼、石化、制浆造纸、高速公路七个行业建设项目环境影响评价文件的审批原则。在此基础上，2016年12月24日，环境保护部发布了《关于印发水泥制造等七个行业建设项目环境影响评价文件审批原则的通知》（环办环评〔2016〕114号），对水泥制造、煤炭采选、汽车整车制造、铁路、制药、水利（引调水工程）、航道七个行业建设项目环境影响评价文件提出了审批原则（试行）。2018年1月4日，环境保护部发布了《关于印发机场、港口、水利（河湖整治与防洪除涝工程）三个行业建设项目环境影响评价文件审批原则的通知》（环办环评〔2018〕2号）。2018年7月21日，生态环境部发布了《关于印发城市轨道交通、水利（灌区）两个行业建设项目环境影响评价文件审批原则的通知》（环办环评〔2018〕7号）。2022年12月2日，生态环境部发布了《关于印发钢铁/焦化、现代煤化工、石化、火电四个行业建设项目环境影响评价文件审批原则的通知》（环办环评〔2022〕31号）。2023年12月5日，生态环境部发布了《关于印发集成电路制造、锂离子电池及相关电池材料制造、电解铝、水泥制造四个行业建设项目环境影响评价文件审批原则的通知》（环办环评〔2023〕18 号）。上述审批原则的制定，为各级生态环境主管部门统一上述行业环境影响评价文件的审查提供了依据。

五、"未批先建"建设项目环境影响评价管理

为了明确对于建设单位"未批先建"违法行为的法律适用、追溯期限以及后续办理环境影响评价手续等方面的管理要求，2018 年 2 月 22 日与 2 月 24 日，环境保护部分别发布了《关于建设项目"未批先建"违法行为法律适用问题的意见》（环政法函〔2018〕31 号）、《关于加强"未批先建"建设项目环境影响评价管理工作的通知》（环办环评〔2018〕18 号）。

对"未批先建"违法行为的界定，《关于加强"未批先建"建设项目环境影响评价管理工作的通知》规定：

"'未批先建'违法行为是指，建设单位未依法报批建设项目环境影响报告书（表），或者未按照环境影响评价法第二十四条的规定重新报批或者重新审核环境影响报告书（表），擅自开工建设的违法行为，以及建设项目环境影响报告书（表）未经批准或者未经原审批部门重新审核同意，建设单位擅自开工建设的违法行为。"

对建设项目开工建设的界定，《关于加强"未批先建"建设项目环境影响评价管理工作的通知》规定：

"除火电、水电和电网项目外，建设项目开工建设是指，建设项目的永久性工程正式破土开槽开始施工，在此以前的准备工作，如地质勘探、平整场地、拆除旧有建筑物、临时建筑、施工用临时道路、通水、通电等不属于开工建设。

火电项目开工建设是指，主厂房基础垫层浇筑第一方混凝土。电网项目中变电工程和线路工程开工建设是指，主体工程基础开挖和线路基础开挖。水电项目筹建及准备期相关工程按照《关于进一步加强水电建设环境保护工作的通知》（环办〔2012〕4 号）执行。"

对"未批先建"违法行为的行政处罚追溯期限，《关于建设项目"未批先建"违法行为法律适用问题的意见》规定：

"二、关于'未批先建'违法行为的行政处罚追溯期限

（一）相关法律规定

行政处罚法第二十九条规定：'违法行为在二年内未被发现的，不再给予行政处罚。法律另有规定的除外。前款规定的期限，从违法行为发生之日起计算；违法行为有连续或者继续状态的，从行为终了之日起计算。'

（二）追溯期限的起算时间

根据上述法律规定，'未批先建'违法行为的行政处罚追溯期限应当自建设行为终了之日起计算。因此，'未批先建'违法行为自建设行为终了之日起二年内未被发现的，

环保部门应当遵守行政处罚法第二十九条的规定，不予行政处罚。"

关于"未批先建"建设项目建设单位可否主动补交环境影响报告书、报告表报送审批，《关于建设项目"未批先建"违法行为法律适用问题的意见》规定：

"三、关于建设单位可否主动补交环境影响报告书、报告表报送审批

（一）新环境保护法和新环境影响评价法并未禁止建设单位主动补交环境影响报告书、报告表报送审批

对'未批先建'违法行为，2014 年修订的新环境保护法第六十一条增加了处罚条款，该条款与原环境影响评价法（2002 年）第三十一条相比，未规定'责令限期补办手续'的内容；2016 年修正的新环境影响评价法第三十一条，亦删除了原环境影响评价法'限期补办手续'的规定。不再将'限期补办手续'作为行政处罚的前置条件，但并未禁止建设单位主动补交环境影响报告书、报告表报送审批。

（二）建设单位主动补交环境影响报告书、报告表并报送环保部门审查的，有权审批的环保部门应当受理

因'未批先建'违法行为受到环保部门依据新环境保护法和新环境影响评价法作出的处罚，或者'未批先建'违法行为自建设行为终了之日起二年内未被发现而未予行政处罚的，建设单位主动补交环境影响报告书、报告表并报送环保部门审查的，有权审批的环保部门应当受理，并根据不同情形分别作出相应处理：

1. 对符合环境影响评价审批要求的，依法作出批准决定。

2. 对不符合环境影响评价审批要求的，依法不予批准，并可以依法责令恢复原状。

建设单位同时存在违反'三同时'验收制度、超过污染物排放标准排污等违法行为的，应当依法予以处罚。"

第六节　建设项目环境保护事中事后管理

一、建设项目环境保护事中事后管理

1.《建设项目环境保护事中事后监督管理办法（试行）》

为落实国务院简政放权、放管结合重大决策部署，加快环保工作由注重事前审批向加强事中事后监督管理转变，2015 年 12 月 10 日，环境保护部印发了《建设项目环境保护事中事后监督管理办法（试行）》（环发〔2015〕163 号，以下简称办法）。

（1）事中、事后监管的概念

《建设项目环境保护事中事后监督管理办法（试行）》第二条规定：

"建设项目环境保护事中监督管理是指环境保护部门对本行政区域内的建设项目自办理环境影响评价手续后到正式投入生产或使用期间，落实经批准的环境影响评价文件及批复要求的监督管理。

建设项目环境保护事后监督管理是指环境保护部门对本行政区域内的建设项目正式投入生产或使用后，遵守环境保护法律法规情况，以及按照相关要求开展环境影响后评价情况的监督管理。"

（2）事中、事后监管依据

《建设项目环境保护事中事后监督管理办法（试行）》第三条规定：

"事中监督管理的主要依据是经批准的环境影响评价文件及批复文件、环境保护有关法律法规的要求和技术标准规范。

事后监督管理的主要依据是依法取得的排污许可证、经批准的环境影响评价文件及批复文件、环境影响后评价提出的改进措施、环境保护有关法律法规的要求和技术标准规范。"

（3）建设项目环境保护的责任主体

《建设项目环境保护事中事后监督管理办法（试行）》第五条规定：

"建设单位是落实建设项目环境保护责任的主体。建设单位在建设项目开工前和发生重大变动前，必须依法取得环境影响评价审批文件。建设项目实施过程中应严格落实经批准的环境影响评价文件及其批复文件提出的各项环境保护要求，确保环境保护设施正常运行。

实施排污许可管理的建设项目，应当依法申领排污许可证，严格按照排污许可证规定的污染物排放种类、浓度、总量等排污。

实行辐射安全许可管理的建设项目，应当依法申领辐射安全许可证，严格按照辐射安全许可证规定的源项、种类、活度、操作量等开展工作。"

（4）事中、事后监督管理的内容

《建设项目环境保护事中事后监督管理办法（试行）》第六条规定：

"事中监督管理的内容主要是，经批准的环境影响评价文件及批复中提出的环境保护措施落实情况和公开情况；施工期环境监理和环境监测开展情况；竣工环境保护验收和排污许可证的实施情况；环境保护法律法规的遵守情况和环境保护部门做出的行政处罚决定落实情况。

事后监督管理的内容主要是，生产经营单位遵守环境保护法律、法规的情况进行监督管理；产生长期性、累积性和不确定性环境影响的水利、水电、采掘、港口、铁路、冶金、石化、化工以及核设施、核技术利用和铀矿冶等编制环境影响报告书的建设项目，生产经营单位开展环境影响后评价及落实相应改进措施的情况。"

（5）信息公开

《建设项目环境保护事中事后监督管理办法（试行）》第十条规定：

"建设单位应当主动向社会公开建设项目环境影响评价文件、污染防治设施建设运行情况、污染物排放情况、突发环境事件应急预案及应对情况等环境信息。

各级环境保护部门应当公开建设项目的监督管理信息和环境违法处罚信息，加强与有关部门的信息交流共享，实现建设项目环境保护监督管理信息互联互通。

信息公开应当采取新闻发布会以及报刊、广播、网站、电视等方式，便于公众、专家、新闻媒体、社会组织获取。"

2. 加强环境影响评价监督管理工作有关要求

随着修改后的《中华人民共和国环境影响评价法》的实施以及国家环境保护政策的变化，为适应以改善环境质量为核心的环境管理要求，切实加强环境影响评价（以下简称环评）管理，落实"生态保护红线、环境质量底线、资源利用上线和环境准入负面清单"（以下简称"三线一单"）约束，建立项目环评审批与规划环评、现有项目环境管理、区域环境质量联动机制（以下简称"三挂钩"机制），更好地发挥环评制度从源头防范环境污染和生态破坏的作用，加快推进改善环境质量，2016 年 10 月 26 日，环境保护部发布了《关于以改善环境质量为核心加强环境影响评价管理的通知》（环环评〔2016〕150 号），其中与建设项目环境影响评价密切相关的要求主要有：

"（六）建立项目环评审批与现有项目环境管理联动机制。对于现有同类型项目环境污染或生态破坏严重、环境违法违规现象多发，致使环境容量接近或超过承载能力的地区，在现有问题整改到位前，依法暂停审批该地区同类行业的项目环评文件。改建、扩建和技术改造项目，应对现有工程的环境保护措施及效果进行全面梳理；如现有工程已经造成明显环境问题，应提出有效的整改方案和'以新带老'措施。

（七）建立项目环评审批与区域环境质量联动机制。对环境质量现状超标的地区，项目拟采取的措施不能满足区域环境质量改善目标管理要求的，依法不予审批其环评文件。对未达到环境质量目标考核要求的地区，除民生项目与节能减排项目外，依法暂停审批该地区新增排放相应重点污染物的项目环评文件。严格控制在优先保护类耕地集中区域新建有色金属冶炼、石油加工、化工、焦化、电镀、制革等项目。

（八）各省级环保部门要落实'三个一批'（淘汰关闭一批、整顿规范一批、完善备案一批）的要求，加大'未批先建'项目清理工作的力度。要定期开展督查检查，确保 2016 年 12 月 31 日前全部完成清理工作。从 2017 年 1 月 1 日起，对'未批先建'项目，要严格依法予以处罚。对'久拖不验'的项目，要研究制定措施予以解决，对造成严重环境污染或生态破坏的项目，要依法予以查处；对拒不执行的要依法实施'按日计罚'。

（九）严格建设项目全过程管理。加强对在建和已建重点项目的事中事后监管，严格依法查处和纠正建设项目违法违规行为，督促建设单位认真执行环保'三同时'制度。对建设项目环境保护监督管理信息和处罚信息要及时公开，强化对环保严重失信企业的惩戒机制，建立健全建设单位环保诚信档案和黑名单制度。

（十）深化信息公开和公众参与。推动地方政府及有关部门依法公开相关规划和项目选址等信息，在项目前期工作阶段充分听取公众意见。督促建设单位认真履行信息公开主体责任，完整客观地公开建设项目环评和验收信息，依法开展公众参与，建立公众意见收集、采纳和反馈机制。对建设单位在项目环评中未依法公开征求公众意见，或者对意见采纳情况未依法予以说明的，应当责成建设单位改正。

（十一）加强建设项目环境保护相关科普宣传。推动地方政府及有关部门、建设单位创新宣传方式，让建设项目环境保护知识进学校、进社区、进家庭。鼓励建设单位用'请进来、走出去'的方式，让广大人民群众切身感受建设项目环境保护的成功范例，增进了解和信任。对本地区出现的建设项目相关环境敏感突发事件，要协同有关部门主动发声，及时回应社会关切。"

根据党中央、国务院简政放权、转变政府职能改革的有关要求，各级环保部门持续推进环境影响评价制度改革，在简化、下放、取消环评相关行政许可事项的同时，强化环评事中、事后监管，各项工作取得积极进展。但是，一些地方观念转变不到位，仍然存在"重审批、轻监管""重事前，轻事中、事后"现象；一些地方编造数据、弄虚作假的环评文件时常出现；一些地方环评事中、事后监管机制不落地，环评"刚性"约束不强。为切实保障环评制度的效力，强化建设项目环评事中事后监管，环境保护部制定发布了《关于强化建设项目环境影响评价事中事后监管的实施意见》（环环评〔2018〕11号），要求如下：

"一、总体要求

（一）构建综合监管体系。各级环保部门要按照简政放权、转变政府职能的总体要求，以问题为导向，以提升环评效力为目标，坚持明确责任、协同监管、公开透明、诚信约束的原则，完善项目环评审批、技术评估、建设单位落实环境保护责任以及环评单位从业等各环节的事中事后监管工作机制，加快构建政府监管、企业自律、公众参与的综合监管体系，确保环评源头预防环境污染和生态破坏作用有效发挥。

（二）完善监管内容。加强事中监管，对环保部门要重点检查其环评审批行为和审批程序合法性、审批结果合规性；对技术评估机构要重点检查其技术评估能力、独立对环评文件进行技术评估并依法依规提出评估意见情况，是否存在乱收费行为；对环评单位要重点监督其是否依法依规开展作业，确保环评文件的数据资料真实、分析方法正确、结论科学可信；对建设单位要重点监督其依法依规履行环评程序、开展公众参与情况。加强事后监管，对环保部门要重点检查其对建设项目环境保护'三同时'监督检查情况；对环评单位要重点开展环评文件质量抽查复核；对建设单位要重点监督落实环评文件及批复要求，在项目设计、施工、验收、投入生产或使用中落实环境保护'三同时'及各项环境管理规定情况。

（三）明确监管责任。按照'谁审批、谁负责'的原则，各级环评审批部门在日常管理中负责对环评'放管服'事项和技术评估机构、环评单位从业情况进行检查。按照'属地管理'原则，各级环境监察执法、核与辐射安全监管部门在日常管理中加强建设单位环境保护'三同时'要求落实情况的检查。环境保护部和省级环保部门要充分运用环境保护督察等工作机制，对地方政府和有关部门落实环评制度情况开展监督。

二、做好监管保障

（四）依法开展环评制度改革。鼓励地方在强化环评源头预防作用的原则下，'于法有据'地出台环评'放管服'有关改革措施。上级环保部门对下级环保部门环评改革措施的依法合规性进行督导，对可能出现的偏差及时要求纠正，保证改革沿着正确的方向前行。下放环评审批权限，应综合评估承接部门的承接能力、承接条件，审慎下放石化化工、有色、钢铁、造纸等环境影响大、环境风险高项目的环评审批权，并对承接部门的审批程序、审批结果进行监督，确保放得下、接得住、管得好。

（五）架构并严守'三线一单'。设区的市级及以上环保部门要根据生态保护红线、环境质量底线、资源利用上线和环境准入负面清单（简称'三线一单'）环境管控要求，从空间布局约束、污染物排放管控、环境风险防控、资源开发效率等方面提出优布局、调结构、控规模、保功能等调控策略及导向性的环境治理要求，制定区域、行业环境准入限制或禁止条件。各级环保部门在环评审批中，应按照《关于以改善环境质量为核心加强环境影响评价管理的通知》（环环评〔2016〕150号）要求，建立'三挂钩'机制（项目环评审批与规划环评、现有项目环境管理、区域环境质量联动机制），强化'三线一单'硬约束，项目环评审批不得突破变通、降低标准。

（六）实施清单式管理。落实分类管理，建设项目环评文件的编制应符合《建设项目环境影响评价分类管理名录》要求，不得擅自更改和降低环评文件类别。严格分级审批，各级环保部门开展环评审批应符合《环境保护部审批环境影响评价文件的建设项目目录》和各省依法制定的环评文件分级审批规定；下放调整审批权限应履行法定程序，对下放的环评审批事项，上级环保部门不得随意上收；环评文件委托审批应依法开展，委托审批的环保部门对委托审批后果承担法律责任。环境保护部分行业制定建设项目环评文件审批原则和重大变动界定清单。鼓励省级环保部门依法依规制定本行政区内其他行业的环评文件审批原则。地方各级环保部门应严格执行建设项目环评文件审批和重大变动界定要求，统一建设项目环评管理尺度。

（七）做好与排污许可制度的衔接。各级环保部门要将排污许可证作为落实固定污染源环评文件审批要求的重要保障，严格建设项目环境影响报告书（表）的审查，结合排污许可证申请与核发技术规范和污染防治可行技术指南，核定建设项目的产排污环节、污染物种类及污染防治设施和措施等基本信息；依据国家或地方污染物排放标准、环境质量标准和总量控制要求，按照污染源源强核算技术指南、环评要素导则等，严格核定排放口数量、位置以及每个排放口的污染物种类、允许排放浓度和允许排放量、排放方式、排放去向、自行监测计划等与污染物排放相关的主要内容。建设项目发生实际排污行为之前应获得排污许可证，建设项目无证排污或不按证排污的，根据环境保护设施验收条件有关规定，建设单位不得出具环境保护设施验收合格意见。

三、创新监管方式

（八）运用大数据进行监管。环境保护部建设全国统一的环评申报系统、环境保护验收系统，并与环境影响登记表备案系统、排污许可管理系统、环境执法系统进行整合，统一纳入'智慧环评'综合监管平台。强化环评相关数据采集和关联集成，制定环评监管预警指标体系，增强面向监管的数据可用性，建立源头异常发现、过程问题识别、违法惩戒推送的智能模型，实现监管信息智能推送、监管业务智能触发。各级环保部门要运用大数据、'互联网+'等信息技术手段，实施智能、精准、高效的环评事中事后监管。

（九）开展双随机抽查。环境保护部负责组织协调全国环评事中事后监管抽查工作，地方各级环保部门负责本行政区的随机抽查工作。抽查重点事项为环境影响报告书（表）编制及审批情况、环境影响登记表备案及承诺落实情况、环境保护'三同时'落实情况、环境保护验收情况及相关主体责任落实情况等。各级环保部门以环评申报系统、环境保护验收系统等数据库为依托，随机抽取产生抽查对象。每年抽查石油加工、化工、有色金属冶炼、水泥、造纸、平板玻璃、钢铁等重点行业建设项目数量的比例应当不低于10%。对有严重违法违规记录、环境风险高的项目应提高抽查比例、实施靶向监管。对抽查发现的违法违规行为，要依法惩处问责。抽查情况和查处结果要及时向社会公开。

（十）发挥环境影响后评价监管作用。依法应当开展环境影响后评价的建设项目，应及时开展工作，对其实际产生的环境影响以及污染防治、生态保护和风险防范措施的有效性进行跟踪监测和验证评价，并提出补救方案或者改进措施。纳入排污许可管理的建设项目排污许可证执行报告、台账记录和自行监测等情况应作为环境影响后评价的重要依据。

四、强化技术机构管理

（十一）加强环评文件质量管理。环境保护部制定环评文件技术复核管理办法，上级环保部门可以对下级环保部门审批的建设项目环境影响报告书（表）开展技术复核。完善技术复核手段，采取人工复核和智能校核相结合方式，开展环评文件法规、空间、技术一致性校核。对技术复核判定有重大技术质量问题的，要向审批部门进行通报，对影响审批结论的，应要求采取整改措施。环评文件技术复核及处理结果向社会公开。

（十二）发挥技术评估作用。各级环保部门可通过政府采购方式委托技术评估机构开展环境影响报告书（表）的技术评估。技术评估机构要改进技术评估方式方法，完善技术手段，为环评审批严把技术关，重点审查建设项目的环境可行性、环境影响分析预测评估的可靠性、环境保护措施的有效性、环境影响评价结论的科学性等，并对其提出的技术评估意见负责。

（十三）规范环评技术服务。建设单位可以委托或者采取公开招标等方式选择具有相应能力的环评单位，对其建设项目进行环境影响评价、编制建设项目环境影响报告书（表）。环评单位应不断提高服务能力和水平，确保编制的环境影响报告书（表）的真实性和科学性。环境保护部制定环评技术服务行业管理办法，规范环评技术服务从业行为，依靠全国环评单位和人员的诚信管理体系推动环评单位和人员恪守行业规范和职业道德。制定建设项目环评单位技术能力推荐性指南，提出编制重大建设项目环境影响报告书的环评单位专业能力推荐性指标。

五、加大惩戒问责力度

（十四）严格环评审批责任追究。严肃查处不严格执行环评文件分级审批和分类管理有关规定、越权审批、拆分审批、变相审批等违法违规行为。在建设项目不符合环境保护法律法规和相关法定规划、所在区域环境质量未达标且建设项目拟采取的措施不能满足区域环境质量改善目标、采取的措施无法确保污染物达标排放或未采取必要措施预防和控制生态破坏、改扩建和技术改造项目未针对原有环境污染和生态破坏提出有效防治措施，或者环评文件基础资料明显不实、内容存在重大缺陷、遗漏，评价结论不明确、不合理等情况下批复环评文件的，要依法进行责任追究。对符合《建设项目环境影响评价区域限批管理办法（试行）》所列情形的，暂停审批有关区域的建设项目环评文件。

（十五）严格环评违法行为查处。依法查处建设项目环评文件未经审批擅自开工建设、不依法备案环境影响登记表等违法行为。依法查处建设单位在建设项目初步设计中未落实防治污染和生态破坏的措施、建设过程中未同时组织实施环境保护措施、环境保护设施未经验收或者验收不合格即投入生产或使用、未公开环境保护设施验收报告、未依法开展环境影响后评价等违法行为。对建设项目环评违法问题突出的地区，要约谈地方政府及相关部门负责人。

（十六）严格环评从业监管。各级环保部门应建立环评单位和人员的诚信档案，记录建设项目环境影响报告书（表）编制质量差、扰乱环评市场秩序等不良信用情况和行政处罚情况，并向社会公开。环境保护部定期对累积失信次数多的单位和人员名单进行集中通报。严肃查处环评单位及人员不负责任、弄虚作假致使建设项目环境影响报告书（表）失实或存在严重质量问题等行为；造成环境污染或生态破坏等严重后果的，还应追究连带责任；构成犯罪的，依法追究刑事责任。各级环保部门及其所属事业单位和人员不得从事建设项目环境影响报告书（表）编制，一经发现应严肃追究违规者及所在部门负责人责任。

（十七）实施失信惩戒。根据国务院《关于建立完善守信联合激励和失信联合惩戒制度加快推进社会诚信建设的指导意见》（国发〔2016〕33号）和国家发展改革委、环境保护部等31部门《关于对环境保护领域失信生产经营单位及其有关人员开展联合惩戒的合作备忘录》（发改财金〔2016〕1580号）要求，各级环保部门应当及时将对建设单位、环评单位、技术评估机构及其有关人员作出的行政处罚、行政强制等信息纳入全国或者本地区的信用信息共享平台，落实跨部门联合惩戒机制，推动各部门依法依规对严重失信的有关单位及法定代表人、相关责任人员采取限制或禁止市场准入、行政许可或融资行为，停止执行其享受的环保、财政、税收方面优惠政策等惩戒措施。

六、形成社会共治

（十八）落实环评信息公开机制方案。各级环保部门应健全建设项目环评信息公开机制和内部监督机制，依法依规公开建设项目环评信息，推进环评'阳光审批'。强化对建设单位的监督约束，落实建设项目环评信息的全过程、全覆盖公开，确保公众能够方便获取建设项目环评信息。畅通公众参与和社会监督渠道，保障可能受建设项目环境影响公众的环境权益。

（十九）发挥公众参与环评的监督作用。建设单位在建设项目环境影响报告书报送审批前，应采取适当形式，遵循依法、有序、公开、便利的原则，公开征求公众意见并对公众参与的真实性和结果负责。各级环保部门应监督建设单位依法规范开展公众参与，保证公众环境保护知情权、参与权和监督权。推进形成多方参与、社会共治的环境治理体系。

七、强化组织实施

（二十）提高思想认识。加强环评事中事后监管，对解决当前面临的突出问题，充分发挥环评源头预防效能具有重要意义。各级环保部门务必充分认识强化环评事中事后监管的必要性和重要性，正确处理履行监管职责与服务发展的关系，注重检查与指导、惩处与教育、监管与服务相结合，确保监管不缺位、不错位、不越位。

（二十一）加强组织领导。各级环保部门要结合本地实际认真研究制定属地监管工作方案，明确职责划分，细化工作内容，强化责任考核，建立健全工作推进机制，着力强化工作执行力度。研究建立符合环评事中事后监管特点的环境执法管理制度和有利于监管执法的激励制度，强化监管执法，加强跟踪检查，切实把环评事中事后监管落到实处。

（二十二）做好宣传引导。各级环保部门要加强环评相关法律法规及政策宣传力度，通过多种形式特别是新媒体鼓励全社会参与环评事中事后监管，形成理解、关心、支持事中事后监管的社会氛围。积极宣传环评事中事后监管的主要措施、成效，引导相关责任方提高环境保护责任意识，坚守环境保护底线，健全完善环评事中事后监管工作长效机制。”

2020 年 9 月 20 日，生态环境部发布了《关于严惩弄虚作假提高环评质量的意见》（环环评〔2020〕48 号），为严厉打击环评领域弄虚作假行为，强化溯源机制和责任追究制度，进一步发挥环评源头预防作用，给出了环评领域典型弄虚作假情形：

“（一）环评文件抄袭。主要包括环评文件（指建设项目环境影响报告书、报告表和规划环境影响报告书）中项目建设地点、主体工程及其生产工艺明显不属于本项目的；现有工程基本情况、污染物排放及达标情况明显不属于本项目的；环境现状调查、预测评价结果明显不属于本项目或规划的。

（二）关键内容遗漏。主要包括环评文件隐瞒项目实际开工情况的遗漏生态保护红线、自然保护区、饮用水水源保护区或者以居住、医疗卫生、文化教育为主要功能的区域等重要环境保护目标的；未开展相关环境要素现状调查与评价、相关环境要素或者环境风险预测与评价的未提出有效的环境污染和生态破坏防治措施的。

（三）数据结论错误。主要包括环评文件编造、篡改环境现状监测调查数据或者危险废物鉴别结果的；编造相关环境要素或环境风险等现状调查、预测、评价内容或结果的；降低环评标准，致使环评结论不正确的；建设项目类型及其选址、布局、规模等明显不符合环境保护法律法规，仍给出环境影响可行结论的。

（四）其他造假情形。主要包括建设单位和规划编制机关未组织开展公众参与却凭空编造公众参与内容，或者篡改实际公众参与调查结果的；相关单位故意篡改、隐瞒工程建设内容、规模等，以降低环评文件类型或者评价工作等级的；环评单位、环评文件编制主持人、主要编制人员在环评文件中假冒、伪造他人签字签章的；其他基础资料明显不实，内容、结论有重大虚假的。"

二、建设项目环境保护三同时管理

1. "三同时"制度的由来

1972年，国务院在批转《国家计委、国家建委关于官厅水库污染情况和解决意见的报告》中首次提出了"工厂建设和'三废'利用工程要同时设计、同时施工、同时投产"的要求。1973年，在第一次全国环境保护工作会议上，经与会代表讨论并报国务院批准，"防治污染及其他公害的设施必须与主体工程同时设计、同时施工、同时投产"的"三同时"正式确立为我国环境保护工作的一项基本管理制度。

1979年颁布的《中华人民共和国环境保护法》第六条规定：

"其中防止污染和其他公害的设施，必须与主体工程同时设计、同时施工、同时投产；各项有害物质的排放必须遵守国家规定的标准。"

首次把"三同时"作为一项法律制度确定下来。2014年颁布的《中华人民共和国环境保护法》第四十一条对"三同时"制度再次予以确认：

"建设项目中防治污染的设施，应当与主体工程同时设计、同时施工、同时投产使用。防治污染的设施应当符合经批准的环境影响评价文件的要求，不得擅自拆除或者闲置。"

《环境影响评价法》第二十六条规定：

"建设项目建设过程中，建设单位应当同时实施环境影响报告书、环境影响报告表以及环境影响评价文件审批部门审批意见中提出的环境保护对策措施。"

《建设项目环境保护管理条例》第十五条再次强调了"三同时"制度：

"建设项目需要配套建设的环境保护设施，必须与主体工程同时设计、同时施工、同时投产使用。"

2. 初步设计的环境保护篇章

《建设项目环境保护管理条例》第十六条规定：

"建设项目的初步设计，应当按照环境保护设计规范的要求，编制环境保护篇章，落实防治环境污染和生态破坏的措施以及环境保护设施投资概算。"

提出预防或者减轻不良环境影响的对策和措施，是实施环境影响评价制度的一项重要内容，将预防或者减轻不良环境影响的对策和措施应用到项目建设和运行中，以预防或者减轻建设项目对环境的不良影响，将环境影响评价落到实处。环境影响评价制度与"三同时"制度是紧密结合的，对建设项目需要配套建设的环境保护设施，必须与建设项目主体工程同时设计、同时施工、同时投产使用。编制环境影响报告书、环境影响报告表的建设项目，其配套建设的环境保护设施未经验收或者验收不合格的，该项目不得投入生产或者使用。

3. 建设项目竣工环境保护验收

"三同时"的核心是"同时投产使用"，只有环境保护设施与生产设施同时投入使用，才能避免或减轻对环境造成的损害。《建设项目环境保护管理条例》第十七条和第十八条规定：

"第十七条　编制环境影响报告书、环境影响报告表的建设项目竣工后，建设单位应当按照国务院环境保护行政主管部门规定的标准和程序，对配套建设的环境保护设施进行验收，编制验收报告。

建设单位在环境保护设施验收过程中，应当如实查验、监测、记载建设项目环境保护设施的建设和调试情况，不得弄虚作假。

除按照国家规定需要保密的情形外，建设单位应当依法向社会公开验收报告。

第十八条　分期建设、分期投入生产或者使用的建设项目，其相应的环境保护设施应当分期验收。"

环境保护设施建设是防止产生新的污染，是保护环境的重要环节。环境保护设施主要是指：

①污染控制设施，包括水污染物、空气污染物、固体废物、噪声污染、振动、电磁、放射性等污染的控制设施，如污水处理设施、除尘设施、隔声设施、固体废物卫生填埋或焚烧设施等。

②生态保护设施，包括保护和恢复动植物种群的设施、水土流失控制设施等，如为保护和恢复鱼类种群而建设的鱼类繁育场、为防止水土流失而修建的堤坝挡墙等。

③节约资源和资源回收利用设施，包括能源回收与节能设施、节水设施与污水回用设施、固体废物综合利用设施等，如为回收利用污水而修建的污水深度处理装置及其管道，为回收利用固体废物而修建的生产装置等。

④环境监测设施，包括水环境监测装置、大气监测装置等污染物监测设施。

除上述环境保护设施外，建设项目还可采取有关的环境保护措施用以减轻污染和对生态破坏的影响，如对某些环境敏感目标采取搬迁措施、补偿措施，对生态恢复采取绿化措施等，这些措施也应当与建设项目同时完成。

《建设项目环境保护管理条例》修订后，对建设项目竣工环境保护验收作出了较大调整，明确建设单位的环境保护主体责任，同时《建设项目竣工环境保护验收暂行办法》对建设项目竣工环境保护验收作出了细化规定：

"第三条　建设项目竣工环境保护验收的主要依据包括：

（一）建设项目环境保护相关法律、法规、规章、标准和规范性文件；

（二）建设项目竣工环境保护验收技术规范；

（三）建设项目环境影响报告书（表）及审批部门审批决定。

第四条　建设单位是建设项目竣工环境保护验收的责任主体，应当按照本办法规定的程序和标准，组织对配套建设的环境保护设施进行验收，编制验收报告，公开相关信息，接受社会监督，确保建设项目需要配套建设的环境保护设施与主体工程同时投产或者使用，并对验收内容、结论和所公开信息的真实性、准确性和完整性负责，不得在验收过程中弄虚作假。

环境保护设施是指防治环境污染和生态破坏以及开展环境监测所需的装置、设备和工程设施等。

验收报告分为验收监测（调查）报告、验收意见和其他需要说明的事项等三项内容。

第五条　建设项目竣工后，建设单位应当如实查验、监测、记载建设项目环境保护设施的建设和调试情况，编制验收监测（调查）报告。

以排放污染物为主的建设项目，参照《建设项目竣工环境保护验收技术指南　污染影响类》编制验收监测报告；主要对生态造成影响的建设项目，按照《建设项目竣工环境保护验收技术规范　生态影响类》编制验收调查报告；火力发电、石油炼制、水利水电、核与辐射等已发布行业验收技术规范的建设项目，按照该行业验收技术规范编制验收监测报告或者验收调查报告。

建设单位不具备编制验收监测（调查）报告能力的，可以委托有能力的技术机构编制。建设单位对受委托的技术机构编制的验收监测（调查）报告结论负责。建设单位与受委托的技术机构之间的权利义务关系，以及受委托的技术机构应当承担的责任，可以通过合同形式约定。

第六条　需要对建设项目配套建设的环境保护设施进行调试的，建设单位应当确保调试期间污染物排放符合国家和地方有关污染物排放标准和排污许可等相关管理规定。

环境保护设施未与主体工程同时建成的，或者应当取得排污许可证但未取得的，建设单位不得对该建设项目环境保护设施进行调试。

调试期间，建设单位应当对环境保护设施运行情况和建设项目对环境的影响进行监测。验收监测应当在确保主体工程调试工况稳定、环境保护设施运行正常的情况下进行，并如实记录监测时的实际工况。国家和地方有关污染物排放标准或者行业验收技术规范对工况和生产负荷另有规定的，按其规定执行。建设单位开展验收监测活动，可根据自身条件和能力，利用自有人员、场所和设备自行监测；也可以委托其他有能力的监测机构开展监测。

第七条　验收监测（调查）报告编制完成后，建设单位应当根据验收监测（调查）报告结论，逐一检查是否存在本办法第八条所列验收不合格的情形，提出验收意见。存在问题的，建设单位应当进行整改，整改完成后方可提出验收意见。

验收意见包括工程建设基本情况、工程变动情况、环境保护设施落实情况、环境保护设施调试效果、工程建设对环境的影响、验收结论和后续要求等内容，验收结论应当明确该建设项目环境保护设施是否验收合格。

建设项目配套建设的环境保护设施经验收合格后，其主体工程方可投入生产或者使用；未经验收或者验收不合格的，不得投入生产或者使用。

第八条　建设项目环境保护设施存在下列情形之一的，建设单位不得提出验收合格的意见：

（一）未按环境影响报告书（表）及其审批部门审批决定要求建成环境保护设施，或者环境保护设施不能与主体工程同时投产或者使用的；

（二）污染物排放不符合国家和地方相关标准、环境影响报告书（表）及其审批部门审批决定或者重点污染物排放总量控制指标要求的；

（三）环境影响报告书（表）经批准后，该建设项目的性质、规模、地点、采用的生产工艺或者防治污染、防止生态破坏的措施发生重大变动，建设单位未重新报批环境影响报告书（表）或者环境影响报告书（表）未经批准的；

（四）建设过程中造成重大环境污染未治理完成，或者造成重大生态破坏未恢复的；

（五）纳入排污许可管理的建设项目，无证排污或者不按证排污的；

（六）分期建设、分期投入生产或者使用依法应当分期验收的建设项目，其分期建设、分期投入生产或者使用的环境保护设施防治环境污染和生态破坏的能力不能满足其相应主体工程需要的；

（七）建设单位因该建设项目违反国家和地方环境保护法律法规受到处罚，被责令改正，尚未改正完成的；

（八）验收报告的基础资料数据明显不实，内容存在重大缺项、遗漏，或者验收结论不明确、不合理的；

（九）其他环境保护法律法规规章等规定不得通过环境保护验收的。

第九条　为提高验收的有效性，在提出验收意见的过程中，建设单位可以组织成立验收工作组，采取现场检查、资料查阅、召开验收会议等方式，协助开展验收工作。验收工作组可以由设计单位、施工单位、环境影响报告书（表）编制机构、验收监测（调查）报告编制机构等单位代表以及专业技术专家等组成，代表范围和人数自定。

第十条　建设单位在'其他需要说明的事项'中应当如实记载环境保护设施设计、施工和验收过程简况、环境影响报告书（表）及其审批部门审批决定中提出的除环境保护设施外的其他环境保护对策措施的实施情况，以及整改工作情况等。

相关地方政府或者政府部门承诺负责实施与项目建设配套的防护距离内居民搬迁、功能置换、栖息地保护等环境保护对策措施的，建设单位应当积极配合地方政府或部门在所承诺的时限内完成，并在'其他需要说明的事项'中如实记载前述环境保护对策措施的实施情况。

第十一条　除按照国家需要保密的情形外，建设单位应当通过其网站或其他便于公众知晓的方式，向社会公开下列信息：

（一）建设项目配套建设的环境保护设施竣工后，公开竣工日期；

（二）对建设项目配套建设的环境保护设施进行调试前，公开调试的起止日期；

（三）验收报告编制完成后 5 个工作日内，公开验收报告，公示的期限不得少于 20 个工作日。

建设单位公开上述信息的同时，应当向所在地县级以上环境保护主管部门报送相关信息，并接受监督检查。

第十二条　除需要取得排污许可证的水和大气污染防治设施外，其他环境保护设施的验收期限一般不超过 3 个月；需要对该类环境保护设施进行调试或者整改的，验收期限可以适当延期，但最长不超过 12 个月。

验收期限是指自建设项目环境保护设施竣工之日起至建设单位向社会公开验收报告之日止的时间。

第十三条　验收报告公示期满后 5 个工作日内，建设单位应当登录全国建设项目竣工环境保护验收信息平台，填报建设项目基本信息、环境保护设施验收情况等相关信息，环境保护主管部门对上述信息予以公开。

建设单位应当将验收报告以及其他档案资料存档备查。

第十四条　纳入排污许可管理的建设项目，排污单位应当在项目产生实际污染物排放之前，按照国家排污许可有关管理规定要求，申请排污许可证，不得无证排污或不按证排污。建设项目验收报告中与污染物排放相关的主要内容应当纳入该项目验收完成当年排污许可证执行年报。

第十五条　各级环境保护主管部门应当按照《建设项目环境保护事中事后监督管理办法（试行）》等规定，通过'双随机、一公开'抽查制度，强化建设项目环境保护事中事后监督管理。要充分依托建设项目竣工环境保护验收信息平台，采取随机抽取检查对象和随机选派执法检查人员的方式，同时结合重点建设项目定点检查，对建设项目环境保护设施'三同时'落实情况、竣工验收等情况进行监督性检查，监督结果向社会公开。

第十六条　需要配套建设的环境保护设施未建成、未经验收或者经验收不合格，建设项目已投入生产或者使用的，或者在验收中弄虚作假的，或者建设单位未依法向社会公开验收报告的，县级以上环境保护主管部门应当依照《建设项目环境保护管理条例》的规定予以处罚，并将建设项目有关环境违法信息及时记入诚信档案，及时向社会公开违法者名单。

第十七条　相关地方政府或者政府部门承诺负责实施的环境保护对策措施未按时完成的，环境保护主管部门可以依照法律法规和有关规定采取约谈、综合督查等方式督促相关政府或者政府部门抓紧实施。"

三、建设项目环境影响评价与排污许可的衔接

为将建设项目环境影响评价提出的措施和要求有效地落实到建设项目日常运营和环境管理中，国务院办公厅于 2016 年 11 月 10 日发布了《国务院办公厅关于印发〈控制污染物排放许可制实施方案〉的通知》（国办发〔2016〕81 号）（以下简称通知）。

《控制污染物排放许可制实施方案》中的基本原则和目标任务，对环境影响评价与排污许可制的衔接进行了规定：

"（二）基本原则。

精简高效，衔接顺畅。排污许可制衔接环境影响评价管理制度，融合总量控制制度，为排污收费、环境统计、排污权交易等工作提供统一的污染物排放数据，减少重复申报，减轻企事业单位负担，提高管理效能。

（三）目标任务。

到 2020 年，完成覆盖所有固定污染源的排污许可证核发工作，全国排污许可证管理信息平台有效运转，各项环境管理制度精简合理、有机衔接，企事业单位环保主体责任得到落实，基本建立法规体系完备、技术体系科学、管理体系高效的排污许可制，对固定污染源实施全过程管理和多污染物协同控制，实现系统化、科学化、法治化、精细化、信息化的'一证式'管理。"

上述《国务院办公厅关于印发〈控制污染物排放许可制实施方案〉的通知》对环境影响评价制度和排污许可制的有机衔接提出了相应的要求：

"（五）有机衔接环境影响评价制度。环境影响评价制度是建设项目的环境准入门槛，排污许可制是企事业单位生产运营期排污的法律依据，必须做好充分衔接，实现从污染预防到污染治理和排放控制的全过程监管。新建项目必须在发生实际排污行为之前申领排污许可证，环境影响评价文件及批复中与污染物排放相关的主要内容应当纳入排污许可证，其排污许可证执行情况应作为环境影响后评价的重要依据。"

为了使各项环境保护制度相互衔接，建立环评、"三同时"和排污许可衔接的管理机制，环境保护部发布了《关于做好环境影响评价制度与排污许可制衔接相关工作的通知》（环办环评〔2017〕84 号），对环境影响评价制度和排污许可证衔接的细节做出了规定：

"一、环境影响评价制度是建设项目的环境准入门槛，是申请排污许可证的前提和重要依据。排污许可制是企事业单位生产运营期排污的法律依据，是确保环境影响评价提出的污染防治设施和措施落实落地的重要保障。各级环保部门要切实做好两项制度的衔接，在环境影响评价管理中，不断完善管理内容，推动环境影响评价更加科学，严格污染物排放要求；在排污许可管理中，严格按照环境影响报告书（表）以及审批文件要求核发排污许可证，维护环境影响评价的有效性。

二、做好《建设项目环境影响评价分类管理名录》和《固定污染源排污许可分类管

理名录》的衔接，按照建设项目对环境的影响程度、污染物产生量和排放量，实行统一分类管理。纳入排污许可管理的建设项目，可能造成重大环境影响、应当编制环境影响报告书的，原则上实行排污许可重点管理；可能造成轻度环境影响、应当编制环境影响报告表的，原则上实行排污许可简化管理。

三、环境影响评价审批部门要做好建设项目环境影响报告书（表）的审查，结合排污许可证申请与核发技术规范，核定建设项目的产排污环节、污染物种类及污染防治设施和措施等基本信息；依据国家或地方污染物排放标准、环境质量标准和总量控制要求等管理规定，按照污染源源强核算技术指南、环境影响评价要素导则等技术文件，严格核定排放口数量、位置以及每个排放口的污染物种类、允许排放浓度和允许排放量、排放方式、排放去向、自行监测计划等与污染物排放相关的主要内容。

四、分期建设的项目，环境影响报告书（表）以及审批文件应当列明分期建设内容，明确分期实施后排放口数量、位置以及每个排放口的污染物种类、允许排放浓度和允许排放量、排放方式、排放去向、自行监测计划等与污染物排放相关的主要内容，建设单位应据此分期申请排污许可证。分期实施的允许排放量之和不得高于建设项目的总允许排放量。

五、改扩建项目的环境影响评价，应当将排污许可证执行情况作为现有工程回顾评价的主要依据。现有工程应按照相关法律、法规、规章关于排污许可实施范围和步骤的规定，按时申请并获取排污许可证，并在申请改扩建项目环境影响报告书（表）时，依法提交相关排污许可证执行报告。

六、建设项目发生实际排污行为之前，排污单位应当按照国家环境保护相关法律法规以及排污许可证申请与核发技术规范要求申请排污许可证，不得无证排污或不按证排污。环境影响报告书（表）2015年1月1日（含）后获得批准的建设项目，其环境影响报告书（表）以及审批文件中与污染物排放相关的主要内容应当纳入排污许可证。建设项目无证排污或不按证排污的，建设单位不得出具该项目验收合格的意见，验收报告中与污染物排放相关的主要内容应当纳入该项目验收完成当年排污许可证执行年报。排污许可证执行报告、台账记录以及自行监测执行情况等应作为开展建设项目环境影响后评价的重要依据。

七、国家将分行业制定建设项目重大变动清单。建设项目的环境影响报告书（表）经批准后，建设项目的性质、规模、地点、采用的生产工艺或者防治污染、防止生态破坏的措施发生重大变动的，建设单位应当依法重新报批环境影响评价文件，并在申请排污许可时提交重新报批的环评批复（文号）。发生变动但不属于重大变动情形的建设项目，环境影响报告书（表）2015年1月1日（含）后获得批准的，排污许可证核发部门按照污染物排放标准、总量控制要求、环境影响报告书（表）以及审批文件从严核发，其他建设项目由排污许可证核发部门按照排污许可证申请与核发技术规范要求核发。

八、建设项目涉及'上大压小''区域（总量）替代'等措施的，环境影响评价审批部门应当审查总量指标来源，依法依规应当取得排污许可证的被替代或关停企业，须明确其排污许可证编码及污染物替代量。排污许可证核发部门应按照环境影响报告书（表）审批文件要求，变更或注销被替代或关停企业的排污许可证。应当取得排污许可证但未取得的企业，不予计算其污染物替代量。

九、环境保护部负责统一建设建设项目环评审批信息申报系统，并与全国排污许可证管理信息平台充分衔接。建设单位在报批建设项目环境影响报告书（表）时，应当登录建设项目环评审批信息申报系统，在线填报相关信息并对信息的真实性、准确性和完整性负责。"

此外，2018年1月10日环境保护部发布并实施了《排污许可管理办法（试行）》，规定了排污许可证的申请、核发、内容和执行，其中对环境影响评价制度和排污许可制的有机衔接提出了相应的要求：

"第八条　依据相关法律规定，环境保护主管部门对排污单位排放水污染物、大气污染物等各类污染物的排放行为实行综合许可管理。

2015年1月1日及以后取得建设项目环境影响评价审批意见的排污单位，环境影响评价文件及审批意见中与污染物排放相关的主要内容应当纳入排污许可证。

第十四条　以下登记事项由排污单位申报，并在排污许可证副本中记录：

（一）主要生产设施、主要产品及产能、主要原辅材料等；

（二）产排污环节、污染防治设施等；

（三）环境影响评价审批意见、依法分解落实到本单位的重点污染物排放总量控制指标、排污权有偿使用和交易记录等。

第十七条　核发环保部门按照排污许可证申请与核发技术规范规定的行业重点污染物允许排放量核算方法，以及环境质量改善的要求，确定排污单位的许可排放量。

对于本办法实施前已有依法分解落实到本单位的重点污染物排放总量控制指标的排污单位，核发环保部门应当按照行业重点污染物允许排放量核算方法、环境质量改善要求和重点污染物排放总量控制指标，从严确定许可排放量。

2015年1月1日及以后取得环境影响评价审批意见的排污单位，环境影响评价文件和审批意见确定的排放量严于按照本条第一款、第二款确定的许可排放量的，核发环保部门应当根据环境影响评价文件和审批意见要求确定排污单位的许可排放量。

地方人民政府依法制定的环境质量限期达标规划、重污染天气应对措施要求排污单位执行更加严格的重点污染物排放总量控制指标的，应当在排污许可证副本中规定。

本办法实施后，环境保护主管部门应当按照排污许可证规定的许可排放量，确定排污单位的重点污染物排放总量控制指标。

第三十条　对采用相应污染防治可行技术的，或者新建、改建、扩建建设项目排污单位采用环境影响评价审批意见要求的污染治理技术的，核发环保部门可以认为排污单位采用的污染防治设施或者措施有能力达到许可排放浓度要求。

不符合前款情形的，排污单位可以通过提供监测数据予以证明。监测数据应当通过使用符合国家有关环境监测、计量认证规定和技术规范的监测设备取得；对于国内首次采用的污染治理技术，应当提供工程试验数据予以证明。

环境保护部依据全国排污许可证执行情况，适时修订污染防治可行技术指南。"

对排污许可证的申请材料，《排污许可管理办法（试行）》第二十六条第二款第（五）项规定：

"申请材料应当包括：

（五）建设项目环境影响评价文件审批文号，或者按照有关国家规定经地方人民政府依法处理、整顿规范并符合要求的相关证明材料。"

对排污许可证的变更，《排污许可管理办法（试行）》第四十三条第一款第（三）项和第二款规定：

"在排污许可证有效期内，下列与排污单位有关的事项发生变化的，排污单位应当在规定时间内向核发环保部门提出变更排污许可证的申请：

（三）排污单位在原场址内实施新建、改建、扩建项目应当开展环境影响评价的，在取得环境影响评价审批意见后，排污行为发生变更之日前三十个工作日内；

发生本条第一款第三项规定情形，且通过污染物排放等量或者减量替代削减获得重点污染物排放总量控制指标的，在排污单位提交变更排污许可申请前，出让重点污染物排放总量控制指标的排污单位应当完成排污许可证变更。"

四、建设项目的环境影响后评价

1. 建设项目环境影响后评价的法律规定

《中华人民共和国环境影响评价法》第二十七条规定：

"在项目建设、运行过程中产生不符合经审批的环境影响评价文件的情形的，建设单位应当组织环境影响的后评价，采取改进措施，并报原环境影响评价文件审批部门和建设项目审批部门备案；原环境影响评价文件审批部门也可以责成建设单位进行环境影响的后评价，采取改进措施。"

《中华人民共和国环境影响评价法》中所说的建设项目环境影响后评价，是指对正在进行建设或已经投入生产或使用的建设项目，在建设过程中或投产运行后，由于建设方案的变化或运行、生产方案的变化，导致实际情况与环境影响评价情况不符，针对其变化所进行的补充评价。《环境影响评价法》中所说"产生不符合经审批的环境影响评价文件的情形的"一般包括以下几种情况：

①在建设、运行过程中，虽然产品方案、主要工艺、主要原材料或污染处理设施和生态保护措施未发生重大变化，但由于环境影响评价技术手段限制，污染物种类、污染物的排放强度或生态影响与环境影响评价预测情况相比有较大变化。

②在建设、运行过程中，虽然建设项目的选址、选线未发生较大变化，运行方式也

未发生较大变化，但由于周边环境敏感点发生变化，从而可能对新的环境敏感目标产生影响，或可能产生新的重要生态影响的。

③建设、运行过程中，当地人民政府对项目所涉及区域的环境功能作出重大调整，要求建设单位进行后评价的。

④项目长期性、累积性和不确定性环境影响突出，有重大环境风险或者穿越重要生态环境敏感区的重大项目。

⑤跨行政区域、存在争议的。

开展环境影响后评价有两方面的目的：一是对环境影响评价的结论、环境保护对策措施的有效性进行验证；二是对项目建设中或运行后发现或产生的新问题进行分析，提出补救或改进方案。组织环境影响后评价的是建设单位，可以是在原环境影响评价文件审批部门要求下组织，也可以是自主组织的。环境影响后评价要对存在的有关问题采取改进措施，报原环境影响评价文件审批部门和项目审批部门备案。

2. 建设项目环境影响后评价管理

为规范建设项目环境影响后评价工作，根据《中华人民共和国环境影响评价法》，环境保护部于2015年12月10日发布了《建设项目环境影响后评价管理办法（试行）》（环境保护部令 第37号），自2016年1月1日起施行。

该办法中所称环境影响后评价，是指编制环境影响报告书的建设项目在通过环境保护设施竣工验收且稳定运行一定时期后，对其实际产生的环境影响以及污染防治、生态保护和风险防范措施的有效性进行跟踪监测和验证评价，并提出补救方案或者改进措施，提高环境影响评价有效性的方法与制度。

（1）应当开展环境影响后评价的情形

《建设项目环境影响后评价管理办法（试行）》第三条规定：

"下列建设项目运行过程中产生不符合经审批的环境影响报告书情形的，应当开展环境影响后评价：

（一）水利、水电、采掘、港口、铁路行业中实际环境影响程度和范围较大，且主要环境影响在项目建成运行一定时期后逐步显现的建设项目，以及其他行业中穿越重要生态环境敏感区的建设项目；

（二）冶金、石化和化工行业中有重大环境风险，建设地点敏感，且持续排放重金属或者持久性有机污染物的建设项目；

（三）审批环境影响报告书的环境保护主管部门认为应当开展环境影响后评价的其他建设项目。"

建设项目环境影响报告书经批准后，其性质、规模、地点、工艺或者环境保护措施发生重大变动的，依照《中华人民共和国环境影响评价法》第二十四条的规定，应当重新报批环境影响评价文件，不适用《建设项目环境影响后评价管理办法》。

（2）环境影响后评价的责任主体

《建设项目环境影响后评价管理办法（试行）》第六条规定：

"建设单位或者生产经营单位负责组织开展环境影响后评价工作，编制环境影响后评价文件，并对环境影响后评价结论负责。

建设单位或者生产经营单位可以委托环境影响评价机构、工程设计单位、大专院校和相关评估机构等编制环境影响后评价文件。编制建设项目环境影响报告书的环境影响评价机构，原则上不得承担该建设项目环境影响后评价文件的编制工作。

建设单位或者生产经营单位应当将环境影响后评价文件报原审批环境影响报告书的环境保护主管部门备案，并接受环境保护主管部门的监督检查。"

（3）环境影响后评价文件的主要内容

《建设项目环境影响后评价管理办法（试行）》第七条规定：

"建设项目环境影响后评价文件应当包括以下内容：

（一）建设项目过程回顾。包括环境影响评价、环境保护措施落实、环境保护设施竣工验收、环境监测情况，以及公众意见收集调查情况等。

（二）建设项目工程评价。包括项目地点、规模、生产工艺或者运行调度方式，环境污染或者生态影响的来源、影响方式、程度和范围等。

（三）区域环境变化评价。包括建设项目周围区域环境敏感目标变化、污染源或者其他影响源变化、环境质量现状和变化趋势分析等。

（四）环境保护措施有效性评估。包括环境影响报告书规定的污染防治、生态保护和风险防范措施是否适用、有效，能否达到国家或者地方相关法律、法规、标准的要求等。

（五）环境影响预测验证。包括主要环境要素的预测影响与实际影响差异，原环境影响报告书内容和结论有无重大漏项或者明显错误，持久性、累积性和不确定性环境影响的表现等。

（六）环境保护补救方案和改进措施。

（七）环境影响后评价结论。"

《建设项目环境影响后评价管理办法（试行）》第九条规定：

"建设单位或者生产经营单位可以对单个建设项目进行环境影响后评价，也可以对在同一行政区域、流域内存在叠加、累积环境影响的多个建设项目开展环境影响后评价。"

（4）环境影响后评价的时限要求

《建设项目环境影响后评价管理办法（试行）》第八条规定：

"建设项目环境影响后评价应当在建设项目正式投入生产或者运营后三至五年内开展。原审批环境影响报告书的环境保护主管部门也可以根据建设项目的环境影响和环境要素变化特征，确定开展环境影响后评价的时限。"

第七节　重点领域建设项目环评有关要求

为加强对建设项目环评工作的指导，针对环评管理中发现的问题，近年来生态环境部发布了一系列相关管理文件，明确了环评工作的有关要求。

1. 水电建设项目环评的有关要求

2012年1月6日，环境保护部发布了《关于进一步加强水电建设环境保护工作的通知》，其中对水电建设项目的环境影响评价提出要求：

"要规范水电项目'三通一平'工程环境影响评价工作。水电项目筹建及准备期相关工程应作为一个整体项目纳入'三通一平'工程开展环境影响评价。水生生态保护的相关措施应列为水电项目筹建及准备期工作内容；围堰工程（包括分期围堰）和河床内导流工程作为主体工程内容，不纳入'三通一平'工程范围。在水电建设项目环境影响评价中要有'三通一平'工程环境影响回顾性评价内容。

水电建设项目环境影响评价要重点论证和落实生态流量、水温恢复、鱼类保护、陆生珍稀动植物保护等措施，明确流域生态保护对策措施的设计、建设、运行以及生态调度工作要求。要重视并做好移民安置的环境保护措施，落实项目业主和地方政府的相关责任。要维护群众环境权益，完善信息公开和公众参与机制。要加强小水电资源开发环境影响评价工作，防止不合理开发活动造成生态破坏，切实保护和改善生态环境。"

2. 涉及水生生物资源和生境的建设项目环评有关要求

为进一步加强水生生物资源及其生境保护，严格环境影响评价管理，环境保护部联合农业部于2013年8月5日发布了《关于进一步加强水生生物资源保护严格环境影响评价管理的通知》（环发〔2013〕86号），其中对涉及水生生物自然保护区或水产种质资源保护区的建设项目环评提出明确要求：

"（一）水利工程、航道、闸坝、港口建设及矿产资源勘探和开采等建设项目涉及水生生物自然保护区或种质资源保护区的，或者在保护区外从事有关工程建设活动可能损害保护区功能的，应当按照国家有关规定进行专题评价或论证，并将有关报告作为建设项目环境影响报告书的重要内容。

（二）国家级水生生物自然保护区影响专题评价应当按照农业部《建设项目对水生生物国家级自然保护区影响专题评价管理规范》（农渔发〔2009〕4号）执行。地方级水生生物自然保护区影响专题评价可参照上述管理规范执行。

（三）水产种质资源保护区影响专题论证的重点是种质资源保护区主要物种资源和功能分区等情况，建设项目对保护区功能影响及建设项目优化布局方案，拟采取的避让、减缓、补救和生态补偿措施等。

（四）涉及水生生物自然保护区的建设项目环境影响报告书在报送环境保护部门审批前，应征求渔业部门意见。涉及水产种质资源保护区的建设项目，应按照《中华人民共和国渔业法》和《水产种质资源保护区管理暂行办法》（农业部令 2011年第1号）等相关规定执行。"

3. 建设项目环境风险防范和环境风险评价

为有效防范环境风险，环境保护部于2012年7月发布了《关于进一步加强环境影响评价管理防范环境风险的通知》（环发〔2012〕77号），关于防范建设项目环境风险的有关要求如下：

"（一）突出重点，全程监管。对石油天然气开采、油气/液体化工仓储及运输、石化化工等重点行业建设项目，应进一步加强环境影响评价管理，针对环境影响评价文件编制与审批、工程设计与施工、试运行、竣工环保验收等各个阶段实施全过程监管，强化环境风险防范及应急管理要求。其他存在易燃易爆、有毒有害物质（如危险化学品、危险废物、挥发性有机物、重金属等）的建设项目，其环境管理工作可参照本通知执行。

（二）明确责任，强化落实。建设单位及其所属企业是环境风险防范的责任主体，应建立有效的环境风险防范与应急管理体系并不断完善。环评单位要加强环境风险评价工作，并对环境影响评价结论负责；环境监理单位要督促建设单位按环评及批复文件要求建设环境风险防范设施，并对环境监理报告结论负责；验收监测或验收调查单位要全面调查环境风险防范设施建设和应急措施落实情况，并对验收监测或验收调查结论负责。各级环保部门要严格建设项目环境影响评价审批和监管，在环境影响评价文件审批中对环境风险防范提出明确要求。

（三）环境风险评价的有关要求。建设项目环境风险评价是相关项目环境影响评价的重要组成部分。新、改、扩建相关建设项目环境影响评价应按照相应技术导则要求，科学预测评价突发性事件或事故可能引发的环境风险，提出环境风险防范和应急措施。论证重点如下：（1）从环境风险源、扩散途径、保护目标三方面识别环境风险。环境风险识别应包括生产设施和危险物质的识别、有毒有害物质扩散途径的识别（如大气环境、水环境、土壤等）以及可能受影响的环境保护目标的识别。（2）科学开展环境风险预测。环境风险预测设定的最大可信事故应包括项目施工、营运等过程中生产设施发生火灾、爆炸，危险物质发生泄漏等事故，并充分考虑伴生/次生的危险物质等，从大气、地表水、海洋、地下水、土壤等环境方面考虑并预测评价突发环境事件对环境的影响范围和程度。（3）提出合理有效的环境风险防范和应急措施。结合风险预测结论，有针对性地提出环境风险防范和应急措施，并对措施的合理性和有效性进行充分论证。

改、扩建相关建设项目应按照现行环境风险防范和管理要求，对现有工程的环境风险进行全面梳理和评价，针对可能存在的环境风险隐患，提出相应的补救或完善措施，并纳入改、扩建项目'三同时'验收内容。对存在较大环境风险的相关建设项目，应严格按照《环境影响评价公众参与办法》（部令 第4号）做好环境影响评价公众参与工作。项目信息公示等内容中应包含项目实施可能产生的环境风险及相应的环境风险防范和应急措施。

环境风险评价结论应作为相关建设项目环境影响评价文件结论的主要内容之一。无环境风险评价专章的相关建设项目环境影响评价文件不予受理；经论证，环境风险评价内容不完善的相关建设项目环境影响评价文件不予审批。环保部门在相关建设项目环境影响评价文件审批中，对存在较大环境风险隐患的，应提出环境影响后评价的要求。相关建设项目的环境影响评价文件经批准后，环境风险防范设施发生重大变动的，建设单位应按《环境影响评价法》要求重新办理报批手续。"

环境保护部于2012年8月发布了《关于切实加强风险防范严格环境影响评价管理的通知》（环发〔2012〕98号），其中强化环境影响评价全过程监管的有关内容如下：

"各级环保部门要按照我部《关于加强产业园区规划环境影响评价有关工作的通知》（环发〔2011〕14号）等文件要求，以化工石化园区和其他排放持久性有机物、重金属等有毒有害物质的高风险产业园区为重点，进一步严格产业园区规划环评管理，强化规划环评和项目环评的联动机制。

化工石化、有色冶炼、制浆造纸等可能引发环境风险的项目，在符合国家产业政策和清洁生产水平要求、满足污染物排放标准以及污染物排放总量控制指标的前提下，必须在依法设立、环境保护基础设施齐全并经规划环评的产业园区内布设。在环境风险防控重点区域如居民集中区、医院和学校附近、重要水源涵养生态功能区等，以及因环境污染导致环境质量不能稳定达标的区域内，禁止新建或扩建可能引发环境风险的项目。

各级环保部门在环评受理和审批中，要重点关注环境敏感目标保护、所涉及环境敏感区的主管部门相关意见、规划调整控制、防护距离内的居民搬迁安置方案和项目依托的公用环保设施或工程是否可行、是否存在环评违法行为等内容；对可能引发环境风险的项目，还要重点关注环境风险评价专章和环境风险防范措施；对水利水电、铁路、公路、机场、轨道交通、污水处理、垃圾处理处置、固废处理处置等社会关注度高的项目，还要重点关注选址选线是否具有环境优化空间。"

4. 石油天然气行业环境影响评价管理要求

为了推进石油天然气开发与生态环境保护相协调，深化石油天然气行业环评"放管服"改革，助力打好污染防治攻坚战，进一步加强石油天然气行业环评管理工作，生态环境部发布了《关于进一步加强石油天然气行业环境影响评价管理的通知》（环办环评函〔2019〕910号），主要要求如下：

"一、推进规划环境影响评价

（一）各有关单位编制油气发展规划等综合规划或指导性专项规划，应当依法同步编制环境影响篇章或说明；编制油气开发相关专项规划，应当依法同步编制规划环境影响报告书，报送生态环境主管部门依法召集审查。

（二）油气企业在编制内部相关油气开发专项规划时，鼓励同步编制规划环境影响报告书，重点就规划实施的累积性、长期性环境影响进行分析，提出预防和减轻不良环境影响的对策措施，自行组织专家论证，相关成果向省级生态环境主管部门通报。涉及海洋油气开发的，应当通报生态环境部及其相应流域海域生态环境监督管理局。

（三）规划环评应当结合油气开发区域的资源环境特征、主体功能区规划、自然保护地、生态保护红线管控等要求，切实维护生态系统完整性和稳定性，明确禁止开发区域和规划实施的资源环境制约因素，提出油气资源开发布局、规模、开发方式、建设时序等优化建议，合理确定开发方案，明确预防和减轻不良环境影响的对策措施。严格落实'三线一单'（生态保护红线、环境质量底线、资源利用上线、生态环境准入清单）管控要求，页岩气等开采应当明确规划实施的水资源利用上限。

二、深化项目环评'放管服'改革

（四）油气开采项目（含新开发和滚动开发项目）原则上应当以区块为单位开展环评（以下简称区块环评），一般包括区块内拟建的新井、加密井、调整井、站场、设备、管道和电缆及其更换工程、弃置工程及配套工程等。项目环评应当深入评价项目建设、运营带来的环境影响和环境风险，提出有效的生态环境保护和环境风险防范措施。滚动开发区块产能建设项目环评文件中还应对现有工程环境影响进行回顾性评价，对存在的生态环境问题和环境风险隐患提出有效防治措施。依托其他防治设施的或者委托第三方处置的，应当论证其可行性和有效性。

（五）未确定产能建设规模的陆地油气开采新区块，建设勘探井应当依法编制环境影响报告表。海洋油气勘探工程应当填报环境影响登记表并进行备案。确定产能建设规模后，原则上不得以勘探名义继续开展单井环评。勘探井转为生产井的，可以纳入区块环评。

（六）各级生态环境主管部门在审批区块环评时，不得违规设置或保留水土保持、规划选址用地（用海）预审、行业或下级生态环境主管部门预审等前置条件。涉及自然保护地、饮用水水源保护区、生态保护红线等法定保护区域的，在符合法律法规的前提下，主管部门意见不作为环评审批的前置条件。对于已纳入区块环评且未产生重大变动情形的单项工程，各级生态环境主管部门不得要求重复开展建设项目环评。

三、强化生态环境保护措施

（七）涉及向地表水体排放污染物的陆地油气开采项目，应当符合国家和地方污染物排放标准，满足重点污染物排放总量控制要求。涉及污染物排放的海洋油气开发项目，应当符合《海洋石油勘探开发污染物排放浓度限值》（GB 4914）等排放标准要求。

（八）涉及废水回注的，应当论证回注的环境可行性，采取切实可行的地下水污染防治和监控措施，不得回注与油气开采无关的废水，严禁造成地下水污染。

（九）油气开采产生的废弃油基泥浆、含油钻屑及其他固体废物，应当遵循减量化、资源化、无害化原则，按照国家和地方有关固体废物的管理规定进行处置。鼓励企业自建含油污泥集中式处理和综合利用设施，提高废弃油基泥浆和含油钻屑及其处理产物的综合利用率。油气开采项目产生的危险废物，应当按照《建设项目危险废物环境影响评价指南》要求评价。

（十）陆地油气开采项目的建设单位应当对挥发性有机物液体储存和装载损失、废水液面逸散、设备与管线组件泄漏、非正常工况等挥发性有机物无组织排放源进行有效管控，通过采取设备密闭、废气有效收集及配套高效末端处理设施等措施，有效控制挥发性有机物和恶臭气体无组织排放。

（十一）施工期应当尽量减少施工占地、缩短施工时间、选择合理施工方式、落实环境敏感区管控要求以及其他生态环境保护措施，降低生态环境影响。钻井和压裂设备应当优先使用网电、高标准清洁燃油，减少废气排放。选用低噪声设备，避免噪声扰民。施工结束后，应当及时落实环评提出的生态保护措施。

（十二）陆地油气长输管道项目，原则上应当单独编制环评文件。油气长输管道及油气田内部集输管道应当优先避让环境敏感区，并从穿越位置、穿越方式、施工场地设置、管线工艺设计、环境风险防范等方面进行深入论证。高度关注项目安全事故带来的环境风险，尽量远离沿线居民。

（十三）油气储存项目，选址尽量远离环境敏感区。加强甲烷及挥发性有机物的泄漏检测，落实地下水污染防治和跟踪监测要求，采取有效措施做好环境风险防范与环境应急管理；盐穴储气库项目还应当严格落实采卤造腔期和管道施工期的生态环境保护措施，妥善处理采出水。

（十四）油气企业应当加强风险防控，按规定编制突发环境事件应急预案，报所在地生态环境主管部门备案。海洋油气勘探开发溢油应急计划报相关海域生态环境监督管理局备案。"

5. 生物多样性保护优先区域的管理要求

为贯彻落实《中国生物多样性保护战略与行动计划（2011—2030 年）加强生物多样性保护优先区域保护，提升我国生物多样性管理水平，环境保护部于 2015 年 12 月 31 日印发了《关于做好生物多样性保护优先区域有关工作的通知》（环发〔2015〕177 号）对于加强优先区域监管方面，主要内容如下：

"严格按照有关法律法规和规划的要求开展优先区域保护和管理，根据优先区域生物多样性特点和社会经济发展状况，研究制定保护和管理措施，形成'一区一策'，努力做到区域内自然生态系统功能不下降，生物资源不减少。

优先区域内新增规划和项目的环境影响环评要将生物多样性影响评作为重要内容。新增各类开发建设利用规划应与优先区域保护规划相协调。新增项目选址要尽可能避开生态敏感区及重要物种栖息地，针对可能对生物多样性造成的不利影响，提出相关保护与恢复措施。加强涉及优先区域建设项目环境保护事中事后监管以及环境影响后评价管理，对实际产生的不利影响以及生态保护和风险防范措施的有效性进行跟踪监测和验证评价，并提出补救方案或者改进措施。

优先区域内要优化城镇开发建设活动的规模、结构和布局，严格控制高耗能、高排行业发展，新引入的行业、企业不得对优先区域生物多样性造成影响。城镇开发建设活动要避免占用重要物种原生境，不得破坏古树名木，保护城市生物多样性。城镇绿化应优先选用本地物种资源，科学规范外来物种引进，防止外来物种入侵。"

6．关于生产和使用消耗臭氧层物质建设项目的管理

环境保护部于 2018 年 1 月 23 日印发了《关于生产和使用消耗臭氧层物质建设项目管理有关工作的通知》（环大气〔2018〕5 号）对生产和使用消耗臭氧层物质的建设项目提出了管理要求，主要内容如下：

"根据我国政府批准加入的《关于消耗臭氧层物质的蒙特利尔议定书》（以下简称《议定书》）及其有关修正案，除特殊用途外，我国已淘汰受控用途的哈龙、全氯氟烃、四氯化碳、甲基氯仿和甲基溴等消耗臭氧层物质的生产和使用，正在逐步削减受控用途的含氢氯氟烃的生产和使用。为实现《议定书》规定的履约目标，依据《消耗臭氧层物质管理条例》的有关规定，现将有关要求通知如下：（1）禁止新建、扩建生产和使用作为制冷剂、发泡剂、灭火剂、溶剂、清洗剂、加工助剂、气雾剂、土壤熏蒸剂等受控用途的消耗臭氧层物质的建设项目。（2）改建、异址建设生产受控用途的消耗臭氧层物质的建设项目，禁止增加消耗臭氧层物质生产能力。（3）新建、改建、扩建生产化工原料用途的消耗臭氧层物质的建设项目，生产的消耗臭氧层物质仅用于企业自身下游化工产品的专用原料用途，不得对外销售。（4）新建、改建、扩建副产四氯化碳的建设项目，应当配套建设四氯化碳处置设施。（5）本通知所指消耗臭氧层物质具体见《中国受控消耗臭氧层物质清单》（环境保护部、发展改革委、工业和信息化部公告 2010 年第 72 号）。"

7．生产和使用含汞产品建设项目管理的有关规定

2016 年 4 月 28 日，第十二届全国人民代表大会常务委员会第二十次会议批准《关于汞的水俣公约》（以下简称《汞公约》）。《汞公约》自 2017 年 8 月 16 日起对我国正式生效，主要内容如下：

"一、自 2017 年 8 月 16 日起，禁止开采新的原生汞矿，各地国土资源主管部门停止颁发新的汞矿勘查许可证和采矿许可证。自 2032 年 8 月 16 日起，全面禁止原生汞矿开采。

二、自 2017 年 8 月 16 日起，禁止新建的乙醛、氯乙烯单体、聚氨酯的生产工艺使用汞、汞化合物作为催化剂或使用含汞催化剂；禁止新建的甲醇钠、甲醇钾、乙醇钠、乙醇钾的生产工艺使用汞或汞化合物。2020 年氯乙烯单体生产工艺单位产品用汞量较 2010 年减少 50%。

三、禁止使用汞或汞化合物生产氯碱（特指烧碱）。自 2019 年 1 月 1 日起，禁止使用汞或汞化合物作为催化剂生产乙醛。自 2027 年 8 月 16 日起，禁止使用含汞催化剂生产聚氨酯，禁止使用汞或汞化合物生产甲醇钠、甲醇钾、乙醇钠、乙醇钾。

四、禁止生产含汞开关和继电器。自 2021 年 1 月 1 日起，禁止进出口含汞开关和继电器（不包括每个电桥、开关或继电器的最高含汞量为 20 毫克的极高精确度电容和损耗测量电桥及用于监控仪器的高频射频开关和继电器）

五、禁止生产汞制剂（高毒农药产品），含汞电池（氧化汞原电池及电池组、锌汞电池、含汞量高于 0.0001% 的圆柱形碱锰电池、含汞量高于 0.0005% 的扣式碱锰电池）。

自 2021 年 1 月 1 日起，禁止生产和进出口附件中所列含汞产品（含汞体温计和含汞血压计的生产除外）。自 2026 年 1 月 1 日起，禁止生产含汞体温计和含汞血压计。

六、有关含汞产品将由商务部会同有关部门纳入禁止进出口商品目录，并依法公布。

七、自 2017 年 8 月 16 日起，进口、出口汞应符合《汞公约》及我国有毒化学品进出口有关管理要求。"

8. 涉及自然保护区建设项目监督管理的有关规定

2015 年 5 月 6 日，环境保护部印发了《关于进一步加强涉及自然保护区开发建设活动监督管理的通知》（环发〔2015〕57 号），主要内容如下：

"一、切实提高对自然保护区工作重要性的认识

自然保护区是保护生态环境和自然资源的有效措施，是维护生态安全、建设美丽中国的有力手段，是走向生态文明新时代、实现中华民族永续发展的重要保障。各地区、各部门要认真学习、深刻领会、坚决贯彻落实中央领导同志的重要批示精神和党的十八大以及十八届三中、四中全会精神，进一步提高对自然保护区重要性的认识，正确处理好发展与保护的关系，决不能先破坏后治理，以牺牲环境、浪费资源为代价换取一时的经济增长。要加强对自然保护区工作的组织领导，严格执法，强化监管，认真解决自然保护区的困难和问题，切实把自然保护区建设好、管理好、保护好。

二、严格执行有关法律法规

自然保护区属于禁止开发区域，严禁在自然保护区内开展不符合功能定位的开发建设活动。地方各有关部门要严格执行《自然保护区条例》等相关法律法规，禁止在自然保护区核心区、缓冲区开展任何开发建设活动，建设任何生产经营设施；在实验区不得建设污染环境、破坏自然资源或自然景观的生产设施。

三、抓紧组织开展自然保护区开发建设活动专项检查

地方各有关部门近期要对本行政区自然保护区内存在的开发建设活动进行一次全面检查。检查重点为自然保护区内开展的采矿、探矿、房地产、水（风）电开发、开垦、挖沙采石，以及核心区、缓冲区内的旅游开发建设等其他破坏资源和环境的活动。要落实责任，建立自然保护区管理机构对违法违规活动自查自纠、自然保护区主管部门监督的工作机制。要将检查结果向社会公布，充分发挥社会舆论的监督作用，鼓励社会公众举报、揭发涉及自然保护区违法违规建设活动。

四、坚决整治各种违法开发建设活动

地方各有关部门要依据相关法规，对检查发现的违法开发建设活动进行专项整治。禁止在自然保护区内进行开矿、开垦、挖沙、采石等法律明令禁止的活动，对在核心区和缓冲区内违法开展的水（风）电开发、房地产、旅游开发等活动，要立即予以关停或关闭，限期拆除，并实施生态恢复。对于实验区内未批先建、批建不符的项目，要责令停止建设或使用，并恢复原状。对违法排放污染物和影响生态环境的项目，要责令限期整改；整改后仍不达标的，要坚决依法关停或关闭。对自然保护区内已设置的商业探矿

权、采矿权和取水权，要限期退出；对自然保护区设立之前已存在的合法探矿权、采矿权和取水权，以及自然保护区设立之后各项手续完备且已征得保护区主管部门同意设立的探矿权、采矿权和取水权，要分类提出差别化的补偿和退出方案，在保障探矿权、采矿权和取水权人合法权益的前提下，依法退出自然保护区核心区和缓冲区。在保障原有居民生存权的条件下，保护区内原有居民的自用房建设应符合土地管理相关法律规定和自然保护区分区管理相关规定，新建、改建房应沿用当地传统居民风格，不应对自然景观造成破坏。对不符合自然保护区相关管理规定但在设立前已合法存在的其他历史遗留问题，要制定方案，分步推动解决。对于开发活动造成重大生态破坏的，要暂停审批项目所在区域内建设项目环境影响评价文件，并依法追究相关单位和人员的责任。各地环保、国土、水利、农业、林业、海洋等相关部门和中科院华南植物园要将本地和本系统检查及整改等相关情况汇总后在 2015 年 6 月 30 日之前分别向环境保护部、国土资源部、水利部、农业部、林业局、海洋局和中科院等综合管理和主管部门报告。2015 年下半年，国务院有关部门将联合组织开展专项督查。

五、加强对涉及自然保护区建设项目的监督管理

地方各有关部门依据各自职责，切实加强涉及自然保护区建设项目的准入审查。建设项目选址（线）应尽可能避让自然保护区，确因重大基础设施建设和自然条件等因素限制无法避让的，要严格执行环境影响评价等制度，涉及国家级自然保护区的，建设前须征得省级以上自然保护区主管部门同意，并接受监督。对经批准同意在自然保护区内开展的建设项目，要加强对项目施工期和运营期的监督管理，确保各项生态保护措施落实到位。保护区管理机构要对项目建设进行全过程跟踪，开展生态监测，发现问题应当及时处理和报告。

六、严格自然保护区范围和功能区调整

地方各有关部门要认真执行《国家级自然保护区调整管理规定》，从严控制自然保护区调整。对自然保护区造成生态破坏的不合理调整，应当予以撤销。擅自调整的，要责令限期整改，恢复原状，并依法追究相关单位和人员的责任。各地要抓紧制定和完善本省（区、市）地方级自然保护区的调整管理规定，不得随意改变自然保护区的性质、范围和功能区划，环境保护部将会同其他自然保护区主管部门完善地方级自然保护区调整备案制度，开展事后监督。

七、完善自然保护区管理制度和政策措施

地方各有关部门应当加强自然保护区制度建设，研究建立考核和责任追究制度，实行任期目标管理。国家级自然保护区由其所在地的省级人民政府有关自然保护区行政主管部门或者国务院有关自然保护区行政主管部门管理。认真落实《国务院办公厅关于做好自然保护区管理有关工作的通知》（国办发〔2010〕63 号）要求，保障自然保护区建设管理经费，完善自然保护区生态补偿政策。对自然保护区内土地、海域和水域等不动产实施统一登记，加强管理，落实用途管制。禁止社会资本进入自然保护区探矿，保护

区内探明的矿产只能作为国家战略储备资源。要加强地方级自然保护区的基础调查、规划和日常管理工作，依法确认自然保护区的范围和功能区划，予以公告并勘界立标，加强日常监管，鼓励公众参与，共同做好保护工作。"

9. 关于加强高耗能、高排放建设项目生态环境源头防控的有关规定

2021年5月30日，生态环境部印发了《关于加强高耗能、高排放建设项目生态环境源头防控的指导意见》（环环评〔2021〕45号），主要内容如下：

"一、加强生态环境分区管控和规划约束

（一）深入实施'三线一单'。各级生态环境部门应加快推进'三线一单'成果在'两高'行业产业布局和结构调整、重大项目选址中的应用。地方生态环境部门组织'三线一单'地市落地细化及后续更新调整时，应在生态环境准入清单中深化'两高'项目环境准入及管控要求；承接钢铁、电解铝等产业转移地区应严格落实生态环境分区管控要求，将环境质量底线作为硬约束。

（二）强化规划环评效力。各级生态环境部门应严格审查涉'两高'行业的有关综合性规划和工业、能源等专项规划环评，特别对为上马'两高'项目而修编的规划，在环评审查中应严格控制'两高'行业发展规模，优化规划布局、产业结构与实施时序。以'两高'行业为主导产业的园区规划环评应增加碳排放情况与减排潜力分析，推动园区绿色低碳发展。推动煤电能源基地、现代煤化工示范区、石化产业基地等开展规划环境影响跟踪评价，完善生态环境保护措施并适时优化调整规划。

二、严格'两高'项目环评审批

（三）严把建设项目环境准入关。新建、改建、扩建'两高'项目须符合生态环境保护法律法规和相关法定规划，满足重点污染物排放总量控制、碳排放达峰目标、生态环境准入清单、相关规划环评和相应行业建设项目环境准入条件、环评文件审批原则要求。石化、现代煤化工项目应纳入国家产业规划。新建、扩建石化、化工、焦化、有色金属冶炼、平板玻璃项目应布设在依法合规设立并经规划环评的产业园区。各级生态环境部门和行政审批部门要严格把关，对于不符合相关法律法规的，依法不予审批。

（四）落实区域削减要求。新建'两高'项目应按照《关于加强重点行业建设项目区域削减措施监督管理的通知》要求，依据区域环境质量改善目标，制定配套区域污染物削减方案，采取有效的污染物区域削减措施，腾出足够的环境容量。国家大气污染防治重点区域（以下称重点区域）内新建耗煤项目还应严格按规定采取煤炭消费减量替代措施，不得使用高污染燃料作为煤炭减量替代措施。

（五）合理划分事权。省级生态环境部门应加强对基层'两高'项目环评审批程序、审批结果的监督与评估，对审批能力不适应的依法调整上收。对炼油、乙烯、钢铁、焦化、煤化工、燃煤发电、电解铝、水泥熟料、平板玻璃、铜铅锌硅冶炼等环境影响大或环境风险高的项目类别，不得以改革试点名义随意下放环评审批权限或降低审批要求。

三、推进'两高'行业减污降碳协同控制

（六）提升清洁生产和污染防治水平。新建、扩建'两高'项目应采用先进适用的工艺技术和装备，单位产品物耗、能耗、水耗等达到清洁生产先进水平，依法制定并严格落实防治土壤与地下水污染的措施。国家或地方已出台超低排放要求的'两高'行业建设项目应满足超低排放要求。鼓励使用清洁燃料，重点区域建设项目原则上不新建燃煤自备锅炉。鼓励重点区域高炉—转炉长流程钢铁企业转型为电炉短流程企业。大宗物料优先采用铁路、管道或水路运输，短途接驳优先使用新能源车辆运输。

（七）将碳排放影响评价纳入环境影响评价体系。各级生态环境部门和行政审批部门应积极推进'两高'项目环评开展试点工作，衔接落实有关区域和行业碳达峰行动方案、清洁能源替代、清洁运输、煤炭消费总量控制等政策要求。在环评工作中，统筹开展污染物和碳排放的源项识别、源强核算、减污降碳措施可行性论证及方案比选，提出协同控制最优方案。鼓励有条件的地区、企业探索实施减污降碳协同治理和碳捕集、封存、综合利用工程试点、示范。"

10. 矿产资源开发利用辐射环境监督管理要求

为保护环境，保护公众健康，促进铀（钍）矿以外的矿产资源开发利用可持续发展，生态环境部于 2020 年 11 月 24 日以公告 2020 年 第 54 号的形式发布了《矿产资源开发利用辐射环境监督管理名录》，主要内容如下：

"依照《建设项目环境影响评价分类管理名录》环评类别为环境影响报告书（表）且已纳入《名录》中的矿产资源开发利用建设项目，建设单位应在环境影响报告书（表）中给出原矿、中间产品、尾矿、尾渣或者其他残留物中铀（钍）系单个核素活度浓度是否超过 1 贝可/克（Bq/g）的结论。依照《建设项目环境影响评价分类管理名录》环评类别为环境影响报告书（表）且已纳入《名录》，并且原矿、中间产品、尾矿、尾渣或者其他残留物中铀（钍）系单个核素活度浓度超过 1 贝可/克（Bq/g）的矿产资源开发利用建设项目，建设单位应当组织编制辐射环境影响评价专篇，并纳入环境影响报告书（表）同步报批；建设单位在竣工环境保护验收时，应当组织对配套建设的辐射环境保护设施进行验收，组织编制辐射环境保护验收监测报告并纳入验收监测报告。"

矿产资源开发利用辐射环境监督管理名录

序号	矿产类别	工业活动
1	稀土	各类稀土矿（包括氟碳铈矿、磷钇矿和离子型稀土矿）的开采、选矿和冶炼；独居石的选矿和冶炼
2	锆及氧化锆、铌/钽、锡、铝、铅/锌、铜、铁、钒、钼、镍、锗、钛、金	开采、选矿和冶炼
3	磷酸盐	开采、选矿和直接以磷酸盐矿为原料的加工活动
4	煤	开采、选矿

2015 年 1 月 5 日，环境保护部发布了《矿产资源开发利用辐射环境影响评价专篇格式与内容（试行）》（环办〔2015〕1 号），规定了矿产资源开发利用辐射环境影响评价专篇的编制格式与基本评价内容，可根据实际情况对评价的内容进行调整；在实际编制中可采用不同的格式与内容，但所采用的格式与内容至少具有与本规定相同的评价效果；并规定辐射环境影响评价专篇应与该项目的环境影响评价文件同步编制、一并申报。

11. 重点行业建设项目区域削减措施的管理要求

为改善区域环境质量，严格控制重点行业建设项目新增主要污染物排放，确保环境影响报告书及其批复文件要求的主要污染物排放量区域削减措施落实到位，生态环境部于 2020 年 12 月 30 日发布了《关于加强重点行业建设项目区域削减措施监督管理的通知》（环办环评〔2020〕36 号），主要内容如下：

"一、严格区域削减措施要求

（一）严格区域削减要求。建设项目应满足区域、流域控制单元环境质量改善目标管理要求。所在区域、流域控制单元环境质量未达到国家或者地方环境质量标准的，建设项目应提出有效的区域削减方案，主要污染物实行区域倍量削减，确保项目投产后区域环境质量有改善。所在区域、流域控制单元环境质量达到国家或者地方环境质量标准的，原则上建设项目主要污染物实行区域等量削减，确保项目投产后区域环境质量不恶化。

区域削减方案应符合建设项目环境影响评价管理要求，同时符合国家和地方主要污染物排放总量控制要求。

（二）规范削减措施来源。区域削减措施应明确测算依据、测算方法，确保可落实、可检查、可考核。削减措施原则上应优先来源于纳入排污许可管理的排污单位采取的治理措施（含关停、原料和工艺改造、末端治理等）。

区域削减措施原则上应不建设项目位于同一地级市或市级行政区域内同一流域。地级市行政区域内削减量不足时，可来源于省级行政区域或省级行政区域内的同一流域。

（三）强化建设单位、出让减排量排污单位和涉及的地方政府责任。区域削减方案由建设单位、出让减排量的排污单位及做出落实承诺的地方人民政府共同确认，并明确各方责任。

建设单位是控制污染物排放的责任主体，应在提交环境影响报告书时明确污染物区域削减方案，包括主要污染物削减量、削减来源、削减措施、责任主体、完成时限。

出让减排量的排污单位是落实削减措施的责任主体，应明确削减措施可形成的减排量、出让给本项目的减排量、完成时限，制定实施计划并做出落实承诺。

建设单位提交的区域削减方案中涉及地方人民政府推动落实的工作，报批环境影响报告书时需附具地方人民政府对区域削减方案的承诺性文件。涉及多个行政区域的，可附具多个市、县、区行政区域共同的上级人民政府做出的承诺性文件。

（四）明确环评单位和评估单位责任。建设单位或其委托的环境影响评价技术单位，在编制环境影响报告书时，应按照环境影响评价导则等文件测算建设项目主要污染物排放量，并对其准确性负责。

受环评审批部门委托，技术机构对建设项目环境影响报告书进行技术评估时，应评估区域削减措施的可靠性和合理性，并对其提出的技术评估意见负责。"

12. 关于落实"三线一单"生态环境分区管控的有关规定

2021年11月19日，生态环境部印发了《关于实施"三线一单"生态环境分区管控的指导意见（试行）》（环环评〔2021〕108号），主要内容如下：

"（一）主要目标。到2023年，'三线一单'生态环境分区管控制度基本完善，更新调整、跟踪评估、成果数据共享服务等机制基本确立，数据共享与应用系统服务功能基本完善，在规划编制、产业布局优化和转型升级、环境准入等领域的实施应用机制基本建立，推动生态环境高水平保护格局基本形成。

到2025年，'三线一单'生态环境分区管控技术体系、政策管理体系较为完善，数据共享与应用系统服务效能显著提升，应用领域不断拓展，应用机制更加有效，促进生态环境持续改善。

（二）基本原则。系统管控，分类指导。以环境管控单元为载体，系统集成空间布局约束、污染物排放管控、环境风险防控、资源利用效率等各项生态环境管控要求，对优先、重点、一般三类管控单元实施分区分类管理，提高生态环境管理系统化、精细化水平。

坚守底线，严格管理。以生态功能不降低、环境质量不下降、资源环境承载能力不突破为底线，落实'三线一单'生态环境分区管控要求，坚决制止违反生态环境准入清单规定进行生产建设活动的行为，不断强化生态环境源头防控。

共享共用，提升效能。依托'三线一单'数据共享和应用系统，加强成果共享共用，发挥'三线一单'生态环境分区管控在促进高质量发展、高水平保护等方面的底线约束和决策支撑作用，不断提升生态环境治理效能。

更新调整，持续优化。建立动态更新、定期调整、跟踪评估等常态化工作机制，确保立足实际、因地制宜、与时俱进，不断优化调整'三线一单'生态环境分区管控成果，建立与新时代高质量发展和高水平保护相适应的生态环境分区管控体系。

（三）明确职责分工。生态环境部加强对各地'三线一单'生态环境分区管控工作指导，不断完善政策管理和技术方法体系、国家数据共享系统，统筹推进重点流域、重点区域、重点海域的'三线一单'生态环境分区管控联动实施工作。省级生态环境部门在省级党委和政府领导下，牵头做好省级党委和政府审议通过的省级'三线一单'生态环境分区管控方案和生态环境准入清单的实施、跟踪评估、更新调整和应用系统的建设工作，联合发展改革、工业和信息化、自然资源、住房城乡建设、交通运输、水利、农业农村、林草等部门共同做好相关领域的信息共享和应用，推动市级政府做好实施工作。市级生态环境部门要在本市党委和政府的领导下，按照国家和省级相关要求，牵头做好本市'三线一单'生态环境分区管控落地应用的各项工作。

（四）完善制度建设。生态环境部适时启动技术指南修订，不断完善技术体系，指导省级生态环境部门在实施过程中加强'三线一单'生态环境分区管控与主体功能区战略、国土空间规划分区和用途管制要求的衔接，做好与碳达峰碳中和、能源资源管理、生态环境要素管理、环境国际公约履约等工作的协调联动。加强对'三线一单'生态环境分区管控实施成效评估，建立国家对省、省对地市年度跟踪与五年评估相结合的跟踪评估机制。生态环境部组织确定跟踪评估指标体系，制定年度实施细则，指导各省（区、市）开展跟踪评估工作，跟踪评估结果作为污染防治攻坚战等考核的重要依据。省级生态环境部门结合本省（区、市）实际，确定市级及以下跟踪评估要求，细化跟踪评估指标体系，牵头组织开展年度自查评估和五年跟踪评估工作，编制跟踪评估报告并报生态环境部备案。

（五）推进共享共用。按照政府信息公开制度要求，向社会主动公开'三线一单'生态环境分区管控成果发布文件。国家'三线一单'数据共享系统保障省级生态环境部门使用权限，依托国家数据共享交换平台做好相关领域的信息共享和应用工作。省级'三线一单'数据应用系统保障市级及以下生态环境部门使用权限，依法依规合理设置公众查阅权限。省级生态环境部门可根据实际情况统筹建设覆盖地市、区县的'三线一单'数据应用系统。鼓励与国土空间基础信息平台、智慧省（城市）管理系统等政务系统应通尽通，实现跨部门、跨层级共享共用；鼓励探索开发面向部门、企业、公众的移动端应用，实现随时随地可申请、可查看，增强企业和群众的参与度和获得感。

（六）优化生态环境保护空间格局。衔接国土空间规划分区和用途管制要求，协同推进空间保护和开发格局的优化，建立全域覆盖、分类管理的生态环境分区管控体系。优先保护单元以生态环境保护为重点，维护生态安全格局，提升生态系统服务功能；重点管控单元以将各类开发建设活动限制在资源环境承载能力之内为核心，优化空间布局，提升资源利用效率，加强污染物排放控制和环境风险防控；一般管控单元以保持区域生态环境质量基本稳定为目标，严格落实区域生态环境保护相关要求。

（七）服务高质量发展。加强'三线一单'生态环境分区管控在政策制定、园区管理等方面的应用，从源头上预防环境污染，从布局上降低环境风险。落实长江保护法，加强生态环境分区管控方案和生态环境准入清单在长江大保护战略中实施情况评估。强化'三线一单'生态环境分区管控成果在京津冀协同发展、长三角一体化、粤港澳大湾区、黄河流域生态保护和高质量发展等重大区域战略中应用的实施跟踪，推动区域协同管控。

（八）推进高水平保护。发挥'三线一单'生态环境分区管控在生态环境源头预防制度体系中的基础性作用，规划环评要以落实生态环境分区管控要求为重点，论证规划的环境合理性并提出优化调整建议，细化环境保护要求。建设项目环评应论证是否符合生态环境准入清单，对不符合的依法不予审批。开展'三线一单'生态环境分区管控与生态环境要素管理衔接的研究，强化'三线一单'生态环境分区管控成果在生态、水、大气、海洋、土壤、固体废物等环境管理中的应用，协同推动解决生态系统服务功能受损、生态环境质量不达标、环境风险高等突出生态环境问题。

（九）协同推动减污降碳。充分发挥'三线一单'生态环境分区管控对重点行业、重点区域的环境准入约束作用，提高协同减污降碳能力。聚焦产业结构与能源结构调整，深化'三线一单'生态环境分区管控中协同减污降碳要求。加快开展'三线一单'生态环境分区管控减污降碳协同管控试点，以优先保护单元为基础，积极探索协同提升生态功能与增强碳汇能力，以重点管控单元为基础，强化对重点行业减污降碳协同管控，分区分类优化生态环境准入清单，形成可复制、可借鉴、可推广的经验，推动构建促进减污降碳协同管控的生态环境保护空间格局。

（十）强化'两高'行业源头管控。加快推进'三线一单'生态环境分区管控在'两高'行业产业布局和结构调整、重大项目选址中的应用，将'两高'行业落实区域空间布局、污染物排放、环境风险防控、资源利用效率等管控要求的情况，作为'三线一单'生态环境分区管控年度跟踪评估的重点。鼓励各地依托'三线一单'数据应用系统，探索开展'两高'行业生态环境准入智能辅助决策，提升管理效率。地方组织'三线一单'生态环境分区管控更新调整时，应在生态环境准入清单中不断深化'两高'行业环境准入及管控要求。

（十一）构建更新调整机制。建立动态更新与定期调整相结合的更新调整机制，更新调整应依据'三线一单'相关技术规范性文件要求开展。原则上优先保护单元的空间格局应保持基本稳定，重点管控单元的空间格局应与环境治理格局相匹配，确保生态功能不降低、环境质量不下降、资源环境承载能力不突破。省级生态环境部门统筹开展本省（区、市）'三线一单'生态环境分区管控更新调整与数据报送工作，制定动态更新实施细则，结合实际建立省市协同、部门联动的工作机制，确保更新调整后的国家、省、市'三线一单'数据成果的一致性。

（十二）开展动态更新的基本要求。'三线一单'生态环境分区管控实施期间，上位法律法规和规范性文件有新要求的，以及因生态保护红线、各类保护地等依法依规调整，'三线一单'生态环境分区管控成果需要进行相应调整的，由省级生态环境部门按程序组织动态更新，报生态环境部备案后实施。涉及生态环境保护空间格局重大调整的，生态环境部将组织开展相关技术论证后进行备案。动态更新过程中，具体管控内容依照新规定执行。省级生态环境部门应在更新完成后 15 个工作日内完成成果数据自检并报送至国家'三线一单'数据共享系统。

（十三）组织定期调整的基本程序。原则上，每五年可根据实际需要对'三线一单'生态环境分区管控成果进行调整。生态环境部在'十四五'后的国家五年规划发布年组织开展调整工作。省级生态环境部门结合本省（区、市）'三线一单'生态环境分区管控动态更新及跟踪评估情况，广泛听取有关部门的调整意见，编制'三线一单'生态环境分区管控调整方案，按程序报送省级党委和政府审议，报生态环境部备案后实施。省级生态环境部门应在调整方案发布后 1 个月内完成成果数据自检并报送至国家'三线一单'数据共享系统。

（十四）加强组织保障。各级生态环境部门要切实加强组织领导，完善工作机制，按照本意见要求，结合本地区实际，细化工作举措，狠抓任务落实，确保责任落实到位。推动'三线一单'生态环境分区管控国家和地方立法研究，不断完善'三线一单'生态环境分区管控法律制度。推动将'三线一单'生态环境分区管控工作经费纳入地方财政支出，加强管理和技术队伍能力建设，加大成果更新调整、实施应用、跟踪评估以及数据系统开发运维等工作保障力度。

（十五）强化实施监管。将'三线一单'生态环境分区管控确定的优先保护单元和重点管控单元作为生态环境监管的重点区域，将'三线一单'生态环境分区管控要求作为生态环境监管的重点内容，对违反生态环境准入清单规定进行生产建设活动的，依法依规予以处理。通过定期调度和不定期抽查，加强帮扶督导，将'三线一单'生态环境分区管控工作中存在的突出问题线索纳入中央生态环境保护督察。

（十六）加大宣传培训力度。针对不同群体需求和特点，开展座谈交流、媒体报道、专题培训等形式多样的宣传培训工作，总结交流典型工作管理模式、数据系统建设路径、应用场景等。分批次对外公布'三线一单'生态环境分区管控落地应用典型案例，选择典型地区开展'三线一单'生态环境分区管控实地培训，推动'三线一单'生态环境分区管控齐抓共用。"

13. 提升重点领域环评管理效能

2022 年 4 月 1 日，生态环境部印发的《"十四五"环境影响评价与排污许可工作实施方案》（环环评〔2022〕26 号）提出："提升重点领域环评管理效能，筑牢绿水青山第一道防线"，具体要求如下：

"（十三）助力打造绿色发展高地

加强国家重大战略指向区域的生态环境源头防控，鼓励有关地方因地制宜制定更具针对性的环境准入要求。支持京津冀地区在联防联治基础上，根据区域功能定位、生态环境质量改善要求，推进实施更加精准、科学的差别化环境准入。严格长江干支流有关产业园区规划环评审查和项目环评准入，落实化工园区和化工项目禁建、限建要求，严防重污染项目向长江中上游转移。推进沿黄重点地区工业项目入园发展，严格高污染、高耗水、高耗能项目环境准入，推动黄河流域产业布局优化和产业结构调整。

（十四）促进重点行业绿色转型发展

推动重点工业行业绿色转型升级。制定完善石化、化工、煤化工、农药、染料中间体等行业环评管理政策，研究规范新能源、新材料等新兴行业环评管理，落实蓝天、碧水、净土保卫战有关管控要求。新改扩建钢铁、煤电项目应达到超低排放要求，推进建材、焦化、有色金属冶炼等行业污染深度治理改造，强化对燃煤电厂掺烧废弃物项目的环境管理。推动有色、化工、建材、铸造、机械加工制造、制革、印染、电镀、农副食品加工、家具等产业集群提升改造；在重点区域钢铁、焦化、水泥熟料、平板玻璃、电解铝、电解锰、氧化铝、煤化工、炼油、炼化等行业项目环评审批中，严格落实产能替代、压减等措施；严控建材、铸造、冶炼等行业无组织排放，推进石化、化工、涂装、医药、包装印刷、油品储运销等行业项目挥发性有机物（VOCs）防治。严格有色金属冶炼、石油加工、化工、焦化等行业项目的土壤、地下水污染防治措施要求。支持有关'绿岛'项目建设，做好相关环保公共基础设施或集中工艺设施环评服务。

加强'两高'行业生态环境源头防控。建立'两高'项目环评管理台账，严格执行环评审批原则和准入条件，按照国家关于做好碳达峰碳中和工作的政策要求，推动相关产业布局优化和结构调整，落实主要污染物区域削减、产能置换、煤炭消费减量替代等措施。推动各地理顺'两高'项目环评审批权限，不得以改革名义降低准入要求或随意下放环评审批权限，对审批能力不适应的依法调整上收。

提升基础设施建设行业环评管理水平。将相关重大项目纳入'三本台账'环评审批服务体系，推动铁水、公铁、公水、空陆等联运发展以及多式联运型、干支衔接型货运枢纽建设。支持长江干线航道整治工程环评，推动长江黄金水道建设。推动重点区域港口、机场落实岸电设施、强化污染物收集处理等要求，出台相关文件推进'绿色机场'建设。强化陆海统筹，严格控制入海污染物排放，强化船舶溢油等环境风险评价，推动加强应急能力建设。

（十五）强化生态系统保护

推进重点领域规划环评宏观管控。出台'十四五'省级矿产资源规划环评指导意见等政策文件。推进国土空间规划环评，优化开发格局、调控开发强度。推进省级矿产资源、大型煤炭矿区、流域综合规划及水利、水电规划环评，落实生态保护红线和一般生态空间管控要求，强化长期性、累积性、整体性生态影响的预测、评价，提出有针对性的规划优化调整建议，对生态敏感区落实避让、减缓、修复和补偿等保护措施。

严格重大生态影响类建设项目环评管理。推动做好生态现状调查和生物多样性等影响评价，加强珍稀濒危野生动植物、极小种群物种保护。统筹强化有关行业环境准入、施工期环境监理、生态环保措施专项设计、生态环境跟踪监测、环境影响后评价等环境管理。建立完善水利、水电建设项目全过程环境管理体系，强化栖息地保护、过鱼设施建设、增殖放流、低温水减缓、生态流量泄放和生态调度等措施要求。研究制定风电、光伏等行业环评管理政策，避免在鸟类等野生动物重要生境和迁徙通道布局，防范在其他环境敏感区过度集中布局，推进环境影响跟踪监测评估。开展地热等可再生能源项目环评研究，推动有关行业绿色发展。强化资源开发项目生态保护和修复。做好雅鲁藏布江下游水电开发、川藏铁路等国家重大战略工程环境准入管理，推进有关工程适应气候变化研究，加强事中事后监管，推进绿色施工，建设绿色工程。严格落实围填海管控要求。

（十六）探索温室气体排放环境影响评价

积极开展产业园区减污降碳协同管控，强化产业园区管理机构开展和组织落实规划环评的主体责任，高质量开展规划环评工作，推动园区绿色低碳发展。实施《规划环境影响评价技术导则　产业园区》，在产业园区层面推进温室气体排放环境影响评价试点。加强'两高'行业减污降碳源头防控，在煤炭开采等项目环评中，探索加强对瓦斯等温室气体排放的控制。支持各地深入开展重点行业建设项目温室气体排放环境影响评价试点，推进近零碳排放示范工程建设。

（十七）做好新建项目环境社会风险防范化解

对存在较大环境风险和'邻避'问题的重大项目，强化选址选线、风险防范等要求，严格环境准入把关。加强对垃圾焚烧发电、对二甲苯（PX）等社会关注度高的新建项目有关舆情及突发性事件的调度和分析研判，指导做好分类分级处置。推进各地建立实施环境社会风险防范化解工作机制。完善全国高风险类建设项目数据库。开展'一带一路'重点行业环境管理研究，加强对境外项目环境风险和环评管理工作指导服务。"

14. 小微企业项目环评管理

为贯彻落实党中央、国务院决策部署，做好"六稳"工作，落实"六保"任务，进一步优化营商环境、激发小微企业活力，推进绿色发展，2020 年 9 月 23 日，生态环境部印发了《关于优化小微企业项目环评工作的意见》（环环评〔2020〕49 号），主要意见内容如下：

"一、深化改革，简化小微企业项目环评管理

（一）缩小项目环评范围

通过修订《建设项目环境影响评价分类管理名录》（以下简称《名录》），对环境影响较小项目，进一步减少环评审批和备案数量。《名录》未作规定的建设项目，原则上不纳入环评管理。强化环评与排污许可的衔接，对实施排污许可登记管理的建设项目，不再填报环境影响登记表。对环境影响较小的部分行业，仅将在工业建筑中的新改扩建项目纳入环评管理。相关要求在新《名录》发布实施后执行。

（二）简化报告表编制内容

对确有一定环境影响需要编制环境影响报告表（以下简称报告表）的建设项目，修订报告表格式，简化表格内容和填写要求，降低编制难度。研究简化报告表项目评价程序、评价内容；以引用现有数据为主，简化环境质量现状分析；对确需进行专项评价的，突出重点要素或专题；对不需开展专项评价的，无需进行模型预测，仅需按要求填写表格。

（三）探索同类项目环评简化模式

加强产业园区（含产业聚集区、工业集中区等）规划环评与项目环评联动。对位于已完成规划环评并落实要求的园区，且符合相关生态环境准入要求的小微企业，项目环评可直接引用规划环评结论，简化环评内容。探索园区内同一类型小微企业项目打捆开

展环评审批，统一提出污染防治要求，单个项目不再重复开展环评。鼓励地方探索'绿岛'等环境治理模式，建设小微企业共享的环保公共基础设施或集中工艺设施（如电镀、印染、喷涂等），明确一个责任主体，依法开展共享设施的环评。依托相关设施的企业，其项目环评类别判定无需考虑依托设施内容。

（四）继续推进环评审批正面清单改革

持续推进环评审批正面清单改革，现行正面清单相关规定在新《名录》发布实施前继续执行。鼓励地方生态环境部门根据当地小微企业实际情况，在前期改革试点成效评估的基础上，因地制宜细化环评审批正面清单实施要求。对已明确区域生态环境保护要求、制定相关行业生态环境准入条件的小微企业项目，可纳入告知承诺审批试点。

二、提升服务，帮扶小微企业做好环评工作

（五）加强环评咨询服务

各级生态环境部门和行政审批部门应进一步提升对小微企业的主动服务意识，为企业送政策、送技术，通过官方网站、微信公众号、政务服务窗口、热线电话等途径，畅通咨询服务渠道，公开当地环评审批正面清单和生态环境准入条件，为小微企业提供环评咨询，避免小微企业'走冤枉路''花冤枉钱'。鼓励基层、园区广泛运用新媒体、宣传栏，采用卡通动画、短视频、'一图读懂'、宣传册等通俗易懂的形式加强环评知识宣传，帮助小微企业准确理解环评管理要求，引导小微企业合法合规建设运营。

（六）便利择优选择环评单位

各级生态环境部门和行政审批部门应积极宣传、推广全国环评信用平台，定期公开有关环评单位情况，鼓励小微企业择优选择信用良好、技术能力强的环评单位。各级生态环境部门和行政审批部门的任何单位、个人不得以任何方式向企业指定环评单位。

（七）推进规范环评收费

环评单位应遵守明码标价规定，主动向建设单位告知环评服务内容及收费标准，明确环评与其他环境咨询、环保投入等工作边界，并在相关服务合同中约定，不得收取任何未予标明的费用。不得相互串通，操纵市场价格。鼓励行业协会开展规范环评收费的倡议行动，引导环评市场有序竞争和健康发展。

（八）开展政策技术帮扶

研究推进在线技术评估咨询服务，打造以国家和省级技术评估单位和相关专家为主体的服务团队，面向基层环评审批部门和小微企业开展远程指导帮扶。基层生态环境部门和行政审批部门可以委托省、市级技术评估单位对工艺相对复杂、环境影响或环境风险较大项目进行技术评估，提高环评审批质量，对小微企业项目提出合理可行的环保要求。

三、加强监管，确保小微企业环保要求不降低

（九）严格项目环境准入

鼓励各地结合区域'三线一单'、规划环评及其他相关要求，制定小微企业集中的

特色行业生态环境准入条件，明确生态环境保护要求，支持绿色、低碳小微企业发展。对不符合准入条件的项目，依法不得办理环评手续，严禁开工建设。对化工、医药、冶炼、炼焦以及涉危涉重行业，从严审查把关。各地应加大'散乱污'企业排查和整顿力度，推动打赢打好污染防治攻坚战。

（十）压实企业环保责任

纳入环评管理的小微企业应依法履行手续，落实相关生态环境保护措施，属于环评告知承诺审批改革试点的项目，应严格兑现承诺事项。未纳入环评管理的小微企业项目，应认真落实相关法律法规和环保要求，依法接受环境监管。

（十一）灵活开展环境监管

鼓励地方生态环境部门创新生态环境执法方式，优化'双随机、一公开'日常监管，灵活运用'线上+线下'等方式开展抽查，充分保障小微企业合法权益。对污染物排放量小、环境风险低、生产工艺先进的小微企业，可按照程序纳入监督执法正面清单，减少执法检查次数或免于现场检查。规范行使行政处罚自由裁量权，对符合免予或减轻处罚条件的小微企业依法免予或减轻处罚，加强对企业环保整改的指导和帮扶。

四、强化保障，推进小微企业改革举措落地见效

（十二）完善环保基础设施

各地生态环境部门应积极推动地方政府、相关部门、园区等完善污水处理设施、固体废物处置设施和环境应急保障体系，健全环境风险防控措施，降低小微企业项目环评难度和运行成本。

（十三）推进监测数据共享

各地生态环境部门应推进环境例行监测、执法监测等数据公开。鼓励园区统筹安排环境监测、监控网络建设，结合入园项目主要污染物类别，开展大气、地表水、地下水和土壤等环境要素监测。相关项目环评中可直接引用公开的监测数据，降低环评成本。

（十四）鼓励公众监督

各地生态环境部门应向社会公开举报电话，重点针对小微企业项目环评违规收费、违规办理，以及环评要求不落实等行为，加强社会监督，推动做好小微企业环评工作。

（十五）强化能力建设

各级生态环境部门应加强对地方环评从业人员、技术专家和基层环评审批人员培训和指导，提升环评编制和把关能力。推进环评信息化、智能化建设，推行'一网通办'，尽快具备'不见面'审批条件，切实提升小微企业环评改革获得感。"

15. 重大投资项目环评管理

为贯彻落实党中央、国务院决策部署，全力扩大国内需求，发挥有效投资的关键作用，全面加强基础设施建设，强化重大投资项目环评服务保障，2022 年 5 月 31 日，生态环境部印发了《关于做好重大投资项目环评工作的通知》（环环评〔2022〕39 号），主要内容如下：

"一、总体要求

（一）统一认识，提高站位。各级生态环境部门要坚决贯彻落实中央经济工作会议、政府工作报告以及近期中央政治局会议、中央财经委会议等重要精神，深刻认识稳经济、扩内需的重要意义，心怀国之大者，把思想和行动统一到党中央国务院决策部署上来。要进一步提高政治站位，切实依法做好重大投资项目环评保障，全力推进'十四五'规划重大工程、水利及交通等基础设施、煤炭保供、涉及补链强链的高技术产业等重大投资项目落地见效。

（二）优化审批，提高效率。各级生态环境部门要持续深化环评'放管服'改革，为重大投资项目提供从环评文件编制到环评审批的全过程保障，不断优化审批流程，创新服务方式，提升环评审批服务标准化、规范化、便利化水平，提高审批效率，便民惠企。

（三）守住底线，强化监管。各级生态环境部门要履职尽责，坚持生态优先、绿色发展，守住依法依规和生态环境底线，确保环评审批质量，确保重大投资项目不发生重大生态环境问题。防范'未批先建''边批边建'等违法行为，强化事中事后监管，确保环评及批复提出的各项生态环保措施落实到位。

（四）加强统筹，做好协调。各级生态环境部门要加强统筹，畅通信息渠道，与重大投资项目主管部门建立沟通协调机制，为基层和企业做好指导服务，形成推动重大投资项目落地合力。

二、做好环评服务

（五）建立环评管理台账。生态环境部持续完善环评审批'三本台账'（国家、地方、利用外资等三个层面重大项目台账），积极服务重大投资项目落地。各省级生态环境部门要摸清底数，参照'三本台账'内容和格式，建立重大投资项目环评管理台账，重大投资项目按各省（自治区、直辖市）确定的范围执行。各省级生态环境部门要建立与发展改革、工业和信息化、交通运输、水利、商务、能源等主管部门沟通协调机制，动态调整、及时更新台账，定期跟踪调度，准确掌握项目基本信息和环评编制及审批进展情况。

（六）指导优化简化环评文件编制。各级生态环境部门要指导建设单位运用'三线一单'生态环境分区管控成果，对照生态环境准入要求，做好项目前期方案论证，优化选址、选线，预防出现触碰法律底线的'硬伤'。指导符合产业园区规划环评要求的入园建设项目，简化政策和规划符合性分析、选址环境合理性和可行性论证等，共享园区基础设施的相关评价内容。指导建设单位共享共用当地生态环境质量的监测数据和产业园区的环境监测数据，便利环评文件编制。指导建设单位按照《建设项目环境影响报告表》内容、格式及编制技术指南，简化优化编制内容和技术要求。

（七）提供精准服务。对台账内当年开工的重大投资项目，各级生态环境部门可为建设单位提供'环评审批服务单'（见附件），载明对接联系人、服务措施等，确保政策传达到位、责任落实到位、审批服务到位。对需要编制环境影响报告书（表）的重大投资项目，指导建设单位及早启动、加快编制环评文件；需填报环境影响登记表的，指导建设单位在建成投产前完成网上备案；依法无需开展环评的，明确告知建设单位。

（八）发挥专家优势解决技术难题。生态环境部和各省级生态环境部门充分利用全国环评技术评估服务咨询平台和环境影响评价技术评估专家库，发挥部、省级技术评估机构和行业专家优势，对建设单位和基层环评审批部门有关咨询即收快办，及时予以回复或组织远程会诊，协助解决项目环评技术难题。对实施行政审批制度改革的地方，省级生态环境部门应加大技术帮扶指导力度。

三、提高环评审批质量和效率

（九）建立绿色通道。对符合生态环境保护要求的重大投资项目实施即报即受理即转评估，在法定审批期限内进一步压缩审批时间。落实行政许可事项清单管理要求，加快制定环评审批实施规范并完善办事指南，推进全国建设项目环评统一申报和审批系统应用，加强与全国投资项目在线审批监管平台信息共享。落实《建设项目环境影响评价分类管理名录（2021 年版）》，名录未作规定的建设项目不纳入环评管理，省级生态环境部门认为确有必要的，按程序报生态环境部认定后实施；对建设内容不涉及主体工程的改建、扩建项目，按改建、扩建的工程内容确定环评分类，不得擅自提级或改变。对 2022 年拟开工的铁路等重大基础设施项目，做好声环境、生态影响等新旧环评技术导则的统筹衔接。

（十）深化改革创新。积极开展环评审批方式改革试点，对需编制环境影响报告表的等级公路、城市道路、生活垃圾转运站、污水处理厂等项目，位于相同市级或县级行政区且项目类型相同的，可"打捆"开展环评审批；对公路、铁路、水利水电、光伏发电、陆上风力发电等基础设施建设项目和保供煤矿项目，在严格落实各项污染防治措施基础上，环评审批可不与污染物总量指标挂钩；对不涉及禁止开发区域、环境影响简单的城市轨道交通规划和项目，规划环评与项目环评统筹推进、压茬审查审批；对于跨省的不含水库的防洪治涝工程、不含水库的灌区工程、研究和实验发展项目、卫生项目，探索开展环评审批改革试点。有关试点有效期自文件发布之日起至 2025 年 12 月 31 日。

（十一）守住审批底线。在重大投资项目环评审批中要严格把关。项目类型及其选址、布局、规模等要符合环境保护法律法规、法定规划；项目要采取有效污染防治措施，污染物达标排放，项目位于环境质量未达标区的，其措施要满足区域环境质量改善目标管理要求；项目要采取必要措施，预防和控制生态破坏；环评文件要数据真实，内容不存在重大缺陷和遗漏，结论明确合理。

（十二）突出审批重点。重点关注事关群众环境权益、涉及环境敏感区的问题，应就项目对自然保护区、饮用水水源保护区等法定保护区域和各类环境保护目标的影响做重点分析。严格审核环境风险评价内容，避免出现遗漏主要风险源或环境保护目标、环境风险防控措施不符合要求等问题，防范重大环境风险。严格'两高'项目环评审批，重点审核污染防治措施、污染物区域削减措施有效性，推进减污降碳协同控制。鼓励地方细化'两高'项目范围，重点关注规模大、能耗高、排放量大的基础原材料加工项目，更加精准地管控'两高'项目。

四、加强环评事中事后监管

（十三）督促落实环评要求。各级生态环境部门要督促建设单位落实生态环境保护主体责任，确保环评批复的各项生态环境保护设施、措施落实到位，污染防治措施在排污许可证中载明。地方生态环境部门要切实承担事中事后监管主要责任，履行属地监管职责，加强对项目环境保护'三同时'及自主验收监管。生态环境部将环评事中事后监管纳入污染防治攻坚战强化监督检查，对有关重大投资项目环评要求落实情况开展抽查，生态环境部各流域海域生态环境监督管理局等单位按职责做好相关监管工作。

（十四）防范'未批先建''边批边建'违法行为。重大投资项目的关键在前期工作，必须严格依法依规按程序推进，'未批先建''边批边建'风险很大，必须在工作中克服随意性和盲目性，确保重大投资项目稳妥实施、取得实效。对纳入台账的拟建重大投资项目，各省级生态环境部门要主动对接、及时提醒建设单位落实环评主体责任，掌握项目环评进展，防范'未批先建'违法行为发生。"

16. 碳排放评价的有关要求

为了推动《关于统筹和加强应对气候变化与生态环境保护相关工作的指导意见》和《环境影响评价与排污许可领域协同推进碳减排工作方案》，2021年7月21日，生态环境部办公厅印发了《关于开展重点行业建设项目碳排放环境影响评价试点的通知》，在河北、吉林、浙江、山东、广东、重庆、陕西等地开展试点工作，试点行业为电力、钢铁、建材、有色、石化和化工等重点行业，本次试点主要开展建设项目二氧化碳（CO_2）排放环境影响评价，有条件的地区还可开展以甲烷（CH_4）、氧化亚氮（N_2O）、氢氟碳化物（HFCs）、全氟碳化物（PFCs）、六氟化硫（SF_6）、三氟化氮（NF_3）等其他温室气体排放为主的建设项目环境影响评价试点。工作任务主要包括：

"（一）建立方法体系

根据试点地区重点行业碳排放特点，因地制宜开展建设项目碳排放环境影响评价技术体系建设。研究制定基于碳排放节点的建设项目能源活动、工艺过程碳排放量测算方法；加快摸清试点行业碳排放水平与减排潜力现状，建立试点行业碳排放水平评价标准和方法；研究构建减污降碳措施比选方法与评价标准。

（二）测算碳排放水平

开展建设项目全过程分析，识别碳排放节点，重点预测碳排放主要工序或节点排放水平。内容包括核算建设项目生产运行阶段能源活动与工艺过程以及因使用外购的电力和热力导致的二氧化碳产生量、排放量，碳排放绩效情况，以及碳减排潜力分析等。

（三）提出碳减排措施

根据碳排放水平测算结果，分别从能源利用、原料使用、工艺优化、节能降碳技术、运输方式等方面提出碳减排措施。在环境影响报告书中明确碳排放主要工序的生产工艺、生产设施规模、资源能源消耗及综合利用情况、能效标准、节能降耗技术、减污降碳协同技术、清洁运输方式等内容，提出能源消费替代要求、碳排放量削减方案。

（四）完善环评管理要求

地方生态环境部门应按照相关环境保护法律法规、标准、技术规范等要求审批试点建设项目环评文件，明确减污降碳措施、自行监测、管理台账要求，落实地方政府煤炭总量控制、碳排放量削减替代等要求。"

第八节　建设项目环境影响评价法律责任

一、建设单位及技术单位的法律责任

《中华人民共和国环境保护法》第六十一条规定：

"建设单位未依法提交建设项目环境影响评价文件或者环境影响评价文件未经批准，擅自开工建设的，由负有环境保护监督管理职责的部门责令停止建设，处以罚款，并可以责令恢复原状。"

建设项目不进行环境影响评价，就无法对项目建设是否符合国家法律法规、发展规划、产业政策，污染物排放量是否符合总量控制要求，污染防治措施是否到位作出科学评价，许多未批先建项目建成后会直接加重当地或区域环境污染。违法项目未经环评审批开工建设，公众无法通过环评的信息公开和公众参与了解项目的基本情况和环保措施，无法得知项目建成后可能产生的环境影响，更无法表达自己的环境诉求，造成政府部门环境管理的被动局面。因此，《中华人民共和国环境保护法》规定，建设对环境有影响的项目，应当依法进行环境影响评价。未依法进行环境影响评价的建设项目，不得开工建设。对于违反这一规定的，应当承担相应的法律责任。

承担法律责任的情形有两种：一种是建设单位未依法提交建设项目环境影响评价文件，擅自开工建设的；另一种是环境影响评价文件未经批准，擅自开工建设的。承担法律责任的形式有责令停止建设、处以罚款和恢复原状。建设项目环境影响评价文件包括环境影响报告书、环境影响报告表和环境影响登记表等法律法规规定的文件。

执法主体是有环境保护监督管理职责的部门。这里不限于环境保护部门，还包括其他有环境影响评价文件审批权的部门，如海洋环境保护部门；也不限于审批环境影响评价文件的部门，有可能是审批环境影响评价文件部门的上级部门，或者是受原审批环境影响评价文件部门委托的部门。

恢复原状是指通过拆除等手段使已经建成的设施或项目恢复到开工建设之前的状态。对于一般的未批先建行为，负责审批建设项目环境影响评价文件的部门应当责令停止建设，处以罚款；对于情形恶劣，项目环境影响较大，严重不符合环保管理要求的，在被责令停止建设，处以罚款的同时，还应当拆除已经建成的部分，消除对环境造成的影响，这属于更进一步的严厉处罚。

《中华人民共和国环境保护法》第六十三条中有如下规定：

"建设项目未依法进行环境影响评价，被责令停止建设，拒不执行，尚不构成犯罪的，除依照有关法律法规规定对建设单位予以处罚外，由县级以上人民政府环境保护主管部门或者其他有关部门将案件移送公安机关，对其直接负责的主管人员和其他直接责任人员，处十日以上十五日以下拘留；情节较轻的，处五日以上十日以下拘留。"

建设项目未依法进行环境影响评价，被责令停止建设，拒不执行的，负有环境保护监督管理职责的部门可以责令停止建设，处以罚款，但罚款数额相较于违法获得的利益相差甚远，所以罚款难以形成有效威慑，建设单位往往对责令停止建设的处罚决定置之不理，继续开工建设。对这种主观恶意较大的情形，必须规定更严厉的处罚措施，建设单位拒不改正，继续开工建设的，县级以上人民政府环境保护主管部门或者其他有关部门应当将案件移送公安机关，对其直接负责的主管人员和其他直接责任人员处以拘留。拘留是行政拘留，是对违法公民在短期内限制其人身自由的一种处罚措施，属于行政处罚的一种，是对尚未构成犯罪的一般违法行为给予的一种最为严厉的制裁。

《中华人民共和国环境影响评价法》第三十一条规定：

"建设单位未依法报批建设项目环境影响报告书、报告表，或者未依照本法第二十四条的规定重新报批或者报请重新审核环境影响报告书、报告表，擅自开工建设的，由县级以上生态环境主管部门责令停止建设，根据违法情节和危害后果，处建设项目总投资额百分之一以上百分之五以下的罚款，并可以责令恢复原状；对建设单位直接负责的主管人员和其他直接责任人员，依法给予行政处分。

建设项目环境影响报告书、报告表未经批准或者未经原审批部门重新审核同意，建设单位擅自开工建设的，依照前款的规定处罚、处分。

建设单位未依法备案建设项目环境影响登记表的，由县级以上生态环境主管部门责令备案，处五万元以下的罚款。

海洋工程建设项目的建设单位有本条所列违法行为的，依照《中华人民共和国海洋环境保护法》的规定处罚。"

《中华人民共和国海洋环境保护法》第六十二条规定：

"工程建设项目应当按照国家有关建设项目环境影响评价的规定进行环境影响评价。未依法进行并通过环境影响评价的建设项目，不得开工建设。

环境保护设施应当与主体工程同时设计、同时施工、同时投产使用。环境保护设施应当符合经批准的环境影响评价报告书（表）的要求。建设单位应当依照有关法律法规的规定，对环境保护设施进行验收，编制验收报告，并向社会公开。环境保护设施未经验收或者经验收不合格的，建设项目不得投入生产或者使用。"

《中华人民共和国海洋环境保护法》第一百零一条第二款规定：

"违反本法规定，建设单位未依法报批或者报请重新审核环境影响报告书（表），擅自开工建设的，由生态环境主管部门或者海警机构责令其停止建设，根据违法情节和危害后果，处建设项目总投资额百分之一以上百分之五以下的罚款，并可以责令恢复原状；对建设单位直接负责的主管人员和其他直接责任人员，依法给予处分。建设单位未依法备案环境影响登记表的，由生态环境主管部门责令备案，处五万元以下的罚款。"

《中华人民共和国环境影响评价法》第二十条规定：

"建设单位应当对建设项目环境影响报告书、环境影响报告表的内容和结论负责，接受委托编制建设项目环境影响报告书、环境影响报告表的技术单位对其编制的建设项目环境影响报告书、环境影响报告表承担相应责任。

设区的市级以上人民政府生态环境主管部门应当加强对建设项目环境影响报告书、环境影响报告表编制单位的监督管理和质量考核。

负责审批建设项目环境影响报告书、环境影响报告表的生态环境主管部门应当将编制单位、编制主持人和主要编制人员的相关违法信息记入社会诚信档案，并纳入全国信用信息共享平台和国家企业信用信息公示系统向社会公布。

任何单位和个人不得为建设单位指定编制建设项目环境影响报告书、环境影响报告表的技术单位。"

《中华人民共和国环境影响评价法》第三十二条规定：

"建设项目环境影响报告书、环境影响报告表存在基础资料明显不实，内容存在重大缺陷、遗漏或者虚假，环境影响评价结论不正确或者不合理等严重质量问题的，由设区的市级以上人民政府生态环境主管部门对建设单位处五十万元以上二百万元以下的罚款，并对建设单位的法定代表人、主要负责人、直接负责的主管人员和其他直接责任人员，处五万元以上二十万元以下的罚款。

接受委托编制建设项目环境影响报告书、环境影响报告表的技术单位违反国家有关环境影响评价标准和技术规范等规定，致使其编制的建设项目环境影响报告书、环境影响报告表存在基础资料明显不实，内容存在重大缺陷、遗漏或者虚假，环境影响评价结论不正确或者不合理等严重质量问题的，由设区的市级以上人民政府生态环境主管部门对技术单位处所收费用三倍以上五倍以下的罚款；情节严重的，禁止从事环境影响报告书、环境影响报告表编制工作；有违法所得的，没收违法所得。

编制单位有本条第一款、第二款规定的违法行为的，编制主持人和主要编制人员五年内禁止从事环境影响报告书、环境影响报告表编制工作；构成犯罪的，依法追究刑事责任，并终身禁止从事环境影响报告书、环境影响报告表编制工作。"

二、环境影响评价编制、审批部门及其工作人员的法律责任

《中华人民共和国环境影响评价法》规定：

"第二十九条　规划编制机关违反本法规定，未组织环境影响评价，或者组织环境

影响评价时弄虚作假或者有失职行为，造成环境影响评价严重失实的，对直接负责的主管人员和其他直接责任人员，由上级机关或者监察机关依法给予行政处分。

第三十条 规划审批机关对依法应当编写有关环境影响的篇章或者说明而未编写的规划草案，依法应当附送环境影响报告书而未附送的专项规划草案，违法予以批准的，对直接负责的主管人员和其他直接责任人员，由上级机关或者监察机关依法给予行政处分。

第三十三条 负责审核、审批、备案建设项目环境影响评价文件的部门在审批、备案中收取费用的，由其上级机关或者监察机关责令退还；情节严重的，对直接负责的主管人员和其他直接责任人员依法给予行政处分。

第三十四条 生态环境主管部门或者其他部门的工作人员徇私舞弊，滥用职权，玩忽职守，违法批准建设项目环境影响评价文件的，依法给予行政处分；构成犯罪的，依法追究刑事责任。"

《建设项目环境保护管理条例》第二十六条规定：

"环境保护行政主管部门的工作人员徇私舞弊、滥用职权、玩忽职守，构成犯罪的，依法追究刑事责任；尚不构成犯罪的，依法给予行政处分。"

《中华人民共和国环境影响评价法》第二十五条和第二十八条分别规定：

"第二十五条 建设项目的环境影响评价文件未依法经审批部门审查或者审查后未予批准的，建设单位不得开工建设。

第二十八条 生态环境主管部门应当对建设项目投入生产或者使用后所产生的环境影响进行跟踪检查，对造成严重环境污染或者生态破坏的，应当查清原因、查明责任。对属于建设项目环境影响报告书、环境影响报告表存在基础资料明显不实，内容存在重大缺陷、遗漏或者虚假，环境影响评价结论不正确或者不合理等严重质量问题的，依照本法第三十二条的规定追究建设单位及其相关责任人员和接受委托编制建设项目环境影响报告书、环境影响报告表的技术单位及其相关人员的法律责任；属于审批部门工作人员失职、渎职，对依法不应批准的建设项目环境影响报告书、环境影响报告表予以批准的，依照本法第三十四条的规定追究其法律责任。"

因此，《中华人民共和国环境影响评价法》第三十二条、第三十四条是对以上规定相应的违规处罚规定。

负责审批建设项目环境影响评价文件的部门是指有审批权的生态环境主管部门。

违法批准建设项目环境影响评价文件包括：未按分类管理规定编报环境影响评价文件而受理批准的；环境影响评价文件有严重漏项或错误，批准后建设项目实施造成重大环境影响和经济损失的；应征求公众意见而未征求，造成环境影响和不良社会影响的；越权受理和批准的建设项目环境影响评价文件等。

三、刑事责任的有关处罚规定

1. 环境影响评价审批部门人员的责任

《中华人民共和国环境影响评价法》第三十二条、第三十四条对编制单位、编制主持人和主要编制人员、审批部门工作人员的犯罪行为作出了处罚规定：构成犯罪的，依法追究刑事责任。

《中华人民共和国刑法》第三百九十七条第一款和第二款对此类犯罪行为的处罚有具体规定：

"国家机关工作人员滥用职权或者玩忽职守，致使公共财产、国家和人民利益遭受重大损失的，处三年以下有期徒刑或者拘役；情节特别严重的，处三年以上七年以下有期徒刑。本法另有规定的，依照规定。

国家机关工作人员徇私舞弊，犯前款罪的，处五年以下有期徒刑或者拘役；情节特别严重的，处五年以上十年以下有期徒刑。"

2. 环境影响评价相关方的连带责任

《中华人民共和国环境保护法》第六十五条规定：

"环境影响评价机构、环境监测机构以及从事环境监测设备和防治污染设施维护、运营的机构，在有关环境服务活动中弄虚作假，对造成的环境污染和生态破坏负有责任的，除依照有关法律法规规定予以处罚外，还应当与造成环境污染和生态破坏的其他责任者承担连带责任。"

《建设项目环境保护管理条例》第二十四条规定：

"违反本条例规定，技术机构向建设单位、从事环境影响评价工作的单位收取费用的，由县级以上环境保护行政主管部门责令退还所收费用，处所收费用 1 倍以上 3 倍以下的罚款。"

《建设项目环境保护管理条例》第二十五条规定：

"从事建设项目环境影响评价工作的单位，在环境影响评价工作中弄虚作假的，由县级以上环境保护行政主管部门处所收费用 1 倍以上 3 倍以下的罚款。"

《中华人民共和国刑法修正案（十一）》第二百二十九条规定：

"承担资产评估、验资、验证、会计、审计、法律服务、保荐、安全评价、环境影响评价、环境监测等职责的中介组织的人员故意提供虚假证明文件，情节严重的，处五年以下有期徒刑或者拘役，并处罚金；有下列情形之一的，处五年以上十年以下有期徒刑，并处罚金:（三）在涉及公共安全的重大工程、项目中提供虚假的安全评价、环境影响评价等证明文件，致使公共财产、国家和人民利益遭受特别重大损失的。有前款行为，同时索取他人财物或者非法收受他人财物构成犯罪的，依照处罚较重的规定定罪处罚。第一款规定的人员，严重不负责任，出具的证明文件有重大失实，造成严重后果的，处三年以下有期徒刑或者拘役，并处或者单处罚金。"

（1）环评机构的连带责任

如果环境影响评价服务机构接受委托后，与委托人恶意串通，在环境影响评价活动中弄虚作假，致使评价结果严重失实，或者环境影响评价机构虽未与委托人恶意串通，但为了保住自己的市场地位，明知委托人提供的材料虚假，却故意作出有利于委托人的评价，致使评价结果严重失实。无论是前一种有共同故意的行为，还是后一种无共同故意的行为，委托人在环境影响评价文件获得审批后，其经营行为造成了环境污染或者生态破坏，除依照有关法律规定对委托人和环评服务机构予以处罚外，环评服务机构还应当与委托人对给第三人造成的损害承担连带责任。

（2）环境监测机构的连带责任

我国目前已经建立了重点排污单位的自行监测制度。重点排污单位应当按照国家有关规定和监测规范安装使用监测设备，保证监测设备正常运行，保存原始监测记录。2013 年 7 月 30 日，环境保护部发布了《国家重点监控企业自行监测及信息公开办法（试行）》。所谓企业自行监测，是指企业按照环境保护法律法规要求，为掌握本单位的污染物排放状况及其对周边环境质量的影响等情况，组织开展的环境监测活动。但是，如果企业自行监测有困难的，应当委托经相关部门认定的社会检测机构进行监测，如果与委托人恶意串通，在环境监测活动中弄虚作假，故意隐瞒委托人超过污染物排放标准或者超过重点污染物排放总量控制指标的事实，出具虚假的监测数据，在委托人的排污行为造成了环境污染或者生态破坏以后，除依照有关法律规定对委托人和受托人予以处罚外，受托人还应当与委托人对给第三人造成的损害承担连带责任。

（3）从事环境监测设备和防治污染设施维护、运营的机构的连带责任

现实经济生活中，有些企业在自行监测过程中，常常将自己的污染监测设备委托给监测设备的生产商、代理商等机构进行设备维护、调试，如果受托人在监测设备的维护、调试等活动中，有与委托人恶意串通或者其他弄虚作假行为，致使监测结果严重失实，给他人造成污染损失的情况下，除依照有关法律规定予以处罚外，还应当与委托人对给第三人造成的损害承担连带责任。

现实经济活动中，有些企业将自己的污染防治的设施委托给从事污染防治的专业化运营机构进行运营、维护。这些专业运营机构如有弄虚作假行为，导致这些设施不正常运行、逃避监管的，也要与委托人对给第三人造成的损害承担连带责任。

第六章 环境影响评价相关法律

第一节 《中华人民共和国大气污染防治法》的有关规定

1987 年我国制定了《中华人民共和国大气污染防治法》，于 2000 年、2015 年分别进行了两次修订，于 1995 年、2018 年分别进行了两次修正。现行的《中华人民共和国大气污染防治法》由中华人民共和国第十二届全国人民代表大会常务委员会第十六次会议于 2015 年 8 月 29 日修订通过，于 2016 年 1 月 1 日起正式施行，于 2018 年 10 月 26 日修正。

新修订的《中华人民共和国大气污染防治法》从修订前的七章六十六条，扩展到现在的八章一百二十九条。从内容上看，不仅实现了与新修订的《中华人民共和国环境保护法》的衔接，也将"大气十条"中的有效政策转化为法律制度，除总则、法律责任和附则外，分别对大气污染防治标准和限期达标规划、大气污染防治的监督管理、大气污染防治措施、重点区域大气污染联合防治、重污染天气应对等内容作了规定。

一、大气污染防治标准和限期达标规划

1. 大气污染防治标准

《中华人民共和国大气污染防治法》第八条至第十三条就大气污染防治标准作了规定：

"第八条 国务院生态环境主管部门或者省、自治区、直辖市人民政府制定大气环境质量标准，应当以保障公众健康和保护生态环境为宗旨，与经济社会发展相适应，做到科学合理。

第九条 国务院生态环境主管部门或者省、自治区、直辖市人民政府制定大气污染物排放标准，应当以大气环境质量标准和国家经济、技术条件为依据。

第十条 制定大气环境质量标准、大气污染物排放标准，应当组织专家进行审查和论证，并征求有关部门、行业协会、企业事业单位和公众等方面的意见。

第十一条 省级以上人民政府生态环境主管部门应当在其网站上公布大气环境质量标准、大气污染物排放标准，供公众免费查阅、下载。

第十二条 大气环境质量标准、大气污染物排放标准的执行情况应当定期进行评估，根据评估结果对标准适时进行修订。

第十三条 制定燃煤、石油焦、生物质燃料、涂料等含挥发性有机物的产品、烟花爆竹以及锅炉等产品的质量标准，应当明确大气环境保护要求。

制定燃油质量标准，应当符合国家大气污染物控制要求，并与国家机动车船、非道路移动机械大气污染物排放标准相互衔接，同步实施。

前款所称非道路移动机械，是指装配有发动机的移动机械和可运输工业设备。"

2．限期达标规划

《中华人民共和国大气污染防治法》第十四条至第十七条分别就限期达标规划作了规定：

"第十四条 未达到国家大气环境质量标准城市的人民政府应当及时编制大气环境质量限期达标规划，采取措施，按照国务院或者省级人民政府规定的期限达到大气环境质量标准。

编制城市大气环境质量限期达标规划，应当征求有关行业协会、企业事业单位、专家和公众等方面的意见。

第十五条 城市大气环境质量限期达标规划应当向社会公开。直辖市和设区的市的大气环境质量限期达标规划应当报国务院生态环境主管部门备案。

第十六条 城市人民政府每年在向本级人民代表大会或者其常务委员会报告环境状况和环境保护目标完成情况时，应当报告大气环境质量限期达标规划执行情况，并向社会公开。

第十七条 城市大气环境质量限期达标规划应当根据大气污染防治的要求和经济、技术条件适时进行评估、修订。"

二、大气污染防治的监督管理

1．重点大气污染物排放总量控制

《中华人民共和国大气污染防治法》第十八条、第二十一条、第二十二条分别就重点大气污染物排放总量控制作了规定：

"第十八条 企业事业单位和其他生产经营者建设对大气环境有影响的项目，应当依法进行环境影响评价、公开环境影响评价文件；向大气排放污染物的，应当符合大气污染物排放标准，遵守重点大气污染物排放总量控制要求。

第二十一条 国家对重点大气污染物排放实行总量控制。

重点大气污染物排放总量控制目标，由国务院生态环境主管部门在征求国务院有关部门和各省、自治区、直辖市人民政府意见后，会同国务院经济综合主管部门报国务院批准并下达实施。

省、自治区、直辖市人民政府应当按照国务院下达的总量控制目标，控制或者削减本行政区域的重点大气污染物排放总量。

确定总量控制目标和分解总量控制指标的具体办法，由国务院生态环境主管部门会同国务院有关部门规定。省、自治区、直辖市人民政府可以根据本行政区域大气污染防治的需要，对国家重点大气污染物之外的其他大气污染物排放实行总量控制。

国家逐步推行重点大气污染物排污权交易。

第二十二条　对超过国家重点大气污染物排放总量控制指标或者未完成国家下达的大气环境质量改善目标的地区，省级以上人民政府生态环境主管部门应当会同有关部门约谈该地区人民政府的主要负责人，并暂停审批该地区新增重点大气污染物排放总量的建设项目环境影响评价文件。约谈情况应当向社会公开。"

2. 大气环境质量监测和大气污染源监测

《中华人民共和国大气污染防治法》第二十三条至第二十六条分别就大气环境质量监测和大气污染源监测的监督管理作了规定：

"第二十三条　国务院生态环境主管部门负责制定大气环境质量和大气污染源的监测和评价规范，组织建设与管理全国大气环境质量和大气污染源监测网，组织开展大气环境质量和大气污染源监测，统一发布全国大气环境质量状况信息。

县级以上地方人民政府生态环境主管部门负责组织建设与管理本行政区域大气环境质量和大气污染源监测网，开展大气环境质量和大气污染源监测，统一发布本行政区域大气环境质量状况信息。

第二十四条　企业事业单位和其他生产经营者应当按照国家有关规定和监测规范，对其排放的工业废气和本法第七十八条规定名录中所列有毒有害大气污染物进行监测，并保存原始监测记录。其中，重点排污单位应当安装、使用大气污染物排放自动监测设备，与生态环境主管部门的监控设备联网，保证监测设备正常运行并依法公开排放信息。监测的具体办法和重点排污单位的条件由国务院生态环境主管部门规定。

重点排污单位名录由设区的市级以上地方人民政府生态环境主管部门按照国务院生态环境主管部门的规定，根据本行政区域的大气环境承载力、重点大气污染物排放总量控制指标的要求以及排污单位排放大气污染物的种类、数量和浓度等因素，商有关部门确定，并向社会公布。

第二十五条　重点排污单位应当对自动监测数据的真实性和准确性负责。生态环境主管部门发现重点排污单位的大气污染物排放自动监测设备传输数据异常，应当及时进行调查。

第二十六条　禁止侵占、损毁或者擅自移动、改变大气环境质量监测设施和大气污染物排放自动监测设备。"

三、大气污染防治措施

1. 燃煤和其他能源污染防治

《中华人民共和国大气污染防治法》第三十二条至第四十二条就燃煤和其他能源污染防治分别作了规定：

"第三十二条　国务院有关部门和地方各级人民政府应当采取措施，调整能源结构，推广清洁能源的生产和使用；优化煤炭使用方式，推广煤炭清洁高效利用，逐步降低煤炭在一次能源消费中的比重，减少煤炭生产、使用、转化过程中的大气污染物排放。

第三十三条　国家推行煤炭洗选加工，降低煤炭的硫分和灰分，限制高硫分、高灰分煤炭的开采。新建煤矿应当同步建设配套的煤炭洗选设施，使煤炭的硫分、灰分含量达到规定标准；已建成的煤矿除所采煤炭属于低硫分、低灰分或者根据已达标排放的燃煤电厂要求不需要洗选的以外，应当限期建成配套的煤炭洗选设施。

禁止开采含放射性和砷等有毒有害物质超过规定标准的煤炭。

第三十四条　国家采取有利于煤炭清洁高效利用的经济、技术政策和措施，鼓励和支持洁净煤技术的开发和推广。

国家鼓励煤矿企业等采用合理、可行的技术措施，对煤层气进行开采利用，对煤矸石进行综合利用。从事煤层气开采利用的，煤层气排放应当符合有关标准规范。

第三十五条　国家禁止进口、销售和燃用不符合质量标准的煤炭，鼓励燃用优质煤炭。

单位存放煤炭、煤矸石、煤渣、煤灰等物料，应当采取防燃措施，防止大气污染。

第三十六条　地方各级人民政府应当采取措施，加强民用散煤的管理，禁止销售不符合民用散煤质量标准的煤炭，鼓励居民燃用优质煤炭和洁净型煤，推广节能环保型炉灶。

第三十七条　石油炼制企业应当按照燃油质量标准生产燃油。

禁止进口、销售和燃用不符合质量标准的石油焦。

第三十八条　城市人民政府可以划定并公布高污染燃料禁燃区，并根据大气环境质量改善要求，逐步扩大高污染燃料禁燃区范围。高污染燃料的目录由国务院生态环境主管部门确定。

在禁燃区内，禁止销售、燃用高污染燃料；禁止新建、扩建燃用高污染燃料的设施，已建成的，应当在城市人民政府规定的期限内改用天然气、页岩气、液化石油气、电或者其他清洁能源。

第三十九条　城市建设应当统筹规划，在燃煤供热地区，推进热电联产和集中供热。在集中供热管网覆盖地区，禁止新建、扩建分散燃煤供热锅炉；已建成的不能达标排放的燃煤供热锅炉，应当在城市人民政府规定的期限内拆除。

第四十条　县级以上人民政府市场监督管理部门应当会同生态环境主管部门对锅炉生产、进口、销售和使用环节执行环境保护标准或者要求的情况进行监督检查；不符合环境保护标准或者要求的，不得生产、进口、销售和使用。

第四十一条　燃煤电厂和其他燃煤单位应当采用清洁生产工艺，配套建设除尘、脱硫、脱硝等装置，或者采取技术改造等其他控制大气污染物排放的措施。

国家鼓励燃煤单位采用先进的除尘、脱硫、脱硝、脱汞等大气污染物协同控制的技术和装置，减少大气污染物的排放。

第四十二条 电力调度应当优先安排清洁能源发电上网。"

2．工业污染防治

《中华人民共和国大气污染防治法》第四十三条至第四十九条就工业污染防治作了规定：

"第四十三条 钢铁、建材、有色金属、石油、化工等企业生产过程中排放粉尘、硫化物和氮氧化物的，应当采用清洁生产工艺，配套建设除尘、脱硫、脱硝等装置，或者采取技术改造等其他控制大气污染物排放的措施。

第四十四条 生产、进口、销售和使用含挥发性有机物的原材料和产品的，其挥发性有机物含量应当符合质量标准或者要求。

国家鼓励生产、进口、销售和使用低毒、低挥发性有机溶剂。

第四十五条 产生含挥发性有机物废气的生产和服务活动，应当在密闭空间或者设备中进行，并按照规定安装、使用污染防治设施；无法密闭的，应当采取措施减少废气排放。

第四十六条 工业涂装企业应当使用低挥发性有机物含量的涂料，并建立台账，记录生产原料、辅料的使用量、废弃量、去向以及挥发性有机物含量。台账保存期限不得少于三年。

第四十七条 石油、化工以及其他生产和使用有机溶剂的企业，应当采取措施对管道、设备进行日常维护、维修，减少物料泄漏，对泄漏的物料应当及时收集处理。

储油储气库、加油加气站、原油成品油码头、原油成品油运输船舶和油罐车、气罐车等，应当按照国家有关规定安装油气回收装置并保持正常使用。

第四十八条 钢铁、建材、有色金属、石油、化工、制药、矿产开采等企业，应当加强精细化管理，采取集中收集处理等措施，严格控制粉尘和气态污染物的排放。

工业生产企业应当采取密闭、围挡、遮盖、清扫、洒水等措施，减少内部物料的堆存、传输、装卸等环节产生的粉尘和气态污染物的排放。

第四十九条 工业生产、垃圾填埋或者其他活动产生的可燃性气体应当回收利用，不具备回收利用条件的，应当进行污染防治处理。

可燃性气体回收利用装置不能正常作业的，应当及时修复或者更新。在回收利用装置不能正常作业期间确需排放可燃性气体的，应当将排放的可燃性气体充分燃烧或者采取其他控制大气污染物排放的措施，并向当地生态环境主管部门报告，按照要求限期修复或者更新。"

3．扬尘污染防治

《中华人民共和国大气污染防治法》第六十八条至第七十二条就扬尘污染防治作了规定：

"第六十八条 地方各级人民政府应当加强对建设施工和运输的管理，保持道路清洁，控制料堆和渣土堆放，扩大绿地、水面、湿地和地面铺装面积，防治扬尘污染。

住房城乡建设、市容环境卫生、交通运输、国土资源等有关部门，应当根据本级人民政府确定的职责，做好扬尘污染防治工作。

第六十九条 建设单位应当将防治扬尘污染的费用列入工程造价，并在施工承包合同中明确施工单位扬尘污染防治责任。施工单位应当制定具体的施工扬尘污染防治实施方案。

从事房屋建筑、市政基础设施建设、河道整治以及建筑物拆除等施工单位，应当向负责监督管理扬尘污染防治的主管部门备案。

施工单位应当在施工工地设置硬质围挡，并采取覆盖、分段作业、择时施工、洒水抑尘、冲洗地面和车辆等有效防尘降尘措施。建筑土方、工程渣土、建筑垃圾应当及时清运；在场地内堆存的，应当采用密闭式防尘网遮盖。工程渣土、建筑垃圾应当进行资源化处理。

施工单位应当在施工工地公示扬尘污染防治措施、负责人、扬尘监督管理主管部门等信息。

暂时不能开工的建设用地，建设单位应当对裸露地面进行覆盖；超过三个月的，应当进行绿化、铺装或者遮盖。

第七十条 运输煤炭、垃圾、渣土、砂石、土方、灰浆等散装、流体物料的车辆应当采取密闭或者其他措施防止物料遗撒造成扬尘污染，并按照规定路线行驶。

装卸物料应当采取密闭或者喷淋等方式防治扬尘污染。

城市人民政府应当加强道路、广场、停车场和其他公共场所的清扫保洁管理，推行清洁动力机械化清扫等低尘作业方式，防治扬尘污染。

第七十一条 市政河道以及河道沿线、公共用地的裸露地面以及其他城镇裸露地面，有关部门应当按照规划组织实施绿化或者透水铺装。

第七十二条 贮存煤炭、煤矸石、煤渣、煤灰、水泥、石灰、石膏、砂土等易产生扬尘的物料应当密闭；不能密闭的，应当设置不低于堆放物高度的严密围挡，并采取有效覆盖措施防治扬尘污染。

码头、矿山、填埋场和消纳场应当实施分区作业，并采取有效措施防治扬尘污染。"

4. 重污染天气应对的有关规定

《中华人民共和国大气污染防治法》第九十三条至第九十七条就重污染天气应对作了规定：

"第九十三条 国家建立重污染天气监测预警体系。

国务院生态环境主管部门会同国务院气象主管机构等有关部门、国家大气污染防治重点区域内有关省、自治区、直辖市人民政府，建立重点区域重污染天气监测预警机制，统一预警分级标准。可能发生区域重污染天气的，应当及时向重点区域内有关省、自治区、直辖市人民政府通报。

省、自治区、直辖市、设区的市人民政府生态环境主管部门会同气象主管机构等有关部门建立本行政区域重污染天气监测预警机制。

第九十四条　县级以上地方人民政府应当将重污染天气应对纳入突发事件应急管理体系。

省、自治区、直辖市、设区的市人民政府以及可能发生重污染天气的县级人民政府，应当制定重污染天气应急预案，向上一级人民政府生态环境主管部门备案，并向社会公布。

第九十五条　省、自治区、直辖市、设区的市人民政府生态环境主管部门应当会同气象主管机构建立会商机制，进行大气环境质量预报。可能发生重污染天气的，应当及时向本级人民政府报告。省、自治区、直辖市、设区的市人民政府依据重污染天气预报信息，进行综合研判，确定预警等级并及时发出预警。预警等级根据情况变化及时调整。任何单位和个人不得擅自向社会发布重污染天气预报预警信息。

预警信息发布后，人民政府及其有关部门应当通过电视、广播、网络、短信等途径告知公众采取健康防护措施，指导公众出行和调整其他相关社会活动。

第九十六条　县级以上地方人民政府应当依据重污染天气的预警等级，及时启动应急预案，根据应急需要可以采取责令有关企业停产或者限产、限制部分机动车行驶、禁止燃放烟花爆竹、停止工地土石方作业和建筑物拆除施工、停止露天烧烤、停止幼儿园和学校组织的户外活动、组织开展人工影响天气作业等应急措施。

应急响应结束后，人民政府应当及时开展应急预案实施情况的评估，适时修改完善应急预案。

第九十七条　发生造成大气污染的突发环境事件，人民政府及其有关部门和相关企业事业单位，应当依照《中华人民共和国突发事件应对法》、《中华人民共和国环境保护法》的规定，做好应急处置工作。生态环境主管部门应当及时对突发环境事件产生的大气污染物进行监测，并向社会公布监测信息。"

5. 有毒有害大气污染物、持久性有机污染物、恶臭气体等污染防治

《中华人民共和国大气污染防治法》第七十八条至第八十四条就有毒有害大气污染物、持久性有机污染物、恶臭气体等污染防治分别作了规定：

"第七十八条　国务院生态环境主管部门应当会同国务院卫生行政部门，根据大气污染物对公众健康和生态环境的危害和影响程度，公布有毒有害大气污染物名录，实行风险管理。

排放前款规定名录中所列有毒有害大气污染物的企业事业单位，应当按照国家有关规定建设环境风险预警体系，对排放口和周边环境进行定期监测，评估环境风险，排查环境安全隐患，并采取有效措施防范环境风险。

第七十九条　向大气排放持久性有机污染物的企业事业单位和其他生产经营者以及废弃物焚烧设施的运营单位，应当按照国家有关规定，采取有利于减少持久性有机污染物排放的技术方法和工艺，配备有效的净化装置，实现达标排放。

第八十条　企业事业单位和其他生产经营者在生产经营活动中产生恶臭气体的，应当科学选址，设置合理的防护距离，并安装净化装置或者采取其他措施，防止排放恶臭气体。

第八十一条　排放油烟的餐饮服务业经营者应当安装油烟净化设施并保持正常使用，或者采取其他油烟净化措施，使油烟达标排放，并防止对附近居民的正常生活环境造成污染。

禁止在居民住宅楼、未配套设立专用烟道的商住综合楼以及商住综合楼内与居住层相邻的商业楼层内新建、改建、扩建产生油烟、异味、废气的餐饮服务项目。

任何单位和个人不得在当地人民政府禁止的区域内露天烧烤食品或者为露天烧烤食品提供场地。

第八十二条　禁止在人口集中地区和其他依法需要特殊保护的区域内焚烧沥青、油毡、橡胶、塑料、皮革、垃圾以及其他产生有毒有害烟尘和恶臭气体的物质。

禁止生产、销售和燃放不符合质量标准的烟花爆竹。任何单位和个人不得在城市人民政府禁止的时段和区域内燃放烟花爆竹。

第八十三条　国家鼓励和倡导文明、绿色祭祀。

火葬场应当设置除尘等污染防治设施并保持正常使用，防止影响周边环境。

第八十四条　从事服装干洗和机动车维修等服务活动的经营者，应当按照国家有关标准或者要求设置异味和废气处理装置等污染防治设施并保持正常使用，防止影响周边环境。"

四、重点区域大气污染联合防治

《中华人民共和国大气污染防治法》第八十六条至第九十二条就重点区域大气污染联合防治作了规定：

"第八十六条　国家建立重点区域大气污染联防联控机制，统筹协调重点区域内大气污染防治工作。国务院生态环境主管部门根据主体功能区划、区域大气环境质量状况和大气污染传输扩散规律，划定国家大气污染防治重点区域，报国务院批准。

重点区域内有关省、自治区、直辖市人民政府应当确定牵头的地方人民政府，定期召开联席会议，按照统一规划、统一标准、统一监测、统一的防治措施的要求，开展大气污染联合防治，落实大气污染防治目标责任。国务院生态环境主管部门应当加强指导、督促。

省、自治区、直辖市可以参照第一款规定划定本行政区域的大气污染防治重点区域。

第八十七条　国务院生态环境主管部门会同国务院有关部门、国家大气污染防治重点区域内有关省、自治区、直辖市人民政府，根据重点区域经济社会发展和大气环境承载力，制定重点区域大气污染联合防治行动计划，明确控制目标，优化区域经济布局，统筹交通管理，发展清洁能源，提出重点防治任务和措施，促进重点区域大气环境质量改善。

第八十八条　国务院经济综合主管部门会同国务院生态环境主管部门，结合国家大气污染防治重点区域产业发展实际和大气环境质量状况，进一步提高环境保护、能耗、安全、质量等要求。

重点区域内有关省、自治区、直辖市人民政府应当实施更严格的机动车大气污染物排放标准，统一在用机动车检验方法和排放限值，并配套供应合格的车用燃油。

第八十九条　编制可能对国家大气污染防治重点区域的大气环境造成严重污染的有关工业园区、开发区、区域产业和发展等规划，应当依法进行环境影响评价。规划编制机关应当与重点区域内有关省、自治区、直辖市人民政府或者有关部门会商。

重点区域内有关省、自治区、直辖市建设可能对相邻省、自治区、直辖市大气环境质量产生重大影响的项目，应当及时通报有关信息，进行会商。

会商意见及其采纳情况作为环境影响评价文件审查或者审批的重要依据。

第九十条　国家大气污染防治重点区域内新建、改建、扩建用煤项目的，应当实行煤炭的等量或者减量替代。

第九十一条　国务院生态环境主管部门应当组织建立国家大气污染防治重点区域的大气环境质量监测、大气污染源监测等相关信息共享机制，利用监测、模拟以及卫星、航测、遥感等新技术分析重点区域内大气污染来源及其变化趋势，并向社会公开。

第九十二条　国务院生态环境主管部门和国家大气污染防治重点区域内有关省、自治区、直辖市人民政府可以组织有关部门开展联合执法、跨区域执法、交叉执法。"

第二节　《中华人民共和国水污染防治法》的有关规定

《中华人民共和国水污染防治法》经 1984 年 5 月 11 日第六届全国人民代表大会常务委员会第五次会议通过，自 1984 年 11 月 1 日起施行。根据 1996 年 5 月 15 日第八届全国人民代表大会常务委员会第十九次会议《关于修改〈中华人民共和国水污染防治法〉的决定》修正。2000 年 3 月 20 日，国务院颁布了《中华人民共和国水污染防治法实施细则》。2008 年 2 月 28 日，第十届全国人民代表大会常务委员会第三十二次会议再次修订了《水污染防治法》，并于 2008 年 2 月 28 日以中华人民共和国主席令第 87 号公布，自 2008 年 6 月 1 日起施行。根据 2017 年 6 月 27 日第十二届全国人民代表大会常务委员会第二十八次会议《关于修改〈中华人民共和国水污染防治法〉的决定》第二次修正，决定自 2018 年 1 月 1 日起施行。

《中华人民共和国水污染防治法》第一百零二条对本法中有关用语的含义进行了界定："水污染"是指水体因某种物质的介入，而导致其化学、物理、生物或者放射性等方面特性的改变，从而影响水的有效利用，危害人体健康或者破坏生态环境，造成水质恶化的现象。"水污染物"是指直接或者间接向水体排放的，能导致水体污染的物质。"有毒污染物"是指那些直接或者间接被生物摄入体内后，可能导致该生物或者其后代发病、行为反常、遗传变异、生理机能失常、机体变形或者死亡的污染物。"污泥"是指污水处理过程中产生的半固态或者固态物质。"渔业水体"是指划定的鱼虾类的产卵场、索饵场、越冬场、洄游通道和鱼虾贝藻类的养殖场的水体。

一、适用范围

《中华人民共和国水污染防治法》第二条规定：

"本法适用于中华人民共和国领域内的江河、湖泊、运河、渠道、水库等地表水体以及地下水体的污染防治。

海洋污染防治适用《中华人民共和国海洋环境保护法》。"

二、水污染防治应当坚持的原则和监督管理的有关规定

《中华人民共和国水污染防治法》第三条规明确了水污染防治的原则，更加突出了饮用水安全：

"水污染防治应当坚持预防为主、防治结合、综合治理的原则，优先保护饮用水水源，严格控制工业污染、城镇生活污染，防治农业面源污染，积极推进生态治理工程建设，预防、控制和减少水环境污染和生态破坏。"

《中华人民共和国水污染防治法》第四条、第五条和第九条规定了水环境污染防治监督管理体制和要求：

"第四条　县级以上人民政府应当将水环境保护工作纳入国民经济和社会发展规划。

地方各级人民政府对本行政区域的水环境质量负责，应当及时采取措施防治水污染。

第五条　省、市、县、乡建立河长制，分级分段组织领导本行政区域内江河、湖泊的水资源保护、水域岸线管理、水污染防治、水环境治理等工作。

第九条　县级以上人民政府环境保护主管部门对水污染防治实施统一监督管理。

交通主管部门的海事管理机构对船舶污染水域的防治实施监督管理。

县级以上人民政府水行政、国土资源、卫生、建设、农业、渔业等部门以及重要江河、湖泊的流域水资源保护机构,在各自的职责范围内,对有关水污染防治实施监督管理。"

三、水环境标准制定的有关规定

《中华人民共和国水污染防治法》规定：

"第十二条　国务院环境保护主管部门制定国家水环境质量标准。

省、自治区、直辖市人民政府可以对国家水环境质量标准中未作规定的项目，制定地方标准，并报国务院环境保护主管部门备案。

第十三条　国务院环境保护主管部门会同国务院水行政主管部门和有关省、自治区、直辖市人民政府，可以根据国家确定的重要江河、湖泊流域水体的使用功能以及有

关地区的经济、技术条件，确定该重要江河、湖泊流域的省界水体适用的水环境质量标准，报国务院批准后施行。

第十四条　国务院环境保护主管部门根据国家水环境质量标准和国家经济、技术条件，制定国家水污染物排放标准。

省、自治区、直辖市人民政府对国家水污染物排放标准中未作规定的项目，可以制定地方水污染物排放标准；对国家水污染物排放标准中已作规定的项目，可以制定严于国家水污染物排放标准的地方水污染物排放标准。地方水污染物排放标准须报国务院环境保护主管部门备案。

向已有地方水污染物排放标准的水体排放污染物的，应当执行地方水污染物排放标准。

第十五条　国务院环境保护主管部门和省、自治区、直辖市人民政府，应当根据水污染防治的要求和国家或者地方的经济、技术条件，适时修订水环境质量标准和水污染物排放标准。"

四、向水体排放污染物的建设项目和其他水上设施的环境影响评价

《中华人民共和国水污染防治法》第十九条规定：

"新建、改建、扩建直接或者间接向水体排放污染物的建设项目和其他水上设施，应当依法进行环境影响评价。

建设单位在江河、湖泊新建、改建、扩建排污口的，应当取得水行政主管部门或者流域管理机构同意；涉及通航、渔业水域的，环境保护主管部门在审批环境影响评价文件时，应当征求交通、渔业主管部门的意见。

建设项目的水污染防治设施，应当与主体工程同时设计、同时施工、同时投入使用。水污染防治设施应当符合经批准或者备案的环境影响评价文件的要求。"

五、水污染物排放总量控制制度

《中华人民共和国水污染防治法》第二十条规定：

"国家对重点水污染物排放实施总量控制制度。

重点水污染物排放总量控制指标，由国务院环境保护主管部门在征求国务院有关部门和各省、自治区、直辖市人民政府意见后，会同国务院经济综合宏观调控部门报国务院批准并下达实施。

省、自治区、直辖市人民政府应当按照国务院的规定削减和控制本行政区域的重点水污染物排放总量。具体办法由国务院环境保护主管部门会同国务院有关部门规定。

省、自治区、直辖市人民政府可以根据本行政区域水环境质量状况和水污染防治工作的需要，对国家重点水污染物之外的其他水污染物排放实行总量控制。

对超过重点水污染物排放总量控制指标或者未完成水环境质量改善目标的地区，省

级以上人民政府环境保护主管部门应当会同有关部门约谈该地区人民政府的主要负责人，并暂停审批新增重点水污染物排放总量的建设项目的环境影响评价文件。约谈情况应当向社会公开。"

污染物排放总量控制制度是防治水污染的有力武器，是实行排污许可证制度的基础。只有坚定不移地实施排污总量控制制度，才能切实把水污染物的排放量削减下来，把水环境质量提高。修订后的《中华人民共和国水污染防治法》将总量控制的适用范围扩大，修订前的《中华人民共和国水污染防治法》虽然规定了总量控制制度，但只适用于"特殊水体"，即排污达标但水质不达标的水体。修订后的《中华人民共和国水污染防治法》对总量控制制度做了两个方面修改：一是扩大了总量控制的适用范围，不再局限于排污达标但质量不达标的水体，并要求地方政府将总量控制指标逐级分解落实到基层和排污单位；二是除国家重点水污染物外，允许省级政府可以确定本行政区域实施总量控制的"地方重点水污染物"。

"区域限批"手段法治化。"区域限批"制度是环境监管手段的重要创新。实践证明，"区域限批"制度的效果非常明显，不仅使违法建设单位受到严厉惩罚，也使一些地方政府官员对环评等法律制度产生了敬畏之心。修订后的《中华人民共和国水污染防治法》及时吸纳了这一创新，并将其由行政管理措施上升为强制实施的法律制度。

六、排污口设置的有关规定

《中华人民共和国水污染防治法》第二十二条规定：

"向水体排放污染物的企业事业单位和其他生产经营者，应当按照法律、行政法规和国务院环境保护主管部门的规定设置排污口；在江河、湖泊设置排污口的，还应当遵守国务院水行政主管部门的规定。"

《中华人民共和国水污染防治法》第八十四条规定：

"在饮用水水源保护区内设置排污口的，由县级以上地方人民政府责令限期拆除，处十万元以上五十万元以下的罚款；逾期不拆除的，强制拆除，所需费用由违法者承担，处五十万元以上一百万元以下的罚款，并可以责令停产整治。

除前款规定外，违反法律、行政法规和国务院环境保护主管部门的规定设置排污口的，由县级以上地方人民政府环境保护主管部门责令限期拆除，处二万元以上十万元以下的罚款；逾期不拆除的，强制拆除，所需费用由违法者承担，处十万元以上五十万元以下的罚款；情节严重的，可以责令停产整治。

未经水行政主管部门或者流域管理机构同意，在江河、湖泊新建、改建、扩建排污口的，由县级以上人民政府水行政主管部门或者流域管理机构依据职权，依照前款规定采取措施、给予处罚。"

七、水污染防治措施有关规定

《中华人民共和国水污染防治法》第四章分别就水污染防治的一般规定、工业水污染防治、城镇水污染防治、农业和农村水污染防治、船舶水污染防治作了规定。

1．水污染防治的一般规定

《中华人民共和国水污染防治法》第四章第一节第三十三条至第四十三条是关于水污染防治的一般规定：

"第三十三条　禁止向水体排放油类、酸液、碱液或者剧毒废液。

禁止在水体清洗装贮过油类或者有毒污染物的车辆和容器。

第三十四条　禁止向水体排放、倾倒放射性固体废物或者含有高放射性和中放射性物质的废水。

向水体排放含低放射性物质的废水，应当符合国家有关放射性污染防治的规定和标准。

第三十五条　向水体排放含热废水，应当采取措施，保证水体的水温符合水环境质量标准。

第三十六条　含病原体的污水应当经过消毒处理；符合国家有关标准后，方可排放。

第三十七条　禁止向水体排放、倾倒工业废渣、城镇垃圾和其他废弃物。

禁止将含有汞、镉、砷、铬、铅、氰化物、黄磷等的可溶性剧毒废渣向水体排放、倾倒或者直接埋入地下。

存放可溶性剧毒废渣的场所，应当采取防水、防渗漏、防流失的措施。

第三十八条　禁止在江河、湖泊、运河、渠道、水库最高水位线以下的滩地和岸坡堆放、存贮固体废弃物和其他污染物。

第三十九条　禁止利用渗井、渗坑、裂隙、溶洞，私设暗管，篡改、伪造监测数据，或者不正常运行水污染防治设施等逃避监管的方式排放水污染物。

第四十条　化学品生产企业以及工业集聚区、矿山开采区、尾矿库、危险废物处置场、垃圾填埋场等的运营、管理单位，应当采取防渗漏等措施，并建设地下水水质监测井进行监测，防止地下水污染。

加油站等的地下油罐应当使用双层罐或者采取建造防渗池等其他有效措施，并进行防渗漏监测，防止地下水污染。

禁止利用无防渗漏措施的沟渠、坑塘等输送或者存贮含有毒污染物的废水、含病原体的污水和其他废弃物。

第四十一条　多层地下水的含水层水质差异大的，应当分层开采；对已受污染的潜水和承压水，不得混合开采。

第四十二条　兴建地下工程设施或者进行地下勘探、采矿等活动，应当采取防护性措施，防止地下水污染。

报废矿井、钻井或者取水井等，应当实施封井或者回填。

第四十三条　人工回灌补给地下水，不得恶化地下水质。"

2. 工业水污染防治的规定

《中华人民共和国水污染防治法》第四章第二节第四十四条至第四十八条是关于工业水污染防治的规定：

"第四十四条　国务院有关部门和县级以上地方人民政府应当合理规划工业布局，要求造成水污染的企业进行技术改造，采取综合防治措施，提高水的重复利用率，减少废水和污染物排放量。

第四十五条　排放工业废水的企业应当采取有效措施，收集和处理产生的全部废水，防止污染环境。含有毒有害水污染物的工业废水应当分类收集和处理，不得稀释排放。

工业集聚区应当配套建设相应的污水集中处理设施，安装自动监测设备，与环境保护主管部门的监控设备联网，并保证监测设备正常运行。

向污水集中处理设施排放工业废水的，应当按照国家有关规定进行预处理，达到集中处理设施处理工艺要求后方可排放。

第四十六条　国家对严重污染水环境的落后工艺和设备实行淘汰制度。

国务院经济综合宏观调控部门会同国务院有关部门，公布限期禁止采用的严重污染水环境的工艺名录和限期禁止生产、销售、进口、使用的严重污染水环境的设备名录。

生产者、销售者、进口者或者使用者应当在规定的期限内停止生产、销售、进口或者使用列入前款规定的设备名录中的设备。工艺的采用者应当在规定的期限内停止采用列入前款规定的工艺名录中的工艺。

依照本条第二款、第三款规定被淘汰的设备，不得转让给他人使用。

第四十七条　国家禁止新建不符合国家产业政策的小型造纸、制革、印染、染料、炼焦、炼硫、炼砷、炼汞、炼油、电镀、农药、石棉、水泥、玻璃、钢铁、火电以及其他严重污染水环境的生产项目。

第四十八条　企业应当采用原材料利用效率高、污染物排放量少的清洁工艺，并加强管理，减少水污染物的产生。"

3. 城镇水污染防治的规定

《中华人民共和国水污染防治法》第四章第三节第四十九条至第五十一条是关于城镇水污染防治的规定：

"第四十九条　城镇污水应当集中处理。

县级以上地方人民政府应当通过财政预算和其他渠道筹集资金，统筹安排建设城镇污水集中处理设施及配套管网，提高本行政区域城镇污水的收集率和处理率。

国务院建设主管部门应当会同国务院经济综合宏观调控、环境保护主管部门，根据城乡规划和水污染防治规划，组织编制全国城镇污水处理设施建设规划。县级以上地方人民政府组织建设、经济综合宏观调控、环境保护、水行政等部门编制本行政区域的城镇污水处理设施建设规划。县级以上地方人民政府建设主管部门应当按照城镇污水处理设施建设规划，组织建设城镇污水集中处理设施及配套管网，并加强对城镇污水集中处理设施运营的监督管理。

城镇污水集中处理设施的运营单位按照国家规定向排污者提供污水处理的有偿服务，收取污水处理费用，保证污水集中处理设施的正常运行。收取的污水处理费用应当用于城镇污水集中处理设施的建设运行和污泥处理处置，不得挪作他用。

城镇污水集中处理设施的污水处理收费、管理以及使用的具体办法，由国务院规定。

第五十条　向城镇污水集中处理设施排放水污染物，应当符合国家或者地方规定的水污染物排放标准。

城镇污水集中处理设施的运营单位，应当对城镇污水集中处理设施的出水水质负责。

环境保护主管部门应当对城镇污水集中处理设施的出水水质和水量进行监督检查。

第五十一条　城镇污水集中处理设施的运营单位或者污泥处理处置单位应当安全处理处置污泥，保证处理处置后的污泥符合国家标准，并对污泥的去向等进行记录。"

4．农业和农村水污染防治的规定

《中华人民共和国水污染防治法》第四章第四节第五十二条至第五十八条是关于农业和农村水污染防治的规定：

"第五十二条　国家支持农村污水、垃圾处理设施的建设，推进农村污水、垃圾集中处理。

地方各级人民政府应当统筹规划建设农村污水、垃圾处理设施，并保障其正常运行。

第五十三条　制定化肥、农药等产品的质量标准和使用标准，应当适应水环境保护要求。

第五十四条　使用农药，应当符合国家有关农药安全使用的规定和标准。

运输、存贮农药和处置过期失效农药，应当加强管理，防止造成水污染。

第五十五条　县级以上地方人民政府农业主管部门和其他有关部门，应当采取措施，指导农业生产者科学、合理地施用化肥和农药，推广测土配方施肥技术和高效低毒低残留农药，控制化肥和农药的过量使用，防止造成水污染。

第五十六条　国家支持畜禽养殖场、养殖小区建设畜禽粪便、废水的综合利用或者无害化处理设施。

畜禽养殖场、养殖小区应当保证其畜禽粪便、废水的综合利用或者无害化处理设施正常运转，保证污水达标排放，防止污染水环境。

畜禽散养密集区所在地县、乡级人民政府应当组织对畜禽粪便污水进行分户收集、集中处理利用。

第五十七条　从事水产养殖应当保护水域生态环境，科学确定养殖密度，合理投饵和使用药物，防止污染水环境。

第五十八条　农田灌溉用水应当符合相应的水质标准，防止污染土壤、地下水和农产品。

禁止向农田灌溉渠道排放工业废水或者医疗污水。向农田灌溉渠道排放城镇污水以及未综合利用的畜禽养殖废水、农产品加工废水的，应当保证其下游最近的灌溉取水点的水质符合农田灌溉水质标准。"

5. 船舶水污染防治的规定

《中华人民共和国水污染防治法》第四章第五节第五十九条至第六十二条是关于船舶水污染防治的规定：

"第五十九条　船舶排放含油污水、生活污水，应当符合船舶污染物排放标准。从事海洋航运的船舶进入内河和港口的，应当遵守内河的船舶污染物排放标准。

船舶的残油、废油应当回收，禁止排入水体。

禁止向水体倾倒船舶垃圾。

船舶装载运输油类或者有毒货物，应当采取防止溢流和渗漏的措施，防止货物落水造成水污染。

进入中华人民共和国内河的国际航线船舶排放压载水的，应当采用压载水处理装置或者采取其他等效措施，对压载水进行灭活等处理。禁止排放不符合规定的船舶压载水。

第六十条　船舶应当按照国家有关规定配置相应的防污设备和器材，并持有合法有效的防止水域环境污染的证书与文书。

船舶进行涉及污染物排放的作业，应当严格遵守操作规程，并在相应的记录簿上如实记载。

第六十一条　港口、码头、装卸站和船舶修造厂所在地市、县级人民政府应当统筹规划建设船舶污染物、废弃物的接收、转运及处理处置设施。

港口、码头、装卸站和船舶修造厂应当备有足够的船舶污染物、废弃物的接收设施。从事船舶污染物、废弃物接收作业，或者从事装载油类、污染危害性货物船舱清洗作业的单位，应当具备与其运营规模相适应的接收处理能力。

第六十二条　船舶及有关作业单位从事有污染风险的作业活动，应当按照有关法律法规和标准，采取有效措施，防止造成水污染。海事管理机构、渔业主管部门应当加强对船舶及有关作业活动的监督管理。

船舶进行散装液体污染危害性货物的过驳作业，应当编制作业方案，采取有效的安全和污染防治措施，并报作业地海事管理机构批准。

禁止采取冲滩方式进行船舶拆解作业。"

船舶具有流动性特点，其污染物排放区域、排放时间都具有不确定性的特点，因而更加难以控制。船舶排放含油污水、生活污水，必须符合《船舶污染物排放标准》。从事海洋航运的船舶，进入内河和港口的，应当遵守内河的《船舶污染物排放标准》。船舶的残油、废油必须回收，禁止排入水体。禁止向水体倾倒船舶垃圾。船舶装载运输油类或者有毒货物，必须采取防止溢流和渗漏的措施，防止货物落水造成水污染。

八、饮用水水源和其他特殊水体保护

《中华人民共和国水污染防治法》第五章第六十三条至第七十五条是关于饮用水水源和其他特殊水体保护的规定：

"第六十三条　国家建立饮用水水源保护区制度。饮用水水源保护区分为一级保护区和二级保护区；必要时，可以在饮用水水源保护区外围划定一定的区域作为准保护区。

饮用水水源保护区的划定，由有关市、县人民政府提出划定方案，报省、自治区、直辖市人民政府批准；跨市、县饮用水水源保护区的划定，由有关市、县人民政府协商提出划定方案，报省、自治区、直辖市人民政府批准；协商不成的，由省、自治区、直辖市人民政府环境保护主管部门会同同级水行政、国土资源、卫生、建设等部门提出划定方案，征求同级有关部门的意见后，报省、自治区、直辖市人民政府批准。

跨省、自治区、直辖市的饮用水水源保护区，由有关省、自治区、直辖市人民政府商有关流域管理机构划定；协商不成的，由国务院环境保护主管部门会同同级水行政、国土资源、卫生、建设等部门提出划定方案，征求国务院有关部门的意见后，报国务院批准。

国务院和省、自治区、直辖市人民政府可以根据保护饮用水水源的实际需要，调整饮用水水源保护区的范围，确保饮用水安全。有关地方人民政府应当在饮用水水源保护区的边界设立明确的地理界标和明显的警示标志。

第六十四条　在饮用水水源保护区内，禁止设置排污口。

第六十五条　禁止在饮用水水源一级保护区内新建、改建、扩建与供水设施和保护水源无关的建设项目；已建成的与供水设施和保护水源无关的建设项目，由县级以上人民政府责令拆除或者关闭。

禁止在饮用水水源一级保护区内从事网箱养殖、旅游、游泳、垂钓或者其他可能污染饮用水水体的活动。

第六十六条　禁止在饮用水水源二级保护区内新建、改建、扩建排放污染物的建设项目；已建成的排放污染物的建设项目，由县级以上人民政府责令拆除或者关闭。

在饮用水水源二级保护区内从事网箱养殖、旅游等活动的，应当按照规定采取措施，防止污染饮用水水体。

第六十七条　禁止在饮用水水源准保护区内新建、扩建对水体污染严重的建设项目；改建建设项目，不得增加排污量。

第六十八条　县级以上地方人民政府应当根据保护饮用水水源的实际需要，在准保护区内采取工程措施或者建造湿地、水源涵养林等生态保护措施，防止水污染物直接排入饮用水水体，确保饮用水安全。

第六十九条 县级以上地方人民政府应当组织环境保护等部门，对饮用水水源保护区、地下水型饮用水源的补给区及供水单位周边区域的环境状况和污染风险进行调查评估，筛查可能存在的污染风险因素，并采取相应的风险防范措施。

饮用水水源受到污染可能威胁供水安全的，环境保护主管部门应当责令有关企业事业单位和其他生产经营者采取停止排放水污染物等措施，并通报饮用水供水单位和供水、卫生、水行政等部门；跨行政区域的，还应当通报相关地方人民政府。

第七十条 单一水源供水城市的人民政府应当建设应急水源或者备用水源，有条件的地区可以开展区域联网供水。

县级以上地方人民政府应当合理安排、布局农村饮用水水源，有条件的地区可以采取城镇供水管网延伸或者建设跨村、跨乡镇联片集中供水工程等方式，发展规模集中供水。

第七十一条 饮用水供水单位应当做好取水口和出水口的水质检测工作。发现取水口水质不符合饮用水水源水质标准或者出水口水质不符合饮用水卫生标准的，应当及时采取相应措施，并向所在地市、县级人民政府供水主管部门报告。供水主管部门接到报告后，应当通报环境保护、卫生、水行政等部门。

饮用水供水单位应当对供水水质负责，确保供水设施安全可靠运行，保证供水水质符合国家有关标准。

第七十二条 县级以上地方人民政府应当组织有关部门监测、评估本行政区域内饮用水水源、供水单位供水和用户水龙头出水的水质等饮用水安全状况。

县级以上地方人民政府有关部门应当至少每季度向社会公开一次饮用水安全状况信息。

第七十三条 国务院和省、自治区、直辖市人民政府根据水环境保护的需要，可以规定在饮用水水源保护区内，采取禁止或者限制使用含磷洗涤剂、化肥、农药以及限制种植养殖等措施。

第七十四条 县级以上人民政府可以对风景名胜区水体、重要渔业水体和其他具有特殊经济文化价值的水体划定保护区，并采取措施，保证保护区的水质符合规定用途的水环境质量标准。

第七十五条 在风景名胜区水体、重要渔业水体和其他具有特殊经济文化价值的水体的保护区内，不得新建排污口。在保护区附近新建排污口，应当保证保护区水体不受污染。"

第三节 《中华人民共和国海洋环境保护法》的有关规定

《中华人民共和国海洋环境保护法》于 1982 年 8 月 23 日由第五届全国人民代表大会常务委员会第二十四次会议通过，并在 1999 年 12 月 25 日第九届全国人民代表大会常务委员会第十三次会议上进行了修订，自 2000 年 4 月 1 日起施行。第十二届全国人民代表大会常务委员会第六次会议于 2013 年 12 月 28 日通过修正，自当日起施行。根据 2016 年 11 月 7 日第十二届全国人民代表大会常务委员会第二十四次会议《关于修改〈中华人民共和国海洋环境保护法〉的决定》第二次修正。根据 2017 年 11 月 4 日第十二届全国人民代表大会常务委员会第三十次会议《关于修改〈中华人民共和国会计法〉等十一部法律的决定》进行了第三次修正。2023 年 10 月 24 日第十四届全国人民代表大会常务委员会第六次会议第二次修订。

一、海洋环境保护的原则

《中华人民共和国海洋环境保护法》第三条规定：

"海洋环境保护应当坚持保护优先、预防为主、源头防控、陆海统筹、综合治理、公众参与、损害担责的原则。"

二、海洋生态保护的有关规定

海洋生态环境是海洋生物生存和发展的基本条件，生态环境的任何改变都有可能导致生态系统和生物资源的变化，海水的有机统一性及其流动交换等物理、化学、生物、地质的有机联系，使海洋的整体性和组成要素之间密切相关，任何海域某一要素的变化（包括自然的和人为的），都不可能仅仅局限在产生的具体地点上，都有可能对邻近海域或者其他要素产生直接或者间接的影响和作用。生物依赖于环境，环境影响生物的生存和繁衍。当外界环境变化量超过生物群落的忍受限度，就要直接影响生态系统的良性循环，从而造成生态系统的破坏。

海洋生态平衡的打破，一般来自两方面的原因：一是自然本身的变化，如自然灾害。二是来自人类的活动，一类是不合理的、超强度的开发利用海洋生物资源，例如近海区域的酷渔滥捕，使海洋渔业资源严重衰退；另一类是海洋环境空间不适当地利用，致使海域污染的发生和生态环境的恶化，例如对沿海湿地的围垦必然改变海岸形态，降低海岸线的曲折度，危及红树林等生物资源，造成对海洋生态环境的破坏。海洋生物多样性的减少，是人类生存条件和生存环境恶化的一个信号，这一趋势目前还在加速发展的过程中，其影响固然直接危及当代人的利益，但更为主要的是对后代人未来持续发展的积累性后果。因此，只有加强海洋生态环境的保护，才能真正实现海洋资源的可持续利用。

《中华人民共和国海洋环境保护法》第三章第三十三条至第四十五条是关于海洋生态保护的规定。

"第三十三条　国家加强海洋生态保护，提升海洋生态系统质量和多样性、稳定性、持续性。

国务院和沿海地方各级人民政府应当采取有效措施，重点保护红树林、珊瑚礁、海藻场、海草床、滨海湿地、海岛、海湾、入海河口、重要渔业水域等具有典型性、代表性的海洋生态系统，珍稀濒危海洋生物的天然集中分布区，具有重要经济价值的海洋生物生存区域及有重大科学文化价值的海洋自然遗迹和自然景观。

第三十四条　国务院和沿海省、自治区、直辖市人民政府及其有关部门根据保护海洋的需要，依法将重要的海洋生态系统、珍稀濒危海洋生物的天然集中分布区、海洋自然遗迹和自然景观集中分布区等区域纳入国家公园、自然保护区或者自然公园等自然保护地。

第三十五条　国家建立健全海洋生态保护补偿制度。

国务院和沿海省、自治区、直辖市人民政府应当通过转移支付、产业扶持等方式支持开展海洋生态保护补偿。

沿海地方各级人民政府应当落实海洋生态保护补偿资金，确保其用于海洋生态保护补偿。

第三十六条　国家加强海洋生物多样性保护，健全海洋生物多样性调查、监测、评估和保护体系，维护和修复重要海洋生态廊道，防止对海洋生物多样性的破坏。

开发利用海洋和海岸带资源，应当对重要海洋生态系统、生物物种、生物遗传资源实施有效保护，维护海洋生物多样性。

引进海洋动植物物种，应当进行科学论证，避免对海洋生态系统造成危害。

第三十七条　国家鼓励科学开展水生生物增殖放流，支持科学规划，因地制宜采取投放人工鱼礁和种植海藻场、海草床、珊瑚等措施，恢复海洋生物多样性，修复改善海洋生态。

第三十八条　开发海岛及周围海域的资源，应当采取严格的生态保护措施，不得造成海岛地形、岸滩、植被和海岛周围海域生态环境的损害。

第三十九条　国家严格保护自然岸线，建立健全自然岸线控制制度。沿海省、自治区、直辖市人民政府负责划定严格保护岸线的范围并发布。

沿海地方各级人民政府应当加强海岸线分类保护与利用，保护修复自然岸线，促进人工岸线生态化，维护岸线岸滩稳定平衡，因地制宜、科学合理划定海岸建筑退缩线。

禁止违法占用、损害自然岸线。

第四十条　国务院水行政主管部门确定重要入海河流的生态流量管控指标，应当征求并研究国务院生态环境、自然资源等部门的意见。确定生态流量管控指标，应当进行科学论证，综合考虑水资源条件、气候状况、生态环境保护要求、生活生产用水状况等因素。

入海河口所在地县级以上地方人民政府及其有关部门按照河海联动的要求，制定实施河口生态修复和其他保护措施方案，加强对水、沙、盐、潮滩、生物种群、河口形态的综合监测，采取有效措施防止海水入侵和倒灌，维护河口良好生态功能。

第四十一条　沿海地方各级人民政府应当结合当地自然环境的特点，建设海岸防护设施、沿海防护林、沿海城镇园林和绿地，对海岸侵蚀和海水入侵地区进行综合治理。

禁止毁坏海岸防护设施、沿海防护林、沿海城镇园林和绿地。

第四十二条　对遭到破坏的具有重要生态、经济、社会价值的海洋生态系统，应当进行修复。海洋生态修复应当以改善生境、恢复生物多样性和生态系统基本功能为重点，以自然恢复为主、人工修复为辅，并优先修复具有典型性、代表性的海洋生态系统。

国务院自然资源主管部门负责统筹海洋生态修复，牵头组织编制海洋生态修复规划并实施有关海洋生态修复重大工程。编制海洋生态修复规划，应当进行科学论证评估。

国务院自然资源、生态环境等部门应当按照职责分工开展修复成效监督评估。

第四十三条　国务院自然资源主管部门负责开展全国海洋生态灾害预防、风险评估和隐患排查治理。

沿海县级以上地方人民政府负责其管理海域的海洋生态灾害应对工作，采取必要的灾害预防、处置和灾后恢复措施，防止和减轻灾害影响。

企业事业单位和其他生产经营者应当采取必要应对措施，防止海洋生态灾害扩大。

第四十四条　国家鼓励发展生态渔业，推广多种生态渔业生产方式，改善海洋生态状况，保护海洋环境。

沿海县级以上地方人民政府应当因地制宜编制并组织实施养殖水域滩涂规划，确定可以用于养殖业的水域和滩涂，科学划定海水养殖禁养区、限养区和养殖区，建立禁养区内海水养殖的清理和退出机制。

第四十五条　从事海水养殖活动应当保护海域环境，科学确定养殖规模和养殖密度，合理投饵、投肥，正确使用药物，及时规范收集处理固体废物，防止造成海洋生态环境的损害。

禁止在氮磷浓度严重超标的近岸海域新增或者扩大投饵、投肥海水养殖规模。

向海洋排放养殖尾水污染物等应当符合污染物排放标准。沿海省、自治区、直辖市人民政府应当制定海水养殖污染物排放相关地方标准，加强养殖尾水污染防治的监督管理。

工厂化养殖和设置统一排污口的集中连片养殖的排污单位，应当按照有关规定对养殖尾水自行监测。"

三、陆源污染物污染防治的有关规定

《中华人民共和国海洋环境保护法》第四章第四十六条至第六十条是关于陆源污染物污染防治的规定：

"第四十六条　向海域排放陆源污染物，应当严格执行国家或者地方规定的标准和有关规定。

第四十七条　入海排污口位置的选择，应当符合国土空间用途管制要求，根据海水动力条件和有关规定，经科学论证后，报设区的市级以上人民政府生态环境主管部门备案。排污口的责任主体应当加强排污口监测，按照规定开展监控和自动监测。

生态环境主管部门应当在完成备案后十五个工作日内将入海排污口设置情况通报自然资源、渔业等部门和海事管理机构、海警机构、军队生态环境保护部门。

沿海县级以上地方人民政府应当根据排污口类别、责任主体，组织有关部门对本行政区域内各类入海排污口进行排查整治和日常监督管理，建立健全近岸水体、入海排污口、排污管线、污染源全链条治理体系。

国务院生态环境主管部门负责制定入海排污口设置和管理的具体办法，制定入海排污口技术规范，组织建设统一的入海排污口信息平台，加强动态更新、信息共享和公开。

第四十八条 禁止在自然保护地、重要渔业水域、海水浴场、生态保护红线区域及其他需要特别保护的区域，新设工业排污口和城镇污水处理厂排污口；法律、行政法规另有规定的除外。

在有条件的地区，应当将排污口深水设置，实行离岸排放。

第四十九条 经开放式沟（渠）向海洋排放污染物的，对开放式沟（渠）按照国家和地方的有关规定、标准实施水环境质量管理。

第五十条 国务院有关部门和县级以上地方人民政府及其有关部门应当依照水污染防治有关法律、行政法规的规定，加强入海河流管理，协同推进入海河流污染防治，使入海河口的水质符合入海河口环境质量相关要求。

入海河流流域省、自治区、直辖市人民政府应当按照国家有关规定，加强入海总氮、总磷排放的管控，制定控制方案并组织实施。

第五十一条 禁止向海域排放油类、酸液、碱液、剧毒废液。

禁止向海域排放污染海洋环境、破坏海洋生态的放射性废水。

严格控制向海域排放含有不易降解的有机物和重金属的废水。

第五十二条 含病原体的医疗污水、生活污水和工业废水应当经过处理，符合国家和地方有关排放标准后，方可排入海域。

第五十三条 含有机物和营养物质的工业废水、生活污水，应当严格控制向海湾、半封闭海及其他自净能力较差的海域排放。

第五十四条 向海域排放含热废水，应当采取有效措施，保证邻近自然保护地、渔业水域的水温符合国家和地方海洋环境质量标准，避免热污染对珍稀濒危海洋生物、海洋水产资源造成危害。

第五十五条 沿海地方各级人民政府应当加强农业面源污染防治。沿海农田、林场施用化学农药，应当执行国家农药安全使用的规定和标准。沿海农田、林场应当合理使用化肥和植物生长调节剂。

第五十六条 在沿海陆域弃置、堆放和处理尾矿、矿渣、煤灰渣、垃圾和其他固体废物的，依照《中华人民共和国固体废物污染环境防治法》的有关规定执行，并采取有效措施防止固体废物进入海洋。

禁止在岸滩弃置、堆放和处理固体废物；法律、行政法规另有规定的除外。

第五十七条 沿海县级以上地方人民政府负责其管理海域的海洋垃圾污染防治，建立海洋垃圾监测、清理制度，统筹规划建设陆域接收、转运、处理海洋垃圾的设施，明确有关部门、乡镇、街道、企业事业单位等的海洋垃圾管控区域，建立海洋垃圾监测、拦截、收集、打捞、运输、处理体系并组织实施，采取有效措施鼓励、支持公众参与上述活动。国务院生态环境、住房和城乡建设、发展改革等部门应当按照职责分工加强海洋垃圾污染防治的监督指导和保障。

第五十八条　禁止经中华人民共和国内水、领海过境转移危险废物。

经中华人民共和国管辖的其他海域转移危险废物的，应当事先取得国务院生态环境主管部门的书面同意。

第五十九条　沿海县级以上地方人民政府应当建设和完善排水管网，根据改善海洋环境质量的需要建设城镇污水处理厂和其他污水处理设施，加强城乡污水处理。

建设污水海洋处置工程，应当符合国家有关规定。

第六十条　国家采取必要措施，防止、减少和控制来自大气层或者通过大气层造成的海洋环境污染损害。"

四、工程建设项目污染防治的有关规定

《中华人民共和国海洋环境保护法》第五章第六十一条至第七十条是关于工程建设项目污染防治的规定：

"第六十一条　新建、改建、扩建工程建设项目，应当遵守国家有关建设项目环境保护管理的规定，并把污染防治和生态保护所需资金纳入建设项目投资计划。

禁止在依法划定的自然保护地、重要渔业水域及其他需要特别保护的区域，违法建设污染环境、破坏生态的工程建设项目或者从事其他活动。

第六十二条　工程建设项目应当按照国家有关建设项目环境影响评价的规定进行环境影响评价。未依法进行并通过环境影响评价的建设项目，不得开工建设。

环境保护设施应当与主体工程同时设计、同时施工、同时投产使用。环境保护设施应当符合经批准的环境影响评价报告书（表）的要求。建设单位应当依照有关法律法规的规定，对环境保护设施进行验收，编制验收报告，并向社会公开。环境保护设施未经验收或者经验收不合格的，建设项目不得投入生产或者使用。

第六十三条　禁止在沿海陆域新建不符合国家产业政策的化学制浆造纸、化工、印染、制革、电镀、酿造、炼油、岸边冲滩拆船及其他严重污染海洋环境的生产项目。

第六十四条　新建、改建、扩建工程建设项目，应当采取有效措施，保护国家和地方重点保护的野生动植物及其生存环境，保护海洋水产资源，避免或者减轻对海洋生物的影响。

禁止在严格保护岸线范围内开采海砂。依法在其他区域开发利用海砂资源，应当采取严格措施，保护海洋环境。载运海砂资源应当持有合法来源证明；海砂开采者应当为载运海砂的船舶提供合法来源证明。

从岸上打井开采海底矿产资源，应当采取有效措施，防止污染海洋环境。

第六十五条 工程建设项目不得使用含超标准放射性物质或者易溶出有毒有害物质的材料；不得造成领海基点及其周围环境的侵蚀、淤积和损害，不得危及领海基点的稳定。

第六十六条 工程建设项目需要爆破作业时，应当采取有效措施，保护海洋环境。海洋石油勘探开发及输油过程中，应当采取有效措施，避免溢油事故的发生。

第六十七条 工程建设项目不得违法向海洋排放污染物、废弃物及其他有害物质。

海洋油气钻井平台（船）、生产生活平台、生产储卸装置等海洋油气装备的含油污水和油性混合物，应当经过处理达标后排放；残油、废油应当予以回收，不得排放入海。

钻井所使用的油基泥浆和其他有毒复合泥浆不得排放入海。水基泥浆和无毒复合泥浆及钻屑的排放，应当符合国家有关规定。

第六十八条 海洋油气钻井平台（船）、生产生活平台、生产储卸装置等海洋油气装备及其有关海上设施，不得向海域处置含油的工业固体废物。处置其他固体废物，不得造成海洋环境污染。

第六十九条 海上试油时，应当确保油气充分燃烧，油和油性混合物不得排放入海。

第七十条 勘探开发海洋油气资源，应当按照有关规定编制油气污染应急预案，报国务院生态环境主管部门海域派出机构备案。"

五、废弃物倾倒污染防治的有关规定

《中华人民共和国海洋环境保护法》第六章第七十一条至第七十八条是关于废弃物倾倒污染防治的规定：

"第七十一条 任何个人和未经批准的单位，不得向中华人民共和国管辖海域倾倒任何废弃物。

需要倾倒废弃物的，产生废弃物的单位应当向国务院生态环境主管部门海域派出机构提出书面申请，并出具废弃物特性和成分检验报告，取得倾倒许可证后，方可倾倒。

国家鼓励疏浚物等废弃物的综合利用，避免或者减少海洋倾倒。

禁止中华人民共和国境外的废弃物在中华人民共和国管辖海域倾倒。

第七十二条 国务院生态环境主管部门根据废弃物的毒性、有毒物质含量和对海洋环境影响程度，制定海洋倾倒废弃物评价程序和标准。

可以向海洋倾倒的废弃物名录，由国务院生态环境主管部门制定。

第七十三条 国务院生态环境主管部门会同国务院自然资源主管部门编制全国海洋倾倒区规划，并征求国务院交通运输、渔业等部门和海警机构的意见，报国务院批准。

国务院生态环境主管部门根据全国海洋倾倒区规划，按照科学、合理、经济、安全的原则及时选划海洋倾倒区，征求国务院交通运输、渔业等部门和海警机构的意见，并向社会公告。

第七十四条 国务院生态环境主管部门组织开展海洋倾倒区使用状况评估，根据评估结果予以调整、暂停使用或者封闭海洋倾倒区。

海洋倾倒区的调整、暂停使用和封闭情况，应当通报国务院有关部门、海警机构并向社会公布。

第七十五条 获准和实施倾倒废弃物的单位，应当按照许可证注明的期限及条件，到指定的区域进行倾倒。倾倒作业船舶等载运工具应当安装使用符合要求的海洋倾倒在线监控设备，并与国务院生态环境主管部门监管系统联网。

第七十六条 获准和实施倾倒废弃物的单位，应当按照规定向颁发许可证的国务院生态环境主管部门海域派出机构报告倾倒情况。倾倒废弃物的船舶应当向驶出港的海事管理机构、海警机构作出报告。

第七十七条 禁止在海上焚烧废弃物。

禁止在海上处置污染海洋环境、破坏海洋生态的放射性废物或者其他放射性物质。

第七十八条 获准倾倒废弃物的单位委托实施废弃物海洋倾倒作业的，应当对受托单位的主体资格、技术能力和信用状况进行核实，依法签订书面合同，在合同中约定污染防治与生态保护要求，并监督实施。

受托单位实施废弃物海洋倾倒作业，应当依照有关法律法规的规定和合同约定，履行污染防治和生态保护要求。

获准倾倒废弃物的单位违反本条第一款规定的，除依照有关法律法规的规定予以处罚外，还应当与造成环境污染、生态破坏的受托单位承担连带责任。"

六、船舶及有关作业活动污染防治的有关规定

《中华人民共和国海洋环境保护法》第七章第七十九条至第九十二条是关于船舶及有关作业活动污染防治的规定：

"第七十九条 在中华人民共和国管辖海域，任何船舶及相关作业不得违法向海洋排放船舶垃圾、生活污水、含油污水、含有毒有害物质污水、废气等污染物，废弃物，压载水和沉积物及其他有害物质。

船舶应当按照国家有关规定采取有效措施，对压载水和沉积物进行处理处置，严格防控引入外来有害生物。

从事船舶污染物、废弃物接收和船舶清舱、洗舱作业活动的，应当具备相应的接收处理能力。

第八十条 船舶应当配备相应的防污设备和器材。

船舶的结构、配备的防污设备和器材应当符合国家防治船舶污染海洋环境的有关规定，并经检验合格。

船舶应当取得并持有防治海洋环境污染的证书与文书，在进行涉及船舶污染物、压载水和沉积物排放及操作时，应当按照有关规定监测、监控，如实记录并保存。

第八十一条 船舶应当遵守海上交通安全法律、法规的规定，防止因碰撞、触礁、

搁浅、火灾或者爆炸等引起的海难事故，造成海洋环境的污染。

第八十二条　国家完善并实施船舶油污损害民事赔偿责任制度；按照船舶油污损害赔偿责任由船东和货主共同承担风险的原则，完善并实施船舶油污保险、油污损害赔偿基金制度，具体办法由国务院规定。

第八十三条　载运具有污染危害性货物进出港口的船舶，其承运人、货物所有人或者代理人，应当事先向海事管理机构申报。经批准后，方可进出港口或者装卸作业。

第八十四条　交付船舶载运污染危害性货物的，托运人应当将货物的正式名称、污染危害性以及应当采取的防护措施如实告知承运人。污染危害性货物的单证、包装、标志、数量限制等，应当符合对所交付货物的有关规定。

需要船舶载运污染危害性不明的货物，应当按照有关规定事先进行评估。

装卸油类及有毒有害货物的作业，船岸双方应当遵守安全防污操作规程。

第八十五条　港口、码头、装卸站和船舶修造拆解单位所在地县级以上地方人民政府应当统筹规划建设船舶污染物等的接收、转运、处理处置设施，建立相应的接收、转运、处理处置多部门联合监管制度。

沿海县级以上地方人民政府负责对其管理海域的渔港和渔业船舶停泊点及周边区域污染防治的监督管理，规范生产生活污水和渔业垃圾回收处置，推进污染防治设备建设和环境清理整治。

港口、码头、装卸站和船舶修造拆解单位应当按照有关规定配备足够的用于处理船舶污染物、废弃物的接收设施，使该设施处于良好状态并有效运行。

装卸油类等污染危害性货物的港口、码头、装卸站和船舶应当编制污染应急预案，并配备相应的污染应急设备和器材。

第八十六条　国家海事管理机构组织制定中国籍船舶禁止或者限制安装和使用的有害材料名录。

船舶修造单位或者船舶所有人、经营人或者管理人应当在船上备有有害材料清单，在船舶建造、营运和维修过程中持续更新，并在船舶拆解前提供给从事船舶拆解的单位。

第八十七条　从事船舶拆解的单位，应当采取有效的污染防治措施，在船舶拆解前将船舶污染物减至最小量，对拆解产生的船舶污染物、废弃物和其他有害物质进行安全与环境无害化处置。拆解的船舶部件不得进入水体。

禁止采取冲滩方式进行船舶拆解作业。

第八十八条　国家倡导绿色低碳智能航运，鼓励船舶使用新能源或者清洁能源，淘汰高耗能高排放老旧船舶，减少温室气体和大气污染物的排放。沿海县级以上地方人民政府应当制定港口岸电、船舶受电等设施建设和改造计划，并组织实施。港口岸电设施的供电能力应当与靠港船舶的用电需求相适应。

船舶应当按照国家有关规定采取有效措施提高能效水平。具备岸电使用条件的船舶靠港应当按照国家有关规定使用岸电，但是使用清洁能源的除外。具备岸电供应能力的港口经营人、岸电供电企业应当按照国家有关规定为具备岸电使用条件的船舶提供岸电。

国务院和沿海县级以上地方人民政府对港口岸电设施、船舶受电设施的改造和使用，清洁能源或者新能源动力船舶建造等按照规定给予支持。

第八十九条　船舶及有关作业活动应当遵守有关法律法规和标准，采取有效措施，防止造成海洋环境污染。海事管理机构等应当加强对船舶及有关作业活动的监督管理。

船舶进行散装液体污染危害性货物的过驳作业，应当编制作业方案，采取有效的安全和污染防治措施，并事先按照有关规定报经批准。

第九十条　船舶发生海难事故，造成或者可能造成海洋环境重大污染损害的，国家海事管理机构有权强制采取避免或者减少污染损害的措施。

对在公海上因发生海难事故，造成中华人民共和国管辖海域重大污染损害后果或者具有污染威胁的船舶、海上设施，国家海事管理机构有权采取与实际的或者可能发生的损害相称的必要措施。

第九十一条　所有船舶均有监视海上污染的义务，在发现海上污染事件或者违反本法规定的行为时，应当立即向就近的依照本法规定行使海洋环境监督管理权的部门或者机构报告。

民用航空器发现海上排污或者污染事件，应当及时向就近的民用航空空中交通管制单位报告。接到报告的单位，应当立即向依照本法规定行使海洋环境监督管理权的部门或者机构通报。

第九十二条　国务院交通运输主管部门可以划定船舶污染物排放控制区。进入控制区的船舶应当符合船舶污染物排放相关控制要求。”

第四节　《中华人民共和国噪声污染防治法》的有关规定

《中华人民共和国环境噪声污染防治法》由第八届全国人民代表大会常务委员会第二十二次会议于 1996 年 10 月 29 日通过，自 1997 年 3 月 1 日起施行，根据 2018 年 12 月 29 日第十三届全国人民代表大会常务委员会第七次会议《关于修改〈中华人民共和国劳动法〉等七部法律的决定》修正，根据 2021 年 12 月 24 日第十三届全国人民代表大会常务委员会第三十二次会议，《中华人民共和国环境噪声污染防治法》于 2022 年 6 月 5 日废止，同步实施《中华人民共和国噪声污染防治法》。

一、噪声有关概念的含义

《中华人民共和国噪声污染防治法》第二条规定：

“本法所称噪声，是指在工业生产、建筑施工、交通运输和社会生活中产生的干扰周围生活环境的声音。

本法所称噪声污染，是指超过噪声排放标准或者未依法采取防控措施产生噪声，并干扰他人正常生活、工作和学习的现象。"

《中华人民共和国噪声污染防治法》第三十四条规定：

"本法所称工业噪声，是指在工业生产活动中产生的干扰周围生活环境的声音。"

《中华人民共和国噪声污染防治法》第三十九条规定：

"本法所称建筑施工噪声，是指在建筑施工过程中产生的干扰周围生活环境的声音。"

《中华人民共和国噪声污染防治法》第四十四条规定：

"本法所称交通运输噪声，是指机动车、铁路机车车辆、城市轨道交通车辆、机动船舶、航空器等交通运输工具在运行时产生的干扰周围生活环境的声音。"

《中华人民共和国噪声污染防治法》第五十九条规定：

"本法所称社会生活噪声，是指人为活动产生的除工业噪声、建筑施工噪声和交通运输噪声之外的干扰周围生活环境的声音。"

《中华人民共和国噪声污染防治法》第八十八条规定：

"（一）噪声排放，是指噪声源向周围生活环境辐射噪声；

（二）夜间，是指晚上十点至次日早晨六点之间的期间，设区的市级以上人民政府可以另行规定本行政区域夜间的起止时间，夜间时段长度为八小时；

（三）噪声敏感建筑物，是指用于居住、科学研究、医疗卫生、文化教育、机关团体办公、社会福利等需要保持安静的建筑物；

（四）交通干线，是指铁路、高速公路、一级公路、二级公路、城市快速路、城市主干路、城市次干路、城市轨道交通线路、内河高等级航道。"

《中华人民共和国噪声污染防治法》第十四条规定：

"国务院生态环境主管部门制定国家声环境质量标准。

县级以上地方人民政府根据国家声环境质量标准和国土空间规划以及用地现状，划定本行政区域各类声环境质量标准的适用区域；将以用于居住、科学研究、医疗卫生、文化教育、机关团体办公、社会福利等的建筑物为主的区域，划定为噪声敏感建筑物集中区域，加强噪声污染防治。

声环境质量标准适用区域范围和噪声敏感建筑物集中区域范围应当向社会公布。"

二、噪声污染防治的原则

《中华人民共和国噪声污染防治法》第四条规定：

"噪声污染防治应当坚持统筹规划、源头防控、分类管理、社会共治、损害担责的原则。"

三、规划和建设布局中防止、减轻噪声污染的有关规定

《中华人民共和国噪声污染防治法》第五条规定：

"县级以上人民政府应当将噪声污染防治工作纳入国民经济和社会发展规划、生态环境保护规划，将噪声污染防治工作经费纳入本级政府预算。

生态环境保护规划应当明确噪声污染防治目标、任务、保障措施等内容。"

《中华人民共和国噪声污染防治法》第十八条至第二十一条规定：

"第十八条 各级人民政府及其有关部门制定、修改国土空间规划和相关规划，应当依法进行环境影响评价，充分考虑城乡区域开发、改造和建设项目产生的噪声对周围生活环境的影响，统筹规划，合理安排土地用途和建设布局，防止、减轻噪声污染。有关环境影响篇章、说明或者报告书中应当包括噪声污染防治内容。

第十九条 确定建设布局，应当根据国家声环境质量标准和民用建筑隔声设计相关标准，合理划定建筑物与交通干线等的防噪声距离，并提出相应的规划设计要求。

第二十条 未达到国家声环境质量标准的区域所在的设区的市、县级人民政府，应当及时编制声环境质量改善规划及其实施方案，采取有效措施，改善声环境质量。

声环境质量改善规划及其实施方案应当向社会公开。

第二十一条 编制声环境质量改善规划及其实施方案，制定、修订噪声污染防治相关标准，应当征求有关行业协会、企业事业单位、专家和公众等的意见。"

四、工业噪声污染防治的有关规定

《中华人民共和国噪声污染防治法》第三十五条至第三十八条规定：

"第三十五条 工业企业选址应当符合国土空间规划以及相关规划要求，县级以上地方人民政府应当按照规划要求优化工业企业布局，防止工业噪声污染。

在噪声敏感建筑物集中区域，禁止新建排放噪声的工业企业，改建、扩建工业企业的，应当采取有效措施防止工业噪声污染。

第三十六条 排放工业噪声的企业事业单位和其他生产经营者，应当采取有效措施，减少振动、降低噪声，依法取得排污许可证或者填报排污登记表。

实行排污许可管理的单位，不得无排污许可证排放工业噪声，并应当按照排污许可证的要求进行噪声污染防治。

第三十七条 设区的市级以上地方人民政府生态环境主管部门应当按照国务院生态环境主管部门的规定，根据噪声排放、声环境质量改善要求等情况，制定本行政区域噪声重点排污单位名录，向社会公开并适时更新。

第三十八条 实行排污许可管理的单位应当按照规定，对工业噪声开展自行监测，保存原始监测记录，向社会公开监测结果，对监测数据的真实性和准确性负责。

噪声重点排污单位应当按照国家规定，安装、使用、维护噪声自动监测设备，与生态环境主管部门的监控设备联网。"

五、建筑施工噪声污染防治的有关规定

《中华人民共和国噪声污染防治法》第四十条至第四十三条规定:

"第四十条　建设单位应当按照规定将噪声污染防治费用列入工程造价,在施工合同中明确施工单位的噪声污染防治责任。

施工单位应当按照规定制定噪声污染防治实施方案,采取有效措施,减少振动、降低噪声。建设单位应当监督施工单位落实噪声污染防治实施方案。

第四十一条　在噪声敏感建筑物集中区域施工作业,应当优先使用低噪声施工工艺和设备。

国务院工业和信息化主管部门会同国务院生态环境、住房和城乡建设、市场监督管理等部门,公布低噪声施工设备指导名录并适时更新。

第四十二条　在噪声敏感建筑物集中区域施工作业,建设单位应当按照国家规定,设置噪声自动监测系统,与监督管理部门联网,保存原始监测记录,对监测数据的真实性和准确性负责。

第四十三条　在噪声敏感建筑物集中区域,禁止夜间进行产生噪声的建筑施工作业,但抢修、抢险施工作业,因生产工艺要求或者其他特殊需要必须连续施工作业的除外。因特殊需要必须连续施工作业的,应当取得地方人民政府住房和城乡建设、生态环境主管部门或者地方人民政府指定的部门的证明,并在施工现场显著位置公示或者以其他方式公告附近居民。"

六、交通运输噪声污染防治的有关规定

《中华人民共和国噪声污染防治法》第四十五条至第五十八条规定:

"第四十五条　各级人民政府及其有关部门制定、修改国土空间规划和交通运输等相关规划,应当综合考虑公路、城市道路、铁路、城市轨道交通线路、水路、港口和民用机场及其起降航线对周围声环境的影响。

新建公路、铁路线路选线设计,应当尽量避开噪声敏感建筑物集中区域。

新建民用机场选址与噪声敏感建筑物集中区域的距离应当符合标准要求。

第四十六条　制定交通基础设施工程技术规范,应当明确噪声污染防治要求。

新建、改建、扩建经过噪声敏感建筑物集中区域的高速公路、城市高架、铁路和城市轨道交通线路等的,建设单位应当在可能造成噪声污染的重点路段设置声屏障或者采取其他减少振动、降低噪声的措施,符合有关交通基础设施工程技术规范以及标准要求。

第四十七条　机动车的消声器和喇叭应当符合国家规定。禁止驾驶拆除或者损坏消声器、加装排气管等擅自改装的机动车以轰鸣、疾驶等方式造成噪声污染。

使用机动车音响器材,应当控制音量,防止噪声污染。

机动车应当加强维修和保养,保持性能良好,防止噪声污染。

第四十八条 机动车、铁路机车车辆、城市轨道交通车辆、机动船舶等交通运输工具运行时，应当按照规定使用喇叭等声响装置。

警车、消防救援车、工程救险车、救护车等机动车安装、使用警报器，应当符合国务院公安等部门的规定；非执行紧急任务，不得使用警报器。

第四十九条 地方人民政府生态环境主管部门会同公安机关根据声环境保护的需要，可以划定禁止机动车行驶和使用喇叭等声响装置的路段和时间，向社会公告，并由公安机关交通管理部门依法设置相关标志、标线。

第五十条 在车站、铁路站场、港口等地指挥作业时使用广播喇叭的，应当控制音量，减轻噪声污染。

第五十一条 公路养护管理单位、城市道路养护维修单位应当加强对公路、城市道路的维护和保养，保持减少振动、降低噪声设施正常运行。

城市轨道交通运营单位、铁路运输企业应当加强对城市轨道交通线路和城市轨道交通车辆、铁路线路和铁路机车车辆的维护和保养，保持减少振动、降低噪声设施正常运行，并按照国家规定进行监测，保存原始监测记录，对监测数据的真实性和准确性负责。

第五十二条 民用机场所在地人民政府，应当根据环境影响评价以及监测结果确定的民用航空器噪声对机场周围生活环境产生影响的范围和程度，划定噪声敏感建筑物禁止建设区域和限制建设区域，并实施控制。

在禁止建设区域禁止新建与航空无关的噪声敏感建筑物。

在限制建设区域确需建设噪声敏感建筑物的，建设单位应当对噪声敏感建筑物进行建筑隔声设计，符合民用建筑隔声设计相关标准要求。

第五十三条 民用航空器应当符合国务院民用航空主管部门规定的适航标准中的有关噪声要求。

第五十四条 民用机场管理机构负责机场起降航空器噪声的管理，会同航空运输企业、通用航空企业、空中交通管理部门等单位，采取低噪声飞行程序、起降跑道优化、运行架次和时段控制、高噪声航空器运行限制或者周围噪声敏感建筑物隔声降噪等措施，防止、减轻民用航空器噪声污染。

民用机场管理机构应当按照国家规定，对机场周围民用航空器噪声进行监测，保存原始监测记录，对监测数据的真实性和准确性负责，监测结果定期向民用航空、生态环境主管部门报送。

第五十五条 因公路、城市道路和城市轨道交通运行排放噪声造成严重污染的，设区的市、县级人民政府应当组织有关部门和其他有关单位对噪声污染情况进行调查评估和责任认定，制定噪声污染综合治理方案。

噪声污染责任单位应当按照噪声污染综合治理方案的要求采取管理或者工程措施，减轻噪声污染。

第五十六条 因铁路运行排放噪声造成严重污染的，铁路运输企业和设区的市、县级人民政府应当对噪声污染情况进行调查，制定噪声污染综合治理方案。

铁路运输企业和设区的市、县级人民政府有关部门和其他有关单位应当按照噪声污染综合治理方案的要求采取有效措施，减轻噪声污染。

第五十七条　因民用航空器起降排放噪声造成严重污染的，民用机场所在地人民政府应当组织有关部门和其他有关单位对噪声污染情况进行调查，综合考虑经济、技术和管理措施，制定噪声污染综合治理方案。

民用机场管理机构、地方各级人民政府和其他有关单位应当按照噪声污染综合治理方案的要求采取有效措施，减轻噪声污染。

第五十八条　制定噪声污染综合治理方案，应当征求有关专家和公众等的意见。"

七、社会生活噪声污染防治的有关规定

《中华人民共和国噪声污染防治法》第六十条至第七十条规定：

"第六十条　全社会应当增强噪声污染防治意识，自觉减少社会生活噪声排放，积极开展噪声污染防治活动，形成人人有责、人人参与、人人受益的良好噪声污染防治氛围，共同维护生活环境和谐安宁。

第六十一条　文化娱乐、体育、餐饮等场所的经营管理者应当采取有效措施，防止、减轻噪声污染。

第六十二条　使用空调器、冷却塔、水泵、油烟净化器、风机、发电机、变压器、锅炉、装卸设备等可能产生社会生活噪声污染的设备、设施的企业事业单位和其他经营管理者等，应当采取优化布局、集中排放等措施，防止、减轻噪声污染。

第六十三条　禁止在商业经营活动中使用高音广播喇叭或者采用其他持续反复发出高噪声的方法进行广告宣传。

对商业经营活动中产生的其他噪声，经营者应当采取有效措施，防止噪声污染。

第六十四条　禁止在噪声敏感建筑物集中区域使用高音广播喇叭，但紧急情况以及地方人民政府规定的特殊情形除外。

在街道、广场、公园等公共场所组织或者开展娱乐、健身等活动，应当遵守公共场所管理者有关活动区域、时段、音量等规定，采取有效措施，防止噪声污染；不得违反规定使用音响器材产生过大音量。

公共场所管理者应当合理规定娱乐、健身等活动的区域、时段、音量，可以采取设置噪声自动监测和显示设施等措施加强管理。

第六十五条　家庭及其成员应当培养形成减少噪声产生的良好习惯，乘坐公共交通工具、饲养宠物和其他日常活动尽量避免产生噪声对周围人员造成干扰，互谅互让解决噪声纠纷，共同维护声环境质量。

使用家用电器、乐器或者进行其他家庭场所活动，应当控制音量或者采取其他有效措施，防止噪声污染。

第六十六条 对已竣工交付使用的住宅楼、商铺、办公楼等建筑物进行室内装修活动，应当按照规定限定作业时间，采取有效措施，防止、减轻噪声污染。

第六十七条 新建居民住房的房地产开发经营者应当在销售场所公示住房可能受到噪声影响的情况以及采取或者拟采取的防治措施，并纳入买卖合同。

新建居民住房的房地产开发经营者应当在买卖合同中明确住房的共用设施设备位置和建筑隔声情况。

第六十八条 居民住宅区安装电梯、水泵、变压器等共用设施设备的，建设单位应当合理设置，采取减少振动、降低噪声的措施，符合民用建筑隔声设计相关标准要求。

已建成使用的居民住宅区电梯、水泵、变压器等共用设施设备由专业运营单位负责维护管理，符合民用建筑隔声设计相关标准要求。

第六十九条 基层群众性自治组织指导业主委员会、物业服务人、业主通过制定管理规约或者其他形式，约定本物业管理区域噪声污染防治要求，由业主共同遵守。

第七十条 对噪声敏感建筑物集中区域的社会生活噪声扰民行为，基层群众性自治组织、业主委员会、物业服务人应当及时劝阻、调解；劝阻、调解无效的，可以向负有社会生活噪声污染防治监督管理职责的部门或者地方人民政府指定的部门报告或者投诉，接到报告或者投诉的部门应当依法处理。"

第五节 《中华人民共和国固体废物污染环境防治法》的有关规定

《中华人民共和国固体废物污染环境防治法》于 1995 年 10 月 30 日由第八届全国人民代表大会常务委员会第十六次会议通过，自 1996 年 4 月 1 日起施行。2004 年 12 月 29 日第十届全国人民代表大会常务委员会第十三次会议修订，自 2005 年 4 月 1 日起施行。2013 年 6 月 29 日第十二届全国人民代表大会常务委员会第三次会议通过修改，自 2013 年 6 月 29 日起施行。2015 年 4 月 24 日第十二届全国人民代表大会常务委员会第十四次会议通过修改，自修改之日起施行。2016 年 11 月 7 日第十二届全国人民代表大会常务委员会第二十四次会议对《中华人民共和国固体废物污染环境防治法》第四十四条第二款和第五十九条第一款两个条款作出了修改。2020 年 4 月 29 日第十三届全国人民代表大会常务委员会第十七次会议第二次修订，自 2020 年 9 月 1 日起施行。

固体废物是指在生产、生活和其他活动中产生的丧失原有利用价值或者虽未丧失利用价值但被抛弃或者放弃的固态、半固态和置于容器中的气态的物品、物质以及法律、行政法规规定纳入固体废物管理的物品、物质。经无害化加工处理，并且符合强制性国家产品质量标准，不会危害公众健康和生态安全，或者根据固体废物鉴别标准和鉴别程序认定为不属于固体废物的除外。该法所要控制和防治的产生污染的固体废物，主要包括上述分类中的工业固体废物、生活垃圾以及建筑垃圾、农业固体废物及有关的危险废物。

一、适用范围及相关概念的含义

《中华人民共和国固体废物污染环境防治法》规定：

"第二条　固体废物污染环境的防治适用本法。

固体废物污染海洋环境的防治和放射性固体废物污染环境的防治不适用本法。"

"第一百二十五条　液态废物的污染防治，适用本法；但是，排入水体的废水的污染防治适用有关法律，不适用本法。"

《中华人民共和国固体废物污染环境防治法》第一百二十四条规定：

"本法下列用语的含义：

（一）固体废物，是指在生产、生活和其他活动中产生的丧失原有利用价值或者虽未丧失利用价值但被抛弃或者放弃的固态、半固态和置于容器中的气态的物品、物质以及法律、行政法规规定纳入固体废物管理的物品、物质。经无害化加工处理，并且符合强制性国家产品质量标准，不会危害公众健康和生态安全，或者根据固体废物鉴别标准和鉴别程序认定为不属于固体废物的除外。

（二）工业固体废物，是指在工业生产活动中产生的固体废物。

（三）生活垃圾，是指在日常生活中或者为日常生活提供服务的活动中产生的固体废物，以及法律、行政法规规定视为生活垃圾的固体废物。

（四）建筑垃圾，是指建设单位、施工单位新建、改建、扩建和拆除各类建筑物、构筑物、管网等，以及居民装饰装修房屋过程中产生的弃土、弃料和其他固体废物。

（五）农业固体废物，是指在农业生产活动中产生的固体废物。

（六）危险废物，是指列入国家危险废物名录或者根据国家规定的危险废物鉴别标准和鉴别方法认定的具有危险特性的固体废物。

（七）贮存，是指将固体废物临时置于特定设施或者场所中的活动。

（八）利用，是指从固体废物中提取物质作为原材料或者燃料的活动。

（九）处置，是指将固体废物焚烧和用其他改变固体废物的物理、化学、生物特性的方法，达到减少已产生的固体废物数量、缩小固体废物体积、减少或者消除其危险成分的活动，或者将固体废物最终置于符合环境保护规定要求的填埋场的活动。"

二、固体废物污染防治原则

《中华人民共和国固体废物污染环境防治法》规定：

"第四条　固体废物污染环境防治坚持减量化、资源化和无害化的原则。

任何单位和个人都应当采取措施，减少固体废物的产生量，促进固体废物的综合利用，降低固体废物的危害性。

第五条　固体废物污染环境防治坚持污染担责的原则。

产生、收集、贮存、运输、利用、处置固体废物的单位和个人，应当采取措施，防止或者减少固体废物对环境的污染，对所造成的环境污染依法承担责任。

第六条　国家推行生活垃圾分类制度。

生活垃圾分类坚持政府推动、全民参与、城乡统筹、因地制宜、简便易行的原则。"

根据《中华人民共和国固体废物污染环境防治法》的有关规定，固体废物污染防治原则有以下四项。

（1）"减量化、资源化、无害化"原则

对固体废物实行减量化、资源化和无害化是防治固体废物污染环境的重要原则，简称"三化"原则。国家对固体废物污染环境的防治，实行减少固体废物的产生量和危害性、充分合理利用固体废物和无害化处置固体废物的原则，促进清洁生产和循环经济发展。国家采取有利于固体废物综合利用活动的经济、技术政策和措施，对固体废物实行充分回收和合理利用。国家鼓励、支持采取有利于保护环境的集中处置固体废物的措施，促进固体废物污染环境防治产业发展。

（2）全过程管理的原则

《中华人民共和国固体废物污染环境防治法》有关条款对固体废物从产生、收集、贮存、运输、利用直到最终处置各个环节都有管理规定和要求，实际上就是要对固体废物从产生、收集、贮存、运输、利用直到最终处置实行全过程管理。

（3）分类管理的原则

鉴于固体废物的成分、性质和危险性存在较大差异，所以，在管理上必须采取分别、分类管理的方法，针对不同的固体废物制定不同的对策或措施。防治工业固体废物、生活垃圾以及危险废物三类固体废物造成对环境的污染。其中，对工业固体废物、生活垃圾的污染环境防治采取一般性的管理措施，对危险废物则采取严格的管理措施。

（4）污染者负责的原则

国家对固体废物污染环境防治实行污染者依法负责的原则。产品的生产者、销售者、进口者和使用者对其产生的固体废物依法承担污染防治责任。

三、固体废物污染防治的有关规定

《中华人民共和国固体废物污染环境防治法》规定：

"第十七条　建设产生、贮存、利用、处置固体废物的项目，应当依法进行环境影响评价，并遵守国家有关建设项目环境保护管理的规定。

第十八条　建设项目的环境影响评价文件确定需要配套建设的固体废物污染环境防治设施，应当与主体工程同时设计、同时施工、同时投入使用。建设项目的初步设计，应当按照环境保护设计规范的要求，将固体废物污染环境防治内容纳入环境影响评价文件，落实防治固体废物污染环境和破坏生态的措施以及固体废物污染环境防治设施投资概算。

建设单位应当依照有关法律法规的规定，对配套建设的固体废物污染环境防治设施进行验收，编制验收报告，并向社会公开。

第十九条　收集、贮存、运输、利用、处置固体废物的单位和其他生产经营者，应当加强对相关设施、设备和场所的管理和维护，保证其正常运行和使用。

第二十条　产生、收集、贮存、运输、利用、处置固体废物的单位和其他生产经营者，应当采取防扬散、防流失、防渗漏或者其他防止污染环境的措施，不得擅自倾倒、堆放、丢弃、遗撒固体废物。

禁止任何单位或者个人向江河、湖泊、运河、渠道、水库及其最高水位线以下的滩地和岸坡以及法律法规规定的其他地点倾倒、堆放、贮存固体废物。

第二十一条　在生态保护红线区域、永久基本农田集中区域和其他需要特别保护的区域内，禁止建设工业固体废物、危险废物集中贮存、利用、处置的设施、场所和生活垃圾填埋场。

第二十二条　转移固体废物出省、自治区、直辖市行政区域贮存、处置的，应当向固体废物移出地的省、自治区、直辖市人民政府生态环境主管部门提出申请。移出地的省、自治区、直辖市人民政府生态环境主管部门应当及时商经接受地的省、自治区、直辖市人民政府生态环境主管部门同意后，在规定期限内批准转移该固体废物出省、自治区、直辖市行政区域。未经批准的，不得转移。

转移固体废物出省、自治区、直辖市行政区域利用的，应当报固体废物移出地的省、自治区、直辖市人民政府生态环境主管部门备案。移出地的省、自治区、直辖市人民政府生态环境主管部门应当将备案信息通报接受地的省、自治区、直辖市人民政府生态环境主管部门。

第二十三条　禁止中华人民共和国境外的固体废物进境倾倒、堆放、处置。

第二十四条　国家逐步实现固体废物零进口，由国务院生态环境主管部门会同国务院商务、发展改革、海关等主管部门组织实施。

第二十五条　海关发现进口货物疑似固体废物的，可以委托专业机构开展属性鉴别，并根据鉴别结论依法管理。"

四、工业固体废物污染防治的有关规定

《中华人民共和国固体废物污染环境防治法》规定：

"第三十六条　产生工业固体废物的单位应当建立健全工业固体废物产生、收集、贮存、运输、利用、处置全过程的污染环境防治责任制度，建立工业固体废物管理台账，如实记录产生工业固体废物的种类、数量、流向、贮存、利用、处置等信息，实现工业固体废物可追溯、可查询，并采取防治工业固体废物污染环境的措施。

禁止向生活垃圾收集设施中投放工业固体废物。

第三十七条　产生工业固体废物的单位委托他人运输、利用、处置工业固体废物的，应当对受托方的主体资格和技术能力进行核实，依法签订书面合同，在合同中约定污染

防治要求。

受托方运输、利用、处置工业固体废物，应当依照有关法律法规的规定和合同约定履行污染防治要求，并将运输、利用、处置情况告知产生工业固体废物的单位。

产生工业固体废物的单位违反本条第一款规定的，除依照有关法律法规的规定予以处罚外，还应当与造成环境污染和生态破坏的受托方承担连带责任。

第三十八条　产生工业固体废物的单位应当依法实施清洁生产审核，合理选择和利用原材料、能源和其他资源，采用先进的生产工艺和设备，减少工业固体废物的产生量，降低工业固体废物的危害性。

第三十九条　产生工业固体废物的单位应当取得排污许可证。排污许可的具体办法和实施步骤由国务院规定。

产生工业固体废物的单位应当向所在地生态环境主管部门提供工业固体废物的种类、数量、流向、贮存、利用、处置等有关资料，以及减少工业固体废物产生、促进综合利用的具体措施，并执行排污许可管理制度的相关规定。

第四十条　产生工业固体废物的单位应当根据经济、技术条件对工业固体废物加以利用；对暂时不利用或者不能利用的，应当按照国务院生态环境等主管部门的规定建设贮存设施、场所，安全分类存放，或者采取无害化处置措施。贮存工业固体废物应当采取符合国家环境保护标准的防护措施。

建设工业固体废物贮存、处置的设施、场所，应当符合国家环境保护标准。

第四十一条　产生工业固体废物的单位终止的，应当在终止前对工业固体废物的贮存、处置的设施、场所采取污染防治措施，并对未处置的工业固体废物作出妥善处置，防止污染环境。

产生工业固体废物的单位发生变更的，变更后的单位应当按照国家有关环境保护的规定对未处置的工业固体废物及其贮存、处置的设施、场所进行安全处置或者采取有效措施保证该设施、场所安全运行。变更前当事人对工业固体废物及其贮存、处置的设施、场所的污染防治责任另有约定的，从其约定；但是，不得免除当事人的污染防治义务。

对2005年4月1日前已经终止的单位未处置的工业固体废物及其贮存、处置的设施、场所进行安全处置的费用，由有关人民政府承担；但是，该单位享有的土地使用权依法转让的，应当由土地使用权受让人承担处置费用。当事人另有约定的，从其约定；但是，不得免除当事人的污染防治义务。"

《中华人民共和国固体废物污染环境防治法》第四十二条对矿山企业固体废物污染防治作出了规定：

"矿山企业应当采取科学的开采方法和选矿工艺，减少尾矿、煤矸石、废石等矿业固体废物的产生量和贮存量。

国家鼓励采取先进工艺对尾矿、煤矸石、废石等矿业固体废物进行综合利用。

尾矿、煤矸石、废石等矿业固体废物贮存设施停止使用后，矿山企业应当按照国家有关环境保护等规定进行封场，防止造成环境污染和生态破坏。"

五、生活垃圾处置设施和场所的有关规定

《中华人民共和国固体废物污染环境防治法》中关于生活垃圾处置设施的规定：

"第五十五条　建设生活垃圾处理设施、场所，应当符合国务院生态环境主管部门和国务院住房城乡建设主管部门规定的环境保护和环境卫生标准。

鼓励相邻地区统筹生活垃圾处理设施建设，促进生活垃圾处理设施跨行政区域共建共享。

禁止擅自关闭、闲置或者拆除生活垃圾处理设施、场所；确有必要关闭、闲置或者拆除的，应当经所在地的市、县级人民政府环境卫生主管部门商所在地生态环境主管部门同意后核准，并采取防止污染环境的措施。"

六、污泥污染环境防治的有关规定

《中华人民共和国固体废物污染环境防治法》中关于污泥污染环境防治的规定：

"第七十一条　城镇污水处理设施维护运营单位或者污泥处理单位应当安全处理污泥，保证处理后的污泥符合国家有关标准，对污泥的流向、用途、用量等进行跟踪、记录，并报告城镇排水主管部门、生态环境主管部门。

县级以上人民政府城镇排水主管部门应当将污泥处理设施纳入城镇排水与污水处理规划，推动同步建设污泥处理设施与污水处理设施，鼓励协同处理，污水处理费征收标准和补偿范围应当覆盖污泥处理成本和污水处理设施正常运营成本。

第七十二条　禁止擅自倾倒、堆放、丢弃、遗撒城镇污水处理设施产生的污泥和处理后的污泥。"

七、危险废物污染环境防治有关规定

《中华人民共和国固体废物污染环境防治法》中关于危险废物污染环境防治的规定：

"第七十五条　国务院生态环境主管部门应当会同国务院有关部门制定国家危险废物名录，规定统一的危险废物鉴别标准、鉴别方法、识别标志和鉴别单位管理要求。国家危险废物名录应当动态调整。

国务院生态环境主管部门根据危险废物的危害特性和产生数量，科学评估其环境风险，实施分级分类管理，建立信息化监管体系，并通过信息化手段管理、共享危险废物转移数据和信息。

第七十六条　省、自治区、直辖市人民政府应当组织有关部门编制危险废物集中处置设施、场所的建设规划，科学评估危险废物处置需求，合理布局危险废物集中处置设施、场所，确保本行政区域的危险废物得到妥善处置。

编制危险废物集中处置设施、场所的建设规划，应当征求有关行业协会、企业事业

单位、专家和公众等方面的意见。

相邻省、自治区、直辖市之间可以开展区域合作，统筹建设区域性危险废物集中处置设施、场所。

第七十七条　对危险废物的容器和包装物以及收集、贮存、运输、利用、处置危险废物的设施、场所，应当按照规定设置危险废物识别标志。

第七十八条　产生危险废物的单位，应当按照国家有关规定制定危险废物管理计划；建立危险废物管理台账，如实记录有关信息，并通过国家危险废物信息管理系统向所在地生态环境主管部门申报危险废物的种类、产生量、流向、贮存、处置等有关资料。

前款所称危险废物管理计划应当包括减少危险废物产生量和降低危险废物危害性的措施以及危险废物贮存、利用、处置措施。危险废物管理计划应当报产生危险废物的单位所在地生态环境主管部门备案。

产生危险废物的单位已经取得排污许可证的，执行排污许可管理制度的规定。

第七十九条　产生危险废物的单位，应当按照国家有关规定和环境保护标准要求贮存、利用、处置危险废物，不得擅自倾倒、堆放。

第八十条　从事收集、贮存、利用、处置危险废物经营活动的单位，应当按照国家有关规定申请取得许可证。许可证的具体管理办法由国务院制定。

禁止无许可证或者未按照许可证规定从事危险废物收集、贮存、利用、处置的经营活动。

禁止将危险废物提供或者委托给无许可证的单位或者其他生产经营者从事收集、贮存、利用、处置活动。

第八十一条　收集、贮存危险废物，应当按照危险废物特性分类进行。禁止混合收集、贮存、运输、处置性质不相容而未经安全性处置的危险废物。

贮存危险废物应当采取符合国家环境保护标准的防护措施。禁止将危险废物混入非危险废物中贮存。

从事收集、贮存、利用、处置危险废物经营活动的单位，贮存危险废物不得超过一年；确需延长期限的，应当报经颁发许可证的生态环境主管部门批准；法律、行政法规另有规定的除外。

第八十二条　转移危险废物的，应当按照国家有关规定填写、运行危险废物电子或者纸质转移联单。

跨省、自治区、直辖市转移危险废物的，应当向危险废物移出地省、自治区、直辖市人民政府生态环境主管部门申请。移出地省、自治区、直辖市人民政府生态环境主管部门应当及时商经接受地省、自治区、直辖市人民政府生态环境主管部门同意后，在规定期限内批准转移该危险废物，并将批准信息通报相关省、自治区、直辖市人民政府生态环境主管部门和交通运输主管部门。未经批准的，不得转移。

危险废物转移管理应当全程管控、提高效率，具体办法由国务院生态环境主管部门会同国务院交通运输主管部门和公安部门制定。

第八十三条　运输危险废物，应当采取防止污染环境的措施，并遵守国家有关危险货物运输管理的规定。

禁止将危险废物与旅客在同一运输工具上载运。

第八十四条　收集、贮存、运输、利用、处置危险废物的场所、设施、设备和容器、包装物及其他物品转作他用时，应当按照国家有关规定经过消除污染处理，方可使用。

第八十五条　产生、收集、贮存、运输、利用、处置危险废物的单位，应当依法制定意外事故的防范措施和应急预案，并向所在地生态环境主管部门和其他负有固体废物污染环境防治监督管理职责的部门备案；生态环境主管部门和其他负有固体废物污染环境防治监督管理职责的部门应当进行检查。

第八十六条　因发生事故或者其他突发性事件，造成危险废物严重污染环境的单位，应当立即采取有效措施消除或者减轻对环境的污染危害，及时通报可能受到污染危害的单位和居民，并向所在地生态环境主管部门和有关部门报告，接受调查处理。

第八十七条　在发生或者有证据证明可能发生危险废物严重污染环境、威胁居民生命财产安全时，生态环境主管部门或者其他负有固体废物污染环境防治监督管理职责的部门应当立即向本级人民政府和上一级人民政府有关部门报告，由人民政府采取防止或者减轻危害的有效措施。有关人民政府可以根据需要责令停止导致或者可能导致环境污染事故的作业。

第八十八条　重点危险废物集中处置设施、场所退役前，运营单位应当按照国家有关规定对设施、场所采取污染防治措施。退役的费用应当预提，列入投资概算或者生产成本，专门用于重点危险废物集中处置设施、场所的退役。具体提取和管理办法，由国务院财政部门、价格主管部门会同国务院生态环境主管部门规定。

第八十九条　禁止经中华人民共和国过境转移危险废物。

第九十条　医疗废物按照国家危险废物名录管理。县级以上地方人民政府应当加强医疗废物集中处置能力建设。

县级以上人民政府卫生健康、生态环境等主管部门应当在各自职责范围内加强对医疗废物收集、贮存、运输、处置的监督管理，防止危害公众健康、污染环境。

医疗卫生机构应当依法分类收集本单位产生的医疗废物，交由医疗废物集中处置单位处置。医疗废物集中处置单位应当及时收集、运输和处置医疗废物。

医疗卫生机构和医疗废物集中处置单位，应当采取有效措施，防止医疗废物流失、泄漏、渗漏、扩散。

第九十一条　重大传染病疫情等突发事件发生时，县级以上人民政府应当统筹协调医疗废物等危险废物收集、贮存、运输、处置等工作，保障所需的车辆、场地、处置设施和防护物资。卫生健康、生态环境、环境卫生、交通运输等主管部门应当协同配合，依法履行应急处置职责。"

第六节　《中华人民共和国土壤污染防治法》的有关规定

《中华人民共和国土壤污染防治法》于 2018 年 8 月 31 日由第十三届全国人民代表大会常务委员会第五次会议通过，同日公布，自 2019 年 1 月 1 日起施行。这是我国首次制定专门的法律来规范防治土壤污染。

一、土壤污染的含义以及土壤污染防治原则

《中华人民共和国土壤污染防治法》第二条第二款规定了土壤污染的含义：

"本法所称土壤污染，是指因人为因素导致某种物质进入陆地表层土壤，引起土壤化学、物理、生物等方面特性的改变，影响土壤功能和有效利用，危害公众健康或者破坏生态环境的现象。"

《中华人民共和国土壤污染防治法》第三条规定了土壤污染防治应当坚持的原则：

"土壤污染防治应当坚持预防为主、保护优先、分类管理、风险管控、污染担责、公众参与的原则。"

二、建设用地土壤污染的预防和保护

地方人民政府相关主管部门应当依法对建设用地地块进行重点监测，《中华人民共和国土壤污染防治法》第十七条规定：

"地方人民政府生态环境主管部门应当会同自然资源主管部门对下列建设用地地块进行重点监测：

（一）曾用于生产、使用、贮存、回收、处置有毒有害物质的；

（二）曾用于固体废物堆放、填埋的；

（三）曾发生过重大、特大污染事故的；

（四）国务院生态环境、自然资源主管部门规定的其他情形。"

有关单位和个人应当采取有效措施防止土壤受到污染，《中华人民共和国土壤污染防治法》规定：

"第十八条　各类涉及土地利用的规划和可能造成土壤污染的建设项目，应当依法进行环境影响评价。环境影响评价文件应当包括对土壤可能造成的不良影响及应当采取的相应预防措施等内容。

第十九条　生产、使用、贮存、运输、回收、处置、排放有毒有害物质的单位和个人，应当采取有效措施，防止有毒有害物质渗漏、流失、扬散，避免土壤受到污染。"

严格执行相关行业企业布局选址，《中华人民共和国土壤污染防治法》规定：

"第三十二条　县级以上地方人民政府及其有关部门应当按照土地利用总体规划和

城乡规划，严格执行相关行业企业布局选址要求，禁止在居民区和学校、医院、疗养院、养老院等单位周边新建、改建、扩建可能造成土壤污染的建设项目。"

企业事业单位拆除设施、设备或者建筑物、构筑物的，应当采取措施防止土壤污染。《中华人民共和国土壤污染防治法》第二十二条规定：

"企业事业单位拆除设施、设备或者建筑物、构筑物的，应当采取相应的土壤污染防治措施。

土壤污染重点监管单位拆除设施、设备或者建筑物、构筑物的，应当制定包括应急措施在内的土壤污染防治工作方案，报地方人民政府生态环境、工业和信息化主管部门备案并实施。"

建设和运行污水集中处理设施、固体废物处置设施，应当采取措施防止土壤污染。《中华人民共和国土壤污染防治法》第二十五条规定：

"建设和运行污水集中处理设施、固体废物处置设施，应当依照法律法规和相关标准的要求，采取措施防止土壤污染。

地方人民政府生态环境主管部门应当定期对污水集中处理设施、固体废物处置设施周边土壤进行监测；对不符合法律法规和相关标准要求的，应当根据监测结果，要求污水集中处理设施、固体废物处置设施运营单位采取相应改进措施。

地方各级人民政府应当统筹规划、建设城乡生活污水和生活垃圾处理、处置设施，并保障其正常运行，防止土壤污染。"

矿产资源开发区域，应当加强监督管理，防止土壤污染。《中华人民共和国土壤污染防治法》第二十三条规定：

"各级人民政府生态环境、自然资源主管部门应当依法加强对矿产资源开发区域土壤污染防治的监督管理，按照相关标准和总量控制的要求，严格控制可能造成土壤污染的重点污染物排放。

尾矿库运营、管理单位应当按照规定，加强尾矿库的安全管理，采取措施防止土壤污染。危库、险库、病库以及其他需要重点监管的尾矿库的运营、管理单位应当按照规定，进行土壤污染状况监测和定期评估。"

三、农用地保护的相关规定

《中华人民共和国土壤污染防治法》规定：

"第二十六条　国务院农业农村、林业草原主管部门应当制定规划，完善相关标准和措施，加强农用地农药、化肥使用指导和使用总量控制，加强农用薄膜使用控制。

国务院农业农村主管部门应当加强农药、肥料登记，组织开展农药、肥料对土壤环境影响的安全性评价。

制定农药、兽药、肥料、饲料、农用薄膜等农业投入品及其包装物标准和农田灌溉用水水质标准，应当适应土壤污染防治的要求。

第二十七条　地方人民政府农业农村、林业草原主管部门应当开展农用地土壤污染防治宣传和技术培训活动，扶持农业生产专业化服务，指导农业生产者合理使用农药、兽药、肥料、饲料、农用薄膜等农业投入品，控制农药、兽药、化肥等的使用量。

地方人民政府农业农村主管部门应当鼓励农业生产者采取有利于防止土壤污染的种养结合、轮作休耕等农业耕作措施；支持采取土壤改良、土壤肥力提升等有利于土壤养护和培育的措施；支持畜禽粪便处理、利用设施的建设。

第二十八条　禁止向农用地排放重金属或者其他有毒有害物质含量超标的污水、污泥，以及可能造成土壤污染的清淤底泥、尾矿、矿渣等。

县级以上人民政府有关部门应当加强对畜禽粪便、沼渣、沼液等收集、贮存、利用、处置的监督管理，防止土壤污染。

农田灌溉用水应当符合相应的水质标准，防止土壤、地下水和农产品污染。地方人民政府生态环境主管部门应当会同农业农村、水利主管部门加强对农田灌溉用水水质的管理，对农田灌溉用水水质进行监测和监督检查。

第五十条　县级以上地方人民政府应当依法将符合条件的优先保护类耕地划为永久基本农田，实行严格保护。

在永久基本农田集中区域，不得新建可能造成土壤污染的建设项目；已经建成的，应当限期关闭拆除。"

四、土壤污染风险管控和修复

《中华人民共和国土壤污染防治法》规定：

"第三十五条　土壤污染风险管控和修复，包括土壤污染状况调查和土壤污染风险评估、风险管控、修复、风险管控效果评估、修复效果评估、后期管理等活动。

第三十九条　实施风险管控、修复活动前，地方人民政府有关部门有权根据实际情况，要求土壤污染责任人、土地使用权人采取移除污染源、防止污染扩散等措施。

第四十条　实施风险管控、修复活动中产生的废水、废气和固体废物，应当按照规定进行处理、处置，并达到相关环境保护标准。

实施风险管控、修复活动中产生的固体废物以及拆除的设施、设备或者建筑物、构筑物属于危险废物的，应当依照法律法规和相关标准的要求进行处置。

修复施工期间，应当设立公告牌，公开相关情况和环境保护措施。

第四十一条　修复施工单位转运污染土壤的，应当制定转运计划，将运输时间、方式、线路和污染土壤数量、去向、最终处置措施等，提前报所在地和接收地生态环境主管部门。

转运的污染土壤属于危险废物的，修复施工单位应当依照法律法规和相关标准的要求进行处置。"

五、土壤污染责任人的义务

《中华人民共和国土壤污染防治法》规定土壤污染责任人的义务包括：

"第四十五条　土壤污染责任人负有实施土壤污染风险管控和修复的义务。土壤污染责任人无法认定的，土地使用权人应当实施土壤污染风险管控和修复。

地方人民政府及其有关部门可以根据实际情况组织实施土壤污染风险管控和修复。

国家鼓励和支持有关当事人自愿实施土壤污染风险管控和修复。

第四十六条　因实施或者组织实施土壤污染状况调查和土壤污染风险评估、风险管控、修复、风险管控效果评估、修复效果评估、后期管理等活动所支出的费用，由土壤污染责任人承担。

第四十七条　土壤污染责任人变更的，由变更后承继其债权、债务的单位或者个人履行相关土壤污染风险管控和修复义务并承担相关费用。

第四十八条　土壤污染责任人不明确或者存在争议的，农用地由地方人民政府农业农村、林业草原主管部门会同生态环境、自然资源主管部门认定，建设用地由地方人民政府生态环境主管部门会同自然资源主管部门认定。认定办法由国务院生态环境主管部门会同有关部门制定。

第六十二条　对建设用地土壤污染风险管控和修复名录中的地块，土壤污染责任人应当按照国家有关规定以及土壤污染风险评估报告的要求，采取相应的风险管控措施，并定期向地方人民政府生态环境主管部门报告。风险管控措施应当包括地下水污染防治的内容。"

六、建设用地地块用途变更的有关规定

《中华人民共和国土壤污染防治法》规定：

"第五十九条　对土壤污染状况普查、详查和监测、现场检查表明有土壤污染风险的建设用地地块，地方人民政府生态环境主管部门应当要求土地使用权人按照规定进行土壤污染状况调查。

用途变更为住宅、公共管理与公共服务用地的，变更前应当按照规定进行土壤污染状况调查。

前两款规定的土壤污染状况调查报告应当报地方人民政府生态环境主管部门，由地方人民政府生态环境主管部门会同自然资源主管部门组织评审。

第六十一条　省级人民政府生态环境主管部门应当会同自然资源等主管部门按照国务院生态环境主管部门的规定，对土壤污染风险评估报告组织评审，及时将需要实施风险管控、修复的地块纳入建设用地土壤污染风险管控和修复名录，并定期向国务院生态环境主管部门报告。

列入建设用地土壤污染风险管控和修复名录的地块，不得作为住宅、公共管理与公

共服务用地。

　　第六十六条　对达到土壤污染风险评估报告确定的风险管控、修复目标的建设用地地块，土壤污染责任人、土地使用权人可以申请省级人民政府生态环境主管部门移出建设用地土壤污染风险管控和修复名录。

　　省级人民政府生态环境主管部门应当会同自然资源等主管部门对风险管控效果评估报告、修复效果评估报告组织评审，及时将达到土壤污染风险评估报告确定的风险管控、修复目标且可以安全利用的地块移出建设用地土壤污染风险管控和修复名录，按照规定向社会公开，并定期向国务院生态环境主管部门报告。

　　未达到土壤污染风险评估报告确定的风险管控、修复目标的建设用地地块，禁止开工建设任何与风险管控、修复无关的项目。"

第七节　《中华人民共和国放射性污染防治法》的有关规定

　　改革开放以来，我国核能和核技术利用取得了很大的成就，核能和核技术在各个领域得到广泛应用。这对维护我国国防安全，促进国民经济和社会发展，增强我国的综合国力，起到了十分积极的作用。但是，核能和核技术在开发利用中的安全问题和放射性污染防治问题也随之日益突出。为此，第十届全国人民代表大会常务委员会第三次会议于 2003 年 6 月 28 日通过了《中华人民共和国放射性污染防治法》，于 2003 年 10 月 1 日起施行。

　　放射性污染是指由于人类活动造成物料、人体、场所、环境介质表面或者内部出现超过国家标准的放射性物质或者射线。放射性污染物，主要是指各种放射性核素，每一放射性核素都能发射出具有一定能量的射线。放射性核素排入环境中后，会造成大气、水、土壤的污染；它可以被生物富集，使某些动植物，特别是水生生物体内的放射性核素水平比环境中的其他物体高出许多倍。

一、适用范围及有关用语

　　《中华人民共和国放射性污染防治法》第二条规定：

　　"本法适用于中华人民共和国领域和管辖的其他海域在核设施选址、建造、运行、退役和核技术、铀（钍）矿、伴生放射性矿开发利用过程中发生的放射性污染的防治活动。"

　　法律从地域范围和行为范围就本法的适用范围作出了规定。就地域范围而言，包括我国的领域和管辖的其他海域，领域包括领陆、领空、领水和底土，我国管辖的其他海域主要是指大陆架和毗连区。就行为范围而言，包括选择核设施的建造地址、核设施的建造过程、核设施的运行和退役、核技术的开发和利用；铀（钍）等放射性矿、稀土矿、磷酸盐等含有较高水平天然放射性核素浓度的伴生矿的开发利用。

《中华人民共和国放射性污染防治法》第六十二条对有关用语的含义作了规定或界定：

"（一）放射性污染，是指由于人类活动造成物料、人体、场所、环境介质表面或者内部出现超过国家标准的放射性物质或者射线。

（二）核设施，是指核动力厂（核电厂、核热电厂、核供汽供热厂等）和其他反应堆（研究堆、实验堆、临界装置等）；核燃料生产、加工、贮存和后处理设施；放射性废物的处理和处置设施等。

（三）核技术利用，是指密封放射源、非密封放射源和射线装置在医疗、工业、农业、地质调查、科学研究和教学等领域中的使用。

（四）放射性同位素，是指某种发生放射性衰变的元素中具有相同原子序数但质量不同的核素。

（五）放射源，是指除研究堆和动力堆核燃料循环范畴的材料以外，永久密封在容器中或者有严密包层并呈固态的放射性材料。

（六）射线装置，是指X线机、加速器、中子发生器以及含放射源的装置。

（七）伴生放射性矿，是指含有较高水平天然放射性核素浓度的非铀矿（如稀土矿和磷酸盐矿等）。

（八）放射性废物，是指含有放射性核素或者被放射性核素污染，其浓度或者比活度大于国家确定的清洁解控水平，预期不再使用的废弃物。"

二、核设施和铀（钍）矿项目环境影响评价的有关规定

《中华人民共和国放射性污染防治法》规定：

"第十八条　核设施选址，应当进行科学论证，并按照国家有关规定办理审批手续。在办理核设施选址审批手续前，应当编制环境影响报告书，报国务院环境保护行政主管部门审查批准；未经批准，有关部门不得办理核设施选址批准文件。

第二十条　核设施营运单位应当在申请领取核设施建造、运行许可证和办理退役审批手续前编制环境影响报告书，报国务院环境保护行政主管部门审查批准；未经批准，有关部门不得颁发许可证和办理批准文件。"

核设施营运单位在进行核设施建造、装料、运行、退役等活动前，必须按照国务院有关核设施安全监督管理的规定，申请领取核设施建造、运行许可证和办理装料、退役等审批手续。核设施营运单位领取有关许可证或者批准文件后，方可进行相应的建造、装料、运行、退役等活动。

核设施选址，应当进行科学论证，并按照国家有关规定办理审批手续。在办理核设施选址审批手续前，应当编制环境影响报告书，报国务院生态环境主管部门审查批准；未经批准，有关部门不得办理核设施选址批准文件。核设施的建造、营运和退役，核设施营运单位应当在申请领取核设施建造、运行许可证和办理退役审批手续前编制环境影

响报告书，报生态环境主管部门审查批准；未经批准，有关部门不得颁发许可证和办理批准文件。由此可知，只有生态环境部才有对核设施的选址、建造、营运和退役环境影响报告书的审查批准权。

《中华人民共和国放射性污染防治法》第三十四条规定：

"开发利用或者关闭铀（钍）矿的单位，应当在申请领取采矿许可证或者办理退役审批手续前编制环境影响报告书，报国务院环境保护行政主管部门审查批准。

开发利用伴生放射性矿的单位，应当在申请领取采矿许可证前编制环境影响报告书，报省级以上人民政府环境保护行政主管部门审查批准。"

根据《中华人民共和国放射性污染防治法》第三十四条第一款的规定，开发利用或者关闭铀（钍）矿项目的环境影响报告书，只能由生态环境主管部门审查批准。根据第二款规定，开发利用伴生放射性矿的项目的环境影响报告书，报省级以上人民政府生态环境主管部门审查批准。

开发利用铀（钍）矿的单位，应当在申请领取采矿许可证前编制环境影响报告书，报生态环境主管部门审查批准。关闭铀（钍）矿的单位，应当在办理退役审批手续前，编制环境影响报告书，报生态环境主管部门审查批准。

三、放射性废液和放射性固体废物的处置

《中华人民共和国放射性污染防治法》第四十二条规定：

"产生放射性废液的单位，必须按照国家放射性污染防治标准的要求，对不得向环境排放的放射性废液进行处理或者贮存。

产生放射性废液的单位，向环境排放符合国家放射性污染防治标准的放射性废液，必须采用符合国务院环境保护行政主管部门规定的排放方式。

禁止利用渗井、渗坑、天然裂隙、溶洞或者国家禁止的其他方式排放放射性废液。"

法律对产生放射性废液的单位排放或处理、贮存放射性废液作出了规定。对不得向环境排放的放射性废液，产生放射性废液的单位必须按照国家放射性污染防治标准的要求进行处理或者贮存；对符合国家放射性污染防治标准、可以向环境排放的放射性废液，产生放射性废液的单位，必须采用符合生态环境主管部门规定的排放方式排放，禁止利用渗井、渗坑、天然裂隙、溶洞或者国家禁止的其他方式排放放射性废液。

《中华人民共和国放射性污染防治法》规定：

"第四十三条　低、中水平放射性固体废物在符合国家规定的区域实行近地表处置。高水平放射性固体废物实行集中的深地质处置。

α放射性固体废物依照前款规定处置。

禁止在内河水域和海洋上处置放射性固体废物。

第四十四条　国务院核设施主管部门会同国务院环境保护行政主管部门根据地质

条件和放射性固体废物处置的需要，在环境影响评价的基础上编制放射性固体废物处置场所选址规划，报国务院批准后实施。

有关地方人民政府应当根据放射性固体废物处置场所选址规划，提供放射性固体废物处置场所的建设用地，并采取有效措施支持放射性固体废物的处置。"

低、中水平放射性固体废物在符合国家规定的区域实行近地表处置。高水平放射性固体废物和α放射性固体废物实行集中的深地质处置。禁止在内河水域和海洋上处置放射性固体废物。

负责放射性固体废物处置场所选址规划编制的牵头单位是国务院核设施主管部门。由其会同生态环境主管部门，根据地质条件和放射性固体废物处置的需要，在环境影响评价的基础上编制放射性固体废物处置场所选址规划，报国务院批准后实施。有关地方人民政府应当根据放射性固体废物处置场所选址规划，提供放射性固体废物处置场所的建设用地，并采取有效措施支持放射性固体废物的处置。

《中华人民共和国放射性污染防治法》第四十五条规定：

"产生放射性固体废物的单位，应当按照生态环境主管部门的规定，对其产生的放射性固体废物进行处理后，送交放射性固体废物处置单位处置，并承担处置费用。

放射性固体废物处置费用收取和使用管理办法，由国务院财政部门、价格主管部门会同国务院环境保护行政主管部门规定。"

放射性固体废物有偿处置。产生放射性固体废物的单位，应当按照生态环境主管部门的规定，先对其产生的放射性固体废物进行处理后，再送交放射性固体废物处置单位处置，并承担处置费用。放射性固体废物处置费用收取和使用管理办法，由国务院财政部门、价格主管部门会同生态环境主管部门规定。

放射性固体废物处置实行经营许可。设立专门从事放射性固体废物贮存、处置的单位，必须经生态环境主管部门审查批准，取得许可证。具体办法由国务院规定。禁止未经许可或者不按照许可的有关规定从事贮存和处置放射性固体废物的活动。禁止将放射性固体废物提供或者委托给无许可证的单位贮存和处置。

第八节 《中华人民共和国清洁生产促进法》的有关规定

《中华人民共和国清洁生产促进法》由第九届全国人民代表大会常务委员会第二十八次会议于 2002 年 6 月 29 日通过，自 2003 年 1 月 1 日起施行。2012 年 2 月 29 日，第十一届全国人民代表大会常务委员会第二十五次会议通过了《全国人民代表大会常务委员会关于修改〈中华人民共和国清洁生产促进法〉的决定》，修改后的法律自 2012 年 7 月 1 日起施行。

《中华人民共和国清洁生产促进法》所称清洁生产，是指不断采取改进设计、使用清洁的能源和原料、采用先进的工艺技术与设备、改善管理、综合利用等措施，从源头削减污染，提高资源利用效率，减少或者避免生产、服务和产品使用过程中污染物的产生和排放，以减轻或者消除对人类健康和环境的危害。

一、环境影响评价的相关规定

《中华人民共和国清洁生产促进法》第十八条规定：

"新建、改建和扩建项目应当进行环境影响评价，对原料使用、资源消耗、资源综合利用以及污染物产生与处置等进行分析论证，优先采用资源利用率高以及污染物产生量少的清洁生产技术、工艺和设备。"

二、落后生产技术、工艺、设备和产品的淘汰制度

《中华人民共和国清洁生产促进法》第十二条规定：

"国家对浪费资源和严重污染环境的落后生产技术、工艺、设备和产品实行限期淘汰制度。国务院有关部门按照职责分工，制定并发布限期淘汰的生产技术、工艺、设备以及产品的名录。"

三、清洁生产的实施

《中华人民共和国清洁生产促进法》第十九条规定：

"企业在进行技术改造过程中，应当采取以下清洁生产措施：

（一）采用无毒、无害或者低毒、低害的原料，替代毒性大、危害严重的原料；

（二）采用资源利用率高、污染物产生量少的工艺和设备，替代资源利用率低、污染物产生量多的工艺和设备；

（三）对生产过程中产生的废物、废水和余热等进行综合利用或者循环使用；

（四）采用能够达到国家或者地方规定的污染物排放标准和污染物排放总量控制指标的污染防治技术。"

本条对进行技术改造的项目，从原料的选用、资源的利用、采用的工艺设备、所产生的废物的利用和需排污染物控制要求全过程分别作出了实施清洁生产的规定。

《中华人民共和国清洁生产促进法》第二十二条规定：

"农业生产者应当科学地使用化肥、农药、农用薄膜和饲料添加剂，改进种植和养殖技术，实现农产品的优质、无害和农业生产废物的资源化，防止农业环境污染。

禁止将有毒、有害废物用作肥料或者用于造田。"

第九节　《中华人民共和国水法》的有关规定

《中华人民共和国水法》于 1988 年经全国人民代表大会常务委员会制定公布，2002 年 8 月 29 日第九届全国人民代表大会常务委员会第二十九次会议进行修订，自 2002 年

10 月 1 日起施行。根据 2009 年 8 月 27 日第十一届全国人民代表大会常务委员会第十次会议《关于修改部分法律的决定》第一次修正，根据 2016 年 7 月 2 日第十二届全国人民代表大会常务委员会第二十一次会议《关于修改〈中华人民共和国节约能源法〉等六部法律的决定》第二次修正。

　　水是自然环境中的一个基本要素，它在自然界中以固态、液态和气态三种状态存在。作为资源，水是人和一切动植物赖以生存的环境条件，是人类社会生活和生产活动所必需的物质基础，也是维持人类社会发展的主要资源之一。

一、水资源保护制度

　　《中华人民共和国水法》所称水资源包括地表水和地下水。水资源属于国家所有，国务院代表国家行使水资源的所有权。国家对水资源依法实行取水许可制度和有偿使用制度。国家保护水资源，采取有效措施，保护植被，植树种草，涵养水源，防治水土流失和水体污染，改善生态环境。县级以上人民政府水行政主管部门、流域管理机构以及其他有关部门在制定水资源开发、利用规划和调度水资源时，应当注意维持江河的合理流量和湖泊、水库以及地下水的合理水位，维护水体的自然净化能力。

　　国家实行水功能区划制度。由水行政主管部门会同生态环境主管部门、有关部门和有关人民政府，按照流域综合规划、水资源保护规划和经济社会发展要求，拟定水功能区划，报人民政府（国务院或者地方人民政府）或其授权的部门批准。

　　国家建立饮用水水源保护区制度。省级人民政府应当划定饮用水水源保护区，并采取措施，防止水源枯竭和水体污染，保证城乡居民饮用水安全。禁止在饮用水水源保护区内设置排污口。在江河、湖泊新建、改建或者扩大排污口，应当经过有管辖权的水行政主管部门或者流域管理机构同意，由生态环境主管部门负责对该建设项目的环境影响报告书进行审批。

二、水资源开发利用中的生态环境保护有关规定

　　《中华人民共和国水法》第三章关于"水资源开发利用"的规定：

　　"第二十条　开发、利用水资源，应当坚持兴利与除害相结合，兼顾上下游、左右岸和有关地区之间的利益，充分发挥水资源的综合效益，并服从防洪的总体安排。

　　第二十一条　开发、利用水资源，应当首先满足城乡居民生活用水，并兼顾农业、工业、生态环境用水以及航运等需要。

　　在干旱和半干旱地区开发、利用水资源，应当充分考虑生态环境用水需要。

　　第二十二条　跨流域调水，应当进行全面规划和科学论证，统筹兼顾调出和调入流域的用水需要，防止对生态环境造成破坏。

　　第二十三条　地方各级人民政府应当结合本地区水资源的实际情况，按照地表水与地下水统一调度开发、开源与节流相结合、节流优先和污水处理再利用的原则，合理组

织开发、综合利用水资源。

国民经济和社会发展规划以及城市总体规划的编制、重大建设项目的布局，应当与当地水资源条件和防洪要求相适应，并进行科学论证；在水资源不足的地区，应当对城市规模和建设耗水量大的工业、农业和服务业项目加以限制。

第二十四条 在水资源短缺的地区，国家鼓励对雨水和微咸水的收集、开发、利用和对海水的利用、淡化。

第二十五条 地方各级人民政府应当加强对灌溉、排涝、水土保持工作的领导，促进农业生产发展；在容易发生盐碱化和渍害的地区，应当采取措施，控制和降低地下水的水位。

农村集体经济组织或者其成员依法在本集体经济组织所有的集体土地或者承包土地上投资兴建水工程设施的，按照谁投资建设谁管理和谁受益的原则，对水工程设施及其蓄水进行管理和合理使用。

农村集体经济组织修建水库应当经县级以上地方人民政府水行政主管部门批准。

第二十六条 国家鼓励开发、利用水能资源。在水能丰富的河流，应当有计划地进行多目标梯级开发。

建设水力发电站，应当保护生态环境，兼顾防洪、供水、灌溉、航运、竹木流放和渔业等方面的需要。

第二十七条 国家鼓励开发、利用水运资源。在水生生物洄游通道、通航或者竹木流放的河流上修建永久性拦河闸坝，建设单位应当同时修建过鱼、过船、过木设施，或者经国务院授权的部门批准采取其他补救措施，并妥善安排施工和蓄水期间的水生生物保护、航运和竹木流放，所需费用由建设单位承担。

在不通航的河流或者人工水道上修建闸坝后可以通航的，闸坝建设单位应当同时修建过船设施或者预留过船设施位置。

第二十八条 任何单位和个人引水、截（蓄）水、排水，不得损害公共利益和他人的合法权益。

第二十九条 国家对水工程建设移民实行开发性移民的方针，按照前期补偿、补助与后期扶持相结合的原则，妥善安排移民的生产和生活，保护移民的合法权益。

移民安置应当与工程建设同步进行。建设单位应当根据安置地区的环境容量和可持续发展的原则，因地制宜，编制移民安置规划，经依法批准后，由有关地方人民政府组织实施。所需移民经费列入工程建设投资计划。"

三、水功能区划及水污染物排放总量控制

《中华人民共和国水法》第三十二条规定：

"国务院水行政主管部门会同国务院环境保护行政主管部门、有关部门和有关省、自治区、直辖市人民政府，按照流域综合规划、水资源保护规划和经济社会发展要求，

拟定国家确定的重要江河、湖泊的水功能区划，报国务院批准。跨省、自治区、直辖市的其他江河、湖泊的水功能区划，由有关流域管理机构会同江河、湖泊所在地的省、自治区、直辖市人民政府水行政主管部门、环境保护行政主管部门和其他有关部门拟定，分别经有关省、自治区、直辖市人民政府审查提出意见后，由国务院水行政主管部门会同国务院环境保护行政主管部门审核，报国务院或者其授权的部门批准。

前款规定以外的其他江河、湖泊的水功能区划，由县级以上地方人民政府水行政主管部门会同同级人民政府环境保护行政主管部门和有关部门拟定，报同级人民政府或者其授权的部门批准，并报上一级水行政主管部门和环境保护行政主管部门备案。

县级以上人民政府水行政主管部门或者流域管理机构应当按照水功能区对水质的要求和水体的自然净化能力，核定该水域的纳污能力，向环境保护行政主管部门提出该水域的限制排污总量意见。

县级以上地方人民政府水行政主管部门和流域管理机构应当对水功能区的水质状况进行监测，发现重点污染物排放总量超过控制指标的，或者水功能区的水质未达到水域使用功能对水质的要求的，应当及时报告有关人民政府采取治理措施，并向环境保护行政主管部门通报。"

四、饮用水水源保护区制度

《中华人民共和国水法》第三十三条规定：

"国家建立饮用水水源保护区制度。省、自治区、直辖市人民政府应当划定饮用水水源保护区，并采取措施，防止水源枯竭和水体污染，保证城乡居民饮用水安全。"

五、排污口设置的有关规定

《中华人民共和国水法》第三十四条规定：

"禁止在饮用水水源保护区内设置排污口。

在江河、湖泊新建、改建或者扩大排污口，应当经过有管辖权的水行政主管部门或者流域管理机构同意，由环境保护行政主管部门负责对该建设项目的环境影响报告书进行审批。"

六、工业用水重复利用的规定

《中华人民共和国水法》第五十一条规定：

"工业用水应当采用先进技术、工艺和设备，增加循环用水次数，提高水的重复利用率。

国家逐步淘汰落后的、耗水量高的工艺、设备和产品，具体名录由国务院经济综合主管部门会同国务院水行政主管部门和有关部门制定并公布。生产者、销售者或者生产经营中的使用者应当在规定的时间内停止生产、销售或者使用列入名录的工艺、设备和产品。"

国家对落后的、耗水量高的工艺、设备和产品实行强制淘汰制度。具体淘汰名录由国务院经济综合主管部门会同国务院水行政主管部门和有关部门制定并公布。列入淘汰名录的落后的、耗水量高的工艺、设备和产品的生产者、销售者或者生产经营中的使用者应当按照名录要求，在规定的时间内停止生产、销售或者使用。工业用水应当采用先进技术、工艺和设备，增加循环用水次数，提高水的重复利用率。

七、水资源、水域和水工程保护中禁止类和许可类活动的规定

《中华人民共和国水法》规定：

"第三十七条　禁止在江河、湖泊、水库、运河、渠道内弃置、堆放阻碍行洪的物体和种植阻碍行洪的林木及高秆作物。

禁止在河道管理范围内建设妨碍行洪的建筑物、构筑物以及从事影响河势稳定、危害河岸堤防安全和其他妨碍河道行洪的活动。

第三十九条　国家实行河道采砂许可制度。河道采砂许可制度实施办法，由国务院规定。

在河道管理范围内采砂，影响河势稳定或者危及堤防安全的，有关县级以上人民政府水行政主管部门应当划定禁采区和规定禁采期，并予以公告。

第四十条　禁止围湖造地。已经围垦的，应当按照国家规定的防洪标准有计划地退地还湖。

禁止围垦河道。确需围垦的，应当经过科学论证，经省、自治区、直辖市人民政府水行政主管部门或者国务院水行政主管部门同意后，报本级人民政府批准。

第四十三条　国家对水工程实施保护。国家所有的水工程应当按照国务院的规定划定工程管理和保护范围。

国务院水行政主管部门或者流域管理机构管理的水工程，由主管部门或者流域管理机构商有关省、自治区、直辖市人民政府划定工程管理和保护范围。

前款规定以外的其他水工程，应当按照省、自治区、直辖市人民政府的规定，划定工程保护范围和保护职责。

在水工程保护范围内，禁止从事影响水工程运行和危害水工程安全的爆破、打井、采石、取土等活动。"

第十节　《中华人民共和国长江保护法》的有关规定

2020年12月26日，第十三届全国人民代表大会常务委员会第二十四次会议通过《中华人民共和国长江保护法》，自2021年3月1日起施行。

近年来，长江流域生态环境保护的重要性、复杂性和特殊性已涉及国家经济社会发展的全局，引起社会广泛关注。长江全长 6 300 多千米，为世界第三大河流，全流域涉及 19 个省、自治区、直辖市，流域总面积 180 万平方千米，横跨东部、中部、西部三大经济区，具有完备的自然生态系统、独特的生物多样性，蕴藏着丰富的野生动植物资源、矿产资源、全国 1/3 的水资源、3/5 的水能资源，全国大部分淡水湖分布在长江中下游地区，是我国重要的战略水源地、生态宝库和重要的黄金水道，地位十分重要。

一、长江流域社会经济发展和长江保护应当坚持的原则

《中华人民共和国长江保护法》第三条规定：

"长江流域经济社会发展，应当坚持生态优先、绿色发展，共抓大保护、不搞大开发；长江保护应当坚持统筹协调、科学规划、创新驱动、系统治理。"

二、生态环境分区管控方案和生态环境准入清单的有关规定

《中华人民共和国长江保护法》第十七条至第二十二条规定：

"第十七条　国家建立以国家发展规划为统领，以空间规划为基础，以专项规划、区域规划为支撑的长江流域规划体系，充分发挥规划对推进长江流域生态环境保护和绿色发展的引领、指导和约束作用。

第十八条　国务院和长江流域县级以上地方人民政府应当将长江保护工作纳入国民经济和社会发展规划。

国务院发展改革部门会同国务院有关部门编制长江流域发展规划，科学统筹长江流域上下游、左右岸、干支流生态环境保护和绿色发展，报国务院批准后实施。

长江流域水资源规划、生态环境保护规划等依照有关法律、行政法规的规定编制。

第十九条　国务院自然资源主管部门会同国务院有关部门组织编制长江流域国土空间规划，科学有序统筹安排长江流域生态、农业、城镇等功能空间，划定生态保护红线、永久基本农田、城镇开发边界，优化国土空间结构和布局，统领长江流域国土空间利用任务，报国务院批准后实施。涉及长江流域国土空间利用的专项规划应当与长江流域国土空间规划相衔接。

长江流域县级以上地方人民政府组织编制本行政区域的国土空间规划，按照规定的程序报经批准后实施。

第二十条　国家对长江流域国土空间实施用途管制。长江流域县级以上地方人民政府自然资源主管部门依照国土空间规划，对所辖长江流域国土空间实施分区、分类用途管制。

长江流域国土空间开发利用活动应当符合国土空间用途管制要求，并依法取得规划许可。对不符合国土空间用途管制要求的，县级以上人民政府自然资源主管部门不得办理规划许可。

第二十一条　国务院水行政主管部门统筹长江流域水资源合理配置、统一调度和高效利用，组织实施取用水总量控制和消耗强度控制管理制度。

国务院生态环境主管部门根据水环境质量改善目标和水污染防治要求，确定长江流域各省级行政区域重点污染物排放总量控制指标。长江流域水质超标的水功能区，应当实施更严格的污染物排放总量削减要求。企业事业单位应当按照要求，采取污染物排放总量控制措施。

国务院自然资源主管部门负责统筹长江流域新增建设用地总量控制和计划安排。

第二十二条　长江流域省级人民政府根据本行政区域的生态环境和资源利用状况，制定生态环境分区管控方案和生态环境准入清单，报国务院生态环境主管部门备案后实施。生态环境分区管控方案和生态环境准入清单应当与国土空间规划相衔接。

长江流域产业结构和布局应当与长江流域生态系统和资源环境承载能力相适应。禁止在长江流域重点生态功能区布局对生态系统有严重影响的产业。禁止重污染企业和项目向长江中上游转移。"

三、长江流域水能资源开发利用管理的有关规定

《中华人民共和国长江保护法》第二十三条规定：

"国家加强对长江流域水能资源开发利用的管理。因国家发展战略和国计民生需要，在长江流域新建大中型水电工程，应当经科学论证，并报国务院或者国务院授权的部门批准。

对长江流域已建小水电工程，不符合生态保护要求的，县级以上地方人民政府应当组织分类整改或者采取措施逐步退出。"

四、长江干流和重要支流源头、河道、湖泊、河湖岸线管理的有关规定

《中华人民共和国长江保护法》第二十四条至第二十六条规定：

"第二十四条　国家对长江干流和重要支流源头实行严格保护，设立国家公园等自然保护地，保护国家生态安全屏障。

第二十五条　国务院水行政主管部门加强长江流域河道、湖泊保护工作。长江流域县级以上地方人民政府负责划定河道、湖泊管理范围，并向社会公告，实行严格的河湖保护，禁止非法侵占河湖水域。

第二十六条　国家对长江流域河湖岸线实施特殊管制。国家长江流域协调机制统筹协调国务院自然资源、水行政、生态环境、住房和城乡建设、农业农村、交通运输、林业和草原等部门和长江流域省级人民政府划定河湖岸线保护范围，制定河湖岸线保护规划，严格控制岸线开发建设，促进岸线合理高效利用。

禁止在长江干支流岸线一公里范围内新建、扩建化工园区和化工项目。

禁止在长江干流岸线三公里范围内和重要支流岸线一公里范围内新建、改建、扩建

尾矿库；但是以提升安全、生态环境保护水平为目的的改建除外。"

五、禁止航行区域和限制航行区域及河道整治工程、河道采砂的有关规定

《中华人民共和国长江保护法》第二十七条和第二十八条规定：

"第二十七条　国务院交通运输主管部门会同国务院自然资源、水行政、生态环境、农业农村、林业和草原主管部门在长江流域水生生物重要栖息地科学划定禁止航行区域和限制航行区域。

禁止船舶在划定的禁止航行区域内航行。因国家发展战略和国计民生需要，在水生生物重要栖息地禁止航行区域内航行的，应当由国务院交通运输主管部门商国务院农业农村主管部门同意，并应当采取必要措施，减少对重要水生生物的干扰。

严格限制在长江流域生态保护红线、自然保护地、水生生物重要栖息地水域实施航道整治工程；确需整治的，应当经科学论证，并依法办理相关手续。

第二十八条　国家建立长江流域河道采砂规划和许可制度。长江流域河道采砂应当依法取得国务院水行政主管部门有关流域管理机构或者县级以上地方人民政府水行政主管部门的许可。

国务院水行政主管部门有关流域管理机构和长江流域县级以上地方人民政府依法划定禁止采砂区和禁止采砂期，严格控制采砂区域、采砂总量和采砂区域内的采砂船舶数量。禁止在长江流域禁止采砂区和禁止采砂期从事采砂活动。

国务院水行政主管部门会同国务院有关部门组织长江流域有关地方人民政府及其有关部门开展长江流域河道非法采砂联合执法工作。"

六、对长江流域珍贵、濒危水生野生动植物实行重点保护的有关规定

《中华人民共和国长江保护法》第三十九条至第四十二条规定：

"第三十九条　国家统筹长江流域自然保护地体系建设。国务院和长江流域省级人民政府在长江流域重要典型生态系统的完整分布区、生态环境敏感区以及珍贵野生动植物天然集中分布区和重要栖息地、重要自然遗迹分布区等区域，依法设立国家公园、自然保护区、自然公园等自然保护地。

第四十条　国务院和长江流域省级人民政府应当依法在长江流域重要生态区、生态状况脆弱区划定公益林，实施严格管理。国家对长江流域天然林实施严格保护，科学划定天然林保护重点区域。

长江流域县级以上地方人民政府应当加强对长江流域草原资源的保护，对具有调节气候、涵养水源、保持水土、防风固沙等特殊作用的基本草原实施严格管理。

国务院林业和草原主管部门和长江流域省级人民政府林业和草原主管部门会同本级人民政府有关部门，根据不同生态区位、生态系统功能和生物多样性保护的需要，发布长江流域国家重要湿地、地方重要湿地名录及保护范围，加强对长江流域湿地的保护

和管理，维护湿地生态功能和生物多样性。

第四十一条　国务院农业农村主管部门会同国务院有关部门和长江流域省级人民政府建立长江流域水生生物完整性指数评价体系，组织开展长江流域水生生物完整性评价，并将结果作为评估长江流域生态系统总体状况的重要依据。长江流域水生生物完整性指数应当与长江流域水环境质量标准相衔接。

第四十二条　国务院农业农村主管部门和长江流域县级以上地方人民政府应当制定长江流域珍贵、濒危水生野生动植物保护计划，对长江流域珍贵、濒危水生野生动植物实行重点保护。

国家鼓励有条件的单位开展对长江流域江豚、白鱀豚、白鲟、中华鲟、长江鲟、鯮、鲥、四川白甲鱼、川陕哲罗鲑、胭脂鱼、鳤、圆口铜鱼、多鳞白甲鱼、华鲮、鲈鲤和葛仙米、弧形藻、眼子菜、水菜花等水生野生动植物生境特征和种群动态的研究，建设人工繁育和科普教育基地，组织开展水生生物救护。

禁止在长江流域开放水域养殖、投放外来物种或者其他非本地物种种质资源。"

七、长江流域水污染防治的有关规定

《中华人民共和国长江保护法》第四十三条至第五十一条规定：

"第四十三条　国务院生态环境主管部门和长江流域地方各级人民政府应当采取有效措施，加大对长江流域的水污染防治、监管力度，预防、控制和减少水环境污染。

第四十四条　国务院生态环境主管部门负责制定长江流域水环境质量标准，对国家水环境质量标准中未作规定的项目可以补充规定；对国家水环境质量标准中已经规定的项目，可以作出更加严格的规定。制定长江流域水环境质量标准应当征求国务院有关部门和有关省级人民政府的意见。长江流域省级人民政府可以制定严于长江流域水环境质量标准的地方水环境质量标准，报国务院生态环境主管部门备案。

第四十五条　长江流域省级人民政府应当对没有国家水污染物排放标准的特色产业、特有污染物，或者国家有明确要求的特定水污染源或者水污染物，补充制定地方水污染物排放标准，报国务院生态环境主管部门备案。

有下列情形之一的，长江流域省级人民政府应当制定严于国家水污染物排放标准的地方水污染物排放标准，报国务院生态环境主管部门备案：

（一）产业密集、水环境问题突出的；

（二）现有水污染物排放标准不能满足所辖长江流域水环境质量要求的；

（三）流域或者区域水环境形势复杂，无法适用统一的水污染物排放标准的。

第四十六条　长江流域省级人民政府制定本行政区域的总磷污染控制方案，并组织实施。对磷矿、磷肥生产集中的长江干支流，有关省级人民政府应当制定更加严格的总磷排放管控要求，有效控制总磷排放总量。

磷矿开采加工、磷肥和含磷农药制造等企业，应当按照排污许可要求，采取有效措施控制总磷排放浓度和排放总量；对排污口和周边环境进行总磷监测，依法公开监测信息。

第四十七条 长江流域县级以上地方人民政府应当统筹长江流域城乡污水集中处理设施及配套管网建设，并保障其正常运行，提高城乡污水收集处理能力。

长江流域县级以上地方人民政府应当组织对本行政区域的江河、湖泊排污口开展排查整治，明确责任主体，实施分类管理。

在长江流域江河、湖泊新设、改设或者扩大排污口，应当按照国家有关规定报经有管辖权的生态环境主管部门或者长江流域生态环境监督管理机构同意。对未达到水质目标的水功能区，除污水集中处理设施排污口外，应当严格控制新设、改设或者扩大排污口。

第四十八条 国家加强长江流域农业面源污染防治。长江流域农业生产应当科学使用农业投入品，减少化肥、农药施用，推广有机肥使用，科学处置农用薄膜、农作物秸秆等农业废弃物。

第四十九条 禁止在长江流域河湖管理范围内倾倒、填埋、堆放、弃置、处理固体废物。长江流域县级以上地方人民政府应当加强对固体废物非法转移和倾倒的联防联控。

第五十条 长江流域县级以上地方人民政府应当组织对沿河湖垃圾填埋场、加油站、矿山、尾矿库、危险废物处置场、化工园区和化工项目等地下水重点污染源及周边地下水环境风险隐患开展调查评估，并采取相应风险防范和整治措施。

第五十一条 国家建立长江流域危险货物运输船舶污染责任保险与财务担保相结合机制。具体办法由国务院交通运输主管部门会同国务院有关部门制定。

禁止在长江流域水上运输剧毒化学品和国家规定禁止通过内河运输的其他危险化学品。长江流域县级以上地方人民政府交通运输主管部门会同本级人民政府有关部门加强对长江流域危险化学品运输的管控。"

第十一节 《中华人民共和国黄河保护法》的有关规定

2022年10月30日，第十三届全国人民代表大会常务委员会第三十七次会议通过《中华人民共和国黄河保护法》，自2023年4月1日起施行。

黄河是中华民族的母亲河，保护黄河是事关中华民族伟大复兴的千秋大计。新中国成立后，党和国家开展了大规模的黄河治理保护工作，取得了举世瞩目的成就。特别是党的十八大以来，党中央着眼于生态文明建设全局，明确了"节水优先、空间均衡、系统治理、两手发力"的治水思路，黄河流域经济社会发展和百姓生活发生了很大的变化。但是，当前黄河流域仍存在一些突出困难和问题，既有先天不足的客观制约，也有后天失养的人为因素，从制度层面看，主要存在黄河流域管理体制有待完善、规划协调衔接不够、管控措施需要强化以及生态保护与修复、水资源刚性约束、水沙调控与防洪安全、污染防治制度有待健全等问题，亟须通过制订黄河保护法予以解决。

一、黄河流域生态保护和高质量发展的原则

《中华人民共和国黄河保护法》第三条规定：

"第三条　黄河流域生态保护和高质量发展，坚持中国共产党的领导，落实重在保护、要在治理的要求，加强污染防治，贯彻生态优先、绿色发展，量水而行、节水为重，因地制宜、分类施策，统筹谋划、协同推进的原则。"

二、黄河流域生态环境分区管控方案和准入清单的有关规定

《中华人民共和国黄河保护法》第二十五条、第二十六条规定：

"第二十五条　国家对黄河流域国土空间严格实行用途管制。黄河流域县级以上地方人民政府自然资源主管部门依据国土空间规划，对本行政区域黄河流域国土空间实行分区、分类用途管制。

黄河流域国土空间开发利用活动应当符合国土空间用途管制要求，并依法取得规划许可。

禁止违反国家有关规定、未经国务院批准，占用永久基本农田。禁止擅自占用耕地进行非农业建设，严格控制耕地转为林地、草地、园地等其他农用地。

黄河流域县级以上地方人民政府应当严格控制黄河流域以人工湖、人工湿地等形式新建人造水景观，黄河流域统筹协调机制应当组织有关部门加强监督管理。

第二十六条　黄河流域省级人民政府根据本行政区域的生态环境和资源利用状况，按照生态保护红线、环境质量底线、资源利用上线的要求，制定生态环境分区管控方案和生态环境准入清单，报国务院生态环境主管部门备案后实施。生态环境分区管控方案和生态环境准入清单应当与国土空间规划相衔接。

禁止在黄河干支流岸线管控范围内新建、扩建化工园区和化工项目。禁止在黄河干流岸线和重要支流岸线的管控范围内新建、改建、扩建尾矿库；但是以提升安全水平、生态环境保护水平为目的的改建除外。

干支流目录、岸线管控范围由国务院水行政、自然资源、生态环境主管部门按照职责分工，会同黄河流域省级人民政府确定并公布。"

三、黄河流域水电开发的有关规定

《中华人民共和国黄河保护法》第二十七条、第二十八条规定：

"第二十七条　黄河流域水电开发，应当进行科学论证，符合国家发展规划、流域综合规划和生态保护要求。对黄河流域已建小水电工程，不符合生态保护要求的，县级以上地方人民政府应当组织分类整改或者采取措施逐步退出。

第二十八条　黄河流域管理机构统筹防洪减淤、城乡供水、生态保护、灌溉用水、水力发电等目标，建立水资源、水沙、防洪防凌综合调度体系，实施黄河干支流控制性水工程统一调度，保障流域水安全，发挥水资源综合效益。"

二、黄河流域生态保护与修复的有关规定

《中华人民共和国黄河保护法》第二十九条至第四十四条规定：

"第二十九条　国家加强黄河流域生态保护与修复，坚持山水林田湖草沙一体化保护与修复，实行自然恢复为主、自然恢复与人工修复相结合的系统治理。

国务院自然资源主管部门应当会同国务院有关部门编制黄河流域国土空间生态修复规划，组织实施重大生态修复工程，统筹推进黄河流域生态保护与修复工作。

第三十条　国家加强对黄河水源涵养区的保护，加大对黄河干流和支流源头、水源涵养区的雪山冰川、高原冻土、高寒草甸、草原、湿地、荒漠、泉域等的保护力度。

禁止在黄河上游约古宗列曲、扎陵湖、鄂陵湖、玛多河湖群等河道、湖泊管理范围内从事采矿、采砂、渔猎等活动，维持河道、湖泊天然状态。

第三十一条　国务院和黄河流域省级人民政府应当依法在重要生态功能区域、生态脆弱区域划定公益林，实施严格管护；需要补充灌溉的，在水资源承载能力范围内合理安排灌溉用水。

国务院林业和草原主管部门应当会同国务院有关部门、黄河流域省级人民政府，加强对黄河流域重要生态功能区域天然林、湿地、草原保护与修复和荒漠化、沙化土地治理工作的指导。

黄河流域县级以上地方人民政府应当采取防护林建设、禁牧封育、锁边防风固沙工程、沙化土地封禁保护、鼠害防治等措施，加强黄河流域重要生态功能区域天然林、湿地、草原保护与修复，开展规模化防沙治沙，科学治理荒漠化、沙化土地，在河套平原区、内蒙古高原湖泊萎缩退化区、黄土高原土地沙化区、汾渭平原等重点区域实施生态修复工程。

第三十二条　国家加强对黄河流域子午岭—六盘山、秦岭北麓、贺兰山、白于山、陇中等水土流失重点预防区、治理区和渭河、洮河、汾河、伊洛河等重要支流源头区的水土流失防治。水土流失防治应当根据实际情况，科学采取生物措施和工程措施。

禁止在二十五度以上陡坡地开垦种植农作物。黄河流域省级人民政府根据本行政区域的实际情况，可以规定小于二十五度的禁止开垦坡度。禁止开垦的陡坡地范围由所在地县级人民政府划定并公布。

第三十三条　国务院水行政主管部门应当会同国务院有关部门加强黄河流域砒砂岩区、多沙粗沙区、水蚀风蚀交错区和沙漠入河区等生态脆弱区域保护和治理，开展土壤侵蚀和水土流失状况评估，实施重点防治工程。

黄河流域县级以上地方人民政府应当组织推进小流域综合治理、坡耕地综合整治、

黄土高原塬面治理保护、适地植被建设等水土保持重点工程，采取塬面、沟头、沟坡、沟道防护等措施，加强多沙粗沙区治理，开展生态清洁流域建设。

国家支持在黄河流域上中游开展整沟治理。整沟治理应当坚持规划先行、系统修复、整体保护、因地制宜、综合治理、一体推进。

第三十四条　国务院水行政主管部门应当会同国务院有关部门制定淤地坝建设、养护标准或者技术规范，健全淤地坝建设、管理、安全运行制度。

黄河流域县级以上地方人民政府应当因地制宜组织开展淤地坝建设，加快病险淤地坝除险加固和老旧淤地坝提升改造，建设安全监测和预警设施，将淤地坝工程防汛纳入地方防汛责任体系，落实管护责任，提高养护水平，减少下游河道淤积。

禁止损坏、擅自占用淤地坝。

第三十五条　禁止在黄河流域水土流失严重、生态脆弱区域开展可能造成水土流失的生产建设活动。确因国家发展战略和国计民生需要建设的，应当进行科学论证，并依法办理审批手续。

生产建设单位应当依法编制并严格执行经批准的水土保持方案。

从事生产建设活动造成水土流失的，应当按照国家规定的水土流失防治相关标准进行治理。

第三十六条　国务院水行政主管部门应当会同国务院有关部门和山东省人民政府，编制并实施黄河入海河口整治规划，合理布局黄河入海流路，加强河口治理，保障入海河道畅通和河口防洪防凌安全，实施清水沟、刁口河生态补水，维护河口生态功能。

国务院自然资源、林业和草原主管部门应当会同国务院有关部门和山东省人民政府，组织开展黄河三角洲湿地生态保护与修复，有序推进退塘还河、退耕还湿、退田还滩，加强外来入侵物种防治，减少油气开采、围垦养殖、港口航运等活动对河口生态系统的影响。

禁止侵占刁口河等黄河备用入海流路。

第三十七条　国务院水行政主管部门确定黄河干流、重要支流控制断面生态流量和重要湖泊生态水位的管控指标，应当征求并研究国务院生态环境、自然资源等主管部门的意见。黄河流域省级人民政府水行政主管部门确定其他河流生态流量和其他湖泊生态水位的管控指标，应当征求并研究同级人民政府生态环境、自然资源等主管部门的意见，报黄河流域管理机构、黄河流域生态环境监督管理机构备案。确定生态流量和生态水位的管控指标，应当进行科学论证，综合考虑水资源条件、气候状况、生态环境保护要求、生活生产用水状况等因素。

黄河流域管理机构和黄河流域省级人民政府水行政主管部门按照职责分工，组织编制和实施生态流量和生态水位保障实施方案。

黄河干流、重要支流水工程应当将生态用水调度纳入日常运行调度规程。

第三十八条　国家统筹黄河流域自然保护地体系建设。国务院和黄河流域省级人民政府在黄河流域重要典型生态系统的完整分布区、生态环境敏感区以及珍贵濒危野生动植物天然集中分布区和重要栖息地、重要自然遗迹分布区等区域，依法设立国家公园、自然保护区、自然公园等自然保护地。

自然保护地建设、管理涉及河道、湖泊管理范围的，应当统筹考虑河道、湖泊保护需要，满足防洪要求，并保障防洪工程建设和管理活动的开展。

第三十九条　国务院林业和草原、农业农村主管部门应当会同国务院有关部门和黄河流域省级人民政府按照职责分工，对黄河流域数量急剧下降或者极度濒危的野生动植物和受到严重破坏的栖息地、天然集中分布区、破碎化的典型生态系统开展保护与修复，修建迁地保护设施，建立野生动植物遗传资源基因库，进行抢救性修复。

国务院生态环境主管部门和黄河流域县级以上地方人民政府组织开展黄河流域生物多样性保护管理，定期评估生物受威胁状况以及生物多样性恢复成效。

第四十条　国务院农业农村主管部门应当会同国务院有关部门和黄河流域省级人民政府，建立黄河流域水生生物完整性指数评价体系，组织开展黄河流域水生生物完整性评价，并将评价结果作为评估黄河流域生态系统总体状况的重要依据。黄河流域水生生物完整性指数应当与黄河流域水环境质量标准相衔接。

第四十一条　国家保护黄河流域水产种质资源和珍贵濒危物种，支持开展水产种质资源保护区、国家重点保护野生动物人工繁育基地建设。

禁止在黄河流域开放水域养殖、投放外来物种和其他非本地物种种质资源。

第四十二条　国家加强黄河流域水生生物产卵场、索饵场、越冬场、洄游通道等重要栖息地的生态保护与修复。对鱼类等水生生物洄游产生阻隔的涉水工程应当结合实际采取建设过鱼设施、河湖连通、增殖放流、人工繁育等多种措施，满足水生生物的生态需求。

国家实行黄河流域重点水域禁渔期制度，禁渔期内禁止在黄河流域重点水域从事天然渔业资源生产性捕捞，具体办法由国务院农业农村主管部门制定。黄河流域县级以上地方人民政府应当按照国家有关规定做好禁渔期渔民的生活保障工作。

禁止电鱼、毒鱼、炸鱼等破坏渔业资源和水域生态的捕捞行为。

第四十三条　国务院水行政主管部门应当会同国务院自然资源主管部门组织划定并公布黄河流域地下水超采区。

黄河流域省级人民政府水行政主管部门应当会同本级人民政府有关部门编制本行政区域地下水超采综合治理方案，经省级人民政府批准后，报国务院水行政主管部门备案。

第四十四条　黄河流域县级以上地方人民政府应当组织开展退化农用地生态修复，实施农田综合整治。

黄河流域生产建设活动损毁的土地，由生产建设者负责复垦。因历史原因无法确定土地复垦义务人以及因自然灾害损毁的土地，由黄河流域县级以上地方人民政府负责组织复垦。

黄河流域县级以上地方人民政府应当加强对矿山的监督管理，督促采矿权人履行矿山污染防治和生态修复责任，并因地制宜采取消除地质灾害隐患、土地复垦、恢复植被、防治污染等措施，组织开展历史遗留矿山生态修复工作。"

三、黄河流域水资源节约集约利用的有关规定

《中华人民共和国黄河保护法》第四十五条至第五十九条规定：

"**第四十五条**　黄河流域水资源利用，应当坚持节水优先、统筹兼顾、集约使用、精打细算，优先满足城乡居民生活用水，保障基本生态用水，统筹生产用水。

第四十六条　国家对黄河水量实行统一配置。制定和调整黄河水量分配方案，应当充分考虑黄河流域水资源条件、生态环境状况、区域用水状况、节水水平、洪水资源化利用等，统筹当地水和外调水、常规水和非常规水，科学确定水资源可利用总量和河道输沙入海水量，分配区域地表水取用水总量。

黄河流域管理机构商黄河流域省级人民政府制定和调整黄河水量分配方案和跨省支流水量分配方案。黄河水量分配方案经国务院发展改革部门、水行政主管部门审查后，报国务院批准。跨省支流水量分配方案报国务院授权的部门批准。

黄河流域省级人民政府水行政主管部门根据黄河水量分配方案和跨省支流水量分配方案，制定和调整本行政区域水量分配方案，经省级人民政府批准后，报黄河流域管理机构备案。

第四十七条　国家对黄河流域水资源实行统一调度，遵循总量控制、断面流量控制、分级管理、分级负责的原则，根据水情变化进行动态调整。

国务院水行政主管部门依法组织黄河流域水资源统一调度的实施和监督管理。

第四十八条　国务院水行政主管部门应当会同国务院自然资源主管部门制定黄河流域省级行政区域地下水取水总量控制指标。

黄河流域省级人民政府水行政主管部门应当会同本级人民政府有关部门，根据本行政区域地下水取水总量控制指标，制定设区的市、县级行政区域地下水取水总量控制指标和地下水水位控制指标，经省级人民政府批准后，报国务院水行政主管部门或者黄河流域管理机构备案。

第四十九条　黄河流域县级以上行政区域的地表水取用水总量不得超过水量分配方案确定的控制指标，并符合生态流量和生态水位的管控指标要求；地下水取水总量不得超过本行政区域地下水取水总量控制指标，并符合地下水水位控制指标要求。

黄河流域县级以上地方人民政府应当根据本行政区域取用水总量控制指标，统筹考虑经济社会发展用水需求、节水标准和产业政策，制定本行政区域农业、工业、生活及河道外生态等用水量控制指标。

第五十条　在黄河流域取用水资源，应当依法取得取水许可。

黄河干流取水，以及跨省重要支流指定河段限额以上取水，由黄河流域管理机构负责审批取水申请，审批时应当研究取水口所在地的省级人民政府水行政主管部门的意见；其他取水由黄河流域县级以上地方人民政府水行政主管部门负责审批取水申请。指定河段和限额标准由国务院水行政主管部门确定公布、适时调整。

第五十一条　国家在黄河流域实行水资源差别化管理。国务院水行政主管部门应当会同国务院自然资源主管部门定期组织开展黄河流域水资源评价和承载能力调查评估。评估结果作为划定水资源超载地区、临界超载地区、不超载地区的依据。

水资源超载地区县级以上地方人民政府应当制定水资源超载治理方案，采取产业结构调整、强化节水等措施，实施综合治理。水资源临界超载地区县级以上地方人民政府应当采取限制性措施，防止水资源超载。

除生活用水等民生保障用水外，黄河流域水资源超载地区不得新增取水许可；水资源临界超载地区应当严格限制新增取水许可。

第五十二条　国家在黄河流域实行强制性用水定额管理制度。国务院水行政、标准化主管部门应当会同国务院发展改革部门组织制定黄河流域高耗水工业和服务业强制性用水定额。制定强制性用水定额应当征求国务院有关部门、黄河流域省级人民政府、企业事业单位和社会公众等方面的意见，并依照《中华人民共和国标准化法》的有关规定执行。

黄河流域省级人民政府按照深度节水控水要求，可以制定严于国家用水定额的地方用水定额；国家用水定额未作规定的，可以补充制定地方用水定额。

黄河流域以及黄河流经省、自治区其他黄河供水区相关县级行政区域的用水单位，应当严格执行强制性用水定额；超过强制性用水定额的，应当限期实施节水技术改造。

第五十三条　黄河流域以及黄河流经省、自治区其他黄河供水区相关县级行政区域的县级以上地方人民政府水行政主管部门和黄河流域管理机构核定取水单位的取水量，应当符合用水定额的要求。

黄河流域以及黄河流经省、自治区其他黄河供水区相关县级行政区域取水量达到取水规模以上的单位，应当安装合格的在线计量设施，保证设施正常运行，并将计量数据传输至有管理权限的水行政主管部门或者黄河流域管理机构。取水规模标准由国务院水行政主管部门制定。

第五十四条　国家在黄河流域实行高耗水产业准入负面清单和淘汰类高耗水产业目录制度。列入高耗水产业准入负面清单和淘汰类高耗水产业目录的建设项目，取水申请不予批准。高耗水产业准入负面清单和淘汰类高耗水产业目录由国务院发展改革部门会同国务院水行政主管部门制定并发布。

严格限制从黄河流域向外流域扩大供水量，严格限制新增引黄灌溉用水量。因实施国家重大战略确需新增用水量的，应当严格进行水资源论证，并取得黄河流域管理机构批准的取水许可。

第五十五条　黄河流域县级以上地方人民政府应当组织发展高效节水农业，加强农业节水设施和农业用水计量设施建设，选育推广低耗水、高耐旱农作物，降低农业耗水量。禁止取用深层地下水用于农业灌溉。

黄河流域工业企业应当优先使用国家鼓励的节水工艺、技术和装备。国家鼓励的工业节水工艺、技术和装备目录由国务院工业和信息化主管部门会同国务院有关部门制定并发布。

黄河流域县级以上地方人民政府应当组织推广应用先进适用的节水工艺、技术、装备、产品和材料，推进工业废水资源化利用，支持企业用水计量和节水技术改造，支持工业园区企业发展串联用水系统和循环用水系统，促进能源、化工、建材等高耗水产业节水。高耗水工业企业应当实施用水计量和节水技术改造。

黄河流域县级以上地方人民政府应当组织实施城乡老旧供水设施和管网改造，推广普及节水型器具，开展公共机构节水技术改造，控制高耗水服务业用水，完善农村集中供水和节水配套设施。

黄河流域县级以上地方人民政府及其有关部门应当加强节水宣传教育和科学普及，提高公众节水意识，营造良好节水氛围。

第五十六条　国家在黄河流域建立促进节约用水的水价体系。城镇居民生活用水和具备条件的农村居民生活用水实行阶梯水价，高耗水工业和服务业水价实行高额累进加价，非居民用水水价实行超定额累进加价，推进农业水价综合改革。

国家在黄河流域对节水潜力大、使用面广的用水产品实行水效标识管理，限期淘汰水效等级较低的用水产品，培育合同节水等节水市场。

第五十七条　国务院水行政主管部门应当会同国务院有关部门制定黄河流域重要饮用水水源地名录。黄河流域省级人民政府水行政主管部门应当会同本级人民政府有关部门制定本行政区域的其他饮用水水源地名录。

黄河流域省级人民政府组织划定饮用水水源保护区，加强饮用水水源保护，保障饮用水安全。黄河流域县级以上地方人民政府及其有关部门应当合理布局饮用水水源取水口，加强饮用水应急水源、备用水源建设。

第五十八条　国家综合考虑黄河流域水资源条件、经济社会发展需要和生态环境保护要求，统筹调出区和调入区供水安全和生态安全，科学论证、规划和建设跨流域调水和重大水源工程，加快构建国家水网，优化水资源配置，提高水资源承载能力。

黄河流域县级以上地方人民政府应当组织实施区域水资源配置工程建设，提高城乡供水保障程度。

第五十九条　黄河流域县级以上地方人民政府应当推进污水资源化利用，国家对相关设施建设予以支持。

黄河流域县级以上地方人民政府应当将再生水、雨水、苦咸水、矿井水等非常规水纳入水资源统一配置，提高非常规水利用比例。景观绿化、工业生产、建筑施工等用水，应当优先使用符合要求的再生水。"

四、黄河流域污染防治的有关规定

《中华人民共和国黄河保护法》第七十二条至第八十一条规定：

"第七十二条　国家加强黄河流域农业面源污染、工业污染、城乡生活污染等的综合治理、系统治理、源头治理，推进重点河湖环境综合整治。

第七十三条　国务院生态环境主管部门制定黄河流域水环境质量标准，对国家水环境质量标准中未作规定的项目，可以作出补充规定；对国家水环境质量标准中已经规定的项目，可以作出更加严格的规定。制定黄河流域水环境质量标准应当征求国务院有关部门和有关省级人民政府的意见。

黄河流域省级人民政府可以制定严于黄河流域水环境质量标准的地方水环境质量标准，报国务院生态环境主管部门备案。

第七十四条　对没有国家水污染物排放标准的特色产业、特有污染物，以及国家有明确要求的特定水污染源或者水污染物，黄河流域省级人民政府应当补充制定地方水污染物排放标准，报国务院生态环境主管部门备案。

有下列情形之一的，黄河流域省级人民政府应当制定严于国家水污染物排放标准的地方水污染物排放标准，报国务院生态环境主管部门备案：

（一）产业密集、水环境问题突出；

（二）现有水污染物排放标准不能满足黄河流域水环境质量要求；

（三）流域或者区域水环境形势复杂，无法适用统一的水污染物排放标准。

第七十五条　国务院生态环境主管部门根据水环境质量改善目标和水污染防治要求，确定黄河流域各省级行政区域重点水污染物排放总量控制指标。黄河流域水环境质量不达标的水功能区，省级人民政府生态环境主管部门应当实施更加严格的水污染物排放总量削减措施，限期实现水环境质量达标。排放水污染物的企业事业单位应当按照要求，采取水污染物排放总量控制措施。

黄河流域县级以上地方人民政府应当加强和统筹污水、固体废物收集处理处置等环境基础设施建设，保障设施正常运行，因地制宜推进农村厕所改造、生活垃圾处理和污水治理，消除黑臭水体。

第七十六条　在黄河流域河道、湖泊新设、改设或者扩大排污口，应当报经有管辖权的生态环境主管部门或者黄河流域生态环境监督管理机构批准。新设、改设或者扩大可能影响防洪、供水、堤防安全、河势稳定的排污口的，审批时应当征求县级以上地方人民政府水行政主管部门或者黄河流域管理机构的意见。

黄河流域水环境质量不达标的水功能区，除城乡污水集中处理设施等重要民生工程的排污口外，应当严格控制新设、改设或者扩大排污口。

黄河流域县级以上地方人民政府应当对本行政区域河道、湖泊的排污口组织开展排查整治，明确责任主体，实施分类管理。

第七十七条　黄河流域县级以上地方人民政府应当对沿河道、湖泊的垃圾填埋场、加油站、储油库、矿山、尾矿库、危险废物处置场、化工园区和化工项目等地下水重点污染源及周边地下水环境风险隐患组织开展调查评估，采取风险防范和整治措施。

黄河流域设区的市级以上地方人民政府生态环境主管部门商本级人民政府有关部门，制定并发布地下水污染防治重点排污单位名录。地下水污染防治重点排污单位应当依法安装水污染物排放自动监测设备，与生态环境主管部门的监控设备联网，并保证监测设备正常运行。

第七十八条　黄河流域省级人民政府生态环境主管部门应当会同本级人民政府水行政、自然资源等主管部门，根据本行政区域地下水污染防治需要，划定地下水污染防治重点区，明确环境准入、隐患排查、风险管控等管理要求。

黄河流域县级以上地方人民政府应当加强油气开采区等地下水污染防治监督管理。在黄河流域开发煤层气、致密气等非常规天然气的，应当对其产生的压裂液、采出水进行处理处置，不得污染土壤和地下水。

第七十九条　黄河流域县级以上地方人民政府应当加强黄河流域土壤生态环境保护，防止新增土壤污染，因地制宜分类推进土壤污染风险管控与修复。

黄河流域县级以上地方人民政府应当加强黄河流域固体废物污染环境防治，组织开展固体废物非法转移和倾倒的联防联控。

第八十条　国务院生态环境主管部门应当在黄河流域定期组织开展大气、水体、土壤、生物中有毒有害化学物质调查监测，并会同国务院卫生健康等主管部门开展黄河流域有毒有害化学物质环境风险评估与管控。

国务院生态环境等主管部门和黄河流域县级以上地方人民政府及其有关部门应当加强对持久性有机污染物等新污染物的管控、治理。

第八十一条　黄河流域县级以上地方人民政府及其有关部门应当加强农药、化肥等农业投入品使用总量控制、使用指导和技术服务，推广病虫害绿色防控等先进适用技术，实施灌区农田退水循环利用，加强对农业污染源的监测预警。

黄河流域农业生产经营者应当科学合理使用农药、化肥、兽药等农业投入品，科学处理、处置农业投入品包装废弃物、农用薄膜等农业废弃物，综合利用农作物秸秆，加强畜禽、水产养殖污染防治。"

第十二节　《中华人民共和国青藏高原生态保护法》的有关规定

2023年4月26日，第十四届全国人民代表大会常务委员会第二次会议通过《中华人民共和国青藏高原生态保护法》，自2023年9月1日起施行。

青藏高原是世界上最高的高原，是全球气候变化的关键区、敏感区，是世界山地冰川最发育的地区和亚洲多条重要江河的源头区，也是全球气候变化和高原生态研究的热点地区。青藏高原的生态系统质量与功能状况直接影响到我国的生态安全、生物多样性、水资源供应、气候系统稳定和碳收支平衡，在我国乃至世界生态安全中具有独特而不可替代的作用。制定青藏高原生态保护法，依法保护好青藏高原自然生态系统，关乎国家长远，涉及子孙后代。

一、青藏高原的范围

《中华人民共和国青藏高原生态保护法》第二条第二款规定：

"本法所称青藏高原，是指西藏自治区、青海省的全部行政区域和新疆维吾尔自治区、四川省、甘肃省、云南省的相关县级行政区域。"

二、青藏高原生态保护修复的有关规定

《中华人民共和国青藏高原生态保护法》第十八条至第三十四条规定：

"第十八条 国家加强青藏高原生态保护修复，坚持山水林田湖草沙冰一体化保护修复，实行自然恢复为主、自然恢复与人工修复相结合的系统治理。

第十九条 国务院有关部门和有关地方人民政府加强三江源地区的生态保护修复工作，对依法设立的国家公园进行系统保护和分区分类管理，科学采取禁牧封育等措施，加大退化草原、退化湿地、沙化土地治理和水土流失防治的力度，综合整治重度退化土地；严格禁止破坏生态功能或者不符合差别化管控要求的各类资源开发利用活动。

第二十条 国务院有关部门和青藏高原县级以上地方人民政府应当建立健全青藏高原雪山冰川冻土保护制度，加强对雪山冰川冻土的监测预警和系统保护。

青藏高原省级人民政府应当将大型冰帽冰川、小规模冰川群等划入生态保护红线，对重要雪山冰川实施封禁保护，采取有效措施，严格控制人为扰动。

青藏高原省级人民政府应当划定冻土区保护范围，加强对多年冻土区和中深季节冻土区的保护，严格控制多年冻土区资源开发，严格审批多年冻土区城镇规划和交通、管线、输变电等重大工程项目。

青藏高原省级人民政府应当开展雪山冰川冻土与周边生态系统的协同保护，维持有利于雪山冰川冻土保护的自然生态环境。

第二十一条 国务院有关部门和青藏高原地方各级人民政府建立健全青藏高原江河、湖泊管理和保护制度，完善河湖长制，加大对长江、黄河、澜沧江、雅鲁藏布江、怒江等重点河流和青海湖、扎陵湖、鄂陵湖、色林错、纳木错、羊卓雍错、玛旁雍错等重点湖泊的保护力度。

青藏高原河道、湖泊管理范围由有关县级以上地方人民政府依法科学划定并公布。禁止违法利用、占用青藏高原河道、湖泊水域和岸线。

第二十二条　青藏高原水资源开发利用，应当符合流域综合规划，坚持科学开发、合理利用，统筹各类用水需求，兼顾上下游、干支流、左右岸利益，充分发挥水资源的综合效益，保障用水安全和生态安全。

第二十三条　国家严格保护青藏高原大江大河源头等重要生态区位的天然草原，依法将维护国家生态安全、保障草原畜牧业健康发展发挥最基本、最重要作用的草原划为基本草原。青藏高原县级以上地方人民政府应当加强青藏高原草原保护，对基本草原实施更加严格的保护和管理，确保面积不减少、质量不下降、用途不改变。

国家加强青藏高原高寒草甸、草原生态保护修复。青藏高原县级以上地方人民政府应当优化草原围栏建设，采取有效措施保护草原原生植被，科学推进退化草原生态修复工作，实施黑土滩等退化草原综合治理。

第二十四条　青藏高原县级以上地方人民政府及其有关部门应当统筹协调草原生态保护和畜牧业发展，结合当地实际情况，定期核定草原载畜量，落实草畜平衡，科学划定禁牧区，防止超载过牧。对严重退化、沙化、盐碱化、石漠化的草原和生态脆弱区的草原，实行禁牧、休牧制度。

草原承包经营者应当合理利用草原，不得超过核定的草原载畜量；采取种植和储备饲草饲料、增加饲草饲料供应量、调剂处理牲畜、优化畜群结构等措施，保持草畜平衡。

第二十五条　国家全面加强青藏高原天然林保护，严格限制采伐天然林，加强原生地带性植被保护，优化森林生态系统结构，健全重要流域防护林体系。国务院和青藏高原省级人民政府应当依法在青藏高原重要生态区、生态状况脆弱区划定公益林，实施严格管理。

青藏高原县级以上地方人民政府及其有关部门应当科学实施国土绿化，因地制宜，合理配置乔灌草植被，优先使用乡土树种草种，提升绿化质量，加强有害生物防治和森林草原火灾防范。

第二十六条　国家加强青藏高原湿地保护修复，增强湿地水源涵养、气候调节、生物多样性保护等生态功能，提升湿地固碳能力。

青藏高原县级以上地方人民政府应当加强湿地保护协调工作，采取有效措施，落实湿地面积总量管控目标的要求，优化湿地保护空间布局，强化江河源头、上中游和泥炭沼泽湿地整体保护，对生态功能严重退化的湿地进行综合整治和修复。

禁止在星宿海、扎陵湖、鄂陵湖、若尔盖等泥炭沼泽湿地开采泥炭。禁止开（围）垦、排干自然湿地等破坏湿地及其生态功能的行为。

第二十七条　青藏高原地方各级人民政府及其有关部门应当落实最严格耕地保护制度，采取有效措施提升耕地基础地力，增强耕地生态功能，保护和改善耕地生态环境；鼓励和支持农业生产经营者采取养用结合、盐碱地改良、生态循环、废弃物综合利用等方式，科学利用耕地，推广使用绿色、高效农业生产技术，严格控制化肥、农药施用，科学处置农用薄膜、农作物秸秆等农业废弃物。

第二十八条　国务院林业草原、农业农村主管部门会同国务院有关部门和青藏高原省级人民政府按照职责分工，开展野生动植物物种调查，根据调查情况提出实施保护措施的意见，完善相关名录制度，加强野生动物重要栖息地、迁徙洄游通道和野生植物原生境保护，对野牦牛、藏羚、普氏原羚、雪豹、大熊猫、高黎贡白眉长臂猿、黑颈鹤、川陕哲罗鲑、骨唇黄河鱼、黑斑原鳅、扁吻鱼、尖裸鲤和大花红景天、西藏杓兰、雪兔子等青藏高原珍贵濒危或者特有野生动植物物种实行重点保护。

国家支持开展野生动物救护繁育野化基地以及植物园、高原生物种质资源库建设，加强对青藏高原珍贵濒危或者特有野生动植物物种的救护和迁地保护。

青藏高原县级以上地方人民政府应当组织有关单位和个人积极开展野生动物致害综合防控。对野生动物造成人员伤亡，牲畜、农作物或者其他财产损失的，依法给予补偿。

第二十九条　国家加强青藏高原生物多样性保护，实施生物多样性保护重大工程，防止对生物多样性的破坏。

国务院有关部门和青藏高原地方各级人民政府应当采取有效措施，建立完善生态廊道，提升生态系统完整性和连通性。

第三十条　青藏高原县级以上地方人民政府及其林业草原主管部门，应当采取荒漠化土地封禁保护、植被保护与恢复等措施，加强荒漠生态保护与荒漠化土地综合治理。

第三十一条　青藏高原省级人民政府应当采取封禁抚育、轮封轮牧、移民搬迁等措施，实施高原山地以及农田风沙地带、河岸地带、生态防护带等重点治理工程，提升水土保持功能。

第三十二条　国务院水行政主管部门和青藏高原省级人民政府应当采取有效措施，加强对三江源、祁连山黑河流域、金沙江和岷江上游、雅鲁藏布江以及金沙江、澜沧江、怒江三江并流地区等重要江河源头区和水土流失重点预防区、治理区，人口相对密集高原河谷区的水土流失防治。

禁止在青藏高原水土流失严重、生态脆弱的区域开展可能造成水土流失的生产建设活动。确因国家发展战略和国计民生需要建设的，应当经科学论证，并依法办理审批手续，严格控制扰动范围。

第三十三条　在青藏高原设立探矿权、采矿权应当符合国土空间规划和矿产资源规划要求。依法禁止在长江、黄河、澜沧江、雅鲁藏布江、怒江等江河源头自然保护地内从事不符合生态保护管控要求的采砂、采矿活动。

在青藏高原从事矿产资源勘查、开采活动，探矿权人、采矿权人应当采用先进适用的工艺、设备和产品，选择环保、安全的勘探、开采技术和方法，避免或者减少对矿产资源和生态环境的破坏；禁止使用国家明令淘汰的工艺、设备和产品。在生态环境敏感区从事矿产资源勘查、开采活动，应当符合相关管控要求，采取避让、减缓和及时修复重建等保护措施，防止造成环境污染和生态破坏。

第三十四条　青藏高原县级以上地方人民政府应当因地制宜采取消除地质灾害隐患、土地复垦、恢复植被、防治污染等措施，加快历史遗留矿山生态修复工作，加强对在建和运行中矿山的监督管理，督促采矿权人依法履行矿山污染防治和生态修复责任。

在青藏高原开采矿产资源应当科学编制矿产资源开采方案和矿区生态修复方案。新建矿山应当严格按照绿色矿山建设标准规划设计、建设和运营管理。生产矿山应当实施绿色化升级改造，加强尾矿库运行管理，防范和化解环境和安全风险。"

三、青藏高原生态风险防控的有关规定

《中华人民共和国青藏高原生态保护法》第三十五条至第四十一条规定：

"第三十五条　国家建立健全青藏高原生态风险防控体系，采取有效措施提高自然灾害防治、气候变化应对等生态风险防控能力和水平，保障青藏高原生态安全。

第三十六条　国家加强青藏高原自然灾害调查评价和监测预警。

国务院有关部门和青藏高原县级以上地方人民政府及其有关部门应当加强对地震、雪崩、冰崩、山洪、山体崩塌、滑坡、泥石流、冰湖溃决、冻土消融、森林草原火灾、暴雨（雪）、干旱等自然灾害的调查评价和监测预警。

在地质灾害易发区进行工程建设时，应当按照有关规定进行地质灾害危险性评估，及时采取工程治理或者搬迁避让等措施。

第三十七条　国务院有关部门和青藏高原县级以上地方人民政府应当加强自然灾害综合治理，提高地震、山洪、冰湖溃决、地质灾害等自然灾害防御工程标准，建立与青藏高原生态保护相适应的自然灾害防治工程和非工程体系。

交通、水利、电力、市政、边境口岸等基础设施工程建设、运营单位应当依法承担自然灾害防治义务，采取综合治理措施，加强工程建设、运营期间的自然灾害防治，保障人民群众生命财产安全。

第三十八条　重大工程建设可能造成生态和地质环境影响的，建设单位应当根据工程沿线生态和地质环境敏感脆弱区域状况，制定沿线生态和地质环境监测方案，开展生态和地质环境影响的全生命周期监测，包括工程开工前的本底监测、工程建设中的生态和地质环境影响监测、工程运营期的生态和地质环境变化与保护修复跟踪监测。

重大工程建设应当避让野生动物重要栖息地、迁徙洄游通道和国家重点保护野生植物的天然集中分布区；无法避让的，应当采取修建野生动物通道、迁地保护等措施，避免或者减少对自然生态系统与野生动植物的影响。

第三十九条　青藏高原县级以上地方人民政府应当加强对青藏高原种质资源的保护和管理，组织开展种质资源调查与收集，完善相关资源保护设施和数据库。

禁止在青藏高原采集或者采伐国家重点保护的天然种质资源。因科研、有害生物防治、自然灾害防治等需要采集或者采伐的，应当依法取得批准。

第四十条　国务院有关部门和青藏高原省级人民政府按照职责分工,统筹推进区域外来入侵物种防控,实行外来物种引入审批管理,强化入侵物种口岸防控,加强外来入侵物种调查、监测、预警、控制、评估、清除、生态修复等工作。

任何单位和个人未经批准,不得擅自引进、释放或者丢弃外来物种。

第四十一条　国家加强对气候变化及其综合影响的监测,建立气候变化对青藏高原生态系统、气候系统、水资源、珍贵濒危或者特有野生动植物、雪山冰川冻土和自然灾害影响的预测体系,完善生态风险报告和预警机制,强化气候变化对青藏高原影响和高原生态系统演变的评估。

青藏高原省级人民政府应当开展雪山冰川冻土消融退化对区域生态系统影响的监测与风险评估。"

四、生态环境分区管控方案和准入清单的有关规定

《中华人民共和国青藏高原生态保护法》第十四条规定:

"青藏高原省级人民政府根据本行政区域的生态环境和资源利用状况,按照生态保护红线、环境质量底线、资源利用上线的要求,从严制定生态环境分区管控方案和生态环境准入清单,报国务院生态环境主管部门备案后实施。生态环境分区管控方案和生态环境准入清单应当与国土空间规划相衔接。"

第十三节　《中华人民共和国黑土地保护法》的有关规定

2022年6月24日,第十三届全国人民代表大会常务委员会第三十五次会议通过《中华人民共和国黑土地保护法》,自2022年8月1日起施行。

黑土地是指拥有黑色或者暗黑色腐殖质表土层,性状好、肥力高的优质耕地。黑土的形成与气候及地质条件密不可分,需要夏季温和湿润、冬季严寒干燥的气候条件和地面排水不畅形成上层滞水的地质条件。黑土仅能形成于四季分明且温差较大的温带地区。有黑土的地方都有湿地和沼泽分布,并在冬季形成季节性冻土。黑土的形成是一个时间漫长的过程,一厘米厚的腐殖质尚且需要经历数百年的时间才能形成,平均厚度在一米左右的黑土层,则需要经历数万年腐殖质的积累。黑土的重要性在于,其腐殖质中有机质含量较高,含有大量植物生长所必需的氮、磷、钾、镁等矿物质元素,且土壤保水性好,因而有利于植物吸收和农作物的生长。我国的黑土地主要分布在黑龙江省、吉林省、辽宁省和内蒙古自治区。2020年7月,习近平总书记在吉林省考察时指出,一定要采取有效措施,保护好黑土地这一"耕地中的大熊猫"。

一、黑土地的概念

《中华人民共和国黑土地保护法》第二条第二款规定：

"本法所称黑土地，是指黑龙江省、吉林省、辽宁省、内蒙古自治区（以下简称四省区）的相关区域范围内具有黑色或者暗黑色腐殖质表土层，性状好、肥力高的耕地。"

二、建设项目占用黑土地的有关规定

《中华人民共和国黑土地保护法》第二十一条规定：

"建设项目不得占用黑土地；确需占用的，应当依法严格审批，并补充数量和质量相当的耕地。

建设项目占用黑土地的，应当按照规定的标准对耕作层的土壤进行剥离。剥离的黑土应当就近用于新开垦耕地和劣质耕地改良、被污染耕地的治理、高标准农田建设、土地复垦等。建设项目主体应当制定剥离黑土的再利用方案，报自然资源主管部门备案。具体办法由四省区人民政府分别制定。"

第十四节　《中华人民共和国防沙治沙法》的有关规定

《中华人民共和国防沙治沙法》于2001年8月31日由第九届全国人民代表大会常务委员会第二十三次会议通过，自2002年1月1日起施行。根据2018年10月26日第十三届全国人民代表大会常务委员会第六次会议《关于修改〈中华人民共和国野生动物保护法〉等十五部法律的决定》修正。

一、沙化土地范围内开发建设活动的有关规定

《中华人民共和国防沙治沙法》第二十一条规定：

"在沙化土地范围内从事开发建设活动的，必须事先就该项目可能对当地及相关地区生态产生的影响进行环境影响评价，依法提交环境影响报告；环境影响报告应当包括有关防沙治沙的内容。"

在沙化土地范围内从事各种开发建设活动的，必须事先就该项目可能对当地及相关地区生态产生的影响进行评价，提交环境影响报告。环境影响报告应当包括有关防沙治沙的内容，所提防沙治沙措施和要求必须符合防沙治沙规划，要明确规定遏制土地沙化扩大趋势，逐步减少沙化土地的具体措施，如划出一定比例的土地，因地制宜地营造防风固沙林网、林带，种植多年生灌木和草本植物等。

二、沙化土地封禁保护区的有关规定

《中华人民共和国防沙治沙法》第二十二条规定：

"在沙化土地封禁保护区范围内，禁止一切破坏植被的活动。

禁止在沙化土地封禁保护区范围内安置移民。对沙化土地封禁保护区范围内的农牧民，县级以上地方人民政府应当有计划地组织迁出，并妥善安置。沙化土地封禁保护区范围内尚未迁出的农牧民的生产生活，由沙化土地封禁保护区主管部门妥善安排。

未经国务院或者国务院指定的部门同意，不得在沙化土地封禁保护区范围内进行修建铁路、公路等建设活动。"

第十五节　《中华人民共和国土地管理法》的有关规定

1986 年 6 月 25 日，第六届全国人民代表大会常务委员会第十六次会议通过《中华人民共和国土地管理法》，根据 1988 年 12 月 29 日第七届全国人民代表大会常务委员会第五次会议《关于修改〈中华人民共和国土地管理法〉的决定》第一次修正；1998 年 8 月 29 日第九届全国人民代表大会常务委员会第四次会议修订，自 1999 年 1 月 1 日起施行；根据 2004 年 8 月 28 日第十届全国人民代表大会常务委员会第十一次会议《关于修改〈中华人民共和国土地管理法〉的决定》第二次修正；根据 2019 年 8 月 26 日第十三届全国人民代表大会常务委员会第十二次会议《关于修改〈中华人民共和国土地管理法〉、〈中华人民共和国城市房地产管理法〉的决定》第三次修正。

土地资源是指在当前和可预见的未来对人类有用的土地。它具有固定性、生产性、有限性、不可替代性等特征。土地具有多种用途，使用其中的哪一种或哪几种用途则取决于人们的意愿。但对于某一块具体土地来说，用于不同的用途，其实现的经济效益和产生的环境效益往往大不相同。

一、国家土地用途管制制度

我国实行土地的社会主义公有制，即全民所有制和劳动群众集体所有制。全民所有，即国家所有土地的所有权由国务院代表国家行使。任何单位和个人不得侵占、买卖或者以其他形式非法转让土地。土地使用权可以依法转让。国家为了公共利益的需要，可以依法对土地实行征收并给予补偿。国家依法实行国有土地有偿使用制度。但是，国家在法律规定的范围内划拨国有土地使用权的除外。为了保证合理地使用土地，1998 年修改后的《中华人民共和国土地管理法》增加了关于"国家实行土地用途管制制度"的规定。

《中华人民共和国土地管理法》第四条规定：

"国家实行土地用途管制制度。

国家编制土地利用总体规划，规定土地用途，将土地分为农用地、建设用地和未利用地。严格限制农用地转为建设用地，控制建设用地总量，对耕地实行特殊保护。

前款所称农用地是指直接用于农业生产的土地，包括耕地、林地、草地、农田水利用地、养殖水面等；建设用地是指建造建筑物、构筑物的土地，包括城乡住宅和公共设施用地、工矿用地、交通水利设施用地、旅游用地、军事设施用地等；未利用地是指农用地和建设用地以外的土地。

使用土地的单位和个人必须严格按照土地利用总体规划确定的用途使用土地。"

二、保护耕地和永久基本农田的有关规定

《中华人民共和国土地管理法》规定：

"第三十条　国家保护耕地，严格控制耕地转为非耕地。

国家实行占用耕地补偿制度。非农业建设经批准占用耕地的，按照"占多少，垦多少"的原则，由占用耕地的单位负责开垦与所占用耕地的数量和质量相当的耕地；没有条件开垦或者开垦的耕地不符合要求的，应当按照省、自治区、直辖市的规定缴纳耕地开垦费，专款用于开垦新的耕地。

省、自治区、直辖市人民政府应当制定开垦耕地计划，监督占用耕地的单位按照计划开垦耕地或者按照计划组织开垦耕地，并进行验收。

第三十三条　国家实行永久基本农田保护制度。下列耕地应当根据土地利用总体规划划为永久基本农田，实行严格保护：

（一）经国务院农业农村主管部门或者县级以上地方人民政府批准确定的粮、棉、油、糖等重要农产品生产基地内的耕地；

（二）有良好的水利与水土保持设施的耕地，正在实施改造计划以及可以改造的中、低产田和已建成的高标准农田；

（三）蔬菜生产基地；

（四）农业科研、教学试验田；

（五）国务院规定应当划为永久基本农田的其他耕地。

各省、自治区、直辖市划定的永久基本农田一般应当占本行政区域内耕地的百分之八十以上，具体比例由国务院根据各省、自治区、直辖市耕地实际情况规定。

第三十五条　永久基本农田经依法划定后，任何单位和个人不得擅自占用或者改变其用途。国家能源、交通、水利、军事设施等重点建设项目选址确实难以避让永久基本农田，涉及农用地转用或者土地征收的，必须经国务院批准。

禁止通过擅自调整县级土地利用总体规划、乡（镇）土地利用总体规划等方式规避永久基本农田农用地转用或者土地征收的审批。

第三十七条　非农业建设必须节约使用土地，可以利用荒地的，不得占用耕地；可以利用劣地的，不得占用好地。

禁止占用耕地建窑、建坟或者擅自在耕地上建房、挖砂、采石、采矿、取土等。禁止占用永久基本农田发展林果业和挖塘养鱼。"

三、建设占用土地的有关规定

《中华人民共和国土地管理法》规定：

"第四十四条　建设占用土地，涉及农用地转为建设用地的，应当办理农用地转用审批手续。

永久基本农田转为建设用地的，由国务院批准。

在土地利用总体规划确定的城市和村庄、集镇建设用地规模范围内，为实施该规划而将永久基本农田以外的农用地转为建设用地的，按土地利用年度计划分批次按照国务院规定由原批准土地利用总体规划的机关或者其授权的机关批准。在已批准的农用地转用范围内，具体建设项目用地可以由市、县人民政府批准。

在土地利用总体规划确定的城市和村庄、集镇建设用地规模范围外，将永久基本农田以外的农用地转为建设用地的，由国务院或者国务院授权的省、自治区、直辖市人民政府批准。

第四十五条　为了公共利益的需要，有下列情形之一，确需征收农民集体所有的土地的，可以依法实施征收：

（一）军事和外交需要用地的；

（二）由政府组织实施的能源、交通、水利、通信、邮政等基础设施建设需要用地的；

（三）由政府组织实施的科技、教育、文化、卫生、体育、生态环境和资源保护、防灾减灾、文物保护、社区综合服务、社会福利、市政公用、优抚安置、英烈保护等公共事业需要用地的；

（四）由政府组织实施的扶贫搬迁、保障性安居工程建设需要用地的；

（五）在土地利用总体规划确定的城镇建设用地范围内，经省级以上人民政府批准由县级以上地方人民政府组织实施的成片开发建设需要用地的；

（六）法律规定为公共利益需要可以征收农民集体所有的土地的其他情形。

前款规定的建设活动，应当符合国民经济和社会发展规划、土地利用总体规划、城乡规划和专项规划；第（四）项、第（五）项规定的建设活动，还应当纳入国民经济和社会发展年度计划；第（五）项规定的成片开发并应当符合国务院自然资源主管部门规定的标准。"

第十六节　　《中华人民共和国矿产资源法》的有关规定

1986 年 3 月 19 日，第六届全国人民代表大会常务委员会第十五次会议通过了《中华人民共和国矿产资源法》，根据 1996 年 8 月 29 日第八届全国人民代表大会常务委员会第二十一次会议《关于修改〈中华人民共和国矿产资源法〉的决定》修正。1994 年 3 月 26 日，国务院制定了《中华人民共和国矿产资源法实施细则》。根据 2009 年 8 月 27 日第十一届全国人民代表大会常务委员会第十次会议通过的《全国人民代表大会常务委员会关于修改部分法律的决定》修正。

一、矿产资源及其限采规定

矿产资源是指由地质作用形成的，具有利用价值的，呈固态、液态、气态的自然资源。矿产资源是人类赖以生存和发展以及经济建设的物质基础，是重要的自然资源和国家宝贵的财富。矿产资源属于国家所有，由国务院行使国家矿产资源的所有权。地表或者地下的矿产资源的国家所有权，不因其所依附的土地的所有权或者使用权的不同而改变。国家保障矿产资源的合理开发利用。禁止任何组织或者个人用任何手段侵占或者破坏矿产资源。勘查、开采矿产资源，必须依法分别申请、经批准取得探矿权、采矿权，并办理登记；但是，已经依法申请取得采矿权的矿山企业在划定的矿区范围内为本企业的生产而进行的勘查除外。国家保护探矿权和采矿权不受侵犯，保障矿区和勘查作业区的生产秩序、工作秩序不受影响和破坏。从事矿产资源勘查和开采的，必须符合规定的资质条件。

《中华人民共和国矿产资源法》第二十条规定：

"非经国务院授权的有关主管部门同意，不得在下列地区开采矿产资源：

（一）港口、机场、国防工程设施圈定地区以内；

（二）重要工业区、大型水利工程设施、城镇市政工程设施附近一定距离以内；

（三）铁路、重要公路两侧一定距离以内；

（四）重要河流、堤坝两侧一定距离以内；

（五）国家划定的自然保护区、重要风景区，国家重点保护的不能移动的历史文物和名胜古迹所在地；

（六）国家规定不得开采矿产资源的其他地区。"

二、关闭矿山的有关规定

《中华人民共和国矿产资源法》第二十一条规定：

"关闭矿山，必须提出矿山闭坑报告及有关采掘工程、不安全隐患、土地复垦利用、环境保护的资料，并按照国家规定报请审查批准。"

三、矿产资源开采的有关规定

《中华人民共和国矿产资源法》第四章关于"矿产资源的开采"的有关规定：

"第二十九条 开采矿产资源，必须采取合理的开采顺序、开采方法和选矿工艺。矿山企业的开采回采率、采矿贫化率和选矿回收率应当达到设计要求。

第三十条 在开采主要矿产的同时，对具有工业价值的共生和伴生矿产应当统一规划，综合开采，综合利用，防止浪费；对暂时不能综合开采或者必须同时采出而暂时还不能综合利用的矿产以及含有有用组分的尾矿，应当采取有效的保护措施，防止损失破坏。

第三十一条 开采矿产资源，必须遵守国家劳动安全卫生规定，具备保障安全生产的必要条件。

第三十二条 开采矿产资源，必须遵守有关环境保护的法律规定，防止污染环境。

开采矿产资源，应当节约用地。耕地、草原、林地因采矿受到破坏的，矿山企业应当因地制宜地采取复垦利用、植树种草或者其他利用措施。

开采矿产资源给他人生产、生活造成损失的，应当负责赔偿，并采取必要的补救措施。

第三十三条 在建设铁路、工厂、水库、输油管道、输电线路和各种大型建筑物或者建筑群之前，建设单位必须向所在省、自治区、直辖市地质矿产主管部门了解拟建工程所在地区的矿产资源分布和开采情况。非经国务院授权的部门批准，不得压覆重要矿床。

第三十四条 国务院规定由指定的单位统一收购的矿产品，任何其他单位或者个人不得收购；开采者不得向非指定单位销售。"

第十七节 《中华人民共和国森林法》的有关规定

1984 年，全国人民代表大会常务委员会通过了《中华人民共和国森林法》。1998 年 4 月 29 日，第九届全国人民代表大会常务委员会第二次会议通过颁布了修改的《中华人民共和国森林法》。2009 年 8 月 27 日，第十一届全国人民代表大会常务委员会第十次会议《关于修改部分法律的决定》修改。2019 年 12 月 28 日，第十三届全国人民代表大会常务委员会第十五次会议修订。在中华人民共和国领域内从事森林、林木的保护、培育、利用和森林、林木、林地的经营管理活动，适用本法。

一、森林

森林，包括乔木林、竹林和国家特别规定的灌木林。按照用途可以分为防护林、特种用途林、用材林、经济林和能源林。林木，包括树木和竹子。林地，是指县级以上人民政府规划确定的用于发展林业的土地。包括郁闭度 0.2 以上的乔木林地以及竹林地、灌木林地、疏林地、采伐迹地、火烧迹地、未成林造林地、苗圃地等。在我国，森林资源属于国家所有，但由法律规定属于集体所有的除外。

二、建设工程、开垦及开采的限制和禁止规定

《中华人民共和国森林法》规定：

"第三十七条　矿藏勘查、开采以及其他各类工程建设，应当不占或者少占林地；确需占用林地的，应当经县级以上人民政府林业主管部门审核同意，依法办理建设用地审批手续。

占用林地的单位应当缴纳森林植被恢复费。森林植被恢复费征收使用管理办法由国务院财政部门会同林业主管部门制定。

县级以上人民政府林业主管部门应当按照规定安排植树造林，恢复森林植被，植树造林面积不得少于因占用林地而减少的森林植被面积。上级林业主管部门应当定期督促下级林业主管部门组织植树造林、恢复森林植被，并进行检查。

第三十八条　需要临时使用林地的，应当经县级以上人民政府林业主管部门批准；临时使用林地的期限一般不超过二年，并不得在临时使用的林地上修建永久性建筑物。

临时使用林地期满后一年内，用地单位或者个人应当恢复植被和林业生产条件。

第三十九条　禁止毁林开垦、采石、采砂、采土以及其他毁坏林木和林地的行为。

禁止向林地排放重金属或者其他有毒有害物质含量超标的污水、污泥，以及可能造成林地污染的清淤底泥、尾矿、矿渣等。

禁止在幼林地砍柴、毁苗、放牧。

禁止擅自移动或者损坏森林保护标志。"

三、采伐森林和林木必须遵守的规定

《中华人民共和国森林法》规定：

"第五十四条　国家严格控制森林年采伐量。省、自治区、直辖市人民政府林业主管部门根据消耗量低于生长量和森林分类经营管理的原则，编制本行政区域的年采伐限额，经征求国务院林业主管部门意见，报本级人民政府批准后公布实施，并报国务院备案。重点林区的年采伐限额，由国务院林业主管部门编制，报国务院批准后公布实施。

第五十五条　采伐森林、林木应当遵守下列规定：

（一）公益林只能进行抚育、更新和低质低效林改造性质的采伐。但是，因科研或者实验、防治林业有害生物、建设护林防火设施、营造生物防火隔离带、遭受自然灾害等需要采伐的除外。

（二）商品林应当根据不同情况，采取不同采伐方式，严格控制皆伐面积，伐育同步规划实施。

（三）自然保护区的林木，禁止采伐。但是，因防治林业有害生物、森林防火、维护主要保护对象生存环境、遭受自然灾害等特殊情况必须采伐的和实验区的竹林除外。

省级以上人民政府林业主管部门应当根据前款规定，按照森林分类经营管理、保护优先、注重效率和效益等原则，制定相应的林木采伐技术规程。

第五十六条 采伐林地上的林木应当申请采伐许可证，并按照采伐许可证的规定进行采伐；采伐自然保护区以外的竹林，不需要申请采伐许可证，但应当符合林木采伐技术规程。

农村居民采伐自留地和房前屋后个人所有的零星林木，不需要申请采伐许可证。

非林地上的农田防护林、防风固沙林、护路林、护岸护堤林和城镇林木等的更新采伐，由有关主管部门按照有关规定管理。

采挖移植林木按照采伐林木管理。具体办法由国务院林业主管部门制定。

禁止伪造、变造、买卖、租借采伐许可证。

第五十七条 采伐许可证由县级以上人民政府林业主管部门核发。

县级以上人民政府林业主管部门应当采取措施，方便申请人办理采伐许可证。

农村居民采伐自留山和个人承包集体林地上的林木，由县级人民政府林业主管部门或者其委托的乡镇人民政府核发采伐许可证。

第五十八条 申请采伐许可证，应当提交有关采伐的地点、林种、树种、面积、蓄积、方式、更新措施和林木权属等内容的材料。超过省级以上人民政府林业主管部门规定面积或者蓄积量的，还应当提交伐区调查设计材料。

第五十九条 符合林木采伐技术规程的，审核发放采伐许可证的部门应当及时核发采伐许可证。但是，审核发放采伐许可证的部门不得超过年采伐限额发放采伐许可证。

第六十条 有下列情形之一的，不得核发采伐许可证：

（一）采伐封山育林期、封山育林区内的林木；

（二）上年度采伐后未按照规定完成更新造林任务；

（三）上年度发生重大滥伐案件、森林火灾或者林业有害生物灾害，未采取预防和改进措施；

（四）法律法规和国务院林业主管部门规定的禁止采伐的其他情形。"

第十八节 《中华人民共和国草原法》的有关规定

《中华人民共和国草原法》1985 年 6 月 18 日第六届全国人民代表大会常务委员会第十一次会议通过，2002 年 12 月 28 日第九届全国人民代表大会常务委员会第三十一次会议修订，自 2003 年 3 月 1 日起施行。2013 年 6 月 29 日第十二届全国人民代表大会常务委员会第三次会议通过修改，自 2013 年 6 月 29 日起施行。2021 年 4 月 29 日第十三届全国人民代表大会常务委员会第二十八次会议《关于修改〈中华人民共和国道路交通安全法〉等八部法律的决定》第三次修正。

草原是在温带半干旱气候条件下，由旱生或半旱生、多年生草本植物组成的植被类型。它是以中温、旱生或半旱生密丛禾草为主的植物和相应的动物等构成的一个地带性的生态系统。《中华人民共和国草原法》所称草原，是指天然草原和人工草地。在中华人民共和国领域内从事草原规划、保护、建设、利用和管理活动，适用本法。国家对草原保护、建设、利用实行统一规划制度。

《中华人民共和国草原法》规定：

"第十八条　编制草原保护、建设、利用规划，应当依据国民经济和社会发展规划并遵循下列原则：

（一）改善生态环境，维护生物多样性，促进草原的可持续利用；

（二）以现有草原为基础，因地制宜，统筹规划，分类指导；

（三）保护为主、加强建设、分批改良、合理利用；

（四）生态效益、经济效益、社会效益相结合。

第十九条　草原保护、建设、利用规划应当包括：草原保护、建设、利用的目标和措施，草原功能分区和各项建设的总体部署，各项专业规划等。

第二十条　草原保护、建设、利用规划应当与土地利用总体规划相衔接，与环境保护规划、水土保持规划、防沙治沙规划、水资源规划、林业长远规划、城市总体规划、村庄和集镇规划以及其他有关规划相协调。"

《中华人民共和国草原法》第四十二条规定：

"国家实行基本草原保护制度。下列草原应当划为基本草原，实施严格管理：

（一）重要放牧场；

（二）割草地；

（三）用于畜牧业生产的人工草地、退耕还草地以及改良草地、草种基地；

（四）对调节气候、涵养水源、保持水土、防风固沙具有特殊作用的草原；

（五）作为国家重点保护野生动植物生存环境的草原；

（六）草原科研、教学试验基地；

（七）国务院规定应当划为基本草原的其他草原。

基本草原的保护管理办法，由国务院制定。"

《中华人民共和国草原法》第四十六条规定：

"禁止开垦草原。对水土流失严重、有沙化趋势、需要改善生态环境的已垦草原，应当有计划、有步骤地退耕还草；已造成沙化、盐碱化、石漠化的，应当限期治理。"

依据国家法律规定，草原是禁止开垦的，而且对水土流失严重、有沙化趋势、需要改善生态环境的已垦草原，应当有计划、有步骤地进行退耕还草；对已造成沙化、盐碱化、石漠化的已垦草原，强制规定进行限期治理，恢复和有效保护草原生态环境。

第十九节　《中华人民共和国湿地保护法》的有关规定

2021年12月24日，第十三届全国人民代表大会常务委员会第三十二次会议通过《中华人民共和国湿地保护法》。

湿地是全球重要生态系统之一，具有涵养水源、净化水质、维护生物多样性、蓄洪防旱、调节气候和固碳等重要的生态功能。中共中央、国务院印发的《关于加快推进生态文明建设的意见》和《生态文明体制改革总体方案》均提出要制定湿地保护方面的法律法规。建立湿地保护修复制度，实行湿地面积总量管控，严格湿地用途监管，增强湿地生态功能，维护湿地生物多样性，有利于从湿地生态系统的整体性和系统性出发，建立完整的湿地保护法律制度体系，为强化湿地的保护和修复提供法治保障。

一、湿地的含义和湿地保护应当坚持的原则

《中华人民共和国湿地保护法》第二条第二款规定：

"本法所称湿地，是指具有显著生态功能的自然或者人工的、常年或者季节性积水地带、水域，包括低潮时水深不超过六米的海域，但是水田以及用于养殖的人工的水域和滩涂除外。国家对湿地实行分级管理及名录制度。"

《中华人民共和国湿地保护法》第三条规定：

"湿地保护应当坚持保护优先、严格管理、系统治理、科学修复、合理利用的原则，发挥湿地涵养水源、调节气候、改善环境、维护生物多样性等多种生态功能。"

二、湿地面积总量控制制度和分级管理规定

《中华人民共和国湿地保护法》第十三条规定：

"国家实行湿地面积总量管控制度，将湿地面积总量管控目标纳入湿地保护目标责任制。

国务院林业草原、自然资源主管部门会同国务院有关部门根据全国湿地资源状况、自然变化情况和湿地面积总量管控要求，确定全国和各省、自治区、直辖市湿地面积总量管控目标，报国务院批准。地方各级人民政府应当采取有效措施，落实湿地面积总量管控目标的要求。"

《中华人民共和国湿地保护法》第十四条规定：

"国家对湿地实行分级管理，按照生态区位、面积以及维护生态功能、生物多样性的重要程度，将湿地分为重要湿地和一般湿地。重要湿地包括国家重要湿地和省级重要湿地，重要湿地以外的湿地为一般湿地。重要湿地依法划入生态保护红线。

国务院林业草原主管部门会同国务院自然资源、水行政、住房城乡建设、生态环境、农业农村等有关部门发布国家重要湿地名录及范围，并设立保护标志。国际重要湿地应

当列入国家重要湿地名录。

省、自治区、直辖市人民政府或者其授权的部门负责发布省级重要湿地名录及范围，并向国务院林业草原主管部门备案。

一般湿地的名录及范围由县级以上地方人民政府或者其授权的部门发布。"

三、湿地占用管理的有关规定

《中华人民共和国湿地保护法》第十九条至第二十一条规定：

"第十九条　国家严格控制占用湿地。

禁止占用国家重要湿地，国家重大项目、防灾减灾项目、重要水利及保护设施项目、湿地保护项目等除外。

建设项目选址、选线应当避让湿地，无法避让的应当尽量减少占用，并采取必要措施减轻对湿地生态功能的不利影响。

建设项目规划选址、选线审批或者核准时，涉及国家重要湿地的，应当征求国务院林业草原主管部门的意见；涉及省级重要湿地或者一般湿地的，应当按照管理权限，征求县级以上地方人民政府授权的部门的意见。

第二十条　建设项目确需临时占用湿地的，应当依照《中华人民共和国土地管理法》、《中华人民共和国水法》、《中华人民共和国森林法》、《中华人民共和国草原法》、《中华人民共和国海域使用管理法》等有关法律法规的规定办理。临时占用湿地的期限一般不得超过二年，并不得在临时占用的湿地上修建永久性建筑物。

临时占用湿地期满后一年内，用地单位或者个人应当恢复湿地面积和生态条件。

第二十一条　除因防洪、航道、港口或者其他水工程占用河道管理范围及蓄滞洪区内的湿地外，经依法批准占用重要湿地的单位应当根据当地自然条件恢复或者重建与所占用湿地面积和质量相当的湿地；没有条件恢复、重建的，应当缴纳湿地恢复费。缴纳湿地恢复费的，不再缴纳其他相同性质的恢复费用。

湿地恢复费缴纳和使用管理办法由国务院财政部门会同国务院林业草原等有关部门制定。"

四、湿地保护与利用的有关规定

《中华人民共和国湿地保护法》第二十三条至第三十六条规定：

"二十三条　国家坚持生态优先、绿色发展，完善湿地保护制度，健全湿地保护政策支持和科技支撑机制，保障湿地生态功能和永续利用，实现生态效益、社会效益、经济效益相统一。

第二十四条　省级以上人民政府及其有关部门根据湿地保护规划和湿地保护需要，依法将湿地纳入国家公园、自然保护区或者自然公园。

第二十五条　地方各级人民政府及其有关部门应当采取措施，预防和控制人为活动对湿地及其生物多样性的不利影响，加强湿地污染防治，减缓人为因素和自然因素导致的湿地退化，维护湿地生态功能稳定。

在湿地范围内从事旅游、种植、畜牧、水产养殖、航运等利用活动，应当避免改变湿地的自然状况，并采取措施减轻对湿地生态功能的不利影响。

县级以上人民政府有关部门在办理环境影响评价、国土空间规划、海域使用、养殖、防洪等相关行政许可时，应当加强对有关湿地利用活动的必要性、合理性以及湿地保护措施等内容的审查。

第二十六条　地方各级人民政府对省级重要湿地和一般湿地利用活动进行分类指导，鼓励单位和个人开展符合湿地保护要求的生态旅游、生态农业、生态教育、自然体验等活动，适度控制种植养殖等湿地利用规模。

地方各级人民政府应当鼓励有关单位优先安排当地居民参与湿地管护。

第二十七条　县级以上地方人民政府应当充分考虑保障重要湿地生态功能的需要，优化重要湿地周边产业布局。

县级以上地方人民政府可以采取定向扶持、产业转移、吸引社会资金、社区共建等方式，推动湿地周边地区绿色发展，促进经济发展与湿地保护相协调。

第二十八条　禁止下列破坏湿地及其生态功能的行为：

（一）开（围）垦、排干自然湿地，永久性截断自然湿地水源；

（二）擅自填埋自然湿地，擅自采砂、采矿、取土；

（三）排放不符合水污染物排放标准的工业废水、生活污水及其他污染湿地的废水、污水，倾倒、堆放、丢弃、遗撒固体废物；

（四）过度放牧或者滥采野生植物，过度捕捞或者灭绝式捕捞，过度施肥、投药、投放饵料等污染湿地的种植养殖行为；

（五）其他破坏湿地及其生态功能的行为。

第二十九条　县级以上人民政府有关部门应当按照职责分工，开展湿地有害生物监测工作，及时采取有效措施预防、控制、消除有害生物对湿地生态系统的危害。

第三十条　县级以上人民政府应当加强对国家重点保护野生动植物集中分布湿地的保护。任何单位和个人不得破坏鸟类和水生生物的生存环境。

禁止在以水鸟为保护对象的自然保护地及其他重要栖息地从事捕鱼、挖捕底栖生物、捡拾鸟蛋、破坏鸟巢等危及水鸟生存、繁衍的活动。开展观鸟、科学研究以及科普活动等应当保持安全距离，避免影响鸟类正常觅食和繁殖。

在重要水生生物产卵场、索饵场、越冬场和洄游通道等重要栖息地应当实施保护措施。经依法批准在洄游通道建闸、筑坝，可能对水生生物洄游产生影响的，建设单位应当建造过鱼设施或者采取其他补救措施。

禁止向湿地引进和放生外来物种，确需引进的应当进行科学评估，并依法取得批准。

第三十一条　国务院水行政主管部门和地方各级人民政府应当加强对河流、湖泊范围内湿地的管理和保护，因地制宜采取水系连通、清淤疏浚、水源涵养与水土保持等治理修复措施，严格控制河流源头和蓄滞洪区、水土流失严重区等区域的湿地开发利用活动，减轻对湿地及其生物多样性的不利影响。

第三十二条　国务院自然资源主管部门和沿海地方各级人民政府应当加强对滨海湿地的管理和保护，严格管控围填滨海湿地。经依法批准的项目，应当同步实施生态保护修复，减轻对滨海湿地生态功能的不利影响。

第三十三条　国务院住房城乡建设主管部门和地方各级人民政府应当加强对城市湿地的管理和保护，采取城市水系治理和生态修复等措施，提升城市湿地生态质量，发挥城市湿地雨洪调蓄、净化水质、休闲游憩、科普教育等功能。

第三十四条　红树林湿地所在地县级以上地方人民政府应当组织编制红树林湿地保护专项规划，采取有效措施保护红树林湿地。

红树林湿地应当列入重要湿地名录；符合国家重要湿地标准的，应当优先列入国家重要湿地名录。

禁止占用红树林湿地。经省级以上人民政府有关部门评估，确因国家重大项目、防灾减灾等需要占用的，应当依照有关法律规定办理，并做好保护和修复工作。相关建设项目改变红树林所在河口水文情势、对红树林生长产生较大影响的，应当采取有效措施减轻不利影响。

禁止在红树林湿地挖塘，禁止采伐、采挖、移植红树林或者过度采摘红树林种子，禁止投放、种植危害红树林生长的物种。因科研、医药或者红树林湿地保护等需要采伐、采挖、移植、采摘的，应当依照有关法律法规办理。

第三十五条　泥炭沼泽湿地所在地县级以上地方人民政府应当制定泥炭沼泽湿地保护专项规划，采取有效措施保护泥炭沼泽湿地。

符合重要湿地标准的泥炭沼泽湿地，应当列入重要湿地名录。

禁止在泥炭沼泽湿地开采泥炭或者擅自开采地下水；禁止将泥炭沼泽湿地蓄水向外排放，因防灾减灾需要的除外。

第三十六条　国家建立湿地生态保护补偿制度。

国务院和省级人民政府应当按照事权划分原则加大对重要湿地保护的财政投入，加大对重要湿地所在地区的财政转移支付力度。

国家鼓励湿地生态保护地区与湿地生态受益地区人民政府通过协商或者市场机制进行地区间生态保护补偿。

因生态保护等公共利益需要，造成湿地所有者或者使用者合法权益受到损害的，县级以上人民政府应当给予补偿。"

第二十节　《中华人民共和国野生动物保护法》的有关规定

《中华人民共和国野生动物保护法》于 1988 年 11 月 8 日由第七届全国人民代表大会常务委员会第四次会议通过，自 1989 年 3 月 1 日起施行。根据 2004 年 8 月 28 日第十届全国人民代表大会常务委员会第十一次会议《关于修改〈中华人民共和国野生动物保护法〉的决定》修正。2016 年 7 月 2 日中华人民共和国第十二届全国人民代表大会常务委员会第二十一次会议修订，自 2017 年 1 月 1 日起施行。根据 2018 年 10 月 26 日第十三届全国人民代表大会常务委员会第六次会议《关于修改〈中华人民共和国野生动物保护法〉等十五部法律的决定》第三次修正。2022 年 12 月 30 日第十三届全国人民代表大会常务委员会第三十八次会议第二次修订。

野生动物是自然环境的重要组成部分，是可以再生的自然资源，对于维护生态平衡，为人类提供各种食品、毛皮、药物以及在科学研究等方面都具有重要意义。《中华人民共和国野生动物保护法》所保护的野生动物，是指珍贵、濒危的陆生、水生野生动物和有益的或者有重要经济、科学研究价值的陆生野生动物。按其保护程度，分为国家重点保护野生动物、地方重点保护野生动物和非重点保护野生动物。国家重点保护的野生动物是指列入国家重点保护野生动物名录而被加以特殊保护的动物。分为一级保护野生动物和二级保护野生动物。地方重点保护野生动物是指列入地方重点保护野生动物名录而被加以特殊保护的动物。国家和地方重点保护野生动物以外的野生动物均为非重点保护野生动物。野生动物资源属于国家所有。

一、适用范围

《中华人民共和国野生动物保护法》第二条规定：

"在中华人民共和国领域及管辖的其他海域，从事野生动物保护及相关活动，适用本法。

本法规定保护的野生动物，是指珍贵、濒危的陆生、水生野生动物和有重要生态、科学、社会价值的陆生野生动物。

本法规定的野生动物及其制品，是指野生动物的整体（含卵、蛋）、部分及衍生物。

珍贵、濒危的水生野生动物以外的其他水生野生动物的保护，适用《中华人民共和国渔业法》等有关法律的规定。"

《中华人民共和国野生动物保护法》从地域范围和行为范围就本法的适用范围作出了规定。就地域范围而言，是在我国境内。就行为范围而言，包括从事野生动物的保护、驯养繁殖、开发利用活动。本法规定保护的野生动物，是指珍贵、濒危的陆生、水生野生动物和有益的或者有重要经济、科学研究价值的陆生野生动物。不包括珍贵、濒危的水生野生动物以外的其他水生野生动物，对它们的保护适用渔业法的规定。

二、野生动物分类分级保护的有关规定

《中华人民共和国野生动物保护法》第十条规定：

"国家对野生动物实行分类分级保护。

国家对珍贵、濒危的野生动物实行重点保护。国家重点保护的野生动物分为一级保护野生动物和二级保护野生动物。国家重点保护野生动物名录，由国务院野生动物保护主管部门组织科学论证评估后，报国务院批准公布。

有重要生态、科学、社会价值的陆生野生动物名录，由国务院野生动物保护主管部门征求国务院农业农村、自然资源、科学技术、生态环境、卫生健康等部门意见，组织科学论证评估后制定并公布。

地方重点保护野生动物，是指国家重点保护野生动物以外，由省、自治区、直辖市重点保护的野生动物。地方重点保护野生动物名录，由省、自治区、直辖市人民政府组织科学论证评估，征求国务院野生动物保护主管部门意见后制定、公布。

对本条规定的名录，应当每五年组织科学论证评估，根据论证评估情况进行调整，也可以根据野生动物保护的实际需要及时进行调整。"

三、野生动物栖息地状况的调查、监测和评估

《中华人民共和国野生动物保护法》规定：

"第十二条　国务院野生动物保护主管部门应当会同国务院有关部门，根据野生动物及其栖息地状况的调查、监测和评估结果，确定并发布野生动物重要栖息地名录。

省级以上人民政府依法将野生动物重要栖息地划入国家公园、自然保护区等自然保护地，保护、恢复和改善野生动物生存环境。对不具备划定自然保护地条件的，县级以上人民政府可以采取划定禁猎（渔）区、规定禁猎（渔）期等措施予以保护。

禁止或者限制在自然保护地内引入外来物种、营造单一纯林、过量施洒农药等人为干扰、威胁野生动物生息繁衍的行为。

自然保护地依照有关法律法规的规定划定和管理，野生动物保护主管部门依法加强对野生动物及其栖息地的保护。"

四、规划编制和建设项目保护野生动物的有关规定

《中华人民共和国野生动物保护法》第十三条规定：

"县级以上人民政府及其有关部门在编制有关开发利用规划时，应当充分考虑野生动物及其栖息地保护的需要，分析、预测和评估规划实施可能对野生动物及其栖息地保护产生的整体影响，避免或者减少规划实施可能造成的不利后果。

禁止在自然保护地建设法律法规规定不得建设的项目。机场、铁路、公路、航道、水利水电、风电、光伏发电、围堰、围填海等建设项目的选址选线，应当避让自然保护

地以及其他野生动物重要栖息地、迁徙洄游通道；确实无法避让的，应当采取修建野生动物通道、过鱼设施等措施，消除或者减少对野生动物的不利影响。

建设项目可能对自然保护地以及其他野生动物重要栖息地、迁徙洄游通道产生影响的，环境影响评价文件的审批部门在审批环境影响评价文件时，涉及国家重点保护野生动物的，应当征求国务院野生动物保护主管部门意见；涉及地方重点保护野生动物的，应当征求省、自治区、直辖市人民政府野生动物保护主管部门意见。"

第二十一节　《中华人民共和国渔业法》的有关规定

《中华人民共和国渔业法》于 1986 年 1 月 20 日经第六届全国人民代表大会常务委员会第十四次会议通过，自 1986 年 7 月 1 日起施行。根据 2000 年 10 月 31 日第九届全国人民代表大会常务委员会第十八次会议《关于修改〈中华人民共和国渔业法〉的决定》第一次修正，根据 2004 年 8 月 28 日第十届全国人民代表大会常务委员会第十一次会议《关于修改〈中华人民共和国渔业法〉的决定》第二次修正，根据 2009 年 8 月 27 日第十一届全国人民代表大会常务委员会第十次会议《关于修改部分法律的决定》第三次修正，根据 2013 年 12 月 28 日第十二届全国人民代表大会常务委员会第六次会议《关于修改〈中华人民共和国海洋环境保护法〉等七部法律的决定》第四次修正。

一、适用范围

《中华人民共和国渔业法》第二条规定：

"在中华人民共和国的内水、滩涂、领海、专属经济区以及中华人民共和国管辖的一切其他海域从事养殖和捕捞水生动物、水生植物等渔业生产活动，都必须遵守本法。"

《中华人民共和国渔业法》从地域范围和行为范围就其适用范围作出了规定。就地域范围而言，包括我国的内水、滩涂、领海、专属经济区和管辖的一切其他海域，我国管辖的其他海域主要是指大陆架和毗连区。就行为范围而言，包括从事养殖和捕捞水生动物、水生植物等渔业生产活动。

二、渔业资源的增值和保护的有关规定

《中华人民共和国渔业法》第四章第二十八条至第三十七条规定：

"第二十八条　县级以上人民政府渔业行政主管部门应当对其管理的渔业水域统一规划，采取措施，增殖渔业资源。县级以上人民政府渔业行政主管部门可以向受益的单位和个人征收渔业资源增殖保护费，专门用于增殖和保护渔业资源。渔业资源增殖保护费的征收办法由国务院渔业行政主管部门会同财政部门制定，报国务院批准后施行。

第二十九条　国家保护水产种质资源及其生存环境，并在具有较高经济价值和遗传育种价值的水产种质资源的主要生长繁育区域建立水产种质资源保护区。未经国务院渔

业行政主管部门批准，任何单位或者个人不得在水产种质资源保护区内从事捕捞活动。

第三十条　禁止使用炸鱼、毒鱼、电鱼等破坏渔业资源的方法进行捕捞。禁止制造、销售、使用禁用的渔具。禁止在禁渔区、禁渔期进行捕捞。禁止使用小于最小网目尺寸的网具进行捕捞。捕捞的渔获物中幼鱼不得超过规定的比例。在禁渔区或者禁渔期内禁止销售非法捕捞的渔获物。

重点保护的渔业资源品种及其可捕捞标准，禁渔区和禁渔期，禁止使用或者限制使用的渔具和捕捞方法，最小网目尺寸以及其他保护渔业资源的措施，由国务院渔业行政主管部门或者省、自治区、直辖市人民政府渔业行政主管部门规定。

第三十一条　禁止捕捞有重要经济价值的水生动物苗种。因养殖或者其他特殊需要，捕捞有重要经济价值的苗种或者禁捕的怀卵亲体的，必须经国务院渔业行政主管部门或者省、自治区、直辖市人民政府渔业行政主管部门批准，在指定的区域和时间内，按照限额捕捞。

在水生动物苗种重点产区引水用水时，应当采取措施，保护苗种。

第三十二条　在鱼、虾、蟹洄游通道建闸、筑坝，对渔业资源有严重影响的，建设单位应当建造过鱼设施或者采取其他补救措施。

第三十三条　用于渔业并兼有调蓄、灌溉等功能的水体，有关主管部门应当确定渔业生产所需的最低水位线。

第三十四条　禁止围湖造田。沿海滩涂未经县级以上人民政府批准，不得围垦；重要的苗种基地和养殖场所不得围垦。

第三十五条　进行水下爆破、勘探、施工作业，对渔业资源有严重影响的，作业单位应当事先同有关县级以上人民政府渔业行政主管部门协商，采取措施，防止或者减少对渔业资源的损害；造成渔业资源损失的，由有关县级以上人民政府责令赔偿。

第三十六条　各级人民政府应当采取措施，保护和改善渔业水域的生态环境，防治污染。

渔业水域生态环境的监督管理和渔业污染事故的调查处理，依照《中华人民共和国海洋环境保护法》和《中华人民共和国水污染防治法》的有关规定执行。

第三十七条　国家对白鳍豚等珍贵、濒危水生野生动物实行重点保护，防止其灭绝。禁止捕杀、伤害国家重点保护的水生野生动物。因科学研究、驯养繁殖、展览或者其他特殊情况，需要捕捞国家重点保护的水生野生动物的，依照《中华人民共和国野生动物保护法》的规定执行。"

第二十二节　《中华人民共和国文物保护法》的有关规定

《全国人民代表大会常务委员会关于修改〈中华人民共和国文物保护法〉的决定》由第十届全国人民代表大会常委会第三十一次会议于2007年12月29日通过，自公布之日起施行。2013年6月29日第十二届全国人民代表大会常务委员会第三次会议通过修改，自2013年6月29日起施行。2015年4月24日第十二届全国人民代表大会常务委员会第十四次会议通过修改，自2015年4月24日起施行。2017年11月4日，第十二届全国人民代表大会常务委员会第三十次会议审议通过了《全国人民代表大会常务委员会关于修改〈中华人民共和国会计法〉等十一部法律的决定》，其中包括《中华人民共和国文物保护法》，自2017年11月5日起施行。

一、文物保护的范围

中华人民共和国境内地下、内水和领海中遗存的一切文物，属于国家所有。《中华人民共和国文物保护法》第二条规定：

"在中华人民共和国境内，下列文物受国家保护：

（一）具有历史、艺术、科学价值的古文化遗址、古墓葬、古建筑、石窟寺和石刻、壁画；

（二）与重大历史事件、革命运动或者著名人物有关的以及具有重要纪念意义、教育意义或者史料价值的近代现代重要史迹、实物、代表性建筑；

（三）历史上各时代珍贵的艺术品、工艺美术品；

（四）历史上各时代重要的文献资料以及具有历史、艺术、科学价值的手稿和图书资料等；

（五）反映历史上各时代、各民族社会制度、社会生产、社会生活的代表性实物。

文物认定的标准和办法由国务院文物行政部门制定，并报国务院批准。

具有科学价值的古脊椎动物化石和古人类化石同文物一样受国家保护。"

文物保护单位是指不可移动文物。不可移动文物是指古文化遗址、古墓葬、古建筑、石窟寺、石刻、壁画、近代现代重要史迹和代表性建筑等。根据它们的历史、艺术、科学价值，可以分别确定为全国重点文物保护单位，省级文物保护单位，市、县级文物保护单位。历史上各时代重要实物、艺术品、文献、手稿、图书资料、代表性实物等可移动文物，分为珍贵文物和一般文物。珍贵文物分为一级文物、二级文物、三级文物。我国是一个有着5 000年文明史的古国，又是一个由56个民族组成的多民族国家，有着丰富多彩的历史文化遗产。根据第三次全国文物普查成果，登记不可移动文物总量达到766 722处，较第二次文物普查增幅超过200%。

二、文物保护单位保护范围内的禁止行为

《中华人民共和国文物保护法》中关于涉及不可移动文物的建设项目管理的有关规定：

"第十七条　文物保护单位的保护范围内不得进行其他建设工程或者爆破、钻探、挖掘等作业。但是，因特殊情况需要在文物保护单位的保护范围内进行其他建设工程或

者爆破、钻探、挖掘等作业的，必须保证文物保护单位的安全，并经核定公布该文物保护单位的人民政府批准，在批准前应当征得上一级人民政府文物行政部门同意；在全国重点文物保护单位的保护范围内进行其他建设工程或者爆破、钻探、挖掘等作业的，必须经省、自治区、直辖市人民政府批准，在批准前应当征得国务院文物行政部门同意。

第十八条　根据保护文物的实际需要，经省、自治区、直辖市人民政府批准，可以在文物保护单位的周围划出一定的建设控制地带，并予以公布。

在文物保护单位的建设控制地带内进行建设工程，不得破坏文物保护单位的历史风貌；工程设计方案应当根据文物保护单位的级别，经相应的文物行政部门同意后，报城乡建设规划部门批准。

第十九条　在文物保护单位的保护范围和建设控制地带内，不得建设污染文物保护单位及其环境的设施，不得进行可能影响文物保护单位安全及其环境的活动。对已有的污染文物保护单位及其环境的设施，应当限期治理。

第二十条　建设工程选址，应当尽可能避开不可移动文物；因特殊情况不能避开的，对文物保护单位应当尽可能实施原址保护。

实施原址保护的，建设单位应当事先确定保护措施，根据文物保护单位的级别报相应的文物行政部门批准；未经批准的，不得开工建设。

无法实施原址保护，必须迁移异地保护或者拆除的，应当报省、自治区、直辖市人民政府批准；迁移或者拆除省级文物保护单位的，批准前须征得国务院文物行政部门同意。全国重点文物保护单位不得拆除；需要迁移的，须由省、自治区、直辖市人民政府报国务院批准。

依照前款规定拆除的国有不可移动文物中具有收藏价值的壁画、雕塑、建筑构件等，由文物行政部门指定的文物收藏单位收藏。

本条规定的原址保护、迁移、拆除所需费用，由建设单位列入建设工程预算。"

第七章　环境影响评价相关行政法规

第一节　《中华人民共和国河道管理条例》的有关规定

1988 年 6 月 10 日，国务院令第 3 号发布并实施《中华人民共和国河道管理条例》。根据 2011 年 1 月 8 日国务院令第 588 号《国务院关于废止和修改部分行政法规的决定》第一次修订。根据 2017 年 3 月 1 日《国务院关于修改和废止部分行政法规的决定》第二次修订。根据 2017 年 10 月 7 日《国务院关于修改部分行政法规的决定》第三次修订。根据 2018 年 3 月 19 日《国务院关于修改和废止部分行政法规的决定》第四次修订。

《中华人民共和国河道管理条例》有关规定：

"第十六条　城镇建设和发展不得占用河道滩地。城镇规划的临河界限，由河道主管机关会同城镇规划等有关部门确定。沿河城镇在编制和审查城镇规划时，应当事先征求河道主管机关的意见。"

"第二十五条　在河道管理范围内进行下列活动，必须报经河道主管机关批准；涉及其他部门的，由河道主管机关会同有关部门批准：

（一）采砂、取土、淘金、弃置砂石或者淤泥；

（二）爆破、钻探、挖筑鱼塘；

（三）在河道滩地存放物料、修建厂房或者其他建筑设施；

（四）在河道滩地开采地下资源及进行考古发掘。"

"第三十四条　向河道、湖泊排污的排污口的设置和扩大，排污单位在向环境保护部门申报之前，应当征得河道主管机关的同意。

第三十五条　在河道管理范围内，禁止堆放、倾倒、掩埋、排放污染水体的物体。禁止在河道内清洗装贮过油类或者有毒污染物的车辆、容器。

河道主管机关应当开展河道水质监测工作，协同环境保护部门对水污染防治实施监督管理。"

第二节　《中华人民共和国自然保护区条例》的有关规定

1994 年 10 月 9 日，国务院令第 167 号发布《中华人民共和国自然保护区条例》，自 1994 年 12 月 1 日起施行。根据 2011 年 1 月 8 日国务院令第 588 号《国务院关于废止和修改部分行政法规的决定》修订，根据 2017 年 10 月 7 日国务院令第 687 号《国务院关于修改部分行政法规的决定》第二次修订。

一、自然保护区的功能区划分及保护要求

《中华人民共和国自然保护区条例》第十八条规定：

"自然保护区可以分为核心区、缓冲区和实验区。

自然保护区内保存完好的天然状态的生态系统以及珍稀、濒危动植物的集中分布地，应当划为核心区，禁止任何单位和个人进入；除依照本条例第二十七条的规定经批准外，也不允许进入从事科学研究活动。

核心区外围可以划定一定面积的缓冲区，只准进入从事科学研究观测活动。

缓冲区外围划为实验区，可以进入从事科学试验、教学实习、参观考察、旅游以及驯化、繁殖珍稀、濒危野生动植物等活动。

原批准建立自然保护区的人民政府认为必要时，可以在自然保护区的外围划定一定面积的外围保护地带。"

二、自然保护区内的禁止行为

《中华人民共和国自然保护区条例》规定：

"第二十六条　禁止在自然保护区内进行砍伐、放牧、狩猎、捕捞、采药、开垦、烧荒、开矿、采石、挖沙等活动；但是，法律、行政法规另有规定的除外。

第二十七条　禁止任何人进入自然保护区的核心区。因科学研究的需要，必须进入核心区从事科学研究观测、调查活动的，应当事先向自然保护区管理机构提交申请和活动计划，并经自然保护区管理机构批准；其中，进入国家级自然保护区核心区的，应当经省、自治区、直辖市人民政府有关自然保护区行政主管部门批准。

自然保护区核心区内原有居民确有必要迁出的，由自然保护区所在地的地方人民政府予以妥善安置。

第二十八条　禁止在自然保护区的缓冲区开展旅游和生产经营活动。因教学科研的目的，需要进入自然保护区的缓冲区从事非破坏性的科学研究、教学实习和标本采集活动的，应当事先向自然保护区管理机构提交申请和活动计划，经自然保护区管理机构批准。

从事前款活动的单位和个人，应当将其活动成果的副本提交自然保护区管理机构。"

第二十九条第三款规定：

"严禁开设与自然保护区保护方向不一致的参观、旅游项目。"

"第三十二条　在自然保护区的核心区和缓冲区内，不得建设任何生产设施。在自然保护区的实验区内，不得建设污染环境、破坏资源或者景观的生产设施；建设其他项目，其污染物排放不得超过国家和地方规定的污染物排放标准。在自然保护区的实验区内已经建成的设施，其污染物排放超过国家和地方规定的排放标准的，应当限期治理；造成损害的，必须采取补救措施。

在自然保护区的外围保护地带建设的项目，不得损害自然保护区内的环境质量；已造成损害的，应当限期治理。

限期治理决定由法律、法规规定的机关作出，被限期治理的企业事业单位必须按期完成治理任务。"

三、内部未分区的自然保护区的内部管理规定

《中华人民共和国自然保护区条例》第三十条规定：

"自然保护区的内部未分区的，依照本条例有关核心区和缓冲区的规定管理。"

第三节　《危险化学品安全管理条例》的有关规定

《危险化学品安全管理条例》于 2002 年 1 月 9 日经国务院第五十二次常务会议通过，2002 年 1 月 26 日国务院第 344 号令公布。2011 年 2 月 16 日经国务院第 144 次常务会议修订通过，自 2011 年 12 月 1 日起施行。2013 年 12 月 4 日国务院第 32 次常务会议通过修改，自 2013 年 12 月 7 日起施行。

危险化学品与废气、废水、固体废物等污染物质不同，它本身不是污染物质，其危险主要是就其性质和风险而言，如对其管理得当和使用科学，并不一定造成环境污染。但如果管理不善或者使用不当，导致其进入环境，则会对人体和环境造成严重的持久性的损害，并且通常难以消除。

《危险化学品安全管理条例》规定：

"第三条　本条例所称危险化学品，是指具有毒害、腐蚀、爆炸、燃烧、助燃等性质，对人体、设施、环境具有危害的剧毒化学品和其他化学品。

危险化学品目录，由国务院安全生产监督管理部门会同国务院工业和信息化、公安、环境保护、卫生、质量监督检验检疫、交通运输、铁路、民用航空、农业主管部门，根据化学品危险特性的鉴别和分类标准确定、公布，并适时调整。

第十一条　国家对危险化学品的生产、储存实行统筹规划、合理布局。

国务院工业和信息化主管部门以及国务院其他有关部门依据各自职责，负责危险化学品生产、储存的行业规划和布局。

地方人民政府组织编制城乡规划，应当根据本地区的实际情况，按照确保安全的原则，规划适当区域专门用于危险化学品的生产、储存。

第十九条　危险化学品生产装置或者储存数量构成重大危险源的危险化学品储存设施（运输工具加油站、加气站除外），与下列场所、设施、区域的距离应当符合国家有关规定：

（一）居住区以及商业中心、公园等人员密集场所；

（二）学校、医院、影剧院、体育场（馆）等公共设施；

（三）饮用水水源、水厂以及水源保护区；

（四）车站、码头（依法经许可从事危险化学品装卸作业的除外）、机场以及通信干线、通信枢纽、铁路线路、道路交通干线、水路交通干线、地铁风亭以及地铁站出入口；

（五）基本农田保护区、基本草原、畜禽遗传资源保护区、畜禽规模化养殖场（养殖小区）、渔业水域以及种子、种畜禽、水产苗种生产基地；

（六）河流、湖泊、风景名胜区、自然保护区；

（七）军事禁区、军事管理区；

（八）法律、行政法规规定的其他场所、设施、区域。

已建的危险化学品生产装置或者储存数量构成重大危险源的危险化学品储存设施不符合前款规定的，由所在地设区的市级人民政府安全生产监督管理部门会同有关部门监督其所属单位在规定期限内进行整改；需要转产、停产、搬迁、关闭的，由本级人民政府决定并组织实施。

储存数量构成重大危险源的危险化学品储存设施的选址，应当避开地震活动断层和容易发生洪灾、地质灾害的区域。

本条例所称重大危险源，是指生产、储存、使用或者搬运危险化学品，且危险化学品的数量等于或者超过临界量的单元（包括场所和设施）。"

第四节　《医疗废物管理条例》的有关规定

《医疗废物管理条例》经 2003 年 6 月 4 日国务院第十次常务会议通过，2003 年 6 月 16 日国务院令第 380 号公布，自公布之日起施行。根据 2011 年 1 月 8 日《国务院关于废止和修改部分行政法规的决定》修订。

《医疗废物管理条例》所称医疗废物，是指医疗卫生机构在医疗、预防、保健以及其他相关活动中产生的具有直接或者间接感染性、毒性以及其他危害性的废物。《医疗废物管理条例》适用于医疗废物的收集、运送、贮存、处置以及监督管理等活动。医疗卫生机构收治的传染病病人或者疑似传染病病人产生的生活垃圾，按照医疗废物进行管理和处置。医疗卫生机构废弃的麻醉、精神、放射性、毒性等药品及其相关的废物的管理，依照有关法律、行政法规和国家有关规定、标准执行。

一、医疗卫生机构对医疗废物的管理

《医疗废物管理条例》规定：

"第十六条　医疗卫生机构应当及时收集本单位产生的医疗废物，并按照类别分置于防渗漏、防锐器穿透的专用包装物或者密闭的容器内。

医疗废物专用包装物、容器，应当有明显的警示标识和警示说明。

医疗废物专用包装物、容器的标准和警示标识的规定，由国务院卫生行政主管部门和生态环境主管部门共同制定。

第十七条　医疗卫生机构应当建立医疗废物的暂时贮存设施、设备，不得露天存放医疗废物；医疗废物暂时贮存的时间不得超过 2 天。

医疗废物的暂时贮存设施、设备，应当远离医疗区、食品加工区和人员活动区以及生活垃圾存放场所，并设置明显的警示标识和防渗漏、防鼠、防蚊蝇、防蟑螂、防盗以及预防儿童接触等安全措施。

医疗废物的暂时贮存设施、设备应当定期消毒和清洁。

第十八条　医疗卫生机构应当使用防渗漏、防遗撒的专用运送工具，按照本单位确定的内部医疗废物运送时间、路线，将医疗废物收集、运送至暂时贮存地点。

运送工具使用后应当在医疗卫生机构内指定的地点及时消毒和清洁。

第十九条　医疗卫生机构应当根据就近集中处置的原则，及时将医疗废物交由医疗废物集中处置单位处置。

医疗废物中病原体的培养基、标本和菌种、毒种保存液等高危险废物，在交医疗废物集中处置单位处置前应当就地消毒。

第二十条　医疗卫生机构产生的污水、传染病病人或者疑似传染病病人的排泄物，应当按照国家规定严格消毒；达到国家规定的排放标准后，方可排入污水处理系统。

第二十一条　不具备集中处置医疗废物条件的农村，医疗卫生机构应当按照县级人民政府卫生行政主管部门、生态环境主管部门的要求，自行就地处置其产生的医疗废物。自行处置医疗废物的，应当符合下列基本要求：

（一）使用后的一次性医疗器具和容易致人损伤的医疗废物，应当消毒并作毁形处理；

（二）能够焚烧的，应当及时焚烧；

（三）不能焚烧的，消毒后集中填埋。"

二、医疗废物集中处置单位的贮存、处置设施选址的规定

《医疗废物管理条例》第二十四条规定：

"医疗废物集中处置单位的贮存、处置设施，应当远离居（村）民居住区、水源保

护区和交通干道，与工厂、企业等工作场所有适当的安全防护距离，并符合国务院生态环境主管部门的规定。"

第五节　《风景名胜区条例》的有关规定

《风景名胜区条例》于 2006 年 9 月 6 日由国务院第 149 次常务会议通过，2006 年 9 月 19 日公布，自 2006 年 12 月 1 日起施行。根据 2016 年 2 月 6 日《国务院关于修改部分行政法规的决定》修订。

风景名胜区，是指具有观赏、文化或者科学价值，自然景观、人文景观比较集中，环境优美，可供人们游览或者进行科学、文化活动的区域。设立风景名胜区，应当有利于保护和合理利用风景名胜资源。新设立的风景名胜区与自然保护区不得重合或者交叉；已设立的风景名胜区与自然保护区重合或者交叉的，风景名胜区规划与自然保护区规划应当相协调。

《风景名胜区条例》规定：

"第二十四条　风景名胜区内的景观和自然环境，应当根据可持续发展的原则，严格保护，不得破坏或者随意改变。

风景名胜区管理机构应当建立健全风景名胜资源保护的各项管理制度。

风景名胜区内的居民和游览者应当保护风景名胜区的景物、水体、林草植被、野生动物和各项设施。

第二十五条　风景名胜区管理机构应当对风景名胜区内的重要景观进行调查、鉴定，并制定相应的保护措施。

第二十六条　在风景名胜区内禁止进行下列活动：

（一）开山、采石、开矿、开荒、修坟立碑等破坏景观、植被和地形地貌的活动；

（二）修建储存爆炸性、易燃性、放射性、毒害性、腐蚀性物品的设施；

（三）在景物或者设施上刻划、涂污；

（四）乱扔垃圾。

第二十七条　禁止违反风景名胜区规划，在风景名胜区内设立各类开发区和在核心景区内建设宾馆、招待所、培训中心、疗养院以及与风景名胜资源保护无关的其他建筑物；已经建设的，应当按照风景名胜区规划，逐步迁出。

第二十八条　在风景名胜区内从事本条例第二十六条、第二十七条禁止范围以外的建设活动，应当经风景名胜区管理机构审核后，依照有关法律、法规的规定办理审批手续。

在国家级风景名胜区内修建缆车、索道等重大建设工程，项目的选址方案应当报省、自治区人民政府建设主管部门和直辖市人民政府风景名胜区主管部门核准。

第二十九条　在风景名胜区内进行下列活动，应当经风景名胜区管理机构审核后，

依照有关法律、法规的规定报有关主管部门批准:

（一）设置、张贴商业广告;

（二）举办大型游乐等活动;

（三）改变水资源、水环境自然状态的活动;

（四）其他影响生态和景观的活动。

第三十条　风景名胜区内的建设项目应当符合风景名胜区规划,并与景观相协调,不得破坏景观、污染环境、妨碍游览。

在风景名胜区内进行建设活动的,建设单位、施工单位应当制定污染防治和水土保持方案,并采取有效措施,保护好周围景物、水体、林草植被、野生动物资源和地形地貌。

第三十一条　国家建立风景名胜区管理信息系统,对风景名胜区规划实施和资源保护情况进行动态监测。

国家级风景名胜区所在地的风景名胜区管理机构应当每年向国务院建设主管部门报送风景名胜区规划实施和土地、森林等自然资源保护的情况;国务院建设主管部门应当将土地、森林等自然资源保护的情况,及时抄送国务院有关部门。"

第六节　《消耗臭氧层物质管理条例》的有关规定

为了加强对消耗臭氧层物质的管理,履行《保护臭氧层维也纳公约》和《关于消耗臭氧层物质的蒙特利尔议定书》规定的义务,保护臭氧层和生态环境,保障人体健康,2010年4月8日,国务院令第573号公布《消耗臭氧层物质管理条例》,自2010年6月1日起施行。2018年3月19日,根据国务院令第698号《国务院关于修改和废止部分行政法规的决定》修订。2023年12月29日《国务院关于修改〈消耗臭氧层物质管理条例〉的决定》第二次修订。

一、适用范围及相关含义

《消耗臭氧层物质管理条例》规定:

"第二条　本条例所称消耗臭氧层物质,是指列入《中国受控消耗臭氧层物质清单》的化学品。

《中国受控消耗臭氧层物质清单》由国务院生态环境主管部门会同国务院有关部门制定、调整和公布。

第三条　在中华人民共和国境内从事消耗臭氧层物质的生产、销售、使用和进出口等活动,适用本条例。

前款所称生产,是指制造消耗臭氧层物质的活动。前款所称使用,是指利用消耗臭氧层物质进行的生产经营等活动,不包括使用含消耗臭氧层物质的产品的活动。"

为履行《保护臭氧层维也纳公约》《关于消耗臭氧层物质的蒙特利尔议定书》及其修正案规定的义务，根据《消耗臭氧层物质管理条例》有关规定，2021 年 9 月 29 日生态环境部、国家发展改革委、工业和信息化部共同修订了《中国受控消耗臭氧层物质清单》（公告　2021 年第 44 号）。2010 年 9 月 27 日，环境保护部、国家发展改革委、工业和信息化部三部门联合发布的《关于发布〈中国受控消耗臭氧层物质清单〉的公告》（公告　2010 年第 72 号）同时废止。

二、消耗臭氧层物质削减、淘汰的有关规定

《消耗臭氧层物质管理条例》第五条至第八条规定：

"第五条　国家逐步削减并最终淘汰作为制冷剂、发泡剂、灭火剂、溶剂、清洗剂、加工助剂、杀虫剂、气雾剂、膨胀剂等用途的消耗臭氧层物质。

禁止将国家已经淘汰的消耗臭氧层物质用于前款规定的用途。

国务院生态环境主管部门会同国务院有关部门拟订《中国履行〈关于消耗臭氧层物质的蒙特利尔议定书〉国家方案》（以下简称国家方案），报国务院批准后实施。

第六条　国务院生态环境主管部门根据国家方案和消耗臭氧层物质淘汰进展情况，会同国务院有关部门确定并公布限制或者禁止新建、改建、扩建生产、使用消耗臭氧层物质建设项目的类别，制定并公布限制或者禁止生产、使用、进出口消耗臭氧层物质的名录。

因特殊用途确需生产、使用前款规定禁止生产、使用的消耗臭氧层物质的，按照《关于消耗臭氧层物质的蒙特利尔议定书》有关允许用于特殊用途的规定，由国务院生态环境主管部门会同国务院有关部门批准。

第七条　国家对消耗臭氧层物质的生产、使用、进出口实行总量控制和配额管理。国务院生态环境主管部门根据国家方案和消耗臭氧层物质淘汰进展情况，商国务院有关部门确定国家消耗臭氧层物质的年度生产、使用和进出口配额总量，并予以公告。

第八条　国家鼓励、支持消耗臭氧层物质替代品和替代技术的科学研究、技术开发和推广应用。

国务院生态环境主管部门会同国务院有关部门制定、调整和公布《中国消耗臭氧层物质替代品推荐名录》。

开发、生产、使用消耗臭氧层物质替代品，应当符合国家产业政策，并按照国家有关规定享受优惠政策。对在消耗臭氧层物质淘汰工作中做出突出成绩的单位和个人，按照国家有关规定给予奖励。"

三、防止或减少消耗臭氧层物质的泄漏和排放

消耗臭氧层物质的生产、使用单位，应当按照规定采取必要的措施，防止或者减少消耗臭氧层物质的泄漏和排放。《消耗臭氧层物质管理条例》第十九条、第二十条规定：

"第十九条　消耗臭氧层物质的生产、使用单位，应当按照国务院生态环境主管部门的规定采取必要的措施，防止或者减少消耗臭氧层物质的泄漏和排放。

从事含消耗臭氧层物质的制冷设备、制冷系统或者灭火系统的维修、报废处理等经营活动的单位，应当按照国务院生态环境主管部门的规定对消耗臭氧层物质进行回收、循环利用或者交由从事消耗臭氧层物质回收、再生利用、销毁等经营活动的单位进行无害化处置。

从事消耗臭氧层物质回收、再生利用、销毁等经营活动的单位，以及生产过程中附带产生消耗臭氧层物质的单位，应当按照国务院生态环境主管部门的规定对消耗臭氧层物质进行无害化处置，不得直接排放。

第二十条　从事消耗臭氧层物质的生产、销售、使用、回收、再生利用、销毁等经营活动的单位，以及从事含消耗臭氧层物质的制冷设备、制冷系统或者灭火系统的维修、报废处理等经营活动的单位，应当完整保存有关生产经营活动的原始资料至少 3 年，并按照国务院生态环境主管部门的规定报送相关数据。

生产、使用消耗臭氧层物质数量较大，以及生产过程中附带产生消耗臭氧层物质数量较大的单位，应当安装自动监测设备，与生态环境主管部门的监控设备联网，并保证监测设备正常运行，确保监测数据的真实性和准确性。具体办法由国务院生态环境主管部门规定。"

第七节　《土地复垦条例》的有关规定

《土地复垦条例》经 2011 年 2 月 22 日国务院第 145 次常务会议通过，2011 年 3 月 5 日国务院令第 592 号公布，自公布之日起施行。

《土地复垦条例》所称土地复垦，是指对生产建设活动和自然灾害损毁的土地，采取整治措施，使其达到可供利用状态的活动。

一、生产建设活动损毁土地复垦的原则

《土地复垦条例》规定：

"第三条　生产建设活动损毁的土地，按照"谁损毁，谁复垦"的原则，由生产建设单位或者个人（以下称土地复垦义务人）负责复垦。但是，由于历史原因无法确定土地复垦义务人的生产建设活动损毁的土地（以下称历史遗留损毁土地），由县级以上人民政府负责组织复垦。

自然灾害损毁的土地，由县级以上人民政府负责组织复垦。

第四条　生产建设活动应当节约集约利用土地，不占或者少占耕地；对依法占用的土地应当采取有效措施，减少土地损毁面积，降低土地损毁程度。

土地复垦应当坚持科学规划、因地制宜、综合治理、经济可行、合理利用的原则。

复垦的土地应当优先用于农业。"

二、生产建设活动损毁土地的复垦

《土地复垦条例》规定：

"第十条　下列损毁土地由土地复垦义务人负责复垦：

（一）露天采矿、烧制砖瓦、挖沙取土等地表挖掘所损毁的土地；

（二）地下采矿等造成地表塌陷的土地；

（三）堆放采矿剥离物、废石、矿渣、粉煤灰等固体废弃物压占的土地；

（四）能源、交通、水利等基础设施建设和其他生产建设活动临时占用所损毁的土地。

第十六条　土地复垦义务人应当建立土地复垦质量控制制度，遵守土地复垦标准和环境保护标准，保护土壤质量与生态环境；避免污染土壤和地下水。

土地复垦义务人应当首先对拟损毁的耕地、林地、牧草地进行表土剥离，剥离的表土用于被损毁土地的复垦。

禁止将重金属污染物或者其他有毒有害物质用作回填或者充填材料。受重金属污染物或者其他有毒有害物质污染的土地复垦后，达不到国家有关标准的，不得用于种植食用农作物。"

第八节　《畜禽规模养殖污染防治条例》的有关规定

2013年11月11日，国务院第643号令发布《畜禽规模养殖污染防治条例》，自2014年1月1日起施行。

近年来，我国畜禽养殖业发展迅速，但由此引发的畜禽养殖污染已不容小觑，畜禽养殖业环境问题也已经成为妨碍产业本身健康发展的重要因素。《畜禽规模养殖污染防治条例》立法的目的，是要推动畜禽养殖业从加强科学规划布局、适度规模化集约化发展、加强环保设施建设、推进种养结合、提高废物利用率入手，提高畜禽养殖业可持续发展能力，提升产业发展水平，提升产业综合效益。

一、畜禽养殖场、养殖小区禁止建设区域规定

《畜禽规模养殖污染防治条例》第十一条规定：

"禁止在下列区域内建设畜禽养殖场、养殖小区：

（一）饮用水水源保护区，风景名胜区；

（二）自然保护区的核心区和缓冲区；

（三）城镇居民区、文化教育科学研究区等人口集中区域；

（四）法律、法规规定的其他禁止养殖区域。"

二、优化项目选址、合理布置养殖场区的规定

为打好污染防治攻坚战，改善农业农村生产生活环境，充分发挥环境影响评价制度的预防作用，生态环境部《关于做好畜禽规模养殖项目环境影响评价管理工作的通知》（环办环评〔2018〕31号）规定：

"优化项目选址，合理布置养殖场区

项目环评应充分论证选址的环境合理性，选址应避开当地划定的禁止养殖区域，并与区域主体功能区规划、环境功能区划、土地利用规划、城乡规划、畜牧业发展规划、畜禽养殖污染防治规划等规划相协调。当地未划定禁止养殖区域的，应避开饮用水水源保护区、风景名胜区、自然保护区的核心区和缓冲区、村镇人口集中区域，以及法律、法规规定的禁止养殖区域。

项目环评应结合环境保护要求优化养殖场区内部布置。畜禽养殖区及畜禽粪污贮存、处理和畜禽尸体无害化处理等产生恶臭影响的设施，应位于养殖场区主导风向的下风向位置，并尽量远离周边环境保护目标。参照《畜禽养殖业污染防治技术规范》，并根据恶臭污染物无组织排放源强，以及当地的环境及气象等因素，按照《环境影响评价技术导则　大气环境》要求计算大气环境防护距离，作为养殖场选址以及周边规划控制的依据，减轻对周围环境保护目标的不利影响。"

三、畜禽粪便、污水综合利用规定

《畜禽规模养殖污染防治条例》规定：

"第十五条　国家鼓励和支持采取粪肥还田、制取沼气、制造有机肥等方法，对畜禽养殖废弃物进行综合利用。

第十六条　国家鼓励和支持采取种植和养殖相结合的方式消纳利用畜禽养殖废弃物，促进畜禽粪便、污水等废弃物就地就近利用。

第十七条　国家鼓励和支持沼气制取、有机肥生产等废弃物综合利用以及沼渣沼液输送和施用、沼气发电等相关配套设施建设。

第十八条　将畜禽粪便、污水、沼渣、沼液等用作肥料的，应当与土地的消纳能力相适应，并采取有效措施，消除可能引起传染病的微生物，防止污染环境和传播疫病。"

《关于做好畜禽规模养殖项目环境影响评价管理工作的通知》（环办环评〔2018〕31号）规定：

"加强粪污减量控制，促进畜禽养殖粪污资源化利用

项目环评应以农业绿色发展为导向，优化工艺，通过采取优化饲料配方、提高饲养技术等措施，从源头减少粪污的产生量。鼓励采取干清粪方式，采取水泡粪工艺的应最大限度降低用水量。场区应采取雨污分离措施，防止雨水进入粪污收集系统。

项目环评应结合地域、畜种、规模等特点以及地方相关部门制定的畜禽粪污综合利

用目标等要求，加强畜禽养殖粪污资源化利用，因地制宜选择经济高效适用的处理利用模式，采取粪污全量收集还田利用、污水肥料化利用、粪便垫料回用、异位发酵床、粪污专业化能源利用等模式处理利用畜禽粪污，促进畜禽规模养殖项目"种养结合"绿色发展。

鼓励根据土地承载能力确定畜禽养殖场的适宜养殖规模，土地承载能力可采用农业农村主管部门发布的测算技术方法确定。耕地面积大、土地消纳能力相对较高的区域，畜禽养殖场产生的粪污应力争实现全部就地就近资源化利用或委托第三方处理；当土地消纳能力不足时，应进一步提高资源化利用能力或适当减少养殖规模。鼓励依托符合环保要求的专业化粪污处理利用企业，提高畜禽养殖粪污集中收集利用能力。环评应明确畜禽养殖粪污资源化利用的主体，严格落实利用渠道或途径，确保资源化利用有效实施。"

四、畜禽养殖废弃物无害化处理的规定

《畜禽规模养殖污染防治条例》规定：

"第十九条　从事畜禽养殖活动和畜禽养殖废弃物处理活动，应当及时对畜禽粪便、畜禽尸体、污水等进行收集、贮存、清运，防止恶臭和畜禽养殖废弃物渗出、泄漏。

第二十条　向环境排放经过处理的畜禽养殖废弃物，应当符合国家和地方规定的污染物排放标准和总量控制指标。畜禽养殖废弃物未经处理，不得直接向环境排放。

第二十一条　染疫畜禽以及染疫畜禽排泄物、染疫畜禽产品、病死或者死因不明的畜禽尸体等病害畜禽养殖废弃物，应当按照有关法律、法规和国务院农牧主管部门的规定，进行深埋、化制、焚烧等无害化处理，不得随意处置。"

《关于做好畜禽规模养殖项目环境影响评价管理工作的通知》（环办环评〔2018〕31号）规定：

"强化粪污治理措施，做好污染防治

项目环评应强化对粪污的治理措施，加强畜禽养殖粪污资源化利用过程中的污染控制，推进粪污资源的良性利用，应对无法资源化利用的粪污采取治理措施确保达标排放。畜禽规模养殖项目应配套建设与养殖规模相匹配的雨污分离设施，以及粪污贮存、处理和利用设施等，委托满足相关环保要求的第三方代为利用或者处理的，可不自行建设粪污处理或利用设施。

项目环评应明确畜禽粪污贮存、处理和利用措施。贮存池应采取有效的防雨、防渗和防溢流措施，防止畜禽粪污污染地下水。贮存池总有效容积应根据贮存期确定。进行资源化利用的畜禽粪污须处理并达到畜禽粪便还田、无害化处理等技术规范要求。畜禽规模养殖项目配套建设沼气工程的，应充分考虑沼气制备及贮存过程中的环境风险，制定环境风险防范措施及应急预案。

畜禽养殖粪污作为肥料还田利用的，应明确畜禽养殖场与还田利用的林地、农田之

间的输送系统及环境管理措施，严格控制肥水输送沿途的弃、撒和跑冒滴漏，防止进入外部水体。对无法采取资源化利用的畜禽养殖废水应明确处理措施及工艺，确保达标排放或消毒回用，排放去向应符合国家和地方的有关规定，不得排入敏感水域和有特殊功能的水域。

依据相关法律法规和技术规范，制定明确的病死畜禽处理、处置方案，及时处理病死畜禽。针对畜禽规模养殖项目的恶臭影响，可采取控制饲养密度、改善舍内通风、及时清粪、采用除臭剂、集中收集处理等措施，确保项目恶臭污染物达标排放。"

第九节　《地下水管理条例》的有关规定

2021 年 10 月 21 日，国务院令第 748 号发布《地下水管理条例》，自 2021 年 12 月 1 日起施行。

一、地下水的定义

《地下水管理条例》第二条规定：

"本条例所称地下水，是指赋存于地表以下的水。"

二、地下水污染防治的有关规定

《地下水管理条例》第三十九条至第四十五条规定：

"第三十九条　国务院生态环境主管部门应当会同国务院水行政、自然资源等主管部门，指导全国地下水污染防治重点区划定工作。省、自治区、直辖市人民政府生态环境主管部门应当会同本级人民政府水行政、自然资源等主管部门，根据本行政区域内地下水污染防治需要，划定地下水污染防治重点区。

第四十条　禁止下列污染或者可能污染地下水的行为：

（一）利用渗井、渗坑、裂隙、溶洞以及私设暗管等逃避监管的方式排放水污染物；

（二）利用岩层孔隙、裂隙、溶洞、废弃矿坑等贮存石化原料及产品、农药、危险废物、城镇污水处理设施产生的污泥和处理后的污泥或者其他有毒有害物质；

（三）利用无防渗漏措施的沟渠、坑塘等输送或者贮存含有毒污染物的废水、含病原体的污水和其他废弃物；

（四）法律、法规禁止的其他污染或者可能污染地下水的行为。

第四十一条　企业事业单位和其他生产经营者应当采取下列措施，防止地下水污染：

（一）兴建地下工程设施或者进行地下勘探、采矿等活动，依法编制的环境影响评价文件中，应当包括地下水污染防治的内容，并采取防护性措施；

（二）化学品生产企业以及工业集聚区、矿山开采区、尾矿库、危险废物处置场、垃圾填埋场等的运营、管理单位，应当采取防渗漏等措施，并建设地下水水质监测井进行监测；

（三）加油站等的地下油罐应当使用双层罐或者采取建造防渗池等其他有效措施，并进行防渗漏监测；

（四）存放可溶性剧毒废渣的场所，应当采取防水、防渗漏、防流失的措施；

（五）法律、法规规定应当采取的其他防止地下水污染的措施。

根据前款第二项规定的企业事业单位和其他生产经营者排放有毒有害物质情况，地方人民政府生态环境主管部门应当按照国务院生态环境主管部门的规定，商有关部门确定并公布地下水污染防治重点排污单位名录。地下水污染防治重点排污单位应当依法安装水污染物排放自动监测设备，与生态环境主管部门的监控设备联网，并保证监测设备正常运行。

第四十二条　在泉域保护范围以及岩溶强发育、存在较多落水洞和岩溶漏斗的区域内，不得新建、改建、扩建可能造成地下水污染的建设项目。

第四十三条　多层含水层开采、回灌地下水应当防止串层污染。

多层地下水的含水层水质差异大的，应当分层开采；对已受污染的潜水和承压水，不得混合开采。

已经造成地下水串层污染的，应当按照封填井技术要求限期回填串层开采井，并对造成的地下水污染进行治理和修复。

人工回灌补给地下水，应当符合相关的水质标准，不得使地下水水质恶化。

第四十四条　农业生产经营者等有关单位和个人应当科学、合理使用农药、肥料等农业投入品，农田灌溉用水应当符合相关水质标准，防止地下水污染。

县级以上地方人民政府及其有关部门应当加强农药、肥料等农业投入品使用指导和技术服务，鼓励和引导农业生产经营者等有关单位和个人合理使用农药、肥料等农业投入品，防止地下水污染。

第四十五条　依照《中华人民共和国土壤污染防治法》的有关规定，安全利用类和严格管控类农用地地块的土壤污染影响或者可能影响地下水安全的，制定防治污染的方案时，应当包括地下水污染防治的内容。

污染物含量超过土壤污染风险管控标准的建设用地地块，编制土壤污染风险评估报告时，应当包括地下水是否受到污染的内容；列入风险管控和修复名录的建设用地地块，采取的风险管控措施中应当包括地下水污染防治的内容。

对需要实施修复的农用地地块，以及列入风险管控和修复名录的建设用地地块，修复方案中应当包括地下水污染防治的内容。"

第十节　《排污许可管理条例》的有关规定

2020 年 12 月 9 日国务院第 117 次常务会议通过了《排污许可管理条例》，自 2021 年 3 月 1 日起施行。

一、持证排污及排污许可分类管理的有关规定

《排污许可管理条例》第二条规定：

"第二条　依照法律规定实行排污许可管理的企业事业单位和其他生产经营者（以下称排污单位），应当依照本条例规定申请取得排污许可证；未取得排污许可证的，不得排放污染物。

根据污染物产生量、排放量、对环境的影响程度等因素，对排污单位实行排污许可分类管理：

（一）污染物产生量、排放量或者对环境的影响程度较大的排污单位，实行排污许可重点管理；

（二）污染物产生量、排放量和对环境的影响程度都较小的排污单位，实行排污许可简化管理。

实行排污许可管理的排污单位范围、实施步骤和管理类别名录，由国务院生态环境主管部门拟订并报国务院批准后公布实施。制定实行排污许可管理的排污单位范围、实施步骤和管理类别名录，应当征求有关部门、行业协会、企业事业单位和社会公众等方面的意见。"

2019 年 7 月 11 日经生态环境部部务会议审议通过《固定污染源排污许可分类管理名录（2019 年版）》正式公布，自公布之日起施行。原《固定污染源排污许可分类管理名录（2017 年版）》同时废止。

二、排污许可申请的有关规定

《排污许可管理条例》中关于排污许可申请的规定：

"第六条　排污单位应当向其生产经营场所所在地设区的市级以上地方人民政府生态环境主管部门（以下称审批部门）申请取得排污许可证。

排污单位有两个以上生产经营场所排放污染物的，应当按照生产经营场所分别申请取得排污许可证。

第七条　申请取得排污许可证，可以通过全国排污许可证管理信息平台提交排污许可证申请表，也可以通过信函等方式提交。

排污许可证申请表应当包括下列事项：

（一）排污单位名称、住所、法定代表人或者主要负责人、生产经营场所所在地、

统一社会信用代码等信息；

（二）建设项目环境影响报告书（表）批准文件或者环境影响登记表备案材料；

（三）按照污染物排放口、主要生产设施或者车间、厂界申请的污染物排放种类、排放浓度和排放量，执行的污染物排放标准和重点污染物排放总量控制指标；

（四）污染防治设施、污染物排放口位置和数量，污染物排放方式、排放去向、自行监测方案等信息；

（五）主要生产设施、主要产品及产能、主要原辅材料、产生和排放污染物环节等信息，及其是否涉及商业秘密等不宜公开情形的情况说明。

第八条　有下列情形之一的，申请取得排污许可证还应当提交相应材料：

（一）属于实行排污许可重点管理的，排污单位在提出申请前已通过全国排污许可证管理信息平台公开单位基本信息、拟申请许可事项的说明材料；

（二）属于城镇和工业污水集中处理设施的，排污单位的纳污范围、管网布置、最终排放去向等说明材料；

（三）属于排放重点污染物的新建、改建、扩建项目以及实施技术改造项目的，排污单位通过污染物排放量削减替代获得重点污染物排放总量控制指标的说明材料。"

三、排污管理的有关规定

《排污许可管理条例》中关于排污管理的有关规定：

"第十七条　排污许可证是对排污单位进行生态环境监管的主要依据。

排污单位应当遵守排污许可证规定，按照生态环境管理要求运行和维护污染防治设施，建立环境管理制度，严格控制污染物排放。

第十八条　排污单位应当按照生态环境主管部门的规定建设规范化污染物排放口，并设置标志牌。

污染物排放口位置和数量、污染物排放方式和排放去向应当与排污许可证规定相符。

实施新建、改建、扩建项目和技术改造的排污单位，应当在建设污染防治设施的同时，建设规范化污染物排放口。

第十九条　排污单位应当按照排污许可证规定和有关标准规范，依法开展自行监测，并保存原始监测记录。原始监测记录保存期限不得少于 5 年。

排污单位应当对自行监测数据的真实性、准确性负责，不得篡改、伪造。

第二十条　实行排污许可重点管理的排污单位，应当依法安装、使用、维护污染物排放自动监测设备，并与生态环境主管部门的监控设备联网。

排污单位发现污染物排放自动监测设备传输数据异常的，应当及时报告生态环境主管部门，并进行检查、修复。

第二十一条　排污单位应当建立环境管理台账记录制度，按照排污许可证规定的格式、内容和频次，如实记录主要生产设施、污染防治设施运行情况以及污染物排放浓度、排放量。环境管理台账记录保存期限不得少于 5 年。

排污单位发现污染物排放超过污染物排放标准等异常情况时，应当立即采取措施消除、减轻危害后果，如实进行环境管理台账记录，并报告生态环境主管部门，说明原因。超过污染物排放标准等异常情况下的污染物排放计入排污单位的污染物排放量。

第二十二条　排污单位应当按照排污许可证规定的内容、频次和时间要求，向审批部门提交排污许可证执行报告，如实报告污染物排放行为、排放浓度、排放量等。

排污许可证有效期内发生停产的，排污单位应当在排污许可证执行报告中如实报告污染物排放变化情况并说明原因。

排污许可证执行报告中报告的污染物排放量可以作为年度生态环境统计、重点污染物排放总量考核、污染源排放清单编制的依据。

第二十三条　排污单位应当按照排污许可证规定，如实在全国排污许可证管理信息平台上公开污染物排放信息。

污染物排放信息应当包括污染物排放种类、排放浓度和排放量，以及污染防治设施的建设运行情况、排污许可证执行报告、自行监测数据等；其中，水污染物排入市政排水管网的，还应当包括污水接入市政排水管网位置、排放方式等信息。

第二十四条　污染物产生量、排放量和对环境的影响程度都很小的企业事业单位和其他生产经营者，应当填报排污登记表，不需要申请取得排污许可证。

需要填报排污登记表的企业事业单位和其他生产经营者范围名录，由国务院生态环境主管部门制定并公布。制定需要填报排污登记表的企业事业单位和其他生产经营者范围名录，应当征求有关部门、行业协会、企业事业单位和社会公众等方面的意见。

需要填报排污登记表的企业事业单位和其他生产经营者，应当在全国排污许可证管理信息平台上填报基本信息、污染物排放去向、执行的污染物排放标准以及采取的污染防治措施等信息；填报的信息发生变动的，应当自发生变动之日起 20 日内进行变更填报。"

四、排污许可管理条例实施前不符合规定的相关要求

《排污许可管理条例》第四十六条规定：

"本条例施行前已经实际排放污染物的排污单位，不符合本条例规定条件的，应当在国务院生态环境主管部门规定的期限内进行整改，达到本条例规定的条件并申请取得排污许可证；逾期未取得排污许可证的，不得继续排放污染物。整改期限内，生态环境主管部门应当向其下达排污限期整改通知书，明确整改内容、整改期限等要求。"

第八章　环境政策

一、《中共中央　国务院关于深入打好污染防治攻坚战的意见》

良好生态环境是实现中华民族永续发展的内在要求，是增进民生福祉的优先领域，是建设美丽中国的重要基础。党的十八大以来，以习近平同志为核心的党中央全面加强对生态文明建设和生态环境保护的领导，开展了一系列根本性、开创性、长远性工作，推动污染防治的措施之实、力度之大、成效之显著前所未有，污染防治攻坚战阶段性目标任务圆满完成，生态环境明显改善，人民群众获得感显著增强，厚植了全面建成小康社会的绿色底色和质量成色。同时应该看到，我国生态环境保护结构性、根源性、趋势性压力总体上尚未根本缓解，重点区域、重点行业污染问题仍然突出，实现碳达峰、碳中和任务艰巨，生态环境保护任重道远。为进一步加强生态环境保护，深入打好污染防治攻坚战，2021年11月2日，中共中央、国务院发布了《中共中央　国务院关于深入打好污染防治攻坚战的意见》（以下简称意见）。

1. 深入打好污染防治攻坚战的总体要求

意见总体要求：

"（一）指导思想。以习近平新时代中国特色社会主义思想为指导，全面贯彻党的十九大和十九届二中、三中、四中、五中全会精神，深入贯彻习近平生态文明思想，坚持以人民为中心的发展思想，立足新发展阶段，完整、准确、全面贯彻新发展理念，构建新发展格局，以实现减污降碳协同增效为总抓手，以改善生态环境质量为核心，以精准治污、科学治污、依法治污为工作方针，统筹污染治理、生态保护、应对气候变化，保持力度、延伸深度、拓宽广度，以更高标准打好蓝天、碧水、净土保卫战，以高水平保护推动高质量发展、创造高品质生活，努力建设人与自然和谐共生的美丽中国。

（二）工作原则

坚持方向不变、力度不减。保持战略定力，坚定不移走生态优先、绿色发展之路，巩固拓展'十三五'时期污染防治攻坚成果，继续打好一批标志性战役，接续攻坚、久久为功。

坚持问题导向、环保为民。把人民群众反映强烈的突出生态环境问题摆上重要议事日程，不断加以解决，增强广大人民群众的获得感、幸福感、安全感，以生态环境保护实际成效取信于民。

坚持精准科学、依法治污。遵循客观规律，抓住主要矛盾和矛盾的主要方面，因地制宜、科学施策，落实最严格制度，加强全过程监管，提高污染治理的针对性、科学性、有效性。

坚持系统观念、协同增效。推进山水林田湖草沙一体化保护和修复，强化多污染物协同控制和区域协同治理，注重综合治理、系统治理、源头治理，保障国家重大战略实施。

坚持改革引领、创新驱动。深入推进生态文明体制改革，完善生态环境保护领导体制和工作机制，加大技术、政策、管理创新力度，加快构建现代环境治理体系。

（三）主要目标

到 2025 年，生态环境持续改善，主要污染物排放总量持续下降，单位国内生产总值二氧化碳排放比 2020 年下降 18%，地级及以上城市细颗粒物（$PM_{2.5}$）浓度下降 10%，空气质量优良天数比率达到 87.5%，地表水 Ⅰ～Ⅲ 类水体比例达到 85%，近岸海域水质优良（一、二类）比例达到 79% 左右，重污染天气、城市黑臭水体基本消除，土壤污染风险得到有效管控，固体废物和新污染物治理能力明显增强，生态系统质量和稳定性持续提升，生态环境治理体系更加完善，生态文明建设实现新进步。

到 2035 年，广泛形成绿色生产生活方式，碳排放达峰后稳中有降，生态环境根本好转，美丽中国建设目标基本实现。"

2. 加快推动绿色低碳发展

意见提出：

"（四）深入推进碳达峰行动。处理好减污降碳和能源安全、产业链供应链安全、粮食安全、群众正常生活的关系，落实 2030 年应对气候变化国家自主贡献目标，以能源、工业、城乡建设、交通运输等领域和钢铁、有色金属、建材、石化化工等行业为重点，深入开展碳达峰行动。在国家统一规划的前提下，支持有条件的地方和重点行业、重点企业率先达峰。统筹建立二氧化碳排放总量控制制度。建设完善全国碳排放权交易市场，有序扩大覆盖范围，丰富交易品种和交易方式，并纳入全国统一公共资源交易平台。加强甲烷等非二氧化碳温室气体排放管控。制定国家适应气候变化战略2035。大力推进低碳和适应气候变化试点工作。健全排放源统计调查、核算核查、监管制度，将温室气体管控纳入环评管理。

（五）聚焦国家重大战略打造绿色发展高地。强化京津冀协同发展生态环境联建联防联治，打造雄安新区绿色高质量发展'样板之城'。积极推动长江经济带成为我国生态优先绿色发展主战场，深化长三角地区生态环境共保联治。扎实推动黄河流域生态保护和高质量发展。加快建设美丽粤港澳大湾区。加强海南自由贸易港生态环境保护和建设。

（六）推动能源清洁低碳转型。在保障能源安全的前提下，加快煤炭减量步伐，实施可再生能源替代行动。'十四五'时期，严控煤炭消费增长，非化石能源消费比重提高到 20% 左右，京津冀及周边地区、长三角地区煤炭消费量分别下降 10%、5% 左右，汾渭平原煤炭消费量实现负增长。原则上不再新增自备燃煤机组，支持自备燃煤机组实施清洁能源替代，鼓励自备电厂转为公用电厂。坚持'增气减煤'同步，新增天然气优先保障居民生活和清洁取暖需求。提高电能占终端能源消费比重。重点区域的平原地区散煤基本清零。有序扩大清洁取暖试点城市范围，稳步提升北方地区清洁取暖水平。

（七）坚决遏制高耗能高排放项目盲目发展。严把高耗能高排放项目准入关口，严格落实污染物排放区域削减要求，对不符合规定的项目坚决停批停建。依法依规淘汰落后产能和化解过剩产能。推动高炉—转炉长流程炼钢转型为电炉短流程炼钢。重点区域严禁新增钢铁、焦化、水泥熟料、平板玻璃、电解铝、氧化铝、煤化工产能，合理控制煤制油气产能规模，严控新增炼油产能。

（八）推进清洁生产和能源资源节约高效利用。引导重点行业深入实施清洁生产改造，依法开展自愿性清洁生产评价认证。大力推行绿色制造，构建资源循环利用体系。推动煤炭等化石能源清洁高效利用。加强重点领域节能，提高能源使用效率。实施国家节水行动，强化农业节水增效、工业节水减排、城镇节水降损。推进污水资源化利用和海水淡化规模化利用。

（九）加强生态环境分区管控。衔接国土空间规划分区和用途管制要求，将生态保护红线、环境质量底线、资源利用上线的硬约束落实到环境管控单元，建立差别化的生态环境准入清单，加强'三线一单'成果在政策制定、环境准入、园区管理、执法监管等方面的应用。健全以环评制度为主体的源头预防体系，严格规划环评审查和项目环评准入，开展重大经济技术政策的生态环境影响分析和重大生态环境政策的社会经济影响评估。

（十）加快形成绿色低碳生活方式。把生态文明教育纳入国民教育体系，增强全民节约意识、环保意识、生态意识。因地制宜推行垃圾分类制度，加快快递包装绿色转型，加强塑料污染全链条防治。深入开展绿色生活创建行动。建立绿色消费激励机制，推进绿色产品认证、标识体系建设，营造绿色低碳生活新时尚。"

3. 深入打好蓝天保卫战

意见提出：

"（十一）着力打好重污染天气消除攻坚战。聚焦秋冬季细颗粒物污染，加大重点区域、重点行业结构调整和污染治理力度。京津冀及周边地区、汾渭平原持续开展秋冬季大气污染综合治理专项行动。东北地区加强秸秆禁烧管控和采暖燃煤污染治理。天山北坡城市群加强兵地协作，钢铁、有色金属、化工等行业参照重点区域执行重污染天气应急减排措施。科学调整大气污染防治重点区域范围，构建省市县三级重污染天气应急预案体系，实施重点行业企业绩效分级管理，依法严厉打击不落实应急减排措施行为。到 2025 年，全国重度及以上污染天数比率控制在 1% 以内。

（十二）着力打好臭氧污染防治攻坚战。聚焦夏秋季臭氧污染，大力推进挥发性有机物和氮氧化物协同减排。以石化、化工、涂装、医药、包装印刷、油品储运销等行业领域为重点，安全高效推进挥发性有机物综合治理，实施原辅材料和产品源头替代工程。完善挥发性有机物产品标准体系，建立低挥发性有机物含量产品标识制度。完善挥发性有机物监测技术和排放量计算方法，在相关条件成熟后，研究适时将挥发性有机物纳入环境保护税征收范围。推进钢铁、水泥、焦化行业企业超低排放改造，重点区域钢铁、燃煤机组、燃煤锅炉实现超低排放。开展涉气产业集群排查及分类治理，推进企业升级改造和区域环境综合整治。到 2025 年，挥发性有机物、氮氧化物排放总量比 2020 年分别下降 10%以上，臭氧浓度增长趋势得到有效遏制，实现细颗粒物和臭氧协同控制。

（十三）持续打好柴油货车污染治理攻坚战。深入实施清洁柴油车（机）行动，全国基本淘汰国三及以下排放标准汽车，推动氢燃料电池汽车示范应用，有序推广清洁能源汽车。进一步推进大中城市公共交通、公务用车电动化进程。不断提高船舶靠港岸电使用率。实施更加严格的车用汽油质量标准。加快大宗货物和中长途货物运输'公转铁'、'公转水'，大力发展公铁、铁水等多式联运。'十四五'时期，铁路货运量占比提高0.5 个百分点，水路货运量年均增速超过 2%。

（十四）加强大气面源和噪声污染治理。强化施工、道路、堆场、裸露地面等扬尘管控，加强城市保洁和清扫。加大餐饮油烟污染、恶臭异味治理力度。强化秸秆综合利用和禁烧管控。到 2025 年，京津冀及周边地区大型规模化养殖场氨排放总量比 2020 年下降 5%。深化消耗臭氧层物质和氢氟碳化物环境管理。实施噪声污染防治行动，加快解决群众关心的突出噪声问题。到 2025 年，地级及以上城市全面实现功能区声环境质量自动监测，全国声环境功能区夜间达标率达到 85%。"

4. 深入打好碧水保卫战

意见提出：

"（十五）持续打好城市黑臭水体治理攻坚战。统筹好上下游、左右岸、干支流、城市和乡村，系统推进城市黑臭水体治理。加强农业农村和工业企业污染防治，有效控制入河污染物排放。强化溯源整治，杜绝污水直接排入雨水管网。推进城镇污水管网全覆盖，对进水情况出现明显异常的污水处理厂，开展片区管网系统化整治。因地制宜开展水体内源污染治理和生态修复，增强河湖自净功能。充分发挥河长制、湖长制作用，巩固城市黑臭水体治理成效，建立防止返黑返臭的长效机制。2022 年 6 月底前，县级城市政府完成建成区内黑臭水体排查并制定整治方案，统一公布黑臭水体清单及达标期限。到 2025 年，县级城市建成区基本消除黑臭水体，京津冀、长三角、珠三角等区域力争提前 1 年完成。

（十六）持续打好长江保护修复攻坚战。推动长江全流域按单元精细化分区管控。狠抓突出生态环境问题整改，扎实推进城镇污水垃圾处理和工业、农业面源、船舶、尾矿库等污染治理工程。加强渝湘黔交界武陵山区'锰三角'污染综合整治。持续开展工业园区污染治理、'三磷'行业整治等专项行动。推进长江岸线生态修复，巩固小水电清理整改成果。实施好长江流域重点水域十年禁渔，有效恢复长江水生生物多样性。建立健全长江流域水生态环境考核评价制度并抓好组织实施。加强太湖、巢湖、滇池等重要湖泊蓝藻水华防控，开展河湖水生植被恢复、氮磷通量监测等试点。到 2025 年，长江流域总体水质保持为优，干流水质稳定达到 Ⅱ 类，重要河湖生态用水得到有效保障，水生态质量明显提升。

（十七）着力打好黄河生态保护治理攻坚战。全面落实以水定城、以水定地、以水定人、以水定产要求，实施深度节水控水行动，严控高耗水行业发展。维护上游水源涵养功能，推动以草定畜、定牧。加强中游水土流失治理，开展汾渭平原、河套灌区等农业面源污染治理。实施黄河三角洲湿地保护修复，强化黄河河口综合治理。加强沿黄河城镇污水处理设施及配套管网建设，开展黄河流域'清废行动'，基本完成尾矿库污染治理。到 2025 年，黄河干流上中游（花园口以上）水质达到 Ⅱ 类，干流及主要支流生态流量得到有效保障。

（十八）巩固提升饮用水安全保障水平。加快推进城市水源地规范化建设，加强农村水源地保护。基本完成乡镇级水源保护区划定、立标并开展环境问题排查整治。保障南水北调等重大输水工程水质安全。到 2025 年，全国县级及以上城市集中式饮用水水源水质达到或优于 Ⅲ 类比例总体高于 93%。

（十九）着力打好重点海域综合治理攻坚战。巩固深化渤海综合治理成果，实施长江口—杭州湾、珠江口邻近海域污染防治行动，'一湾一策'实施重点海湾综合治理。深入推进入海河流断面水质改善、沿岸直排海污染源整治、海水养殖环境治理，加强船舶港口、海洋垃圾等污染防治。推进重点海域生态系统保护修复，加强海洋伏季休渔监管执法。推进海洋环境风险排查整治和应急能力建设。到 2025 年，重点海域水质优良比例比 2020 年提升 2 个百分点左右，省控及以上河流入海断面基本消除劣 Ⅴ 类，滨海湿地和岸线得到有效保护。

（二十）强化陆域海域污染协同治理。持续开展入河入海排污口'查、测、溯、治'，到 2025 年，基本完成长江、黄河、渤海及赤水河等长江重要支流排污口整治。完善水污染防治流域协同机制，深化海河、辽河、淮河、松花江、珠江等重点流域综合治理，推进重要湖泊污染防治和生态修复。沿海城市加强固定污染源总氮排放控制和面源污染治理，实施入海河流总氮削减工程。建成一批具有全国示范价值的美丽河湖、美丽海湾。"

5. 深入打好净土保卫战

意见提出：

"（二十一）持续打好农业农村污染治理攻坚战。注重统筹规划、有效衔接，因地制宜推进农村厕所革命、生活污水治理、生活垃圾治理，基本消除较大面积的农村黑臭水体，改善农村人居环境。实施化肥农药减量增效行动和农膜回收行动。加强种养结合，整县推进畜禽粪污资源化利用。规范工厂化水产养殖尾水排污口设置，在水产养殖主产区推进养殖尾水治理。到 2025 年，农村生活污水治理率达到 40%，化肥农药利用率达到 43%，全国畜禽粪污综合利用率达到 80% 以上。

（二十二）深入推进农用地土壤污染防治和安全利用。实施农用地土壤镉等重金属污染源头防治行动。依法推行农用地分类管理制度，强化受污染耕地安全利用和风险管控，受污染耕地集中的县级行政区开展污染溯源，因地制宜制定实施安全利用方案。在土壤污染面积较大的 100 个县级行政区推进农用地安全利用示范。严格落实粮食收购和销售出库质量安全检验制度和追溯制度。到 2025 年，受污染耕地安全利用率达到 93% 左右。

（二十三）有效管控建设用地土壤污染风险。严格建设用地土壤污染风险管控和修复名录内地块的准入管理。未依法完成土壤污染状况调查和风险评估的地块，不得开工建设与风险管控和修复无关的项目。从严管控农药、化工等行业的重度污染地块规划用途，确需开发利用的，鼓励用于拓展生态空间。完成重点地区危险化学品生产企业搬迁改造，推进腾退地块风险管控和修复。

（二十四）稳步推进'无废城市'建设。健全'无废城市'建设相关制度、技术、市场、监管体系，推进城市固体废物精细化管理。'十四五'时期，推进 100 个左右地级及以上城市开展'无废城市'建设，鼓励有条件的省份全域推进'无废城市'建设。

（二十五）加强新污染物治理。制定实施新污染物治理行动方案。针对持久性有机污染物、内分泌干扰物等新污染物，实施调查监测和环境风险评估，建立健全有毒有害化学物质环境风险管理制度，强化源头准入，动态发布重点管控新污染物清单及其禁止、限制、限排等环境风险管控措施。

（二十六）强化地下水污染协同防治。持续开展地下水环境状况调查评估，划定地下水型饮用水水源补给区并强化保护措施，开展地下水污染防治重点区划定及污染风险管控。健全分级分类的地下水环境监测评价体系。实施水土环境风险协同防控。在地表水、地下水交互密切的典型地区开展污染综合防治试点。"

二、《中共中央　国务院关于完整准确全面贯彻新发展理念做好碳达峰碳中和工作的意见》

我国高度重视应对气候变化工作，实施积极应对气候变化国家战略，宣布碳达峰碳中和目标，目前碳达峰碳中和"1+N"政策体系已构建。其中，"1"指 2021 年 10 月 24 日发布的《中共中央　国务院关于完整准确全面贯彻新发展理念做好碳达峰碳中和工作的意见》，"N"指 2021 年 10 月 26 日国务院印发的《2030 年前碳达峰行动方案》，这两个文件构成"1+N"顶层设计文件，"N"还包括碳达峰十大行动有关文件以及有关政策支持文件等。

《中共中央　国务院关于完整准确全面贯彻新发展理念做好碳达峰碳中和工作的意

见》（以下简称意见）主要内容如下：

1．总体要求和主要目标

意见总体要求和主要目标：

"一、总体要求

（一）指导思想。以习近平新时代中国特色社会主义思想为指导，全面贯彻党的十九大和十九届二中、三中、四中、五中全会精神，深入贯彻习近平生态文明思想，立足新发展阶段，贯彻新发展理念，构建新发展格局，坚持系统观念，处理好发展和减排、整体和局部、短期和中长期的关系，把碳达峰、碳中和纳入经济社会发展全局，以经济社会发展全面绿色转型为引领，以能源绿色低碳发展为关键，加快形成节约资源和保护环境的产业结构、生产方式、生活方式、空间格局，坚定不移走生态优先、绿色低碳的高质量发展道路，确保如期实现碳达峰、碳中和。

（二）工作原则

实现碳达峰、碳中和目标，要坚持"全国统筹、节约优先、双轮驱动、内外畅通、防范风险"原则。

——全国统筹。全国一盘棋，强化顶层设计，发挥制度优势，实行党政同责，压实各方责任。根据各地实际分类施策，鼓励主动作为、率先达峰。

——节约优先。把节约能源资源放在首位，实行全面节约战略，持续降低单位产出能源资源消耗和碳排放，提高投入产出效率，倡导简约适度、绿色低碳生活方式，从源头和入口形成有效的碳排放控制阀门。

——双轮驱动。政府和市场两手发力，构建新型举国体制，强化科技和制度创新，加快绿色低碳科技革命。深化能源和相关领域改革，发挥市场机制作用，形成有效激励约束机制。

——内外畅通。立足国情实际，统筹国内国际能源资源，推广先进绿色低碳技术和经验。统筹做好应对气候变化对外斗争与合作，不断增强国际影响力和话语权，坚决维护我国发展权益。

——防范风险。处理好减污降碳和能源安全、产业链供应链安全、粮食安全、群众正常生活的关系，有效应对绿色低碳转型可能伴随的经济、金融、社会风险，防止过度反应，确保安全降碳。

二、主要目标

到 2025 年，绿色低碳循环发展的经济体系初步形成，重点行业能源利用效率大幅提升。单位国内生产总值能耗比 2020 年下降 13.5%；单位国内生产总值二氧化碳排放比 2020 年下降 18%；非化石能源消费比重达到 20% 左右；森林覆盖率达到 24.1%，森林蓄积量达到 180 亿立方米，为实现碳达峰、碳中和奠定坚实基础。

到 2030 年，经济社会发展全面绿色转型取得显著成效，重点耗能行业能源利用效率达到国际先进水平。单位国内生产总值能耗大幅下降；单位国内生产总值二氧化碳排放比 2005 年下降 65% 以上；非化石能源消费比重达到 25% 左右，风电、太阳能发电总装机容量达到 12 亿千瓦以上；森林覆盖率达到 25% 左右，森林蓄积量达到 190 亿立方米，二氧化碳排放量达到峰值并实现稳中有降。

到 2060 年，绿色低碳循环发展的经济体系和清洁低碳安全高效的能源体系全面建立，能源利用效率达到国际先进水平，非化石能源消费比重达到 80% 以上，碳中和目标顺利实现，生态文明建设取得丰硕成果，开创人与自然和谐共生新境界。"

2. "推进经济社会发展全面绿色转型"的有关内容

意见中关于"推进经济社会发展全面绿色转型"的内容：

"（三）强化绿色低碳发展规划引领。将碳达峰、碳中和目标要求全面融入经济社会发展中长期规划，强化国家发展规划、国土空间规划、专项规划、区域规划和地方各级规划的支撑保障。加强各级各类规划间衔接协调，确保各地区各领域落实碳达峰、碳中和的主要目标、发展方向、重大政策、重大工程等协调一致。

（四）优化绿色低碳发展区域布局。持续优化重大基础设施、重大生产力和公共资源布局，构建有利于碳达峰、碳中和的国土空间开发保护新格局。在京津冀协同发展、长江经济带发展、粤港澳大湾区建设、长三角一体化发展、黄河流域生态保护和高质量发展等区域重大战略实施中，强化绿色低碳发展导向和任务要求。

（五）加快形成绿色生产生活方式。大力推动节能减排，全面推进清洁生产，加快发展循环经济，加强资源综合利用，不断提升绿色低碳发展水平。扩大绿色低碳产品供给和消费，倡导绿色低碳生活方式。把绿色低碳发展纳入国民教育体系。开展绿色低碳社会行动示范创建。凝聚全社会共识，加快形成全民参与的良好格局。"

3. "深度调整产业结构"的有关内容

意见中关于"深度调整产业结构"的内容：

"（六）推动产业结构优化升级。加快推进农业绿色发展，促进农业固碳增效。制定能源、钢铁、有色金属、石化化工、建材、交通、建筑等行业和领域碳达峰实施方案。以节能降碳为导向，修订产业结构调整指导目录。开展钢铁、煤炭去产能"回头看"，巩固去产能成果。加快推进工业领域低碳工艺革新和数字化转型。开展碳达峰试点园区建设。加快商贸流通、信息服务等绿色转型，提升服务业低碳发展水平。

（七）坚决遏制高耗能高排放项目盲目发展。新建、扩建钢铁、水泥、平板玻璃、电解铝等高耗能高排放项目严格落实产能等量或减量置换，出台煤电、石化、煤化工等产能控制政策。未纳入国家有关领域产业规划的，一律不得新建改扩建炼油和新建乙烯、对二甲苯、煤制烯烃项目。合理控制煤制油气产能规模。提升高耗能高排放项目能耗准入标准。加强产能过剩分析预警和窗口指导。

（八）大力发展绿色低碳产业。加快发展新一代信息技术、生物技术、新能源、新材料、高端装备、新能源汽车、绿色环保以及航空航天、海洋装备等战略性新兴产业。建设绿色制造体系。推动互联网、大数据、人工智能、第五代移动通信（5G）等新兴技术与绿色低碳产业深度融合。"

4. "加快构建清洁低碳安全高效能源体系"的有关内容

意见中关于"加快构建清洁低碳安全高效能源体系"的内容：

"（九）强化能源消费强度和总量双控。坚持节能优先的能源发展战略，严格控制能耗和二氧化碳排放强度，合理控制能源消费总量，统筹建立二氧化碳排放总量控制制度。做好产业布局、结构调整、节能审查与能耗双控的衔接，对能耗强度下降目标完成形势严峻的地区实行项目缓批限批、能耗等量或减量替代。强化节能监察和执法，加强能耗及二氧化碳排放控制目标分析预警，严格责任落实和评价考核。加强甲烷等非二氧化碳温室气体管控。

（十）大幅提升能源利用效率。把节能贯穿于经济社会发展全过程和各领域，持续深化工业、建筑、交通运输、公共机构等重点领域节能，提升数据中心、新型通信等信息化基础设施能效水平。健全能源管理体系，强化重点用能单位节能管理和目标责任。瞄准国际先进水平，加快实施节能降碳改造升级，打造能效'领跑者'。

（十一）严格控制化石能源消费。加快煤炭减量步伐，'十四五'时期严控煤炭消费增长，'十五五'时期逐步减少。石油消费'十五五'时期进入峰值平台期。统筹煤电发展和保供调峰，严控煤电装机规模，加快现役煤电机组节能升级和灵活性改造。逐步减少直至禁止煤炭散烧。加快推进页岩气、煤层气、致密油气等非常规油气资源规模化开发。强化风险管控，确保能源安全稳定供应和平稳过渡。

（十二）积极发展非化石能源。实施可再生能源替代行动，大力发展风能、太阳能、生物质能、海洋能、地热能等，不断提高非化石能源消费比重。坚持集中式与分布式并举，优先推动风能、太阳能就地就近开发利用。因地制宜开发水能。积极安全有序发展核电。合理利用生物质能。加快推进抽水蓄能和新型储能规模化应用。统筹推进氢能'制储输用'全链条发展。构建以新能源为主体的新型电力系统，提高电网对高比例可再生能源的消纳和调控能力。

（十三）深化能源体制机制改革。全面推进电力市场化改革，加快培育发展配售电环节独立市场主体，完善中长期市场、现货市场和辅助服务市场衔接机制，扩大市场化交易规模。推进电网体制改革，明确以消纳可再生能源为主的增量配电网、微电网和分布式电源的市场主体地位。加快形成以储能和调峰能力为基础支撑的新增电力装机发展机制。完善电力等能源品种价格市场化形成机制。从有利于节能的角度深化电价改革，理顺输配电价结构，全面放开竞争性环节电价。推进煤炭、油气等市场化改革，加快完善能源统一市场。"

三、《关于进一步加强生物多样性保护的意见》

生物多样性是人类赖以生存和发展的基础，是地球生命共同体的血脉和根基，为人类提供了丰富多样的生产生活必需品、健康安全的生态环境和独特别致的景观文化。中国是世界上生物多样性最丰富的国家之一，生物多样性保护已取得长足成效，但仍面临诸多挑战。为贯彻落实党中央、国务院有关决策部署，切实推进生物多样性保护工作，2021 年 10 月 19 日，中共中央办公厅、国务院办公厅印发了《关于进一步加强生物多样性保护的意见》（以下简称意见）。

1. 进一步加强生物多样性保护的总体目标

意见提出：

"（三）总体目标

到 2025 年，持续推进生物多样性保护优先区域和国家战略区域的本底调查与评估，构建国家生物多样性监测网络和相对稳定的生物多样性保护空间格局，以国家公园为主体的自然保护地占陆域国土面积的 18%左右，森林覆盖率提高到 24.1%，草原综合植被盖度达到 57%左右，湿地保护率达到 55%，自然海岸线保有率不低于 35%，国家重点保护野生动植物物种数保护率达到 77%，92%的陆地生态系统类型得到有效保护，长江水生生物完整性指数有所改善，生物遗传资源收集保藏量保持在世界前列，初步形成生物多样性可持续利用机制，基本建立生物多样性保护相关政策、法规、制度、标准和监测体系。

到 2035 年，生物多样性保护政策、法规、制度、标准和监测体系全面完善，形成统一有序的全国生物多样性保护空间格局，全国森林、草原、荒漠、河湖、湿地、海洋等自然生态系统状况实现根本好转，森林覆盖率达到 26%，草原综合植被盖度达到 60%，湿地保护率提高到 60%左右，以国家公园为主体的自然保护地占陆域国土面积的 18%以上，典型生态系统、国家重点保护野生动植物物种、濒危野生动植物及其栖息地得到全面保护，长江水生生物完整性指数显著改善，生物遗传资源获取与惠益分享、可持续利用机制全面建立，保护生物多样性成为公民自觉行动，形成生物多样性保护推动绿色发展和人与自然和谐共生的良好局面，努力建设美丽中国。"

2. 持续优化生物多样性保护空间格局

意见提出：

"（七）落实就地保护体系。在国土空间规划中统筹划定生态保护红线，优化调整自然保护地，加强对生物多样性保护优先区域的保护监管，明确重点生态功能区生物多样性保护和管控政策。因地制宜科学构建促进物种迁徙和基因交流的生态廊道，着力解决自然景观破碎化、保护区域孤岛化、生态连通性降低等突出问题。合理布局建设物种保护空间体系，重点加强珍稀濒危植物、旗舰物种和指示物种保护管理，明确重点保护对象及其受威胁程度，对其栖息生境实施不同保护措施。选择重要珍稀濒危物种、极小种群和遗传资源破碎分布点建设保护点。持续推进各级各类自然保护地、城市绿地等保护空间标准化、规范化建设

（八）推进重要生态系统保护和修复。统筹考虑生态系统完整性、自然地理单元连续性和经济社会发展可持续性，统筹推进山水林田湖草沙冰一体化保护和修复。实施

《全国重要生态系统保护和修复重大工程总体规划（2021—2035 年）》，科学规范开展重点生态工程建设，加快恢复物种栖息地。加强重点生态功能区、重要自然生态系统、自然遗迹、自然景观及珍稀濒危物种种群、极小种群保护，提升生态系统的稳定性和复原力。

（九）完善生物多样性迁地保护体系。优化建设动植物园、濒危植物扩繁和迁地保护中心、野生动物收容救护中心和保育救助站、种质资源库（场、区、圃）、微生物菌种保藏中心等各级各类抢救性迁地保护设施，填补重要区域和重要物种保护空缺，完善生物资源迁地保存繁育体系。科学构建珍稀濒危动植物、旗舰物种和指示物种的迁地保护群落，对于栖息地环境遭到严重破坏的重点物种，加强其替代生境研究和示范建设，推进特殊物种人工繁育和野化放归工作。抓好迁地保护种群的档案建设与监测管理。"

3. 构建完备的生物多样性保护监测体系

意见提出：

"（十）持续推进生物多样性调查监测。完善生物多样性调查监测技术标准体系，统筹衔接各类资源调查监测工作，全面推进生物多样性保护优先区域和黄河重点生态区、长江重点生态区、京津冀、近岸海域等重点区域生态系统、重点生物物种及重要生物遗传资源调查。充分依托现有各级各类监测站点和监测样地（线），构建生态定位站点等监测网络。建立反映生态环境质量的指示物种清单，开展长期监测，鼓励具备条件的地区开展周期性调查。持续推进农作物和畜禽、水产、林草植物、药用植物、菌种等生物遗传资源和种质资源调查、编目及数据库建设。每 5 年更新《中国生物多样性红色名录》。

（十一）完善生物多样性保护与监测信息云平台。加大生态系统和重点生物类群监测设备研制和设施建设力度，加快卫星遥感和无人机航空遥感技术应用，探索人工智能应用，推动生物多样性监测现代化。依托国家生态保护红线监管平台，有效衔接国土空间基础信息平台，应用云计算、物联网等信息化手段，充分整合利用各级各类生物物种、遗传资源数据库和信息系统，在保障生物遗传资源信息安全的前提下实现数据共享。研究开发生物多样性预测预警模型，建立预警技术体系和应急响应机制，实现长期动态监控。

（十二）完善生物多样性评估体系。建立健全生物多样性保护恢复成效、生态系统服务功能、物种资源经济价值等评估标准体系。结合全国生态状况调查评估，每 5 年发布一次生物多样性综合评估报告。开展大型工程建设、资源开发利用、外来物种入侵、生物技术应用、气候变化、环境污染、自然灾害等对生物多样性的影响评价，明确评价方式、内容、程序，提出应对策略。"

四、《全国主体功能区规划》

2010 年 12 月 21 日，国务院印发《全国主体功能区规划》（国发〔2010〕46 号）。该规划是我国国土空间开发的战略性、基础性和约束性规划。编制实施《全国主体功能区规划》，是深入贯彻落实科学发展观的重大战略举措，对于推进形成人口、经济和资源环境相协调的国土空间开发格局，加快转变经济发展方式，促进经济长期平稳较快发展和社会和谐稳定，实现全面建设小康社会目标和社会主义现代化建设长远目标，具有重要战略意义。

1. 主体功能区划分

规划将我国国土空间分为以下主体功能区：按开发方式，分为优化开发区域、重点开发区域、限制开发区域和禁止开发区域；按开发内容，分为城市化地区、农产品主产区和重点生态功能区；按层级，分为国家和省级两个层面。

优化开发区域、重点开发区域、限制开发区域和禁止开发区域，是基于不同区域的资源环境承载能力、现有开发强度和未来发展潜力，以是否适宜或如何进行大规模高强度工业化、城镇化开发为基准划分的。

优化开发区域是经济比较发达、人口比较密集、开发强度较高、资源环境问题更加突出，从而应该优化进行工业化、城镇化开发的城市化地区。

重点开发区域是有一定经济基础、资源环境承载能力较强、发展潜力较大、集聚人口和经济的条件较好，从而应该重点进行工业化、城镇化开发的城市化地区。优化开发区域和重点开发区域都属于城市化地区，开发内容总体上相同，开发强度和开发方式不同。

限制开发区域分为两类：一类是农产品主产区，即耕地较多、农业发展条件较好，尽管也适宜工业化、城镇化开发，但从保障国家农产品安全以及中华民族永续发展的需要出发，必须把增强农业综合生产能力作为发展的首要任务，从而应该限制进行大规模高强度工业化、城镇化开发的地区；另一类是重点生态功能区，即生态系统脆弱或生态功能重要，资源环境承载能力较低，不具备大规模高强度工业化、城镇化开发的条件，必须把增强生态产品生产能力作为首要任务，从而应该限制进行大规模高强度工业化、城镇化开发的地区。

禁止开发区域是依法设立的各级各类自然文化资源保护区域，以及其他禁止进行工业化、城镇化开发、需要特殊保护的重点生态功能区。国家层面禁止开发区域，包括国家级自然保护区、世界文化自然遗产、国家级风景名胜区、国家森林公园和国家地质公园。省级层面的禁止开发区域，包括省级及以下各级各类自然文化资源保护区域、重要水源地以及其他省级人民政府根据需要确定的禁止开发区域。

城市化地区、农产品主产区和重点生态功能区，是以提供主体产品的类型为基准划分的。城市化地区是以提供工业品和服务产品为主体功能的地区，也提供农产品和生态产品；农产品主产区是以提供农产品为主体功能的地区，也提供生态产品、服务产品和部分工业品；重点生态功能区是以提供生态产品为主体功能的地区，也提供一定的农产品、服务产品和工业品。

各类主体功能区，在全国经济社会发展中具有同等重要的地位，只是主体功能不同，开发方式不同，保护内容不同，发展首要任务不同，国家支持重点不同。对城市化地区主要支持其集聚人口和经济，对农产品主产区主要支持其增强农业综合生产能力，对重点生态功能区主要支持其保护和修复生态环境。

2．规划开发原则中关于保护自然的有关要求

要按照建设环境友好型社会的要求，根据国土空间的不同特点，以保护自然生态为前提、以水土资源承载能力和环境容量为基础进行有度有序开发，走人与自然和谐的发展道路。

① 把保护水面、湿地、林地和草地放到与保护耕地同等重要位置。

② 工业化、城镇化开发必须建立在对所在区域资源环境承载能力综合评价的基础上，严格控制在水资源承载能力和环境容量允许的范围内。编制区域规划等应事先进行资源环境承载能力综合评价，并把保持一定比例的绿色生态空间作为规划的主要内容。

③ 在水资源严重短缺、生态脆弱、生态系统重要、环境容量小、地震和地质灾害等自然灾害危险性大的地区，要严格控制工业化、城镇化开发，适度控制其他开发活动，缓解开发活动对自然生态的压力。

④ 严禁各类破坏生态环境的开发活动。能源和矿产资源开发，要尽可能不损害生态环境并应最大限度地修复原有生态环境。

⑤ 加强对河流原始生态的保护。实现从事后治理向事前保护转变，实行严格的水资源管理制度，明确水资源开发利用、水功能区限制纳污及用水效率控制指标。在保护河流生态的基础上有序开发水能资源。严格控制地下水超采，加强对超采的治理和对地下水源的涵养与保护。加强水土流失综合治理及预防监督。

⑥ 交通、输电等基础设施建设要尽量避免对重要自然景观和生态系统的分割，从严控制穿越禁止开发区域。

⑦ 农业开发要充分考虑对自然生态系统的影响，积极发挥农业的生态、景观和间隔功能。严禁有损自然生态系统的开荒以及侵占水面、湿地、林地、草地等农业开发活动。

⑧ 在确保省域内耕地和基本农田面积不减少的前提下，继续在适宜的地区实行退耕还林、退牧还草、退田还湖。在农业用水严重超出区域水资源承载能力的地区实行退耕还水。

⑨ 生态遭到破坏的地区要尽快偿还生态欠账。生态修复行为要有利于构建生态廊道和生态网络。

⑩ 保护天然草地、沼泽地、苇地、滩涂、冻土、冰川及永久积雪等自然空间。

3．国家层面优化开发区域的功能定位和发展方向

① 功能定位。国家优化开发区域的功能定位是：提升国家竞争力的重要区域，带动全国经济社会发展的龙头，全国重要的创新区域，我国在更高层次上参与国际分工及有全球影响力的经济区，全国重要的人口和经济密集区。

② 发展方向和开发原则。国家优化开发区域应率先加快转变经济发展方式，调整优化经济结构，提升参与全球分工与竞争的层次。发展方向和开发原则是：

——优化空间结构。减少工矿建设空间和农村生活空间,适当扩大服务业、交通、城市居住、公共设施空间,扩大绿色生态空间。控制城市蔓延扩张、工业遍地开花和开发区过度分散。

——优化城镇布局。进一步健全城镇体系,促进城市集约紧凑发展,围绕区域中心城市明确各城市的功能定位和产业分工,推进城市间的功能互补和经济联系,提高区域的整体竞争力。

——优化人口分布。合理控制特大城市主城区的人口规模,增强周边地区和其他城市吸纳外来人口的能力,引导人口均衡、集聚分布。

——优化产业结构。推动产业结构向高端、高效、高附加值转变,增强高新技术产业、现代服务业、先进制造业对经济增长的带动作用。发展都市型农业、节水农业和绿色有机农业;积极发展节能、节地、环保的先进制造业,大力发展拥有自主知识产权的高新技术产业,加快发展现代服务业,尽快形成服务经济为主的产业结构。积极发展科技含量和附加值高的海洋产业。

——优化发展方式。率先实现经济发展方式的根本性转变。研究与试验发展经费支出占地区生产总值比重明显高于全国平均水平。大力提高清洁能源比重,壮大循环经济规模,广泛应用低碳技术,大幅度降低二氧化碳排放强度,能源和水资源消耗以及污染物排放等标准达到或接近国际先进水平,全部实现垃圾无害化处理和污水达标排放。加强区域环境监管,建立健全区域污染联防联治机制。

——优化基础设施布局。优化交通、能源、水利、通信、环保、防灾等基础设施的布局和建设,提高基础设施的区域一体化和同城化程度。

——优化生态系统格局。把恢复生态、保护环境作为必须实现的约束性目标。严格控制开发强度,加大生态环境保护投入,加强环境治理和生态修复,净化水系、提高水质,切实严格保护耕地以及水面、湿地、林地、草地和文化自然遗产,保护好城市之间的绿色开敞空间,改善人居环境。

4. 国家层面重点开发区域的功能定位和发展方向

① 功能定位。国家重点开发区域的功能定位是:支持全国经济增长的重要增长极,落实区域发展总体战略、促进区域协调发展的重要支撑点,全国重要的人口和经济密集区。

② 发展方向和开发原则。重点开发区域应在优化结构、提高效益、降低消耗、保护环境的基础上推动经济可持续发展;推进新型工业化进程,提高自主创新能力,聚集创新要素,增强产业集聚能力,积极承接国际及国内优化开发区域产业转移,形成分工协作的现代产业体系;加快推进城镇化,壮大城市综合实力,改善人居环境,提高集聚人口的能力;发挥区位优势,加快沿边地区对外开放,加强国际通道和口岸建设,形成我国对外开放新的窗口和战略空间。发展方向和开发原则是:

——统筹规划国土空间。适度扩大先进制造业空间,扩大服务业、交通和城市居住等建设空间,减少农村生活空间,扩大绿色生态空间。

——健全城市规模结构。扩大城市规模，尽快形成辐射带动力强的中心城市，发展壮大其他城市，推动形成分工协作、优势互补、集约高效的城市群。

——促进人口加快集聚。完善城市基础设施和公共服务，进一步提高城市的人口承载能力，城市规划和建设应预留吸纳外来人口的空间。

——形成现代产业体系。增强农业发展能力，加强优质粮食生产基地建设，稳定粮食生产能力。发展新兴产业，运用高新技术改造传统产业，全面加快发展服务业，增强产业配套能力，促进产业集群发展。合理开发并有效保护能源和矿产资源，将资源优势转化为经济优势。

——提高发展质量。确保发展质量和效益，工业园区和开发区的规划建设应遵循循环经济的理念，大力提高清洁生产水平，减少主要污染物排放，降低资源消耗和二氧化碳排放强度。

——完善基础设施。统筹规划建设交通、能源、水利、通信、环保、防灾等基础设施，构建完善、高效、区域一体、城乡统筹的基础设施网络。

——保护生态环境。事先做好生态环境、基本农田等保护规划，减少工业化、城镇化对生态环境的影响，避免出现土地过多占用、水资源过度开发和生态环境压力过大等问题，努力提高环境质量。

——把握开发时序。区分近期、中期和远期实施有序开发，近期重点建设好国家批准的各类开发区，对目前尚不需要开发的区域，应作为预留发展空间予以保护。

5. 国家层面限制开发区域的功能定位和发展方向

（1）限制开发区域（农产品主产区）。国家层面限制开发的农产品主产区是指具备较好的农业生产条件，以提供农产品为主体功能，以提供生态产品、服务产品和工业品为其他功能，需要在国土空间开发中限制进行大规模高强度工业化、城镇化开发，以保持并提高农产品生产能力的区域。

① 功能定位。国家层面农产品主产区的功能定位是：保障农产品供给安全的重要区域，农村居民安居乐业的美好家园，社会主义新农村建设的示范区。

② 发展方向和开发原则。农产品主产区应着力保护耕地，稳定粮食生产，发展现代农业，增强农业综合生产能力，增加农民收入，加快建设社会主义新农村，保障农产品供给，确保国家粮食安全和食物安全。发展方向和开发原则是：

——加强土地整治，搞好规划、统筹安排、连片推进，加快中低产田改造，推进连片标准粮田建设。鼓励农民开展土壤改良。

——加强水利设施建设，加快大中型灌区、排灌泵站配套改造以及水源工程建设。鼓励和支持农民开展小型农田水利设施建设、小流域综合治理。建设节水农业，推广节水灌溉，发展旱作农业。

——优化农业生产布局和品种结构，搞好农业布局规划，科学确定不同区域农业发展重点，形成优势突出和特色鲜明的产业带。

——国家支持农产品主产区加强农产品加工、流通、储运设施建设，引导农产品加工、流通、储运企业向主产区聚集。

——粮食主产区要进一步提高生产能力，主销区和产销平衡区要稳定粮食自给水平。根据粮食产销格局变化，加大对粮食主产区的扶持力度，集中力量建设一批基础条件好、生产水平高、调出量大的粮食生产核心区。在保护生态前提下，开发资源有优势、增产有潜力的粮食生产后备区。

——大力发展油料生产，鼓励发挥优势，发展棉花、糖料生产，着力提高品质和单产。转变养殖业发展方式，推进规模化和标准化，促进畜牧和水产品的稳定增产。

——在复合产业带内，要处理好多种农产品协调发展的关系，根据不同产品的特点和相互影响，合理确定发展方向和发展途径。

——控制农产品主产区开发强度，优化开发方式，发展循环农业，促进农业资源的永续利用。鼓励和支持农产品、畜产品、水产品加工副产物的综合利用。加强农业面源污染防治。

——加强农业基础设施建设，改善农业生产条件。加快农业科技进步和创新，提高农业物质技术装备水平。强化农业防灾减灾能力建设。

——积极推进农业的规模化、产业化，发展农产品深加工，拓展农村就业和增收空间。

——以县城为重点推进城镇建设和非农产业发展，加强县城和乡镇公共服务设施建设，完善小城镇公共服务和居住功能。

——农村居民点以及农村基础设施和公共服务设施的建设，要统筹考虑人口迁移等因素，适度集中、集约布局。

（2）限制开发区域（重点生态功能区）。国家层面限制开发的重点生态功能区是指生态系统十分重要，关系全国或较大范围区域的生态安全，目前生态系统有所退化，需要在国土空间开发中限制进行大规模高强度工业化、城镇化开发，以保持并提高生态产品供给能力的区域。

① 功能定位。国家重点生态功能区的功能定位是：保障国家生态安全的重要区域，人与自然和谐相处的示范区。经综合评价，国家重点生态功能区包括大小兴安岭森林生态功能区等25个地区。总面积约386万平方千米，占全国陆地国土面积的40.2%；2008年年底总人口约1.1亿人，占全国总人口的8.5%。国家重点生态功能区分为水源涵养型、水土保持型、防风固沙型和生物多样性维护型四种类型。

② 发展方向。国家重点生态功能区要以保护和修复生态环境、提供生态产品为首要任务，因地制宜地发展不影响主体功能定位的适宜产业，引导超载人口逐步有序转移（表8-1）。

表 8-1　国家重点生态功能区的类型和发展方向

区域	类型	综合评价	发展方向
大小兴安岭森林生态功能区	水源涵养	森林覆盖率高，具有完整的寒温带森林生态系统，是松嫩平原和呼伦贝尔草原的生态屏障。目前原始森林受到较严重的破坏，出现不同程度的生态退化现象	加强天然林保护和植被恢复，大幅度调减木材产量，对生态公益林禁止商业性采伐，植树造林，涵养水源，保护野生动物
长白山森林生态功能区		拥有温带最完整的山地垂直生态系统，是大量珍稀物种资源的生物基因库。目前森林破坏导致环境改变，威胁多种动植物物种的生存	禁止非保护性采伐，植树造林，涵养水源，防止水土流失，保护生物多样性
阿尔泰山地森林草原生态功能区		森林茂密，水资源丰沛，是额尔齐斯河和乌伦古河的发源地，对北疆地区绿洲开发、生态环境保护和经济发展具有较高的生态价值。目前草原超载过牧，草场植被受到严重破坏	禁止非保护性采伐，合理更新林地。保护天然草原，以草定畜，增加饲草料供给，实施牧民定居
三江源草原草甸湿地生态功能区		长江、黄河、澜沧江的发源地，有"中华水塔"之称，是全球大江大河、冰川、雪山及高原生物多样性最集中的地区之一，其径流、冰川、冻土、湖泊等构成的整个生态系统对全球气候变化有巨大的调节作用。目前草原退化、湖泊萎缩、鼠害严重，生态系统功能受到严重破坏	封育草原，治理退化草原，减少载畜量，涵养水源，恢复湿地，实施生态移民
若尔盖草原湿地生态功能区		位于黄河与长江水系的分水地带，湿地泥炭层深厚，对黄河流域的水源涵养、水文调节和生物多样性维护有重要作用。目前湿地疏干垦殖和过度放牧导致草原退化、沼泽萎缩、水位下降	停止开垦，禁止过度放牧，恢复草原植被，保持湿地面积，保护珍稀动物
甘南黄河重要水源补给生态功能区		青藏高原东端面积最大的高原沼泽泥炭湿地，在维系黄河流域水资源和生态安全方面有重要作用。目前草原退化沙化严重，森林和湿地面积锐减，水土流失加剧，生态环境恶化	加强天然林、湿地和高原野生动植物保护，实施退牧还草、退耕还林还草、牧民定居和生态移民
祁连山冰川与水源涵养生态功能区		冰川储量大，对维系甘肃河西走廊和内蒙古西部绿洲的水源具有重要作用。目前草原退化严重，生态环境恶化，冰川萎缩	围栏封育天然植被，降低载畜量，涵养水源，防止水土流失，重点加强石羊河流域下游民勤地区的生态保护和综合治理
南岭山地森林及生物多样性生态功能区		长江流域与珠江流域的分水岭，是湘江、赣江、北江、西江等的重要源头区，有丰富的亚热带植被。目前原始森林植被破坏严重，滑坡、山洪等灾害时有发生	禁止非保护性采伐，保护和恢复植被，涵养水源，保护珍稀动物

区域	类型	综合评价	发展方向
黄土高原丘陵沟壑水土保持生态功能区	水土保持	黄土堆积深厚、范围广大，土地沙漠化敏感程度高，对黄河中下游生态安全具有重要作用。目前坡面土壤侵蚀和沟道侵蚀严重，侵蚀产沙易淤积河道、水库	控制开发强度，以小流域为单元综合治理水土流失，建设淤地坝
大别山水土保持生态功能区		淮河中游、长江下游的重要水源补给区，土壤侵蚀敏感程度高。目前山地生态系统退化，水土流失加剧，加大了中下游洪涝灾害发生率	实施生态移民，降低人口密度，恢复植被
桂黔滇喀斯特石漠化防治生态功能区		属于以岩溶环境为主的特殊生态系统，生态脆弱性极高，土壤一旦流失，生态恢复难度极大。目前生态系统退化问题突出，植被覆盖率低，石漠化面积加大	封山育林育草，种草养畜，实施生态移民，改变耕作方式
三峡库区水土保持生态功能区		我国最大的水利枢纽工程库区，具有重要的洪水调蓄功能，水环境质量对长江中下游生产生活有重大影响。目前森林植被破坏严重，水土保持功能减弱，土壤侵蚀量和入库泥沙量增大	巩固移民成果，植树造林，恢复植被，涵养水源，保护生物多样性
塔里木河荒漠化防治生态功能区	防风固沙	南疆主要用水源，对流域绿洲开发和人民生活至关重要，沙漠化和盐渍化敏感程度高。目前水资源过度利用，生态系统退化明显，胡杨林等天然植被退化严重，绿色走廊受到威胁	合理利用地表水和地下水，调整农牧业结构，加强药材开发管理，禁止过度开垦，恢复天然植被，防止沙化面积扩大
阿尔金草原荒漠化防治生态功能区		气候极为干旱，地表植被稀少，保存着完整的高原自然生态系统，拥有许多极为珍贵的特有物种，土地沙漠化敏感程度极高。目前鼠害肆虐，土地荒漠化加速，珍稀动植物的生存受到威胁	控制放牧和旅游区域范围，防范盗猎，减少人类活动干扰
呼伦贝尔草原草甸生态功能区		以草原草甸为主，产草量高，但土壤质地粗疏，多大风天气，草原生态系统脆弱。目前草原过度开发造成草场沙化严重，鼠虫害频发	禁止过度开垦、不适当樵采和超载过牧，退牧还草，防止草场退化沙化
科尔沁草原生态功能区		地处温带半湿润与半干旱过渡带，气候干燥，多大风天气，土地沙漠化敏感程度极高。目前草场退化、盐渍化和土壤贫瘠化严重，为我国北方沙尘暴的主要沙源地，对东北和华北地区生态安全构成威胁	根据沙化程度采取针对性强的治理措施
浑善达克沙漠化防治生态功能区		以固定、半固定沙丘为主，干旱频发，多大风天气，是北京乃至华北地区沙尘的主要来源地。目前土地沙化严重，干旱缺水，对华北地区生态安全构成威胁	采取植物和工程措施，加强综合治理

区域	类型	综合评价	发展方向
阴山北麓草原生态功能区	防风固沙	气候干旱，多大风天气，水资源贫乏，生态环境极为脆弱，风蚀沙化土地比重高。目前草原退化严重，为沙尘暴的主要沙源地，对华北地区生态安全构成威胁	封育草原，恢复植被，退牧还草，降低人口密度
川滇森林及生物多样性生态功能区	生物多样性维护	原始森林和野生珍稀动植物资源丰富，是大熊猫、羚牛、金丝猴等重要物种的栖息地，在生物多样性维护方面具有十分重要的意义。目前山地生态环境问题突出，草原超载过牧，生物多样性受到威胁	保护森林、草原植被，在已明确的保护区域保护生物多样性和多种珍稀动植物基因库
秦巴生物多样性生态功能区		包括秦岭、大巴山、神农架等亚热带北部和亚热带—暖温带过渡的地带，生物多样性丰富，是许多珍稀动植物的分布区。目前水土流失和地质灾害问题突出，生物多样性受到威胁	减少林木采伐，恢复山地植被，保护野生物种
藏东南高原边缘森林生态功能区		主要以分布在海拔 900～2 500 米的亚热带常绿阔叶林为主，山高谷深，天然植被仍处于原始状态，对生态系统保育和森林资源保护具有重要意义	保护自然生态系统
藏西北羌塘高原荒漠生态功能区		高原荒漠生态系统保存较为完整，拥有藏羚羊、黑颈鹤等珍稀特有物种。目前土地沙化面积扩大，病虫害和溶洞滑塌等灾害增多，生物多样性受到威胁	加强草原草甸保护，严格草畜平衡，防范盗猎，保护野生动物
三江平原湿地生态功能区		原始湿地面积大，湿地生态系统类型多样，在蓄洪防洪、抗旱、调节局部地区气候、维护生物多样性、控制土壤侵蚀等方面具有重要作用。目前湿地面积减小和破碎化，面源污染严重，生物多样性受到威胁	扩大保护范围，控制农业开发和城市建设强度，改善湿地环境
武陵山区生物多样性及水土保持生态功能区		属于典型亚热带植物分布区，拥有多种珍稀濒危物种。是清江和澧水的发源地，对减少长江泥沙具有重要作用。目前土壤侵蚀较严重，地质灾害较多，生物多样性受到威胁	扩大天然林保护范围，巩固退耕还林成果，恢复森林植被和生物多样性
海南岛中部山区热带雨林生态功能区		热带雨林、热带季雨林的原生地，我国小区域范围内生物物种十分丰富的地区之一，也是我国最大的热带植物园和最丰富的物种基因库之一。目前由于过度开发，雨林面积大幅减少，生物多样性受到威胁	加强热带雨林保护，遏制山地生态环境恶化

——水源涵养型。推进天然林草保护、退耕还林和围栏封育，治理水土流失，维护或重建湿地、森林、草原等生态系统。严格保护具有水源涵养功能的自然植被，禁止过度放牧、无序采矿、毁林开荒、开垦草原等行为。加强大江大河源头及上游地区的小流

域治理和植树造林，减少面源污染。拓宽农民增收渠道，解决农民长远生计，巩固退耕还林、退牧还草成果。

——水土保持型。大力推行节水灌溉和雨水集蓄利用，发展旱作节水农业。限制陡坡垦殖和超载过牧。加强小流域综合治理，实行封山禁牧，恢复退化植被。加强对能源和矿产资源开发及建设项目的监管，加大矿山环境整治修复力度，最大限度地减少人为因素造成新的水土流失。拓宽农民增收渠道，解决农民长远生计，巩固水土流失治理、退耕还林、退牧还草成果。

——防风固沙型。转变畜牧业生产方式，实行禁牧休牧，推行舍饲圈养，以草定畜，严格控制载畜量。加大退耕还林、退牧还草力度，恢复草原植被。加强对内陆河流的规划和管理，保护沙区湿地，禁止发展高耗水工业。对主要沙尘源区、沙尘暴频发区实行封禁管理。

——生物多样性维护型。禁止对野生动植物进行滥捕滥采，保持并恢复野生动植物物种和种群的平衡，实现野生动植物资源的良性循环和永续利用。加强防御外来物种入侵的能力，防止外来有害物种对生态系统的侵害。保护自然生态系统与重要物种栖息地，防止生态建设导致栖息环境的改变。

③ 开发管制原则。

——对各类开发活动进行严格管制，尽可能减少对自然生态系统的干扰，不得损害生态系统的稳定和完整性。

——开发矿产资源、发展适宜产业和建设基础设施，都要控制在尽可能小的空间范围之内，并做到天然草地、林地、水库水面、河流水面、湖泊水面等绿色生态空间面积不减少。控制新增公路、铁路建设规模，必须新建的，应事先规划好动物迁徙通道。在有条件的地区之间，要通过水系、绿带等构建生态廊道，避免形成"生态孤岛"。

——严格控制开发强度，逐步减少农村居民点占用的空间，腾出更多的空间用于维系生态系统的良性循环。城镇建设与工业开发要依托现有资源环境承载能力相对较强的城镇集中布局、据点式开发，禁止成片蔓延式扩张。原则上不再新建各类开发区和扩大现有工业开发区的面积，已有的工业开发区要逐步改造成为低消耗、可循环、少排放、零污染的生态型工业区。

——实行更加严格的产业准入环境标准，严把项目准入关。在不损害生态系统功能的前提下，因地制宜地适度发展旅游、农林牧产品生产和加工、观光休闲农业等产业，积极发展服务业，根据不同地区的情况，保持一定的经济增长速度和财政自给能力。

——在现有城镇布局基础上进一步集约开发、集中建设，重点规划和建设资源环境承载能力相对较强的县城和中心镇，提高综合承载能力。引导一部分人口向城市化地区转移，一部分人口向区域内的县城和中心镇转移。生态移民点应尽量集中布局到县城和中心镇，避免新建孤立的村落式移民社区。

——加强县城和中心镇的道路、供排水、垃圾污水处理等基础设施建设。在条件适宜的地区，积极推广沼气、风能、太阳能、地热能等清洁能源，努力解决农村特别是山区、高原、草原和海岛地区农村的能源需求。在有条件的地区建设一批节能环保的生态型社区。健全公共服务体系，改善教育、医疗、文化等设施条件，提高公共服务供给能力和水平。

6. 国家层面禁止开发区域的功能定位和管制原则

（1）功能定位

国家禁止开发区域的功能定位是：我国保护自然文化资源的重要区域，珍稀动植物基因资源保护地。

根据法律法规和有关方面的规定，国家禁止开发区域共 1 443 处，总面积约 120 万平方千米，占全国陆地国土面积的 12.5%。今后新设立的国家级自然保护区、世界文化自然遗产、国家级风景名胜区、国家森林公园、国家地质公园，自动进入国家禁止开发区域名录（表 8-2）。

表 8-2　国家禁止开发区域基本情况

类型	个数	面积/万平方千米	占陆地国土面积比重/%
国家级自然保护区	319	92.85	9.67
世界文化自然遗产	40	3.72	0.39
国家级风景名胜区	208	10.17	1.06
国家森林公园	738	10.07	1.05
国家地质公园	138	8.56	0.89
合计	1 443	120	12.5

（2）管制原则

国家禁止开发区域要依据法律法规规定和相关规划实施强制性保护，严格控制人为因素对自然生态和文化自然遗产原真性、完整性的干扰，严禁不符合主体功能定位的各类开发活动，引导人口逐步有序转移，实现污染物"零排放"，提高环境质量。

① 国家级自然保护区。要依据《中华人民共和国自然保护区条例》、本规划确定的原则和自然保护区规划进行管理。

——按核心区、缓冲区和实验区分类管理。核心区，严禁任何生产建设活动；缓冲区，除必要的科学实验活动外，严禁其他任何生产建设活动；实验区，除必要的科学实验以及符合自然保护区规划的旅游、种植业和畜牧业等活动外，严禁其他生产建设活动。

——按核心区、缓冲区、实验区的顺序，逐步转移自然保护区的人口。绝大多数自然保护区核心区应逐步实现无人居住，缓冲区和实验区也应较大幅度减少人口。

——根据自然保护区的实际情况，实行异地转移和就地转移两种转移方式，一部分人口转移到自然保护区以外，一部分人口就地转为自然保护区管护人员。

　　——在不影响自然保护区主体功能的前提下，对范围较大、目前核心区人口较多的，可以保持适量的人口规模和适度的农牧业活动，同时通过生活补助等途径，确保人民生活水平稳步提高。

　　——交通、通信、电网等基础设施要慎重建设，能避则避，必须穿越的，要符合自然保护区规划，并进行保护区影响专题评价。新建公路、铁路和其他基础设施不得穿越自然保护区核心区，尽量避免穿越缓冲区。

　　② 世界文化自然遗产。要依据《保护世界文化和自然遗产公约》《实施世界遗产公约操作指南》、本规划确定的原则和文化自然遗产规划进行管理。

　　——加强对遗产原真性的保护，保持遗产在艺术、历史、社会和科学方面的特殊价值。加强对遗产完整性的保护，保持遗产未被人扰动过的原始状态。

　　③ 国家级风景名胜区。要依据《风景名胜区条例》、本规划确定的原则和风景名胜区规划进行管理。

　　——严格保护风景名胜区内一切景物和自然环境，不得破坏或随意改变。

　　——严格控制人工景观建设。

　　——禁止在风景名胜区从事与风景名胜资源无关的生产建设活动。

　　——建设旅游设施及其他基础设施等必须符合风景名胜区规划，逐步拆除违反规划建设的设施。

　　——根据资源状况和环境容量对旅游规模进行有效控制，不得对景物、水体、植被及其他野生动植物资源等造成损害。

　　④ 国家森林公园。要依据《中华人民共和国森林法》《中华人民共和国森林法实施条例》《中华人民共和国野生植物保护条例》《森林公园管理办法》、本规划确定的原则和森林公园规划进行管理。

　　——除必要的保护设施和附属设施外，禁止从事与资源保护无关的任何生产建设活动。

　　——在森林公园内以及可能对森林公园造成影响的周边地区，禁止进行采石、取土、开矿、放牧以及非抚育和更新性采伐等活动。

　　——建设旅游设施及其他基础设施等必须符合森林公园规划，逐步拆除违反规划建设的设施。

　　——根据资源状况和环境容量对旅游规模进行有效控制，不得对森林及其他野生动植物资源等造成损害。

　　——不得随意占用、征用和转让林地。

　　⑤ 国家地质公园。要依据《世界地质公园网络工作指南》、本规划确定的原则和地质公园规划进行管理。

　　——除必要的保护设施和附属设施外，禁止其他生产建设活动。

　　——在地质公园及可能对地质公园造成影响的周边地区，禁止进行采石、取土、开矿、放牧、砍伐以及其他对保护对象有损害的活动。

——未经管理机构批准，不得在地质公园范围内采集标本和化石。

7．国家主体功能区环境政策的有关内容

为贯彻落实党的十八届三中全会关于坚定不移实施主体功能区制度的战略部署，完善主体功能区综合配套政策体系，2015年7月，环境保护部、国家发展改革委印发《关于贯彻实施国家主体功能区环境政策的若干意见》（环发〔2015〕92号）。主要内容包括：

（1）禁止开发区域环境政策

按照依法管理、强制保护的原则，执行最严格的生态环境保护措施，保持环境质量的自然本底状况，恢复和维护区域生态系统结构和功能的完整性，保持生态环境质量、生物多样性状况和珍稀物种的自然繁衍，保障未来可持续生存发展空间。

① 优化保护区管理体制机制。将国家级自然保护区的全部、国家级风景名胜区、国家森林公园、国家地质公园、世界文化自然遗产等区域的生态功能极重要区纳入生态保护红线的管控范围，明确其空间分布界线和管控要求。优化自然保护区空间布局，积极推进中东部地区自然保护区建设，将河湖、海洋和草原生态系统及地质遗迹、小种群物种的保护作为新建自然保护区的重点。按照自然地理单元和多物种的栖息地综合保护原则，对已建自然保护区进行整合，通过建立生态廊道，增强自然保护区间的连通性，完善自然保护区建设管理的体制和机制。严格执行饮用水源保护制度，开展饮用水水源地环境风险排查，加强环境应急管理，推进饮用水水源一级保护区内的土地依法征收，依法取缔饮用水水源保护区内排污企业和排污口。引导人口逐步有序转移，按核心区、缓冲区、实验区的顺序，逐步转移自然保护区的人口，实现核心区无人居住，缓冲区和实验区人口大幅度减少。以政府投资为主，推进自然保护区内保护设施的建设，配备充足的人员和装备，加强生态保护技术培训，保障日常保护工作运行的经费。

② 严控各类开发建设活动。不得新建工业企业和矿产开发企业，2020 年年底前迁出或关闭排放污染物以及有可能对环境安全造成隐患的现有各类企业事业单位和其他生产经营者，并加强相关企业迁出前的环境管理以及迁出后企业原址的风险评估。禁止新建铁路、公路和其他基础设施穿越自然保护区和风景名胜区核心区和缓冲区，尽量避免穿越实验区。严格控制风景名胜区、森林公园、湿地公园内人工景观建设。除文化自然遗产保护、森林草原防火、应急救援外，禁止在自然保护区核心区和缓冲区进行包括旅游、种植和野生动植物繁育在内的开发活动。环境影响评价必须科学预测其对敏感物种和敏感、脆弱生态系统的影响，并以不影响敏感物种生存、繁衍及生态系统的科学文化价值为目标，提出保护和恢复方案。

③ 持续推进生态保护补偿及考核评价制。着眼于激励生态环境保护行为，制定和落实科学的生态补偿制度和专项财政转移支付制度，使保护者得到补偿与激励。着力实施重大生态修复工程建设，加强环境公共服务设施建设。率先探索编制自然资源资产负债

表与考评体系。构建生态环境资产核算框架体系,将生态保护补偿机制建设工作纳入地方政府的绩效考核,完善现有政绩考核制度,对领导干部实行自然资源资产离任审计,建立生态环境损害责任终身追究制。

(2)重点生态功能区环境政策

按照生态优先、适度发展的原则,着力推进生态保育,增强区域生态服务功能和生态系统的抗干扰能力,夯实生态屏障,坚决遏制生态系统退化的趋势。保持并提高区域的水源涵养、水土保持、防风固沙、生物多样性维护等生态调节功能,保障区域生态系统的完整性和稳定性,土壤环境维持自然本底水平。水源涵养和生物多样性维护型重点生态功能区水质达到地表水、地下水Ⅰ类,空气质量达到一级;水土保持型重点生态功能区的水质达到Ⅱ类,空气质量达到二级;防风固沙型重点生态功能区的水质达到Ⅳ类,空气质量得到改善。

① 划定并严守生态保护红线。在重点生态功能区、生态环境敏感区和脆弱区等区域划定生态保护红线,实行严格保护,确保生态功能不降低、面积不减少、性质不改变;科学划定森林、草原、湿地、海洋等领域生态保护红线。

② 实行更加严格的产业准入标准。严格限制区内"两高一资"产业落地,禁止高水资源消耗产业在水源涵养生态功能区布局,限制土地资源高消耗产业在水土保持生态功能区发展,降低防风固沙生态功能区的农牧业开发强度,禁止生物多样性维护生态功能区的大规模水电开发和林纸一体化产业发展。在不损害生态系统功能的前提下,因地制宜地发展旅游、农林牧产品生产和加工、观光休闲农业及风电、太阳能等新能源产业。原则上不再新建各类产业园区,严禁随意扩大现有产业园区范围。以工业为主的产业园区应加快完成园区的循环化改造,鼓励推进低消耗、可循环、少排放的生态型工业区建设,对不符合主体功能定位的现有产业,通过设备折旧补贴、设备贷款担保、迁移补贴、土地置换、关停补偿等手段,实施搬迁或关闭。严格执行排污许可管理制度,从严控制污染物排放总量,将排污许可管理制度允许的排放量作为污染物排放总量的管理依据,实现污染物排放总量持续下降。

③ 持续推进生态建设与生态修复重大工程。实施好生物多样性重大工程、风沙源治理、小流域综合治理、退耕还林还草、退牧还草等生态修复工程。推进国家级自然保护区建设。推进荒漠化、石漠化、水土流失综合治理,扩大森林、草原、湖泊、湿地面积,提高森林覆盖率,水土流失和荒漠化得到有效控制,野生动植物物种得到恢复和增加,保护生物多样性。严禁盲目引入外来物种,严格控制转基因物种环境释放活动。

④ 推进实施生态保护补偿及监测考评机制。逐步加大政府投资对生态环境保护方面的支持力度,重点用于国家重点生态功能区特别是中西部和东北地区国家重点生态功能区的发展。对国家支持的建设项目,适当提高中央政府补助比例。完善生态环境监测体系,实施生态环境质量监测、评价和考核。在生态系统服务功能十分重要的区域优先建立天地一体化的生态环境监管机制。取消重点生态功能区的地区生产总值考核,加强区

域生态功能、可持续发展能力的评估与考核，并将结果向社会公布。

⑤ 切实落实环境分区管治。青藏高原生态屏障区，要重点保护好多样、独特的生态系统，发挥涵养大江大河水源和调节气候的作用。黄土高原—川滇生态屏障区，要重点加强水土流失防治和天然植被保护，发挥保障长江、黄河中下游地区生态安全的作用。东北森林带，要重点保护好森林资源和生物多样性，发挥东北平原生态安全屏障的作用。北方防沙带，要重点加强防护林建设、草原保护和防风固沙，对暂不具备管治条件的沙化土地实行封禁保护，发挥"三北"地区生态安全屏障的作用。南方丘陵山地带，要重点加强植被修复和水土流失防治，发挥华南和西南地区生态安全屏障的作用。

（3）重点开发区域环境政策

按照强化管治、集约发展的原则，加强环境管理与管治，大幅降低污染物排放强度，改善环境质量。一般城镇和工业区环境空气质量达到《环境空气质量标准》（GB 3095—2012）二级标准。地表水环境达到《地表水环境质量标准》（GB 3838—2002）相关要求，集中式生活饮用水地表水源地一级保护区应达到Ⅱ类标准及补充和特定项目要求，集中式生活饮用水地表水源地二级保护区及准保护区应达到Ⅲ类标准及补充和特定项目要求，工业用水应达到Ⅳ类标准，景观用水应达到Ⅴ类标准，纳污水体要求不影响下游水体功能，地下水达到《地下水质量标准》（GB 15618—1995）相关要求。土壤环境达到《土壤环境质量标准》和土壤环境风险评估规范确定的目标要求。

① 切实加强城市环境管理。推动建立基于环境承载能力的城市环境功能分区管理制度，加强特征污染物控制。划定城市生态保护红线，促进形成有利于污染控制和降低居民健康风险的城市空间格局。保护对区域生态系统服务功能极重要的基础生态用地，将区域开敞空间与城市绿地系统有机结合起来，加强生态用地的连通性。

② 深化主要污染物排放总量控制和环境影响评价制度。排污许可允许的主要污染物排放量须满足国家主要污染物排放总量削减任务和区域环境质量标准要求。严格依法开展规划环境影响评价，探索建立区域污染物行业排放总量管理模式，在建设项目环评和规划环评中推进人群健康影响评价。制定建设项目分类管理目录，提出鼓励发展的产业目录和产业发展的环保负面清单。

③ 加强环境综合整治。大力实施大气环境综合整治、水环境综合整治、近岸海域环境综合整治、土壤污染管治、重金属污染管治、环境噪声影响严重区管治等环境综合整治工程，严格化学品环境管理，强化城镇污水、垃圾收集与处理设施建设，加强环境管理和监督力度，提高各类治污设施的效率，强化对企业污染物稳定达标排放的监管，开展污染防治对环境、人群健康影响的效果评估。

④ 强化环境风险管理。要建立区域环境风险评估和风险防控制度。区域内以工业为主的开发区，要根据环境风险评估建立风险预警和风险控制机制，制定突发环境事件应急预案，针对高危企业开展环境污染健康影响评估，建设项目和现有企业开展环境风险评估和制定突发环境事件应急预案，强化对其相关工作的监管。对于环境污染问题突出

或者居民反映强烈的高环境健康风险的区域开展环境与健康调查，采取有效措施降低环境健康损害风险，确保不发生大规模环境污染损害健康的事件。

⑤ 切实落实环境分区管治。呼包鄂榆、关中—天水、兰州—西宁、宁夏沿黄、天山北坡等区域要严格限制高耗水行业发展，提高水资源利用效率。成渝、黔中、滇中、藏中南等区域需严控有色金属产业项目审批，积极推动有色金属采冶的环境健康风险评估。要重视饮用水安全及水污染产生的环境健康问题和矿产资源开发带来的人群健康风险问题。控制采暖期煤烟型大气污染，加强草原生态系统保护，加强地下水保护，改善天山北坡山地水源涵养功能。成渝、黔中、滇中、藏中南等区域要强化酸雨污染防治，加强流域水土流失和水污染防治，加强石漠化治理、高原湖泊保护、大江大河防护林建设，保护和增强藏中南地区生态系统多样性及适应气候变化能力，优化并合理布局水电开发，开展有色金属采冶的环境健康风险评估。哈长地区要强化对石油等资源开发活动的生态环境监管，提升发展原油、石化产业，强化科技创新、综合服务功能。加强采暖期城市大气污染管治，推进松花江、嫩江流域、辽河流域和近岸海域污染防治，加强采煤沉陷区综合管治和矿山环境修复，强化长白山森林和水源保护，开展松嫩平原湿地修复，防治丘陵黑土地区水土流失，加快封山育林、植树造林和冷水性鱼类资源保护。太原城市群、中原经济区等区域要重视煤化工产业发展造成的土壤环境健康风险，优化发展煤炭、化工产业链，承接环渤海地区产业转移。要有效维护区域环境承载能力，加强区域大气污染管治联防联控，强化水污染管治，加强采煤沉陷区的生态恢复，推进平原地区和沙化地区的土地管治，重视空气污染带来的人群健康风险问题。冀中南地区要严格控制钢铁建材产业，积极稳妥进行产业改造。要加强水环境污染治理，加强南水北调中线引江干支渠、城市河道人工湿地建设，构建由防护林、城市绿地、区域生态水网等构成的生态格局。武汉城市圈、环长株潭城市群、鄱阳湖生态经济区、江淮地区等区域要把区域资源承载能力和生态环境容量作为承接产业转移的重要依据，严格资源节约和环保准入门槛。要加强长江、湘江、汉江、淮河和洞庭湖、巢湖、东湖、梁子湖、磁湖等重点水域的水资源保护和水环境污染防治，加强鄱阳湖生态经济区生态环境保护，加强大别山水土保持和水源涵养功能，重视土壤污染产生的人群健康问题。东陇海地区要优化港口产业集群，积极支持环境友好型企业发展，维护沿海区域环境健康。要加强自然保护区、重要湿地、滩涂以及水源保护区等的保护，加强淮河流域综合管治，加强入海河流小流域综合整治和近岸海域污染防治，实施矿山废弃地环境综合整治与生态修复，构建东部沿海防护林带、北部山区森林、南部平原林网有机融合的生态格局。北部湾地区、海峡西岸经济区要发展高效优质的生态农业，转变养殖业发展方式，合理开发北部湾渔业资源，发展农产品精深加工业，深化闽台农业合作，建设特色农产品生产与加工出口示范基地，发展特色优势产业。要加强对自然保护区、生态公益林、水源保护区等的保护，加强防御台风、风暴潮等极端气候事件能力建设，构建以沿海红树林、珊瑚礁、港湾湿地为主体的沿海生态带和海洋特别保护区。

（4）优化开发区域环境政策

按照严控污染、优化发展的原则，引导城市集约紧凑、绿色低碳发展，减少工矿建设空间和农村生活空间，扩大服务业、交通、城市居住、公共设施空间，扩大绿色生态空间。一般城镇和工业区环境空气质量达到《环境空气质量标准》（GB 3095—2012）中的二级标准。地表水环境达到《地表水环境质量标准》（GB 3838—2002）相关要求，集中式生活饮用水地表水源地一级保护区应达到Ⅱ类标准及补充和特定项目要求，集中式生活饮用水地表水源地二级保护区及准保护区应达到Ⅲ类标准及补充和特定项目要求，工业用水应达到Ⅳ类标准，景观用水应达到Ⅴ类标准，纳污水体要求不影响下游水体功能，地下水达到《地下水质量标准》的相关要求。土壤环境达到《土壤环境质量标准》（GB 15618—1995）和土壤环境风险评估规范确定的目标要求。

①加强城市环境质量管理。优化城市生产、生活、生态空间，划定城市生态保护红线和最小生态安全距离，优化提升城市群生态保护空间，促进形成有利于污染控制和降低居民健康风险的城市空间格局。推进城市总体规划环境影响评价和人群健康风险评估，探索环境健康损害赔偿机制。编制实施城市环境总体规划，优化城市功能分区，控制城市蔓延扩张，扩大城市绿色生态空间，加强城市公园绿地、绿道网、绿化隔离带和城际生态廊道建设。

②严格污染物排放总量控制制度。有效控制区域性复合型大气污染，现有存量污染源通过结构调整、转型升级或提标改造削减排放量。新、改、扩建项目要按照《建设项目主要污染物排放总量指标审核及管理暂行办法》的要求，严格落实替代削减方案。推行煤炭消费总量控制制度，建立新上项目煤炭消费减量替代和污染物减排"双挂钩"机制。积极推进火电、钢铁、水泥等重点行业大气污染物与温室气体协同控制。建立绩效标杆和领跑者制度。严格执行排污许可管理制度，从严控制污染物排放总量，将排污许可管理制度允许的排放量作为污染物排放总量的管理依据，实现污染物排放总量持续下降。

③推行环保负面清单制度。全面深入实施节能减排，化解资源环境瓶颈制约，积极开展适应气候变化工作，提升城市综合适应能力，新建项目清洁生产应达到国际先进水平，新建产业园区应按生态工业园区标准进行规划建设。禁止新建钢铁、水泥熟料、平板玻璃、电解铝、船舶等产能过剩行业新增产能项目。有序发展天然气调峰电站，原则上不再新建天然气发电项目。新建项目禁止配套建设自备燃煤电站，除热电联产外，禁止审批新建燃煤发电项目。现有多台燃煤机组装机容量合计达到30万千瓦以上的，可按照煤炭等量替代的原则建设为大容量燃煤机组。对火电、钢铁、石化、水泥、有色、化工等行业按照相关规定执行污染物特别排放限值，或严于国家标准有关污染物排放限值的地方标准。

④加强土壤环境保护工作。严格污染场地开发利用和流转的审批，新增建设用地和现有建设用地改变用途，未按要求开展土壤污染状况调查评估的，有关部门不得办理供地等相关手续；加强未开发利用污染场地的环境管理，开展对周边环境和人体健康的风

险评估，定期发布重污染场地环境健康风险评估结果，防范风险。对于污染场地修复后再利用的区域，需要开展常规环境健康综合监测和 10 年以上的环境健康风险追踪评估。加强城镇辐射环境质量监督管理。

⑤切实落实环境分区管治。京津冀地区要加强生态环境保护，联防联控环境污染，建立一体化的环境准入和退出机制，构建区域生态环境监测网络；强化大气污染治理，确定大气环境质量底线，协同推进碳排放控制，加快推进低碳城镇化；实施清洁水行动，开展饮用水水源地保护，整治环渤海湾环境污染，推进土壤与地下水治理和农村环境改善工程；优化生态安全格局，划定生态保护红线，明确生态廊道，建设坝上高原生态防护区、燕山—太行山生态涵养区、低平原生态修复区和沿海生态防护区等。辽中南地区要加强东部山地水源涵养和饮用水水源地保护，加快采煤沉陷区综合管治及矿山生态修复，加强辽河流域和近海海域污染防治，强化城市煤烟型空气污染管治，构建由长白山余脉、辽河、鸭绿江、滨海湿地和沿海防护林构成的生态廊道。山东半岛地区要划定地下水禁采区和限采区并实施严格保护，强化工业颗粒物和粉尘管治，加快封山育林、提高森林覆盖率，构建片状生态网络和沿海生态廊道。长江三角洲地区要加强饮用水水源地保护，重点保护集中式饮用水水源地水质安全，遏制地下水超采，重点整治长江、太湖、淮河、钱塘江和城市水体污染；健全区域大气污染联防联控机制，改善区域大气环境质量；加强沿江沿海防护林体系建设，增强生态服务功能，保障生态安全。珠江三角洲地区推进二氧化硫、氮氧化物、颗粒物和挥发性有机物等多种污染物协同减排，强化区域大气污染联防联控；加强江河治理和水生态保护的基础设施建设，构建城乡一体的污水和垃圾处理系统；加强饮用水水源地保护和农业面源污染防治，重点防治畜禽、水产养殖污染；加快推进珠江水系、沿海重要绿化带和北部连绵山体为主要框架的区域生态安全体系建设，严格保护红树林湿地生态系统。

五、《2030 年前碳达峰行动方案》

2021 年 10 月 24 日，国务院印发了《2030 年前碳达峰行动方案》（国发〔2021〕23号）（以下简称行动方案），提出了"能源绿色低碳转型行动、节能降碳增效行动、工业领域碳达峰行动、城乡建设碳达峰行动、交通运输绿色低碳行动、循环经济助力降碳行动、绿色低碳科技创新行动、碳汇能力巩固提升行动、绿色低碳全民行动、各地区梯次有序碳达峰行动"等"碳达峰十大行动"。

1. 总体要求和主要目标

行动方案总体要求：

"（一）指导思想。以习近平新时代中国特色社会主义思想为指导，全面贯彻党的十九大和十九届二中、三中、四中、五中全会精神，深入贯彻习近平生态文明思想，立足新发展阶段，完整、准确、全面贯彻新发展理念，构建新发展格局，坚持系统观念，处理好发展和减排、整体和局部、短期和中长期的关系，统筹稳增长和调结构，把碳达峰、碳中和纳入经济社会发展全局，坚持'全国统筹、节约优先、双轮驱动、内外畅通、防范风险'的总方针，有力有序有效做好碳达峰工作，明确各地区、各领域、各行业目标任务，加快实现生产生活方式绿色变革，推动经济社会发展建立在资源高效利用和绿色低碳发展的基础之上，确保如期实现 2030 年前碳达峰目标。

（二）工作原则。

总体部署、分类施策。坚持全国一盘棋，强化顶层设计和各方统筹。各地区、各领域、各行业因地制宜、分类施策，明确既符合自身实际又满足总体要求的目标任务。

系统推进、重点突破。全面准确认识碳达峰行动对经济社会发展的深远影响，加强政策的系统性、协同性。抓住主要矛盾和矛盾的主要方面，推动重点领域、重点行业和有条件的地方率先达峰。

双轮驱动、两手发力。更好发挥政府作用，构建新型举国体制，充分发挥市场机制作用，大力推进绿色低碳科技创新，深化能源和相关领域改革，形成有效激励约束机制。

稳妥有序、安全降碳。立足我国富煤贫油少气的能源资源禀赋，坚持先立后破，稳住存量，拓展增量，以保障国家能源安全和经济发展为底线，争取时间实现新能源的逐渐替代，推动能源低碳转型平稳过渡，切实保障国家能源安全、产业链供应链安全、粮食安全和群众正常生产生活，着力化解各类风险隐患，防止过度反应，稳妥有序、循序渐进推进碳达峰行动，确保安全降碳。"

行动方案主要目标：

"'十四五'期间，产业结构和能源结构调整优化取得明显进展，重点行业能源利用效率大幅提升，煤炭消费增长得到严格控制，新型电力系统加快构建，绿色低碳技术研发和推广应用取得新进展，绿色生产生活方式得到普遍推行，有利于绿色低碳循环发展的政策体系进一步完善。到 2025 年，非化石能源消费比重达到 20%左右，单位国内生产总值能源消耗比 2020 年下降 13.5%，单位国内生产总值二氧化碳排放比 2020 年下降 18%，为实现碳达峰奠定坚实基础。

'十五五'期间，产业结构调整取得重大进展，清洁低碳安全高效的能源体系初步建立，重点领域低碳发展模式基本形成，重点耗能行业能源利用效率达到国际先进水平，非化石能源消费比重进一步提高，煤炭消费逐步减少，绿色低碳技术取得关键突破，绿色生活方式成为公众自觉选择，绿色低碳循环发展政策体系基本健全。到 2030 年，非化石能源消费比重达到 25%左右，单位国内生产总值二氧化碳排放比 2005 年下降 65%以上，顺利实现 2030 年前碳达峰目标。"

2."能源绿色低碳转型行动"的有关内容

行动方案中关于"能源绿色低碳转型行动"的内容：

"能源是经济社会发展的重要物质基础，也是碳排放的最主要来源。要坚持安全降碳，在保障能源安全的前提下，大力实施可再生能源替代，加快构建清洁低碳安全高效的能源体系。

1. 推进煤炭消费替代和转型升级。加快煤炭减量步伐，'十四五'时期严格合理控制煤炭消费增长，'十五五'时期逐步减少。严格控制新增煤电项目，新建机组煤耗标准达到国际先进水平，有序淘汰煤电落后产能，加快现役机组节能升级和灵活性改造，积极推进供热改造，推动煤电向基础保障性和系统调节性电源并重转型。严控跨区外送可再生能源电力配套煤电规模，新建通道可再生能源电量比例原则上不低于50%。推动重点用煤行业减煤限煤。大力推动煤炭清洁利用，合理划定禁止散烧区域，多措并举、积极有序推进散煤替代，逐步减少直至禁止煤炭散烧。

2. 大力发展新能源。全面推进风电、太阳能发电大规模开发和高质量发展，坚持集中式与分布式并举，加快建设风电和光伏发电基地。加快智能光伏产业创新升级和特色应用，创新'光伏+'模式，推进光伏发电多元布局。坚持陆海并重，推动风电协调快速发展，完善海上风电产业链，鼓励建设海上风电基地。积极发展太阳能光热发电，推动建立光热发电与光伏发电、风电互补调节的风光热综合可再生能源发电基地。因地制宜发展生物质发电、生物质能清洁供暖和生物天然气。探索深化地热能以及波浪能、潮流能、温差能等海洋新能源开发利用。进一步完善可再生能源电力消纳保障机制。到2030年，风电、太阳能发电总装机容量达到12亿千瓦以上。

3. 因地制宜开发水电。积极推进水电基地建设，推动金沙江上游、澜沧江上游、雅砻江中游、黄河上游等已纳入规划、符合生态保护要求的水电项目开工建设，推进雅鲁藏布江下游水电开发，推动小水电绿色发展。推动西南地区水电与风电、太阳能发电协同互补。统筹水电开发和生态保护，探索建立水能资源开发生态保护补偿机制。'十四五'、'十五五'期间分别新增水电装机容量4 000万千瓦左右，西南地区以水电为主的可再生能源体系基本建立。

4. 积极安全有序发展核电。合理确定核电站布局和开发时序，在确保安全的前提下有序发展核电，保持平稳建设节奏。积极推动高温气冷堆、快堆、模块化小型堆、海上浮动堆等先进堆型示范工程，开展核能综合利用示范。加大核电标准化、自主化力度，加快关键技术装备攻关，培育高端核电装备制造产业集群。实行最严格的安全标准和最严格的监管，持续提升核安全监管能力。

5. 合理调控油气消费。保持石油消费处于合理区间，逐步调整汽油消费规模，大力推进先进生物液体燃料、可持续航空燃料等替代传统燃油，提升终端燃油产品能效。加快推进页岩气、煤层气、致密油（气）等非常规油气资源规模化开发。有序引导天然气消费，优化利用结构，优先保障民生用气，大力推动天然气与多种能源融合发展，因地制宜建设天然气调峰电站，合理引导工业用气和化工原料用气。支持车船使用液化天然气作为燃料。

6. 加快建设新型电力系统。构建新能源占比逐渐提高的新型电力系统，推动清洁电力资源大范围优化配置。大力提升电力系统综合调节能力，加快灵活调节电源建设，引导自备电厂、传统高载能工业负荷、工商业可中断负荷、电动汽车充电网络、虚拟电厂等参与系统调节，建设坚强智能电网，提升电网安全保障水平。积极发展'新能源+储能'、源网荷储一体化和多能互补，支持分布式新能源合理配置储能系统。制定新一轮抽水蓄能电站中长期发展规划，完善促进抽水蓄能发展的政策机制。加快新型储能示范推广应用。深化电力体制改革，加快构建全国统一电力市场体系。到 2025 年，新型储能装机容量达到 3 000 万千瓦以上。到 2030 年，抽水蓄能电站装机容量达到 1.2 亿千瓦左右，省级电网基本具备 5% 以上的尖峰负荷响应能力。"

3. "节能降碳增效行动"的有关内容

行动方案中关于"节能降碳增效行动"的内容：

"落实节约优先方针，完善能源消费强度和总量双控制度，严格控制能耗强度，合理控制能源消费总量，推动能源消费革命，建设能源节约型社会。

1. 全面提升节能管理能力。推行用能预算管理，强化固定资产投资项目节能审查，对项目用能和碳排放情况进行综合评价，从源头推进节能降碳。提高节能管理信息化水平，完善重点用能单位能耗在线监测系统，建立全国性、行业性节能技术推广服务平台，推动高耗能企业建立能源管理中心。完善能源计量体系，鼓励采用认证手段提升节能管理水平。加强节能监察能力建设，健全省、市、县三级节能监察体系，建立跨部门联动机制，综合运用行政处罚、信用监管、绿色电价等手段，增强节能监察约束力。

2. 实施节能降碳重点工程。实施城市节能降碳工程，开展建筑、交通、照明、供热等基础设施节能升级改造，推进先进绿色建筑技术示范应用，推动城市综合能效提升。实施园区节能降碳工程，以高耗能高排放项目（以下称'两高'项目）集聚度高的园区为重点，推动能源系统优化和梯级利用，打造一批达到国际先进水平的节能低碳园区。实施重点行业节能降碳工程，推动电力、钢铁、有色金属、建材、石化化工等行业开展节能降碳改造，提升能源资源利用效率。实施重大节能降碳技术示范工程，支持已取得突破的绿色低碳关键技术开展产业化示范应用。

3. 推进重点用能设备节能增效。以电机、风机、泵、压缩机、变压器、换热器、工业锅炉等设备为重点，全面提升能效标准。建立以能效为导向的激励约束机制，推广先进高效产品设备，加快淘汰落后低效设备。加强重点用能设备节能审查和日常监管，强化生产、经营、销售、使用、报废全链条管理，严厉打击违法违规行为，确保能效标准和节能要求全面落实。

4. 加强新型基础设施节能降碳。优化新型基础设施空间布局，统筹谋划、科学配置数据中心等新型基础设施，避免低水平重复建设。优化新型基础设施用能结构，采用直流供电、分布式储能、'光伏+储能'等模式，探索多样化能源供应，提高非化石能源消费比重。对标国际先进水平，加快完善通信、运算、存储、传输等设备能效标准，提升准入门槛，淘汰落后设备和技术。加强新型基础设施用能管理，将年综合能耗超过 1 万吨标准煤的数据中心全部纳入重点用能单位能耗在线监测系统，开展能源计量审查。推动既有设施绿色升级改造，积极推广使用高效制冷、先进通风、余热利用、智能化用能控制等技术，提高设施能效水平。"

4. "工业领域碳达峰行动"的有关内容

行动方案中关于"工业领域碳达峰行动"的内容：

"工业是产生碳排放的主要领域之一，对全国整体实现碳达峰具有重要影响。工业领域要加快绿色低碳转型和高质量发展，力争率先实现碳达峰。

1. 推动工业领域绿色低碳发展。优化产业结构，加快退出落后产能，大力发展战略性新兴产业，加快传统产业绿色低碳改造。促进工业能源消费低碳化，推动化石能源清洁高效利用，提高可再生能源应用比重，加强电力需求侧管理，提升工业电气化水平。深入实施绿色制造工程，大力推行绿色设计，完善绿色制造体系，建设绿色工厂和绿色工业园区。推进工业领域数字化智能化绿色化融合发展，加强重点行业和领域技术改造。

2. 推动钢铁行业碳达峰。深化钢铁行业供给侧结构性改革，严格执行产能置换，严禁新增产能，推进存量优化，淘汰落后产能。推进钢铁企业跨地区、跨所有制兼并重组，提高行业集中度。优化生产力布局，以京津冀及周边地区为重点，继续压减钢铁产能。促进钢铁行业结构优化和清洁能源替代，大力推进非高炉炼铁技术示范，提升废钢资源回收利用水平，推行全废钢电炉工艺。推广先进适用技术，深挖节能降碳潜力，鼓励钢化联产，探索开展氢冶金、二氧化碳捕集利用一体化等试点示范，推动低品位余热供暖发展。

3. 推动有色金属行业碳达峰。巩固化解电解铝过剩产能成果，严格执行产能置换，严控新增产能。推进清洁能源替代，提高水电、风电、太阳能发电等应用比重。加快再生有色金属产业发展，完善废弃有色金属资源回收、分选和加工网络，提高再生有色金属产量。加快推广应用先进适用绿色低碳技术，提升有色金属生产过程余热回收水平，推动单位产品能耗持续下降。

4. 推动建材行业碳达峰。加强产能置换监管，加快低效产能退出，严禁新增水泥熟料、平板玻璃产能，引导建材行业向轻型化、集约化、制品化转型。推动水泥错峰生产常态化，合理缩短水泥熟料装置运转时间。因地制宜利用风能、太阳能等可再生能源，逐步提高电力、天然气应用比重。鼓励建材企业使用粉煤灰、工业废渣、尾矿渣等作为原料或水泥混合材。加快推进绿色建材产品认证和应用推广，加强新型胶凝材料、低碳混凝土、木竹建材等低碳建材产品研发应用。推广节能技术设备，开展能源管理体系建设，实现节能增效。

5. 推动石化化工行业碳达峰。优化产能规模和布局，加大落后产能淘汰力度，有效化解结构性过剩矛盾。严格项目准入，合理安排建设时序，严控新增炼油和传统煤化工生产能力，稳妥有序发展现代煤化工。引导企业转变用能方式，鼓励以电力、天然气等替代煤炭。调整原料结构，控制新增原料用煤，拓展富氢原料进口来源，推动石化化工原料轻质化。优化产品结构，促进石化化工与煤炭开采、冶金、建材、化纤等产业协同发展，加强炼厂干气、液化气等副产气体高效利用。鼓励企业节能升级改造，推动能量梯级利用、物料循环利用。到 2025 年，国内原油一次加工能力控制在 10 亿吨以内，主要产品产能利用率提升至 80% 以上。

6. 坚决遏制'两高'项目盲目发展。采取强有力措施，对'两高'项目实行清单管理、分类处置、动态监控。全面排查在建项目，对能效水平低于本行业能耗限额准入值的，按有关规定停工整改，推动能效水平应提尽提，力争全面达到国内乃至国际先进水平。科学评估拟建项目，对产能已饱和的行业，按照"减量替代"原则压减产能；对产能尚未饱和的行业，按照国家布局和审批备案等要求，对标国际先进水平提高准入门槛；对能耗量较大的新兴产业，支持引导企业应用绿色低碳技术，提高能效水平。深入挖潜存量项目，加快淘汰落后产能，通过改造升级挖掘节能减排潜力。强化常态化监管，坚决拿下不符合要求的'两高'项目。"

5. "循环经济助力降碳行动"的有关内容

行动方案中关于"循环经济助力降碳行动"的内容：

"抓住资源利用这个源头，大力发展循环经济，全面提高资源利用效率，充分发挥减少资源消耗和降碳的协同作用。

1. 推进产业园区循环化发展。以提升资源产出率和循环利用率为目标，优化园区空间布局，开展园区循环化改造。推动园区企业循环式生产、产业循环式组合，组织企业实施清洁生产改造，促进废物综合利用、能量梯级利用、水资源循环利用，推进工业余压余热、废气废液废渣资源化利用，积极推广集中供气供热。搭建基础设施和公共服务共享平台，加强园区物质流管理。到 2030 年，省级以上重点产业园区全部实施循环化改造。

2. 加强大宗固废综合利用。提高矿产资源综合开发利用水平和综合利用率，以煤矸石、粉煤灰、尾矿、共伴生矿、冶炼渣、工业副产石膏、建筑垃圾、农作物秸秆等大宗固废为重点，支持大掺量、规模化、高值化利用，鼓励应用于替代原生非金属矿、砂石等资源。在确保安全环保前提下，探索将磷石膏应用于土壤改良、井下充填、路基修筑等。推动建筑垃圾资源化利用，推广废弃路面材料原地再生利用。加快推进秸秆高值化利用，完善收储运体系，严格禁烧管控。加快大宗固废综合利用示范建设。到 2025 年，大宗固废年利用量达到 40 亿吨左右；到 2030 年，年利用量达到 45 亿吨左右。

3. 健全资源循环利用体系。完善废旧物资回收网络，推行'互联网+'回收模式，实现再生资源应收尽收。加强再生资源综合利用行业规范管理，促进产业集聚发展。高水平建设现代化'城市矿产'基地，推动再生资源规范化、规模化、清洁化利用。推进退役动力电池、光伏组件、风电机组叶片等新兴产业废物循环利用。促进汽车零部件、工程机械、文办设备等再制造产业高质量发展。加强资源再生产品和再制造产品推广应用。到 2025 年，废钢铁、废铜、废铝、废铅、废锌、废纸、废塑料、废橡胶、废玻璃等 9 种主要再生资源循环利用量达到 4.5 亿吨，到 2030 年达到 5.1 亿吨。

4. 大力推进生活垃圾减量化资源化。扎实推进生活垃圾分类，加快建立覆盖全社会的生活垃圾收运处置体系，全面实现分类投放、分类收集、分类运输、分类处理。加强塑料污染全链条治理，整治过度包装，推动生活垃圾源头减量。推进生活垃圾焚烧处理，降低填埋比例，探索适合我国厨余垃圾特性的资源化利用技术。推进污水资源化利用。到 2025 年，城市生活垃圾分类体系基本健全，生活垃圾资源化利用比例提升至 60%左右。到 2030 年，城市生活垃圾分类实现全覆盖，生活垃圾资源化利用比例提升至 65%。"

六、《"十四五"节能减排综合工作方案》

2021 年 12 月 28 日，国务院印发《"十四五"节能减排综合工作方案》（国发〔2021〕33 号）（以下简称方案）发布。

1. 总体要求和主要目标

方案总体要求和主要目标：

"一、总体要求

以习近平新时代中国特色社会主义思想为指导，全面贯彻党的十九大和十九届历次全会精神，深入贯彻习近平生态文明思想，坚持稳中求进工作总基调，立足新发展阶段，完整、准确、全面贯彻新发展理念，构建新发展格局，推动高质量发展，完善实施能源消费强度和总量双控（以下称能耗双控）、主要污染物排放总量控制制度，组织实施节能减排重点工程，进一步健全节能减排政策机制，推动能源利用效率大幅提高、主要污染物排放总量持续减少，实现节能降碳减污协同增效、生态环境质量持续改善，确保完成'十四五'节能减排目标，为实现碳达峰、碳中和目标奠定坚实基础。

二、主要目标

到 2025 年，全国单位国内生产总值能源消耗比 2020 年下降 13.5%，能源消费总量得到合理控制，化学需氧量、氨氮、氮氧化物、挥发性有机物排放总量比 2020 年分别下降 8%、8%、10%以上、10%以上。节能减排政策机制更加健全，重点行业能源利用效率和主要污染物排放控制水平基本达到国际先进水平，经济社会发展绿色转型取得显著成效。"

2. 实施节能减排重点工程

方案提出了"重点行业绿色升级、园区节能环保提升、城镇绿色节能改造、交通物流节能减排、农业农村节能减排、公共机构能效提升、重点区域污染物减排、煤炭清洁高效利用、挥发性有机物综合整治、环境基础设施水平提升"共十项节能减排重点工程：

"（一）重点行业绿色升级工程。以钢铁、有色金属、建材、石化化工等行业为重点，推进节能改造和污染物深度治理。推广高效精馏系统、高温高压干熄焦、富氧强化熔炼等节能技术，鼓励将高炉—转炉长流程炼钢转型为电炉短流程炼钢。推进钢铁、水泥、焦化行业及燃煤锅炉超低排放改造，到 2025 年，完成 5.3 亿吨钢铁产能超低排放改造，大气污染防治重点区域燃煤锅炉全面实现超低排放。加强行业工艺革新，实施涂装类、化工类等产业集群分类治理，开展重点行业清洁生产和工业废水资源化利用改造。

推进新型基础设施能效提升，加快绿色数据中心建设。'十四五'时期，规模以上工业单位增加值能耗下降 13.5%，万元工业增加值用水量下降 16%。到 2025 年，通过实施节能降碳行动，钢铁、电解铝、水泥、平板玻璃、炼油、乙烯、合成氨、电石等重点行业产能和数据中心达到能效标杆水平的比例超过 30%。

（二）园区节能环保提升工程。引导工业企业向园区集聚，推动工业园区能源系统整体优化和污染综合整治，鼓励工业企业、园区优先利用可再生能源。以省级以上工业园区为重点，推进供热、供电、污水处理、中水回用等公共基础设施共建共享，对进水浓度异常的污水处理厂开展片区管网系统化整治，加强一般固体废物、危险废物集中贮存和处置，推动挥发性有机物、电镀废水及特征污染物集中治理等'绿岛'项目建设。到 2025 年，建成一批节能环保示范园区。

（三）城镇绿色节能改造工程。全面推进城镇绿色规划、绿色建设、绿色运行管理，推动低碳城市、韧性城市、海绵城市、'无废城市'建设。全面提高建筑节能标准，加快发展超低能耗建筑，积极推进既有建筑节能改造、建筑光伏一体化建设。因地制宜推动北方地区清洁取暖，加快工业余热、可再生能源等在城镇供热中的规模化应用。实施绿色高效制冷行动，以建筑中央空调、数据中心、商务产业园区、冷链物流等为重点，更新升级制冷技术、设备，优化负荷供需匹配，大幅提升制冷系统能效水平。实施公共供水管网漏损治理工程。到 2025 年，城镇新建建筑全面执行绿色建筑标准，城镇清洁取暖比例和绿色高效制冷产品市场占有率大幅提升。

（四）交通物流节能减排工程。推动绿色铁路、绿色公路、绿色港口、绿色航道、绿色机场建设，有序推进充换电、加注（气）、加氢、港口机场岸电等基础设施建设。提高城市公交、出租、物流、环卫清扫等车辆使用新能源汽车的比例。加快大宗货物和中长途货物运输'公转铁'、'公转水'，大力发展铁水、公铁、公水等多式联运。全面实施汽车国六排放标准和非道路移动柴油机械国四排放标准，基本淘汰国三及以下排放标准汽车。深入实施清洁柴油机行动，鼓励重型柴油货车更新替代。实施汽车排放检验与维护制度，加强机动车排放召回管理。加强船舶清洁能源动力推广应用，推动船舶岸电受电设施改造。提升铁路电气化水平，推广低能耗运输装备，推动实施铁路内燃机车国一排放标准。大力发展智能交通，积极运用大数据优化运输组织模式。加快绿色仓储建设，鼓励建设绿色物流园区。加快标准化物流周转箱推广应用。全面推广绿色快递包装，引导电商企业、邮政快递企业选购使用获得绿色认证的快递包装产品。到 2025 年，新能源汽车新车销售量达到汽车新车销售总量的 20%左右，铁路、水路货运量占比进一步提升。

（五）农业农村节能减排工程。加快风能、太阳能、生物质能等可再生能源在农业生产和农村生活中的应用，有序推进农村清洁取暖。推广应用农用电动车辆、节能环保农机和渔船，发展节能农业大棚，推进农房节能改造和绿色农房建设。强化农业面源污染防治，推进农药化肥减量增效、秸秆综合利用，加快农膜和农药包装废弃物回收处理。

深入推进规模养殖场污染治理，整县推进畜禽粪污资源化利用。整治提升农村人居环境，提高农村污水垃圾处理能力，基本消除较大面积的农村黑臭水体。到 2025 年，农村生活污水治理率达到 40%，秸秆综合利用率稳定在 86% 以上，主要农作物化肥、农药利用率均达到 43% 以上，畜禽粪污综合利用率达到 80% 以上，绿色防控、统防统治覆盖率分别达到 55%、45%，京津冀及周边地区大型规模化养殖场氨排放总量削减 5%。

（六）公共机构能效提升工程。加快公共机构既有建筑围护结构、供热、制冷、照明等设施设备节能改造，鼓励采用能源费用托管等合同能源管理模式。率先淘汰老旧车，率先采购使用节能和新能源汽车，新建和既有停车场要配备电动汽车充电设施或预留充电设施安装条件。推行能耗定额管理，全面开展节约型机关创建行动。到 2025 年，创建 2 000 家节约型公共机构示范单位，遴选 200 家公共机构能效领跑者。

（七）重点区域污染物减排工程。持续推进大气污染防治重点区域秋冬季攻坚行动，加大重点行业结构调整和污染治理力度。以大气污染防治重点区域及珠三角地区、成渝地区等为重点，推进挥发性有机物和氮氧化物协同减排，加强细颗粒物和臭氧协同控制。持续打好长江保护修复攻坚战，扎实推进城镇污水垃圾处理和工业、农业面源、船舶、尾矿库等污染治理工程，到 2025 年，长江流域总体水质保持为优，干流水质稳定达到 II 类。着力打好黄河生态保护治理攻坚战，实施深度节水控水行动，加强重要支流污染治理，开展入河排污口排查整治，到 2025 年，黄河干流上中游（花园口以上）水质达到 II 类。

（八）煤炭清洁高效利用工程。要立足以煤为主的基本国情，坚持先立后破，严格合理控制煤炭消费增长，抓好煤炭清洁高效利用，推进存量煤电机组节煤降耗改造、供热改造、灵活性改造'三改联动'，持续推动煤电机组超低排放改造。稳妥有序推进大气污染防治重点区域燃料类煤气发生炉、燃煤热风炉、加热炉、热处理炉、干燥炉（窑）以及建材行业煤炭减量，实施清洁电力和天然气替代。推广大型燃煤电厂热电联产改造，充分挖掘供热潜力，推动淘汰供热管网覆盖范围内的燃煤锅炉和散煤。加大落后燃煤锅炉和燃煤小热电退出力度，推动以工业余热、电厂余热、清洁能源等替代煤炭供热（蒸汽）。到 2025 年，非化石能源占能源消费总量比重达到 20% 左右。'十四五'时期，京津冀及周边地区、长三角地区煤炭消费量分别下降 10%、5% 左右，汾渭平原煤炭消费量实现负增长。

（九）挥发性有机物综合整治工程。推进原辅材料和产品源头替代工程，实施全过程污染物治理。以工业涂装、包装印刷等行业为重点，推动使用低挥发性有机物含量的涂料、油墨、胶粘剂、清洗剂。深化石化化工等行业挥发性有机物污染治理，全面提升废气收集率、治理设施同步运行率和去除率。对易挥发有机液体储罐实施改造，对浮顶罐推广采用全接液浮盘和高效双重密封技术，对废水系统高浓度废气实施单独收集处理。加强油船和原油、成品油码头油气回收治理。到 2025 年，溶剂型工业涂料、油墨使用比例分别降低 20 个百分点、10 个百分点，溶剂型胶粘剂使用量降低 20%。

（十）环境基础设施水平提升工程。加快构建集污水、垃圾、固体废物、危险废物、医疗废物处理处置设施和监测监管能力于一体的环境基础设施体系，推动形成由城市向建制镇和乡村延伸覆盖的环境基础设施网络。推进城市生活污水管网建设和改造，实施混错接管网改造、老旧破损管网更新修复，加快补齐处理能力缺口，推行污水资源化利用和污泥无害化处置。建设分类投放、分类收集、分类运输、分类处理的生活垃圾处理系统。到2025年，新增和改造污水收集管网8万公里，新增污水处理能力2 000万立方米/日，城市污泥无害化处置率达到90%，城镇生活垃圾焚烧处理能力达到80万吨/日左右，城市生活垃圾焚烧处理能力占比65%左右。"

七、《空气质量持续改善行动计划》

习近平总书记指出，蓝天保卫战是污染防治攻坚战的重中之重，要以京津冀及周边、长三角、汾渭平原等重点区域为主战场，大力推进挥发性有机物、氮氧化物等多污染物协同减排，持续降低细颗粒物浓度。要采取综合措施，加快消除重污染天气，守护好美丽蓝天。为深入贯彻党中央、国务院决策部署，生态环境部会同国家发展改革委、工信部、交通运输部等26个部门联合制定了《空气质量持续改善行动计划》（以下简称行动计划），并于2023年11月30日由国务院印发实施。这是国家继《大气污染防治行动计划》《打赢蓝天保卫战三年行动计划》之后发布的第三个"大气十条"。

1. 空气质量改善行动计划的总体要求

行动计划提出：

"（一）指导思想。以习近平新时代中国特色社会主义思想为指导，全面贯彻党的二十大精神，深入贯彻习近平生态文明思想，落实全国生态环境保护大会部署，坚持稳中求进工作总基调，协同推进降碳、减污、扩绿、增长，以改善空气质量为核心，以减少重污染天气和解决人民群众身边的突出大气环境问题为重点，以降低细颗粒物（$PM_{2.5}$）浓度为主线，大力推动氮氧化物和挥发性有机物（VOCs）减排；开展区域协同治理，突出精准、科学、依法治污，完善大气环境管理体系，提升污染防治能力；远近结合研究谋划大气污染防治路径，扎实推进产业、能源、交通绿色低碳转型，强化面源污染治理，加强源头防控，加快形成绿色低碳生产生活方式，实现环境效益、经济效益和社会效益多赢。

（二）重点区域

京津冀及周边地区。包含北京市，天津市，河北省石家庄、唐山、秦皇岛、邯郸、邢台、保定、沧州、廊坊、衡水市以及雄安新区和辛集、定州市，山东省济南、淄博、枣庄、东营、潍坊、济宁、泰安、日照、临沂、德州、聊城、滨州、菏泽市，河南省郑州、开封、洛阳、平顶山、安阳、鹤壁、新乡、焦作、濮阳、许昌、漯河、三门峡、商丘、周口市以及济源市。

长三角地区。包含上海市，江苏省，浙江省杭州、宁波、嘉兴、湖州、绍兴、舟山市，安徽省合肥、芜湖、蚌埠、淮南、马鞍山、淮北、滁州、阜阳、宿州、六安、亳州市。

汾渭平原。包含山西省太原、阳泉、长治、晋城、晋中、运城、临汾、吕梁市，陕西省西安、铜川、宝鸡、咸阳、渭南市以及杨凌农业高新技术产业示范区、韩城市。

（三）目标指标。到 2025 年，全国地级及以上城市 $PM_{2.5}$ 浓度比 2020 年下降 10%，重度及以上污染天数比率控制在 1% 以内；氮氧化物和 VOCs 排放总量比 2020 年分别下降 10% 以上。京津冀及周边地区、汾渭平原 $PM_{2.5}$ 浓度分别下降 20%、15%，长三角地区 $PM_{2.5}$ 浓度总体达标，北京市控制在 32 微克/立方米以内。"

2. 优化产业结构，促进产业产品绿色升级

行动计划提出：

"（四）坚决遏制高耗能、高排放、低水平项目盲目上马。新改扩建项目严格落实国家产业规划、产业政策、生态环境分区管控方案、规划环评、项目环评、节能审查、产能置换、重点污染物总量控制、污染物排放区域削减、碳排放达峰目标等相关要求，原则上采用清洁运输方式。涉及产能置换的项目，被置换产能及其配套设施关停后，新建项目方可投产。

严禁新增钢铁产能。推行钢铁、焦化、烧结一体化布局，大幅减少独立焦化、烧结、球团和热轧企业及工序，淘汰落后煤炭洗选产能；有序引导高炉—转炉长流程炼钢转型为电炉短流程炼钢。到 2025 年，短流程炼钢产量占比达 15%。京津冀及周边地区继续实施'以钢定焦'，炼焦产能与长流程炼钢产能比控制在 0.4 左右。

（五）加快退出重点行业落后产能。修订《产业结构调整指导目录》，研究将污染物或温室气体排放明显高出行业平均水平、能效和清洁生产水平低的工艺和装备纳入淘汰类和限制类名单。重点区域进一步提高落后产能能耗、环保、质量、安全、技术等要求，逐步退出限制类涉气行业工艺和装备；逐步淘汰步进式烧结机和球团竖炉以及半封闭式硅锰合金、镍铁、高碳铬铁、高碳锰铁电炉。引导重点区域钢铁、焦化、电解铝等产业有序调整优化。

（六）全面开展传统产业集群升级改造。中小型传统制造企业集中的城市要制定涉气产业集群发展规划，严格项目审批，严防污染下乡。针对现有产业集群制定专项整治方案，依法淘汰关停一批、搬迁入园一批、就地改造一批、做优做强一批。各地要结合产业集群特点，因地制宜建设集中供热中心、集中喷涂中心、有机溶剂集中回收处置中心、活性炭集中再生中心。

（七）优化含 VOCs 原辅材料和产品结构。严格控制生产和使用高 VOCs 含量涂料、油墨、胶粘剂、清洗剂等建设项目，提高低（无）VOCs 含量产品比重。实施源头替代工程，加大工业涂装、包装印刷和电子行业低（无）VOCs 含量原辅材料替代力度。室外构筑物防护和城市道路交通标志推广使用低（无）VOCs 含量涂料。在生产、销售、进口、使用等环节严格执行 VOCs 含量限值标准。

（八）推动绿色环保产业健康发展。加大政策支持力度，在低（无）VOCs含量原辅材料生产和使用、VOCs污染治理、超低排放、环境和大气成分监测等领域支持培育一批龙头企业。多措并举治理环保领域低价低质中标乱象，营造公平竞争环境，推动产业健康有序发展。"

3. 优化能源结构，加速能源清洁低碳高效发展

行动计划提出：

"（九）大力发展新能源和清洁能源。到2025年，非化石能源消费比重达20%左右，电能占终端能源消费比重达30%左右。持续增加天然气生产供应，新增天然气优先保障居民生活和清洁取暖需求。

（十）严格合理控制煤炭消费总量。在保障能源安全供应的前提下，重点区域继续实施煤炭消费总量控制。到2025年，京津冀及周边地区、长三角地区煤炭消费量较2020年分别下降10%和5%左右，汾渭平原煤炭消费量实现负增长，重点削减非电力用煤。重点区域新改扩建用煤项目，依法实行煤炭等量或减量替代，替代方案不完善的不予审批；不得将使用石油焦、焦炭、兰炭等高污染燃料作为煤炭减量替代措施。完善重点区域煤炭消费减量替代管理办法，煤矸石、原料用煤不纳入煤炭消费总量考核。原则上不再新增自备燃煤机组，支持自备燃煤机组实施清洁能源替代。对支撑电力稳定供应、电网安全运行、清洁能源大规模并网消纳的煤电项目及其用煤量应予以合理保障。

（十一）积极开展燃煤锅炉关停整合。各地要将燃煤供热锅炉替代项目纳入城镇供热规划。县级及以上城市建成区原则上不再新建35蒸吨/小时及以下燃煤锅炉，重点区域原则上不再新建除集中供暖外的燃煤锅炉。加快热力管网建设，依托电厂、大型工业企业开展远距离供热示范，淘汰管网覆盖范围内的燃煤锅炉和散煤。到2025年，PM2.5未达标城市基本淘汰10蒸吨/小时及以下燃煤锅炉；重点区域基本淘汰35蒸吨/小时及以下燃煤锅炉及茶水炉、经营性炉灶、储粮烘干设备、农产品加工等燃煤设施，充分发挥30万千瓦及以上热电联产电厂的供热能力，对其供热半径30公里范围内的燃煤锅炉和落后燃煤小热电机组（含自备电厂）进行关停或整合。

（十二）实施工业炉窑清洁能源替代。有序推进以电代煤，积极稳妥推进以气代煤。重点区域不再新增燃料类煤气发生炉，新改扩建加热炉、热处理炉、干燥炉、熔化炉原则上采用清洁低碳能源；安全稳妥推进使用高污染燃料的工业炉窑改用工业余热、电能、天然气等；燃料类煤气发生炉实行清洁能源替代，或因地制宜采取园区（集群）集中供气、分散使用方式；逐步淘汰固定床间歇式煤气发生炉。

（十三）持续推进北方地区清洁取暖。因地制宜成片推进北方地区清洁取暖，确保群众温暖过冬。加大民用、农用散煤替代力度，重点区域平原地区散煤基本清零，逐步推进山区散煤清洁能源替代。纳入中央财政支持北方地区清洁取暖范围的城市，保质保量完成改造任务，其中'煤改气'要落实气源、以供定改。全面提升建筑能效水平，加快既有农房节能改造。各地依法将整体完成清洁取暖改造的地区划定为高污染燃料禁燃

区，防止散煤复烧。对暂未实施清洁取暖的地区，强化商品煤质量监管。"

4. 优化交通结构，大力发展绿色运输体系

行动计划提出：

"（十四）持续优化调整货物运输结构。大宗货物中长距离运输优先采用铁路、水路运输，短距离运输优先采用封闭式皮带廊道或新能源车船。探索将清洁运输作为煤矿、钢铁、火电、有色、焦化、煤化工等行业新改扩建项目审核和监管重点。重点区域内直辖市、省会城市采取公铁联运等'外集内配'物流方式。到 2025 年，铁路、水路货运量比 2020 年分别增长 10% 和 12% 左右；晋陕蒙新煤炭主产区中长距离运输（运距 500 公里以上）的煤炭和焦炭中，铁路运输比例力争达到 90%；重点区域和粤港澳大湾区沿海主要港口铁矿石、焦炭等清洁运输（含新能源车）比例力争达到 80%。

加强铁路专用线和联运转运衔接设施建设，最大程度发挥既有线路效能，重要港区在新建集装箱、大宗干散货作业区时，原则上同步规划建设进港铁路；扩大现有作业区铁路运输能力。对重点区域城市铁路场站进行适货化改造。新建及迁建大宗货物年运量 150 万吨以上的物流园区、工矿企业和储煤基地，原则上接入铁路专用线或管道。强化用地用海、验收投运、运力调配、铁路运价等措施保障。

（十五）加快提升机动车清洁化水平。重点区域公共领域新增或更新公交、出租、城市物流配送、轻型环卫等车辆中，新能源汽车比例不低于 80%；加快淘汰采用稀薄燃烧技术的燃气货车。推动山西省、内蒙古自治区、陕西省打造清洁运输先行引领区，培育一批清洁运输企业。在火电、钢铁、煤炭、焦化、有色、水泥等行业和物流园区推广新能源中重型货车，发展零排放货运车队。力争到 2025 年，重点区域高速服务区快充站覆盖率不低于 80%，其他地区不低于 60%。

强化新生产货车监督抽查，实现系族全覆盖。加强重型货车路检路查和入户检查。全面实施汽车排放检验与维护制度和机动车排放召回制度，强化对年检机构的监管执法。鼓励重点区域城市开展燃油蒸发排放控制检测。

（十六）强化非道路移动源综合治理。加快推进铁路货场、物流园区、港口、机场、工矿企业内部作业车辆和机械新能源更新改造。推动发展新能源和清洁能源船舶，提高岸电使用率。大力推动老旧铁路机车淘汰，鼓励中心城市铁路站场及煤炭、钢铁、冶金等行业推广新能源铁路装备。到 2025 年，基本消除非道路移动机械、船舶及重点区域铁路机车'冒黑烟'现象，基本淘汰第一阶段及以下排放标准的非道路移动机械；年旅客吞吐量 500 万人次以上的机场，桥电使用率达到 95% 以上。

（十七）全面保障成品油质量。加强油品进口、生产、仓储、销售、运输、使用全环节监管，全面清理整顿自建油罐、流动加油车（船）和黑加油站点，坚决打击将非标油品作为发动机燃料销售等行为。提升货车、非道路移动机械、船舶油箱中柴油抽测频次，对发现的线索进行溯源，严厉追究相关生产、销售、运输者主体责任。"

5. 强化面源污染治理，提升精细化管理水平

行动计划提出：

"（十八）深化扬尘污染综合治理。鼓励经济发达地区 5000 平方米及以上建筑工地安装视频监控并接入当地监管平台；重点区域道路、水务等长距离线性工程实行分段施工。将防治扬尘污染费用纳入工程造价。到 2025 年，装配式建筑占新建建筑面积比例达 30%；地级及以上城市建成区道路机械化清扫率达 80% 左右，县城达 70% 左右。对城市公共裸地进行排查建档并采取防尘措施。城市大型煤炭、矿石等干散货码头物料堆场基本完成抑尘设施建设和物料输送系统封闭改造。

（十九）推进矿山生态环境综合整治。新建矿山原则上要同步建设铁路专用线或采用其他清洁运输方式。到 2025 年，京津冀及周边地区原则上不再新建露天矿山（省级矿产资源规划确定的重点开采区或经安全论证不宜采用地下开采方式的除外）。对限期整改仍不达标的矿山，根据安全生产、水土保持、生态环境等要求依法关闭。

（二十）加强秸秆综合利用和禁烧。提高秸秆还田标准化、规范化水平。健全秸秆收储运服务体系，提升产业化能力，提高离田效能。全国秸秆综合利用率稳定在 86% 以上。各地要结合实际对秸秆禁烧范围等作出具体规定，进行精准划分。重点区域禁止露天焚烧秸秆。综合运用卫星遥感、高清视频监控、无人机等手段，提高秸秆焚烧火点监测精准度。完善网格化监管体系，充分发挥基层组织作用，开展秸秆焚烧重点时段专项巡查。"

6. 强化多污染物减排，切实降低排放强度

行动计划提出：

"（二十一）强化 VOCs 全流程、全环节综合治理。鼓励储罐使用低泄漏的呼吸阀、紧急泄压阀，定期开展密封性检测。汽车罐车推广使用密封式快速接头。污水处理场所高浓度有机废气要单独收集处理；含 VOCs 有机废水储罐、装置区集水井（池）有机废气要密闭收集处理。重点区域石化、化工行业集中的城市和重点工业园区，2024 年年底前建立统一的泄漏检测与修复信息管理平台。企业开停工、检维修期间，及时收集处理退料、清洗、吹扫等作业产生的 VOCs 废气。企业不得将火炬燃烧装置作为日常大气污染处理设施。

（二十二）推进重点行业污染深度治理。高质量推进钢铁、水泥、焦化等重点行业及燃煤锅炉超低排放改造。到 2025 年，全国 80% 以上的钢铁产能完成超低排放改造任务；重点区域全部实现钢铁行业超低排放，基本完成燃煤锅炉超低排放改造。

确保工业企业全面稳定达标排放。推进玻璃、石灰、矿棉、有色等行业深度治理。全面开展锅炉和工业炉窑简易低效污染治理设施排查，通过清洁能源替代、升级改造、整合退出等方式实施分类处置。推进燃气锅炉低氮燃烧改造。生物质锅炉采用专用锅炉，配套布袋等高效除尘设施，禁止掺烧煤炭、生活垃圾等其他物料。推进整合小型生物质锅炉，积极引导城市建成区内生物质锅炉（含电力）超低排放改造。强化治污设施运行

维护，减少非正常工况排放。重点涉气企业逐步取消烟气和含 VOCs 废气旁路，因安全生产需要无法取消的，安装在线监控系统及备用处置设施。

（二十三）开展餐饮油烟、恶臭异味专项治理。严格居民楼附近餐饮服务单位布局管理。拟开设餐饮服务单位的建筑应设计建设专用烟道。推动有条件的地区实施治理设施第三方运维管理及在线监控。对群众反映强烈的恶臭异味扰民问题加强排查整治，投诉集中的工业园区、重点企业要安装运行在线监测系统。各地要加强部门联动，因地制宜解决人民群众反映集中的油烟及恶臭异味扰民问题。

（二十四）稳步推进大气氨污染防控。开展京津冀及周边地区大气氨排放控制试点。推广氮肥机械深施和低蛋白日粮技术。研究畜禽养殖场氨气等臭气治理措施，鼓励生猪、鸡等圈舍封闭管理，支持粪污输送、存储及处理设施封闭，加强废气收集和处理。到 2025 年，京津冀及周边地区大型规模化畜禽养殖场大气氨排放总量比 2020 年下降 5%。加强氮肥、纯碱等行业大气氨排放治理；强化工业源烟气脱硫脱硝氨逃逸防控。"

八、《关于加强入河入海排污口监督管理工作的实施意见》

入河入海排污口是流域、海域生态环境保护的重要节点，加强和规范排污口监督管理对改善水生态环境质量，保护和建设美丽河湖、美丽海湾具有重要作用，国务院办公厅于 2022 年年 1 月 29 日印发了《关于加强入河入海排污口监督管理工作的实施意见》（国办函〔2022〕17 号）（以下简称实施意见）。

1. 入河入海排污口的定义

实施意见提出：

"入河入海排污口（以下简称排污口）是指直接或通过管道、沟、渠等排污通道向环境水体排放污水的口门，是流域、海域生态环境保护的重要节点。"

2. 入河入海排污口分类整治要求

实施意见提出：

"三、实施分类整治

（六）明确排污口分类。根据排污口责任主体所属行业及排放特征，将排污口分为工业排污口、城镇污水处理厂排污口、农业排口、其他排口等四种类型。其中，工业排污口包括工矿企业排污口和雨洪排口、工业及其他各类园区污水处理厂排污口和雨洪排口等；农业排口包括规模化畜禽养殖排污口、规模化水产养殖排污口等；其他排口包括大中型灌区排口、规模以下水产养殖排污口、农村污水处理设施排污口、农村生活污水散排口等。各地可从实际出发细化排污口类型。

（七）明确整治要求。按照'依法取缔一批、清理合并一批、规范整治一批'要求，由地市级人民政府制定实施整治方案，以截污治污为重点开展整治。整治工作应坚持实事求是，稳妥有序推进。对与群众生活密切相关的公共企事业单位、住宅小区等排污口的整治，应做好统筹，避免损害群众切身利益，确保整治工作安全有序；对确有困难、短期内难以完成排污口整治的企事业单位，可合理设置过渡期，指导帮助整治。地市级人民政府建立排污口整治销号制度，通过对排污口进行取缔、合并、规范，最终形成需要保留的排污口清单。取缔、合并的入河排污口可能影响防洪排涝、堤防安全的，要依法依规采取措施消除安全隐患。排查出的入河入海沟渠及其他排口，由属地地市级人民政府结合黑臭水体整治、消除劣 V 类水体、农村环境综合治理及流域（海湾）环境综合治理等统筹开展整治。

（八）依法取缔一批。对违反法律法规规定，在饮用水水源保护区、自然保护地及其他需要特殊保护区域内设置的排污口，由属地县级以上地方人民政府或生态环境部门依法采取责令拆除、责令关闭等措施予以取缔。要妥善处理历史遗留问题，避免"一刀切"，合理制定整治措施，确保相关区域水生态环境安全和供水安全。

（九）清理合并一批。对于城镇污水收集管网覆盖范围内的生活污水散排口，原则上予以清理合并，污水依法规范接入污水收集管网。工业及其他各类园区或各类开发区内企业现有排污口应尽可能清理合并，污水通过截污纳管由园区或开发区污水集中处理设施统一处理。工业及其他各类园区或各类开发区外的工矿企业，原则上一个企业只保留一个工矿企业排污口，对于厂区较大或有多个厂区的，应尽可能清理合并排污口，清理合并后确有必要保留两个及以上工矿企业排污口的，应告知属地地市级生态环境部门。对于集中分布、连片聚集的中小型水产养殖散排口，鼓励各地统一收集处理养殖尾水，设置统一的排污口。

（十）规范整治一批。地市级、县级人民政府按照有利于明晰责任、维护管理、加强监督的要求，开展排污口规范化整治。对存在借道排污等情况的排污口，要组织清理违规接入排污管线的支管、支线，推动一个排污口只对应一个排污单位；对确需多个排污单位共用一个排污口的，要督促各排污单位分清各自责任，并在排污许可证中载明。对存在布局不合理、设施老化破损、排水不畅、检修维护难等问题的排污口和排污管线，应有针对性地采取调整排污口位置和排污管线走向、更新维护设施、设置必要的检查井等措施进行整治。排污口设置应当符合相关规范要求并在明显位置树标立牌，便于现场监测和监督检查。"

3. 入河入海排污口严格监督管理的要求

实施意见提出：

"四、严格监督管理

（十一）加强规划引领。各级生态环境保护规划、海洋生态环境保护规划、水资源保护规划、江河湖泊水功能区划、近岸海域环境功能区划、养殖水域滩涂规划等规划区划，要充分考虑排污口布局和管控要求，严格落实相关法律法规关于排污口设置的规定。规划环境影响评价要将排污口设置规定落实情况作为重要内容，严格审核把关，从源头防止无序设置。

（十二）严格规范审批。工矿企业、工业及其他各类园区污水处理厂、城镇污水处理厂入河排污口的设置依法依规实行审核制。所有入海排污口的设置实行备案制。对未达到水质目标的水功能区，除城镇污水处理厂入河排污口外，应当严格控制新设、改设或者扩大排污口。环境影响评价文件由国家审批建设项目的入河排污口以及位于省界缓冲区、国际或者国境边界河湖和存在省际争议的入河排污口的设置审核，由生态环境部相关流域（海域）生态环境监督管理局（以下称流域海域局）负责实施，并纳入属地环境监督管理体系；上述范围外的入河排污口设置审核，由属地省级生态环境部门负责确定本行政区域内分级审核权限。可能影响防洪、供水、堤防安全和河势稳定的入河排污口设置审核，应征求有管理权限的流域管理机构或水行政主管部门的意见。排污口审核、备案信息要及时依法向社会公开。

（十三）强化监督管理。地市级、县级人民政府根据排污口类型、责任主体及部门职责等，落实排污口监督管理责任，生态环境部门统一行使排污口污染排放监督管理和行政执法职责，水利等相关部门按职责分工协作。有监督管理权限的部门依法加强日常监督管理。地方生态环境部门应会同相关部门，通过核发排污许可证等措施，依法明确排污口责任主体自行监测、信息公开等要求。按照'双随机、一公开'原则，对工矿企业、工业及其他各类园区污水处理厂、城镇污水处理厂排污口开展监测，水生态环境质量较差的地方应适当加大监测频次。鼓励有条件的地方先行先试，将排查出的农业排口、城镇雨洪排口及其他排口纳入管理，研究符合种植业、养殖业特点的农业面源污染治理模式，探索城市面源污染治理模式。开展城镇雨洪排口旱天污水直排的溯源治理，加大对借道排污等行为的监督管理力度，严禁合并、封堵城镇雨洪排口，防止影响汛期排水防涝安全。流域海域局要加大监督检查力度，发现问题及时通报有关单位。

（十四）严格环境执法。地方生态环境部门要加大排污口环境执法力度，对违反法律法规规定设置排污口或不按规定排污的，依法予以处罚；对私设暗管接入他人排污口等逃避监督管理借道排污的，溯源确定责任主体，依法予以严厉查处。排污口责任主体应当定期巡查维护排污管道，发现他人借道排污等情况的，应立即向属地生态环境部门报告并留存证据。

（十五）建设信息平台。各省（自治区、直辖市）要依托现有生态环境信息平台，建设本行政区域内统一的排污口信息平台，管理排污口排查整治、设置审核备案、日常监督管理等信息，建立动态管理台账。加强与排污许可、环境影响评价审批等信息平台的数据共享，实现互联互通。排污口相关信息及时报送流域海域局并纳入国家生态环境综合管理信息化平台。各地要组织相关部门，建立排污单位、排污通道、排污口、受纳水体等信息资源共享机制，提升信息化管理水平。"

九、土壤环境管理相关办法

土壤是经济社会可持续发展的物质基础，关系人民群众身体健康，关系美丽中国建设，保护好土壤环境是推进生态文明建设和维护国家生态安全的重要内容。当前，我国土壤环境总体状况堪忧，部分地区污染较为严重，已成为全面建成小康社会的突出短板之一。为切实加强土壤污染防治，逐步改善土壤环境质量，2016 年 5 月 28 日，国务院印发了《土壤污染防治行动计划》。据此，环境保护部制定了《污染地块土壤环境管理办法（试行）》《工矿用地土壤环境管理办法（试行）》《农用地土壤环境管理办法（试行）》。

1. 污染地块土壤环境管理的相关要求

为加强污染地块环境保护监督管理，防控污染地块环境风险，2016 年 12 月，环境保护部印发《污染地块土壤环境管理办法（试行）》（部令　第 42 号）（以下简称《办法》）。

《办法》指出，造成土壤污染的单位或者个人应当按照"谁污染，谁治理"的原则承担治理与修复的主体责任。责任主体发生变更的，由变更后继承其债权、债务的单位或者个人承担相关责任。责任主体灭失或者责任主体不明确的，由所在地县级人民政府依法承担相关责任。土地使用权依法转让的，由土地使用权受让人或者双方约定的责任人承担相关责任。土地使用权终止的，由原土地使用权人对其使用该地块期间所造成的土壤污染承担相关责任。土壤污染治理与修复实行终身责任制。

《办法》对污染地块提出如下风险管控要求：

① 污染地块土地使用权人应当根据风险评估结果，并结合污染地块相关开发利用计划，有针对性地实施风险管控。

对暂不开发利用的污染地块，实施以防止污染扩散为目的的风险管控。

对拟开发利用为居住用地和商业、学校、医疗、养老机构等公共设施用地的污染地块，实施以安全利用为目的的风险管控。

② 污染地块土地使用权人应当按照国家有关环境标准和技术规范，编制风险管控方案，及时上传污染地块信息系统，同时抄送所在地县级人民政府，并将方案主要内容通过其网站等便于公众知晓的方式向社会公开。

风险管控方案应当包括管控区域、目标、主要措施、环境监测计划以及应急措施等内容。

③ 土地使用权人应当按照风险管控方案要求，采取以下主要措施：及时移除或者清理污染源；采取污染隔离、阻断等措施，防止污染扩散；开展土壤、地表水、地下水、空气环境监测；发现污染扩散的，及时采取有效补救措施。

④ 因采取风险管控措施不当等原因，造成污染地块周边的土壤、地表水、地下水或者空气污染等突发环境事件的，土地使用权人应当及时采取环境应急措施，并向所在地县级以上环境保护主管部门和其他有关部门报告。

⑤ 对暂不开发利用的污染地块，由所在地县级环境保护主管部门配合有关部门提出划定管控区域的建议，报同级人民政府批准后设立标识、发布公告，并组织开展土壤、地表水、地下水、空气环境监测。

2. 农用地土壤污染预防的相关要求

为加强农用地土壤环境保护监督管理，保护农用地土壤环境，管控农用地土壤环境风险，保障农产品质量安全，2017年9月，环境保护部和农业部印发了《农用地土壤环境管理办法（试行）》（部令　第46号），其中规定：

① 排放污染物的企业事业单位和其他生产经营者应当采取有效措施，确保废水、废气排放和固体废物处理、处置符合国家有关规定要求，防止对周边农用地土壤造成污染。

从事固体废物和化学品储存、运输、处置的企业，应当采取措施防止固体废物和化学品的泄露、渗漏、遗撒、扬散污染农用地。

② 县级以上地方环境保护主管部门应当加强对企业事业单位和其他生产经营者排污行为的监管，将土壤污染防治作为环境执法的重要内容。

设区的市级以上地方环境保护主管部门应当根据本行政区域内工矿企业分布和污染排放情况，确定土壤环境重点监管企业名单，上传农用地环境信息系统，实行动态更新，并向社会公布。

③ 从事规模化畜禽养殖和农产品加工的单位和个人，应当按照相关规范要求，确定废物无害化处理方式和消纳场地。

县级以上地方环境保护主管部门、农业主管部门应当依据法定职责加强畜禽养殖污染防治工作，指导畜禽养殖废弃物综合利用，防止畜禽养殖活动对农用地土壤环境造成污染。

④ 县级以上地方农业主管部门应当加强农用地土壤污染防治知识宣传，提高农业生产者的农用地土壤环境保护意识，引导农业生产者合理使用肥料、农药、兽药、农用薄膜等农业投入品，根据科学的测土配方进行合理施肥，鼓励采取种养结合、轮作等良好农业生产措施。

⑤ 禁止在农用地排放、倾倒、使用污泥、清淤底泥、尾矿（渣）等可能对土壤造成污染的固体废物。

农田灌溉用水应当符合相应的水质标准，防止污染土壤、地下水和农产品。禁止向农田灌溉渠道排放工业废水或者医疗污水。向农田灌溉渠道排放城镇污水以及未综合利用的畜禽养殖废水、农产品加工废水的，应当保证其下游最近的灌溉取水点的水质符合农田灌溉水质标准。

3. 工矿用地土壤环境污染重点监管单位污染防控的相关要求

为加强工矿用地土壤和地下水环境保护监督管理，防治工矿用地土壤和地下水污染，2018年5月，生态环境部印发了《工矿用地土壤环境管理办法（试行）》（部令第3号）。

（1）土壤环境污染重点监管单位（以下简称重点单位）包括：

① 有色金属冶炼、石油加工、化工、焦化、电镀、制革等行业中应当纳入排污许可重点管理的企业。

②有色金属矿采选、石油开采行业规模以上企业。

③其他根据有关规定纳入土壤环境污染重点监管单位名录的企事业单位。

（2）污染防控要求

①重点单位新、改、扩建项目，应当在开展建设项目环境影响评价时，按照国家有关技术规范开展工矿用地土壤和地下水环境现状调查，编制调查报告，并按规定上报环境影响评价基础数据库。重点单位应当将前款规定的调查报告主要内容通过其网站等便于公众知晓的方式向社会公开。

②重点单位新、改、扩建项目用地应当符合国家或者地方有关建设用地土壤污染风险管控标准。重点单位通过新、改、扩建项目的土壤和地下水环境现状调查，发现项目用地污染物含量超过国家或者地方有关建设用地土壤污染风险管控标准的，土地使用权人或者污染责任人应当参照污染地块土壤环境管理有关规定开展详细调查、风险评估、风险管控、治理与修复等活动。

③重点单位建设涉及有毒有害物质的生产装置、储罐和管道，或者建设污水处理池、应急池等存在土壤污染风险的设施，应当按照国家有关标准和规范的要求，设计、建设和安装有关防腐蚀、防泄漏设施和泄漏监测装置，防止有毒有害物质污染土壤和地下水。

④重点单位现有地下储罐储存有毒有害物质的，应当在本办法公布后一年之内，将地下储罐的信息报所在地设区的市级生态环境主管部门备案。重点单位新、改、扩建项目地下储罐储存有毒有害物质的，应当在项目投入生产或者使用之前，将地下储罐的信息报所在地设区的市级生态环境主管部门备案。地下储罐的信息包括地下储罐的使用年限、类型、规格、位置和使用情况等。

⑤重点单位应当建立土壤和地下水污染隐患排查治理制度，定期对重点区域、重点设施开展隐患排查。发现污染隐患的，应当制定整改方案，及时采取技术、管理措施消除隐患。隐患排查、治理情况应当如实记录并建立档案。重点区域包括涉及有毒有害物质的生产区，原材料及固体废物的堆存区、储放区和转运区等；重点设施包括涉及有毒有害物质的地下储罐、地下管线，以及污染治理设施等。

⑥重点单位应当按照相关技术规范要求，自行或者委托第三方定期开展土壤和地下水监测，重点监测存在污染隐患的区域和设施周边的土壤、地下水，并按照规定公开相关信息。

⑦重点单位在隐患排查、监测等活动中发现工矿用地土壤和地下水存在污染迹象的，应当排查污染源，查明污染原因，采取措施防止新增污染，并参照污染地块土壤环境管理有关规定及时开展土壤和地下水环境调查与风险评估，根据调查与风险评估结果采取风险管控或者治理与修复等措施。

⑧重点单位拆除涉及有毒有害物质的生产设施设备、构筑物和污染治理设施的，应当按照有关规定，事先制定企业拆除活动污染防治方案，并在拆除活动前十五个工作日报所在地县级生态环境、工业和信息化主管部门备案。企业拆除活动污染防治方案应当

包括被拆除生产设施设备、构筑物和污染治理设施的基本情况、拆除活动全过程土壤污染防治的技术要求、针对周边环境的污染防治要求等内容。重点单位拆除活动应当严格按照有关规定实施残留物料和污染物、污染设备和设施的安全处理处置，并做好拆除活动相关记录，防范拆除活动污染土壤和地下水。拆除活动相关记录应当长期保存。

⑨ 重点单位突发环境事件应急预案应当包括防止土壤和地下水污染相关内容。重点单位突发环境事件造成或者可能造成土壤和地下水污染的，应当采取应急措施避免或者减少土壤和地下水污染；应急处置结束后，应当立即组织开展环境影响和损害评估工作，评估认为需要开展治理与修复的，应当制定并落实污染土壤和地下水治理与修复方案。

⑩ 重点单位终止生产经营活动前，应当参照污染地块土壤环境管理有关规定，开展土壤和地下水环境初步调查，编制调查报告，及时上传全国污染地块土壤环境管理信息系统。重点单位应当将前款规定的调查报告主要内容通过其网站等便于公众知晓的方式向社会公开。土壤和地下水环境初步调查发现该重点单位用地污染物含量超过国家或者地方有关建设用地土壤污染风险管控标准的，应当参照污染地块土壤环境管理有关规定开展详细调查、风险评估、风险管控、治理与修复等活动。

十、《国家危险废物名录（2021 版）》

2020 年 11 月 25 日，《国家危险废物名录》（2021 版）由生态环境部联合国家发展改革委、公安部、交通运输部和国家卫生健康委向社会发布，自 2021 年 1 月 1 日起施行。新版名录修订坚持问题导向、精准治污、风险管控的原则，调整了危险废物名录的正文部分、附表部分和附录部分，其中正文规定原则性要求，附表规定具体危险废物种类、名称和危险特性等，附录规定危险废物豁免管理要求。

1. 列入名录危险废物范围的原则规定

①具有毒性、腐蚀性、易燃性、反应性或者感染性一种或者几种危险特性的。

②不排除具有危险特性，可能对生态环境或者人体健康造成有害影响需要按照危险废物进行管理的。

2. 危险废物可以实行豁免管理的相关规定

列入本名录附录《危险废物豁免管理清单》中的危险废物，在所列的豁免环节，且满足相应的豁免条件时，可以按照豁免内容的规定实行豁免管理。

3. 对不明确是否具有危险特性的固体废物的鉴别认定和管理规定

①对不明确是否具有危险特性的固体废物，应当按照国家规定的危险废物鉴别标准和鉴别方法予以认定。

②经鉴别具有危险特性的，属于危险废物，应当根据其主要有害成分和危险特性确定所属废物类别，并按代码"900-000-××"（××为危险废物类别代码）进行归类管理。

③经鉴别不具有危险特性的，不属于危险废物。

4. 危险废物代码的构成

废物代码，是指危险废物的唯一代码，为8位数字。其中，第1-3位为危险废物产生行业代码（依据《国民经济行业分类（GB/T 4754-2017）》确定），第4-6位为危险废物顺序代码，第7-8位为危险废物类别代码。

十一、《危险废物转移管理办法》

《中华人民共和国固体废物污染环境防治法》规定了危险废物转移管理应当全程管控、提高效率。1999年印发实施的《危险废物转移联单管理办法》已不能适应当前危险废物转移管理工作需要。2021年，生态环境部会同公安部和交通运输部制定了《危险废物转移管理办法》，进一步完善危险废物转移管理制度是贯彻习近平总书记重要指示批示精神的有力举措，也是落实固废法，落实"放管服"改革要求，加强危险废物全过程管理，优化跨省转移审批服务的具体行动。

1. 危险废物转移应当遵循的原则

《危险废物转移管理办法》第三条规定：

"危险废物转移应当遵循就近原则。跨省、自治区、直辖市转移处置危险废物的，应当以转移至相邻或者开展区域合作的省、自治区、直辖市的危险废物处置设施，以及全国统筹布局的危险废物处置设施为主。"

2. 危险废物转移相关方责任的有关规定

为了进一步加强对危险废物转移的监管，《危险废物转移管理办法》规定了危险废物转移的移出人、承运人、接受人、托运人等转移相关方的责任，明确了从移出到接受各环节的转移管理要求。

《危险废物转移管理办法》第九条至第十三条规定：

"第九条 危险废物移出人、危险废物承运人、危险废物接受人（以下分别简称移出人、承运人和接受人）在危险废物转移过程中应当采取防扬散、防流失、防渗漏或者其他防止污染环境的措施，不得擅自倾倒、堆放、丢弃、遗撒危险废物，并对所造成的环境污染及生态破坏依法承担责任。

移出人、承运人、接受人应当依法制定突发环境事件的防范措施和应急预案，并报有关部门备案；发生危险废物突发环境事件时，应当立即采取有效措施消除或者减轻对环境的污染危害，并按相关规定向事故发生地有关部门报告，接受调查处理。

第十条 移出人应当履行以下义务：

（一）对承运人或者接受人的主体资格和技术能力进行核实，依法签订书面合同，并在合同中约定运输、贮存、利用、处置危险废物的污染防治要求及相关责任；

（二）制定危险废物管理计划，明确拟转移危险废物的种类、重量（数量）和流向等信息；

（三）建立危险废物管理台账，对转移的危险废物进行计量称重，如实记录、妥善保管转移危险废物的种类、重量（数量）和接受人等相关信息；

（四）填写、运行危险废物转移联单，在危险废物转移联单中如实填写移出人、承运人、接受人信息，转移危险废物的种类、重量（数量）、危险特性等信息，以及突发环境事件的防范措施等；

（五）及时核实接受人贮存、利用或者处置相关危险废物情况；

（六）法律法规规定的其他义务。

移出人应当按照国家有关要求开展危险废物鉴别。禁止将危险废物以副产品等名义提供或者委托给无危险废物经营许可证的单位或者其他生产经营者从事收集、贮存、利用、处置活动。

第十一条　承运人应当履行以下义务：

（一）核实危险废物转移联单，没有转移联单的，应当拒绝运输；

（二）填写、运行危险废物转移联单，在危险废物转移联单中如实填写承运人名称、运输工具及其营运证件号，以及运输起点和终点等运输相关信息，并与危险货物运单一并随运输工具携带；

（三）按照危险废物污染环境防治和危险货物运输相关规定运输危险废物，记录运输轨迹，防范危险废物丢失、包装破损、泄漏或者发生突发环境事件；

（四）将运输的危险废物运抵接受人地址，交付给危险废物转移联单上指定的接受人，并将运输情况及时告知移出人；

（五）法律法规规定的其他义务。

第十二条　接受人应当履行以下义务：

（一）核实拟接受的危险废物的种类、重量（数量）、包装、识别标志等相关信息；

（二）填写、运行危险废物转移联单，在危险废物转移联单中如实填写是否接受的意见，以及利用、处置方式和接受量等信息；

（三）按照国家和地方有关规定和标准，对接受的危险废物进行贮存、利用或者处置；

（四）将危险废物接受情况、利用或者处置结果及时告知移出人；

（五）法律法规规定的其他义务。

第十三条　危险废物托运人（以下简称托运人）应当按照国家危险货物相关标准确定危险废物对应危险货物的类别、项别、编号等，并委托具备相应危险货物运输资质的单位承运危险废物，依法签订运输合同。

采用包装方式运输危险废物的，应当妥善包装，并按照国家有关标准在外包装上设置相应的识别标志。

装载危险废物时，托运人应当核实承运人、运输工具及收运人员是否具有相应经营范围的有效危险货物运输许可证件，以及待转移的危险废物识别标志中的相关信息与危险废物转移联单是否相符；不相符的，应当不予装载。装载采用包装方式运输的危险废物的，应当确保将包装完好的危险废物交付承运人。"

3. 危险废物转移联单运行和管理的有关规定

《危险废物转移管理办法》第十四条至第二十条规定：

"第十四条 危险废物转移联单应当根据危险废物管理计划中填报的危险废物转移等备案信息填写、运行。

第十五条 危险废物转移联单实行全国统一编号，编号由十四位阿拉伯数字组成。第一至四位数字为年份代码；第五、六位数字为移出地省级行政区划代码；第七、八位数字为移出地设区的市级行政区划代码；其余六位数字以移出地设区的市级行政区域为单位进行流水编号。

第十六条 移出人每转移一车（船或者其他运输工具）次同类危险废物，应当填写、运行一份危险废物转移联单；每车（船或者其他运输工具）次转移多类危险废物的，可以填写、运行一份危险废物转移联单，也可以每一类危险废物填写、运行一份危险废物转移联单。

使用同一车（船或者其他运输工具）一次为多个移出人转移危险废物的，每个移出人应当分别填写、运行危险废物转移联单。

第十七条 采用联运方式转移危险废物的，前一承运人和后一承运人应当明确运输交接的时间和地点。后一承运人应当核实危险废物转移联单确定的移出人信息、前一承运人信息及危险废物相关信息。

第十八条 接受人应当对运抵的危险废物进行核实验收，并在接受之日起五个工作日内通过信息系统确认接受。

运抵的危险废物的名称、数量、特性、形态、包装方式与危险废物转移联单填写内容不符的，接受人应当及时告知移出人，视情况决定是否接受，同时向接受地生态环境主管部门报告。

第十九条 对不通过车（船或者其他运输工具），且无法按次对危险废物计量的其他方式转移危险废物的，移出人和接受人应当分别配备计量记录设备，将每天危险废物转移的种类、重量（数量）、形态和危险特性等信息纳入相关台账记录，并根据所在地设区的市级以上地方生态环境主管部门的要求填写、运行危险废物转移联单。

第二十条 危险废物电子转移联单数据应当在信息系统中至少保存十年。

因特殊原因无法运行危险废物电子转移联单的，可以先使用纸质转移联单，并于转移活动完成后十个工作日内在信息系统中补录电子转移联单。"

4. 危险废物转跨省转移管理的有关规定

《危险废物转移管理办法》第二十一条至第二十八条规定：

"第二十一条 跨省转移危险废物的，应当向危险废物移出地省级生态环境主管部门提出申请。移出地省级生态环境主管部门应当商经接受地省级生态环境主管部门同意后，批准转移该危险废物。未经批准的，不得转移。

鼓励开展区域合作的移出地和接受地省级生态环境主管部门按照合作协议简化跨省转移危险废物审批程序。

第二十二条　申请跨省转移危险废物的，移出人应当填写危险废物跨省转移申请表，并提交下列材料：

（一）接受人的危险废物经营许可证复印件；

（二）接受人提供的贮存、利用或者处置危险废物方式的说明；

（三）移出人与接受人签订的委托协议、意向或者合同；

（四）危险废物移出地的地方性法规规定的其他材料。

移出人应当在危险废物跨省转移申请表中提出拟开展危险废物转移活动的时间期限。

省级生态环境主管部门应当向社会公开办理危险废物跨省转移需要的申请材料。

危险废物跨省转移申请表的格式和内容，由生态环境部另行制定。

第二十三条　对于申请材料齐全、符合要求的，受理申请的省级生态环境主管部门应当立即予以受理；申请材料存在可以当场更正的错误的，应当允许申请人当场更正；申请材料不齐全或者不符合要求的，应当当场或者在五个工作日内一次性告知移出人需要补正的全部内容，逾期不告知的，自收到申请材料之日起即为受理。

第二十四条　危险废物移出地省级生态环境主管部门应当自受理申请之日起五个工作日内，根据移出人提交的申请材料和危险废物管理计划等信息，提出初步审核意见。初步审核同意移出的，通过信息系统向危险废物接受地省级生态环境主管部门发出跨省转移商请函；不同意移出的，书面答复移出人，并说明理由。

第二十五条　危险废物接受地省级生态环境主管部门应当自收到移出地省级生态环境主管部门的商请函之日起十个工作日内，出具是否同意接受的意见，并通过信息系统函复移出地省级生态环境主管部门；不同意接受的，应当说明理由。

第二十六条　危险废物移出地省级生态环境主管部门应当自收到接受地省级生态环境主管部门复函之日起五个工作日内作出是否批准转移该危险废物的决定；不同意转移的，应当说明理由。危险废物移出地省级生态环境主管部门应当将批准信息通报移出地省级交通运输主管部门和移入地等相关省级生态环境主管部门和交通运输主管部门。

第二十七条　批准跨省转移危险废物的决定，应当包括批准转移危险废物的名称，类别，废物代码，重量（数量），移出人，接受人，贮存、利用或者处置方式等信息。

批准跨省转移危险废物的决定的有效期为十二个月，但不得超过移出人申请开展危险废物转移活动的时间期限和接受人危险废物经营许可证的剩余有效期限。

跨省转移危险废物的申请经批准后，移出人应当按照批准跨省转移危险废物的决定填写、运行危险废物转移联单，实施危险废物转移活动。移出人可以按照批准跨省转移危险废物的决定在有效期内多次转移危险废物。

第二十八条　发生下列情形之一的，移出人应当重新提出危险废物跨省转移申请：

（一）计划转移的危险废物的种类发生变化或者重量（数量）超过原批准重量（数

量）的；

（二）计划转移的危险废物的贮存、利用、处置方式发生变化的；

（三）接受人发生变更或者接受人不再具备拟接受危险废物的贮存、利用或者处置条件的。"

十二、《尾矿污染环境防治管理办法》

我国尾矿年产生量约10亿吨，占一般工业固体废物年产生量的四分之一，尾矿种类多、成分复杂，环境风险高，污染防治工作基础弱，为进一步建立健全尾矿环境管理制度，防治尾矿污染，生态环境部于2022年4月6日以部令第26号发布了《尾矿污染环境防治管理办法》（以下简称管理办法）。

1. 适用范围和尾矿污染防治坚持的原则

《尾矿污染环境防治管理办法》第二条、第三条规定：

"第二条 本办法适用于中华人民共和国境内尾矿的污染环境防治（以下简称污染防治）及其监督管理。

伴生放射性矿开发利用活动中产生的铀（钍）系单个核素活度浓度超过1Bq/g的尾矿，以及铀（钍）矿尾矿的污染防治及其监督管理，适用放射性污染防治有关法律法规的规定，不适用本办法。

第三条 尾矿污染防治坚持预防为主、污染担责的原则。

产生、贮存、运输、综合利用尾矿的单位，以及尾矿库运营、管理单位，应当采取措施，防止或者减少尾矿对环境的污染，对所造成的环境污染依法承担责任。

对产生尾矿的单位和尾矿库运营、管理单位实施控股管理的企业集团，应当加强对其下属企业的监督管理，督促、指导其履行尾矿污染防治主体责任。"

2. 尾矿污染防治的有关规定

《尾矿污染环境防治管理办法》第六条至第二十五条规定：

"第六条 产生尾矿的单位应当建立健全尾矿产生、贮存、运输、综合利用等全过程的污染防治责任制度，确定承担污染防治工作的部门和与职技术人员，明确单位负责人和相关人员的责任。

第七条 产生尾矿的单位和尾矿库运营、管理单位应当建立尾矿环境管理台账。

产生尾矿的单位应当在尾矿环境管理台账中如实记录生产运营中产生尾矿的种类、数量、流向、贮存、综合利用等信息；尾矿库运营、管理单位应当在尾矿环境管理台账中如实记录尾矿库的污染防治设施建设和运行情况、环境监测情况、污染隐患排查治理情况、突发环境事件应急预案及其落实情况等信息。

尾矿环境管理台账保存期限不得少于五年，其中尾矿库运营、管理单位的环境管理台账信息应当永久保存。

产生尾矿的单位和尾矿库运营、管理单位应当于每年1月31日之前通过全国固体废物污染环境防治信息平台填报上一年度产生的相关信息。

第八条 产生尾矿的单位委托他人贮存、运输、综合利用尾矿，或者尾矿库运营、管理单位委托他人运输、综合利用尾矿的，应当对受托方的主体资格和技术能力进行核实，依法签订书面合同，在合同中约定污染防治要求。

第九条 新建、改建、扩建尾矿库的，应当依法进行环境影响评价，并遵守国家有关建设项目环境保护管理的规定，落实尾矿污染防治的措施。

尾矿库选址，应当符合生态环境保护有关法律法规和强制性标准要求。禁止在生态保护红线区域、永久基本农田集中区域、河道湖泊行洪区和其他需要特别保护的区域内建设尾矿库以及其他贮存尾矿的场所。

第十条 新建、改建、扩建尾矿库的，应当根据国家有关规定和尾矿库实际情况，配套建设防渗、渗滤液收集、废水处理、环境监测、环境应急等污染防治设施。

第十一条 尾矿库防渗设施的设计和建设，应当充分考虑地质、水文等条件，并符合相应尾矿属性类别管理要求。

尾矿库配套的渗滤液收集池、回水池、环境应急事故池等设施的防渗要求应当不低于该尾矿库的防渗要求，并设置防漫流设施。

第十二条 新建尾矿库的排尾管道、回水管道应当避免穿越农田、河流、湖泊；确需穿越的，应当建设管沟、套管等设施，防止渗漏造成环境污染。

第十三条 采用传送带方式输送尾矿的，应当采取封闭等措施，防止尾矿流失和扬散。通过车辆运输尾矿的，应当采取遮盖等措施，防止尾矿遗撒和扬散。

第十四条 依法实行排污许可管理的产生尾矿的单位，应当申请取得排污许可证或者填报排污登记表，按照排污许可管理的规定排放尾矿及污染物，并落实相关环境管理要求。

第十五条 尾矿库运营、管理单位应当采取防扬散、防流失、防渗漏或者其他防止污染环境的措施，加强对尾矿库污染防治设施的管理和维护，保证其正常运行和使用，防止尾矿污染环境。

第十六条 尾矿库运营、管理单位应当采取库面抑尘、边坡绿化等措施防止扬尘污染，美化环境。

第十七条 尾矿水应当优先返回选矿工艺使用；向环境排放的，应当符合国家和地方污染物排放标准，不得与尾矿库外的雨水混合排放，并按照有关规定设置污染物排放口，设立标志，依法安装流量计和视频监控。

污染物排放口的流量计监测记录保存期限不得少于五年，视频监控记录保存期限不得少于三个月。

第十八条 尾矿库运营、管理单位应当按照国家有关标准和规范，建设地下水水质监测井。

尾矿库上游、下游和可能出现污染扩散的尾矿库周边区域，应当设置地下水水质监测井。

第十九条　尾矿库运营、管理单位应当按照国家有关规定开展地下水环境监测以及土壤污染状况监测和评估。

排放尾矿水的，尾矿库运营、管理单位应当在排放期间，每月至少开展一次水污染物排放监测；排放有毒有害水污染物的，还应当每季度对受纳水体等周边环境至少开展一次监测。

尾矿库运营、管理单位应当依法公开污染物排放监测结果等相关信息。

第二十条　尾矿库运营、管理单位应当建立健全尾矿库污染隐患排查治理制度，组织开展尾矿库污染隐患排查治理；发现污染隐患的，应当制定整改方案，及时采取措施消除隐患。

尾矿库运营、管理单位应当于每年汛期前至少开展一次全面的污染隐患排查。

第二十一条　尾矿库运营、管理单位在环境监测等活动中发现尾矿库周边土壤和地下水存在污染物渗漏或者含量升高等污染迹象的，应当及时查明原因，采取措施及时阻止污染物泄漏，并按照国家有关规定开展环境调查与风险评估，根据调查与风险评估结果采取风险管控或者治理修复等措施。

生态环境主管部门在监督检查中发现尾矿库周边土壤和地下水存在污染物渗漏或者含量升高等污染迹象的，应当及时督促尾矿库运营、管理单位采取相应措施。

第二十二条　尾矿库运营、管理单位应当按照国务院生态环境主管部门有关规定，开展尾矿库突发环境事件风险评估，编制、修订、备案尾矿库突发环境事件应急预案，建设并完善环境风险防控与应急设施，储备环境应急物资，定期组织开展尾矿库突发环境事件应急演练。

第二十三条　发生突发环境事件时，尾矿库运营、管理单位应当立即启动尾矿库突发环境事件应急预案，采取应急措施，消除或者减轻事故影响，及时通报可能受到危害的单位和居民，并向本行政区域县级生态环境主管部门报告。

县级以上生态环境主管部门在发现或者得知尾矿库突发环境事件信息后，应当按照有关规定做好应急处置、环境影响和损失调查、评估等工作。

第二十四条　尾矿库运营、管理单位应当在尾矿库封场期间及封场后，采取措施保证渗滤液收集设施、尾矿水排放监测设施继续正常运行，并定期开展水污染物排放监测，确保污染物排放符合国家和地方排放标准。

尾矿库的渗滤液收集设施、尾矿水排放监测设施应当正常运行至尾矿库封场后连续两年内没有渗滤液产生或者产生的渗滤液不经处理即可稳定达标排放。

尾矿库运营、管理单位应当在尾矿库封场后，采取措施保证地下水水质监测井继续正常运行，并按照国家有关规定持续进行地下水水质监测，直到下游地下水水质连续两年不超出上游地下水水质或者所在区域地下水水质本底水平。

第二十五条　开展尾矿充填、回填以及利用尾矿提取有价组分和生产建筑材料等尾矿综合利用单位，应当按照国家有关规定采取相应措施，防止造成二次环境污染。"

1. 尾矿、尾矿库、封场的含义

《管理办法》第三十四条规定：

"（一）尾矿，是指金属非金属矿山开采出的矿石，经选矿厂选出有价值的精矿后产生的固体废物。

（二）尾矿库，是指用以贮存尾矿的场所。

（三）封场，是指尾矿库停止使用后，对尾矿库采取关闭的措施，也称闭库。

（四）尾矿库运营、管理单位，包括尾矿库所属企业和地方人民政府指定的尾矿库管理维护单位。"

十三、《深入打好重污染天气消除、臭氧污染防治和柴油货车污染治理攻坚战行动方案》

《中共中央 国务院关于深入打好污染防治攻坚战的意见》把着力打好重污染天气消除攻坚战、臭氧污染防治攻坚战、柴油货车污染治理攻坚战作为"十四五"深入打好蓝天保卫战的三个标志性战役予以部署。为深入贯彻党中央、国务院决策部署，生态环境部等 15 部门于 2022 年 11 月 10 日联合印发了《深入打好重污染天气消除、臭氧污染防治和柴油货车污染治理攻坚战行动方案》（以下简称行动方案），聚焦重点地区、重点时段、重点领域开展集中攻坚，深入打好蓝天保卫战标志性战役，推动全国空气质量持续改善。

1. 重点地区重污染天气消除攻坚行动方案

行动方案提出：

"一、总体要求

到 2025 年，基本消除重度及以上污染天气，全国重度及以上污染天数比率控制在 1% 以内，70% 以上的地级及以上城市全面消除重污染天气，各省（区、市）完成国家下达的'十四五'重度及以上污染天气比率控制目标；京津冀及周边地区、汾渭平原、东北地区、天山北坡城市群人为因素导致的重度及以上污染天数减少 30% 以上。

二、大气减污降碳协同增效行动

推动产业结构和布局优化调整。坚决遏制高耗能、高排放、低水平项目盲目发展，严格落实国家产业规划、产业政策、'三线一单'、规划环评，以及产能置换、煤炭消费减量替代、区域污染物削减等要求，坚决叫停不符合要求的高耗能、高排放、低水平项目。依法依规退出重点行业落后产能，修订《产业结构调整指导目录》，将大气污染物排放强度高、治理难度大的工艺和装备纳入淘汰类或限制类名单。推行钢铁、焦化、烧结一体化布局，有序推动长流程炼钢转型为电炉短流程炼钢。持续推动常态化水泥错峰生产。

推动能源绿色低碳转型。大力发展新能源和清洁能源，非化石能源逐步成为能源消费增量主体。严控煤炭消费增长，重点区域继续实施煤炭消费总量控制，推动煤炭清洁高效利用。将确保群众安全过冬、温暖过冬放在首位，宜电则电、宜气则气、宜煤则煤、宜热则热，因地制宜稳妥推进北方地区清洁取暖，有序实施民用和农业散煤替代，在推进过程中要坚持以供定需、以气定改、先立后破、不立不破。着力整合供热资源，加快供热管网区域热网互联互通，充分释放燃煤电厂、工业余热等供热能力，发展长输供热项目，淘汰管网覆盖范围内的燃煤锅炉和散煤。实施工业炉窑清洁能源替代，大力推进电能替代煤炭，在不影响民生用气稳定、已落实合同气源的前提下，稳妥有序引导以气代煤。

开展传统产业集群升级改造。开展涉气产业集群排查及分类治理，各地要进一步分析产业发展定位，'一群一策'制定整治提升方案，树立行业标杆，从生产工艺、产品质量、产能规模、能耗水平、燃料类型、原辅材料替代、污染治理和区域环境综合整治等方面明确升级改造标准。实施拉单挂账式管理，淘汰关停一批、搬迁入园一批、就地改造一批、做优做强一批，切实提升产业发展质量和环保治理水平。完善动态管理机制，严防'散乱污'企业反弹。

三、京津冀及周边地区、汾渭平原攻坚行动

优化调整产业结构和布局。京津冀及周边地区继续压减钢铁产能，鼓励向环境容量大、资源保障条件好的区域转移。鼓励钢化联产，推动焦化行业转型升级，到 2025 年，基本完成炭化室高度 4.3 米焦炉淘汰退出，山西省全面建设国家绿色焦化产业基地。逐步推进步进式烧结机、球团竖炉、独立烧结（球团）和独立热轧等淘汰退出；显著提高电炉短流程炼钢比例。基本完成固定床间歇式煤气发生炉新型煤气化工艺改造，依法依规全面淘汰砖瓦轮窑等落后产能。重点针对耐火材料、石灰、矿物棉、独立轧钢、有色、煤炭采选、化工、包装印刷、彩涂板、人造板等行业，开展传统产业集群升级改造。

加快实施工业污染排放深度治理。2025 年底前，高质量完成钢铁行业超低排放改造，全面开展水泥、焦化行业全流程超低排放改造。实施玻璃、煤化工、无机化工、化肥、有色、铸造、石灰、砖瓦等行业深度治理。实施低效治理设施全面提升改造工程，对脱硫、脱硝、除尘等治理设施工艺类型、处理能力、建设运行情况、副产物产生及处置情况等开展排查，重点关注除尘脱硫一体化、简易碱法脱硫、简易氨法脱硫脱硝、湿法脱硝等低效治理技术，对无法稳定达标排放的，通过更换适宜高效治理工艺、提升现有治理设施工程质量、清洁能源替代、依法关停等方式实施分类整治，对人工投加脱硫脱硝剂的简易设施实施自动化改造，取缔直接向烟道内喷洒脱硫脱硝剂等敷衍式治理工艺，2023 年底前基本完成。重污染天气重点行业绩效分级 A、B 级企业及其他有条件的企业安装分布式控制系统（DCS）等，实时记录生产、治理设施运行、污染物排放等关键参数，并妥善保存相关历史数据。

强化分散低效燃煤治理。因地制宜持续稳妥推动清洁取暖改造，有序推进农业种植、养殖、农产品加工等散煤替代，2025 年采暖季前，平原地区散煤基本清零。巩固清洁取暖成效，强化服务管理，完善长效机制，防止散煤复烧。基本淘汰 35 蒸吨/小时及以下的燃煤锅炉。推动陶瓷、玻璃、石灰、耐火材料、有色、无机化工、矿物棉、铸造等行业炉窑实施清洁能源替代。

四、其他区域攻坚行动

东北地区、天山北坡城市群加快推进清洁取暖。因地制宜、稳妥有序推进生活和冬季取暖散煤替代。打造集中供热'一张网'，充分发挥大型煤电机组供热能力，大力推进燃煤锅炉关停整合；对保留的供暖锅炉全面排查，实施'冬病夏治'，确保采暖期稳定达标排放。生物质锅炉采用专用锅炉，配套布袋等高效除尘设施，氮氧化物排放难以达标的应配套脱硝设施，禁止掺烧煤炭、垃圾等其他物料。到2025年，地级及以上城市建成区基本淘汰35蒸吨/小时及以下的燃煤锅炉，城区（含城中村、城乡结合部）、县城及有条件的农村地区，基本实现清洁取暖。

东北地区加快推进秸秆焚烧综合治理。坚持'政府引导、市场运作、疏堵结合、以疏为主'的原则，全面推进秸秆'五化'综合利用，持续提高秸秆综合利用率。深入推进秸秆禁烧管控，充分利用卫星遥感、高清视频监控、无人机等先进技术，强化不利气象条件下的监管执法，对秸秆焚烧问题突出诱发重污染天气的，严肃追责问责。紧盯收工时、上半夜、雨雪前、播种前及采暖季初锅炉集中启炉等重要时间节点，制定专项工作方案，科学有序疏导。

天山北坡城市群强化工业污染综合治理。进一步梳理区域产业发展定位，加快推进产业布局调整，严格高耗能、高排放、低水平项目准入。全面提升电解铝、活性炭、硅冶炼、纯碱、电石、聚氯乙烯、石化等行业污染治理水平，确保企业稳定达标排放。2025年底前，基本完成65蒸吨/小时以上燃煤锅炉超低排放改造，有序推进钢铁、水泥、焦化（含半焦）行业全流程超低排放改造，八一钢铁、昆仑钢铁等企业率先完成全流程超低排放改造。鼓励使用清洁能源或电厂热力、工业余热等替代锅炉、炉窑燃料用煤。引导重点企业在秋冬季安排停产检维修计划。

其他地区加大重污染天气消除攻坚力度。其他地区根据国家下达的'十四五'重污染天气比率控制目标，结合自身产业、能源、运输结构和重污染天气成因，明确重污染天气消除攻坚战任务措施，加大力度持续推进大气污染防治工作，努力消除重污染天气。"

2. 臭氧污染防治攻坚方案

行动方案提出：

"一、总体要求

2025年，细颗粒物（PM$_{2.5}$）和臭氧协同控制取得积极成效，全国臭氧浓度增长趋势得到有效遏制，全国空气质量优良天数比率达到87.5%，挥发性有机物（VOCs）、氮氧化物排放总量比2020年分别下降10%以上。

二、含VOCs原辅材料源头替代行动

加快实施低VOCs含量原辅材料替代。各地对溶剂型涂料、油墨、胶粘剂、清洗剂使用企业制定低VOCs含量原辅材料替代计划。全面推进汽车整车制造底漆、中涂、色漆使用低 VOCs 含量涂料；在木质家具、汽车零部件、工程机械、钢结构、船舶制造技术成熟的工艺环节，大力推广使用低 VOCs 含量涂料，重点区域、中央企业加大使用比例。在房屋建筑和市政工程中，全面推广使用低 VOCs 含量涂料和胶粘剂；重点区域、珠三角地区除特殊功能要求外的室内地坪施工、室外构筑物防护和城市道路交通标志基本使用低 VOCs 含量涂料。完善 VOCs 产品标准体系，建立低 VOCs 含量产品标识制度。

开展含 VOCs 原辅材料达标情况联合检查。严格执行涂料、油墨、胶粘剂、清洗剂 VOCs 含量限值标准，建立多部门联合执法机制，加强对相关产品生产、销售、使用环节 VOCs 含量限值执行情况的监督检查，臭氧高发季节加大检测频次，曝光不合格产品并追溯其生产、销售、进口、使用企业，依法追究责任。

三、VOCs 污染治理达标行动

开展简易低效 VOCs 治理设施清理整治。各地全面梳理 VOCs 治理设施台账，分析治理技术、处理能力与 VOCs 废气排放特征、组分等匹配性，对采用单一低温等离子、光氧化、光催化以及非水溶性 VOCs 废气采用单一喷淋吸收等治理技术且无法稳定达标的，加快推进升级改造，严把工程质量，确保达标排放。力争 2022 年 12 月底前基本完成，确需一定整改周期的，最迟在相关设备下次停车（工）大修期间完成整治。

强化 VOCs 无组织排放整治。各地全面排查含 VOCs 物料储存、转移和输送、设备与管线组件、敞开液面以及工艺过程等环节无组织排放情况，对达不到相关标准要求的开展整治。石化、现代煤化工、制药、农药行业重点治理储罐配件失效、装载和污水处理密闭收集效果差、装置区废水预处理池和废水储罐废气未收集、LDAR 不符合标准规范等问题；焦化行业重点治理酚氰废水处理未密闭、煤气管线及焦炉等装置泄漏等问题；工业涂装、包装印刷等行业重点治理集气罩收集效果差、含 VOCs 原辅材料和废料储存环节无组织排放等问题。重点区域、珠三角地区无法实现低 VOCs 原辅材料替代的工序，宜在密闭设备、密闭空间作业或安装二次密闭设施。

加强非正常工况废气排放管控。石化、化工企业应提前向当地生态环境部门报告开停车、检维修计划；制定非正常工况 VOCs 管控规程，严格按规程操作。火炬、煤气放散管须安装引燃设施，配套建设燃烧温度监控、废气流量计、助燃气体流量计等，排放废气热值达不到要求时应及时补充助燃气体。

推进涉 VOCs 产业集群治理提升。各地全面排查使用溶剂型涂料、油墨、胶粘剂、清洗剂以及涉及有机化工生产的产业集群，研究制定治理提升计划，统一治理标准和时限。加快建设涉 VOCs '绿岛' 项目。同一类别工业涂装企业聚集的园区和集群，推进建设集中涂装中心；吸附剂使用量大的地区，建设吸附剂集中再生中心，同步完善吸附剂规范采购、统一收集、集中再生的管理体系；同类型有机溶剂使用量较大的园区和集群，建设有机溶剂集中回收中心。推进各地建设钣喷共享中心，配套建设适宜高效 VOCs 治理设施，钣喷共享中心辐射服务范围内逐步取消使用溶剂型涂料的钣喷车间。

推进油品 VOCs 综合管控。各地每年至少开展一次储运销环节油气回收系统专项检查工作，确保达标排放；对汽车罐车密封性能定期检测，严厉查处在卸油、发油、运输、停泊过程中破坏汽车罐车密闭性的行为，鼓励地方探索将汽车罐车密封性能年度检测纳入排放定期检验范围。探索实施分区域分时段精准调控汽油（含乙醇汽油）夏季蒸气压指标；在重点区域及珠三角地区，开展车辆燃油蒸发排放控制检测。2024 年 1 月 1 日起，具有万吨级以上油品泊位的码头、现有 8 000 总吨及以上的油船按照国家标准开展油气回收治理。

四、氮氧化物污染治理提升行动

实施低效脱硝设施排查整治。各地对采用脱硫脱硝一体化、湿法脱硝、微生物法脱硝等治理工艺的锅炉和炉窑进行排查抽测，督促不能稳定达标的整改，推动达标无望或治理难度大的改用电锅炉或电炉窑。鼓励采用低氮燃烧、选择性催化还原（SCR）、选择性非催化还原（SNCR）、活性焦等成熟技术。

推进重点行业超低排放改造。2025 年底前，重点区域保留的燃煤锅炉（含电力）、其他地区 65 蒸吨/小时以上的燃煤锅炉（含电力）实现超低排放；全国 80% 以上的钢铁产能完成超低排放改造，重点区域全面完成；重点区域全面开展水泥、焦化行业超低排放改造。在全流程超低排放改造过程中，改造周期较长的，优先推动氮氧化物超低排放改造；鼓励其他行业探索开展氮氧化物超低排放改造。

实施工业锅炉和炉窑提标改造。生物质锅炉氮氧化物排放浓度无法稳定达标的，加装高效脱硝设施。燃气锅炉实施低氮燃烧改造，对低氮燃烧器、烟气再循环系统、分级燃烧系统、燃料及风量调配系统等关键部件要严把质量关，确保低氮燃烧系统稳定运行，2025 年底前基本完成；推动燃气锅炉取消烟气再循环系统开关阀，确有必要保留的，可通过设置电动阀、气动阀或铅封等方式加强监管。玻璃、铸造、石灰等行业炉窑，依据新制修订的排放标准实施提标改造；鼓励臭氧污染严重地区结合实际制定更为严格的地方排放标准。

五、臭氧精准防控体系构建行动

强化科技支撑。重点区域及珠三角地区、成渝地区、长江中游城市群全面开展臭氧来源解析、生成机理、主要来源和传输规律的研究。开展环海岸线臭氧生成机理和传输规律的研究。珠三角地区开展区域臭氧长期预测及联合应对试点。加快低 VOCs 含量原辅材料研发、生产和应用；加快适用于中小型企业低浓度、大风量废气的高效 VOCs 治理技术，以及低温脱硝、氨逃逸精准调控等技术和装备的研发和推广应用；研究分类型工业炉窑清洁能源替代和末端治理路径。在典型城市实施'一市一策'驻点跟踪研究。

完善监测体系。全国地级及以上城市开展大气环境非甲烷总烃监测，臭氧超标城市开展 VOCs 组分监测；加强光化学产物和衍生物的观测能力建设；有条件的地区探索开展垂直方向上的臭氧浓度和气象综合观测；在重点区域增设背景观测站点，建设公路、港口、机场和铁路货场等交通污染监测网络，优化传输通道站点设置；加强涉 VOCs 重点工业园区、产业集群和企业环境 VOCs 监测。

开展夏季臭氧污染区域联防联控。着力提升臭氧污染预报水平，重点区域具备未来10天臭氧污染级别预报能力；研究区域统一的臭氧污染预警标准和应对措施。开展生产季节性调控，鼓励引导企业污染天气妥善安排生产计划，在夏季减少开停车、放空、开釜等操作，加强设备维护，鼓励增加泄漏检测与修复频次。鼓励企业和市政工程中涉VOCs排放施工实施精细化管理，防腐、防水、防锈等涂装作业及大中型装修、外立面改造、道路划线、沥青铺设等避开易发臭氧污染时段。

六、污染源监管能力提升行动

加强污染源监测监控。VOCs和氮氧化物排放重点排污单位依法安装自动监测设备，并与生态环境部门联网；督促企业按要求对自动监测设备进行日常巡检和维护保养；自动监测设备数采仪采集现场监测仪器的原始数据包不得经过任何软件或中间件转发，应直接到达核心软件配发的通讯服务器。市、县两级生态环境部门配备便携式 VOCs 检测仪，臭氧污染突出的省级生态环境部门及石化、化工企业集中的市、县级生态环境部门加快配备红外热成像仪。

强化治理设施运维监管。VOCs 收集治理设施应较生产设备'先启后停'。治理设施吸附剂、吸收剂、催化剂等应按设计规范要求定期更换和利用处置。坚决查处脱硝设施擅自停喷氨水、尿素等还原剂的行为；禁止过度喷氨，废气排放口氨逃逸浓度原则上控制在 8 毫克/立方米以下。加强旁路监管，非必要旁路应取缔；确需保留的应急类旁路，企业应向当地生态环境部门报备，在非紧急情况下保持关闭并加强监管。

开展臭氧污染防治精准监督帮扶。指导各地在夏季围绕石化、化工、涂装、医药、包装印刷、钢铁、焦化、建材等重点行业，精准开展臭氧污染防治监督帮扶工作。持续开展"送政策、送技术、送服务"等活动，指导企业优化 VOCs、氮氧化物治理方案，推动各项任务措施取得实效；针对地方和企业反映的技术困难和政策问题，组织开展技术帮扶和政策解读，切实帮助解决工作中的具体困难和实际问题。充分利用热点网格技术进行非现场帮扶，指导地方有序开展热点区域针对性排查。"

3. 柴油货车污染治理攻坚行动方案

行动方案提出：

"一、总体要求

到 2025 年，运输结构、车船结构清洁低碳程度明显提高，燃油质量持续改善，机动车船、工程机械及重点区域铁路内燃机车超标冒黑烟现象基本消除，全国柴油货车排放检测合格率超过 90%，全国柴油货车氮氧化物排放量下降 12%，新能源和国六排放标准货车保有量占比力争超过 40%，铁路货运量占比提升 0.5 个百分点。

二、推进'公转铁''公转水'行动

持续提升铁路货运能力。推进西部陆海新通道铁路东、中、西主通道，形成整体运输能力，提升铁路货运效能。强化专业运输通道，形成沿江沿海等重点方向铁水联运通道，提升集装箱运输网络能力，有序发展双层集装箱运输。推进西部地区能源运输通道建设，完善北煤南运、西煤东运铁路煤炭运输体系。推进既有普速铁路通道能力紧张路段扩能提质，有序实施电气化改造，浩吉、唐呼、瓦日、朔黄等铁路线按最大能力保障运输需求。

加快铁路专用线建设。精准补齐工矿企业、港口、物流园区铁路专用线短板、提升'门到门'服务质量。新建及迁建煤炭、矿石、焦炭大宗货物年运量150万吨以上的物流园区、工矿企业，原则上要接入铁路专用线或管道。在新建或改扩建集装箱、大宗干散货作业区时，原则上要同步建设进港铁路。重点推进唐山京唐、天津东疆、青岛董家口、宁波舟山北仑和梅山、上海外高桥、苏州太仓、深圳盐田等重要港区进港铁路建设，实现铁路装卸线与码头堆场无缝衔接、能力匹配，建设轨道货运京津冀、轨道货运长三角。到2025年沿海港口重要港区铁路进港率高于70%。

提高铁路和水路货运量。'十四五'期间，全国铁路货运量增长10%，水路货运量增长12%左右。推进多式联运、大宗货物'散改集'，集装箱铁水联运量年均增长15%以上。京津冀及周边地区、长三角地区、粤港澳大湾区等沿海主要港口利用集疏港铁路、水路、封闭式皮带廊道、新能源汽车运输铁矿石、焦炭大宗货物比例力争达到80%。晋陕蒙新煤炭主产区出省(区)运距500公里以上的煤炭和焦炭铁路运输比例力争达到90%以上。充分挖掘城市铁路站场和线路资源，创新'外集内配'等生产生活物资公铁联运模式。

三、柴油货车清洁化行动

推动车辆全面达标排放。加强对本地生产货车环保达标监管，核查车辆的车载诊断系统（OBD）、污染控制装置、环保信息随车清单、在线监控等，抽测部分车型的道路实际排放情况，基本实现系族全覆盖。严厉打击污染控制装置造假、屏蔽OBD功能、尾气排放不达标、不依法公开环保信息等行为，依法依规暂停或撤销相关企业车辆产品公告、油耗公告和强制性产品认证。督促生产（进口）企业及时实施排放召回。有序推进实施汽车排放检验和维护制度。加强重型货车路检路查，以及集中使用地和停放地的入户检查。

推进传统汽车清洁化。2023年7月1日，全国实施轻型车和重型车国6b排放标准。严格执行机动车强制报废标准规定，符合强制报废情形的交报废机动车回收企业按规定回收拆解。发展机动车超低排放和近零排放技术体系，集成发动机后处理控制、智能监管等共性技术，实现规模化应用。

加快推动机动车新能源化发展。以公共领域用车为重点推进新能源化，重点区域和国家生态文明试验区新增或更新公交、出租、物流配送、轻型环卫等车辆中新能源汽车比例不低于80%。推广零排放重型货车，有序开展中重型货车氢燃料等示范和商业化运营，京津冀、长三角、珠三角研究开展零排放货车通道试点。

四、非道路移动源综合治理行动

推进非道路移动机械清洁发展。2022 年 12 月 1 日，实施非道路移动柴油机械第四阶段排放标准。因地制宜加快推进铁路货场、物流园区、港口、机场，以及火电、钢铁、煤炭、焦化、建材、矿山等工矿企业新增或更新的作业车辆和机械新能源化。鼓励新增或更新的 3 吨以下叉车基本实现新能源化。鼓励各地依据排放标准制定老旧非道路移动机械更新淘汰计划，推进淘汰国一及以下排放标准的工程机械（含按非道路排放标准生产的非道路用车），具备条件的可更换国四及以上排放标准的发动机。研究非道路移动机械污染防治管理办法。

强化非道路移动机械排放监管。各地每年对本地非道路移动机械和发动机生产企业进行排放检查，基本实现系族全覆盖。进口非道路移动机械和发动机应达到我国现行新生产设备排放标准。2025 年，各地完成城区工程机械环保编码登记三级联网，做到应登尽登。强化非道路移动机械排放控制区管控，不符合排放要求的机械禁止在控制区内使用，重点区域城市制定年度抽查计划，重点核验信息公开、污染控制装置、编码登记、在线监控联网等，对部分机械进行排放测试，比例不得低于 20%，基本消除工程机械冒黑烟现象。研究实施铁路内燃机车大气污染物排放标准。

推动港口船舶绿色发展。2022 年 7 月 1 日，实施船舶发动机第二阶段排放标准。提高轮渡船、短途旅游船、港作船等使用新能源和清洁能源比例，研究推动长江干线船舶电动化示范。依法淘汰高耗能高排放老旧船舶，鼓励具备条件的可采用对发动机升级改造（包括更换）或加装船舶尾气处理装置等方式进行深度治理。协同推进船舶受电设施和港口岸电设施改造，提高船舶靠港岸电使用率。

五、重点用车企业强化监管行动

推进重点行业企业清洁运输。火电、钢铁、煤炭、焦化、有色等行业大宗货物清洁方式运输比例达到 70% 左右，重点区域达到 80% 左右；重点区域推进建材（含砂石骨料）清洁方式运输。鼓励大型工矿企业开展零排放货物运输车队试点。鼓励工矿企业等用车单位与运输企业（个人）签订合作协议等方式实现清洁运输。企业按照重污染天气重点行业绩效分级技术指南要求，加强运输车辆管控，完善车辆使用记录，实现动态更新。鼓励未列入重点行业绩效分级管控的企业参照开展车辆管理，加大企业自我保障能力。

强化重点工矿企业移动源应急管控。京津冀及周边地区、汾渭平原、东北地区、天山北坡城市群全面制定移动源重污染天气应急管控方案，建立用车大户清单和货车白名单，实现动态管理。重污染天气预警期间，加大部门联合执法检查力度，开展柴油货车、工程机械等专项检查；按照国家相关标准和技术规范要求加强运输车辆、厂内车辆及非道路移动机械应急管控。

六、柴油货车联合执法行动

开展重点区域联合执法。京津冀三省市按照统一标准、统一措施、统一执法原则，依法依规开展移动源监管联防联控、联合执法，对煤炭、矿石、焦炭等大宗货物运输及集疏港货物运输开展联合管控。推进长三角地区集装箱多式联运、移动源联防联控和监管信息共享。山西和陕西等地开展重型货车联合监管行动，重点查处天然气货车超标排放及排放处理装置偷盗、拆除、倒卖问题。京津冀及周边地区、内蒙古自治区中西部城市加强煤炭、焦炭、矿石、砂石骨料等运输的联合管控。珠三角、成渝地区、长江中游城市群等货车保有量大、货运量大的地区加大联合监管力度。

完善部门协同监管模式。完善生态环境部门监测取证、公安交管部门实施处罚、交通运输部门监督维修的联合监管模式，形成部门联合执法常态化路检路查工作机制。对柴油进口、生产、仓储、销售、运输、使用等全环节开展部门联合监管，全面清理整顿无证无照或证照不全的自建油罐、流动加油车（船）和黑加油站点，坚决打击非标油品。燃料生产企业应该按照国家标准规定生产合格的车船燃料。推动相关企业事业单位依法披露环境信息。研究实施降低企业和司机机动车、非道路移动机械防治负担的政策措施。

推进数据信息共享和应用。严格实施汽车排放定期检验信息采集传输技术规范，各地检验信息实现按日上传至国家平台。推动非道路移动机械编码登记信息全国共享，实现一机一档，避免多地重复登记。建设重型柴油车和非道路移动机械远程在线监控平台，探索超标识别、定位、取证和执法的数字化监管模式。研究构建移动源现场快速检测方法、质控体系，提高执法装备标准化、信息化水平，切实提高执法效能。"

十四、《生态保护红线生态环境监督办法（试行）》

中央、国务院高度重视生态保护红线生态环境保护工作，为深入贯彻落实习近平生态文明思想，规范和指导生态保护红线生态环境监督工作，维护和提升生态保护红线的生态环境保护成效，保障国家生态安全，生态环境部于2022年12月27日印发了《生态保护红线生态环境监督办法（试行）》（国环规生态〔2022〕2号）（以下简称监督办法）。监督办法明确生态保护红线生态环境监督制度安排和具体工作要求，规范生态环境部门生态保护红线生态环境监督工作，最终目的是加强生态保护红线生态环境监督，确保生态保护红线生态功能不降低、面积不减少、性质不改变，提升生态系统多样性、稳定性、持续性，保障国家生态安全。

1. 生态保护红线的保护原则

监督办法第三条规定：

"坚持生态优先、统筹兼顾、绿色发展、问题导向、分类监督、公众参与的原则，建立严格的监督体系，实现一条红线守住自然生态安全边界，确保生态保护红线生态功能不降低、面积不减少、性质不改变，提升生态系统质量和稳定性。"

2. 生态保护红线范围内人为活动的管理要求

监督办法第七条、第八条规定：

"**第七条**　生态保护红线内，自然保护地核心保护区原则上禁止人为活动，其他区域严格禁止开发性、生产性建设活动，在符合现行法律法规前提下，除国家重大战略项目外，仅允许对生态功能不造成破坏的有限人为活动。

生态环境部门对生态保护红线内的有限人为活动实行严格的生态环境监督。

第八条　生态环境部制定生态质量监测标准规范，依托生态质量监测网络，组织开展生态保护红线生态质量监测，重点关注人为活动对生态保护红线生态环境的影响。

省级生态环境部门组织开展本行政区生态保护红线生态质量监测，监测结果与国家生态质量监测网络数据共享。"

十五、《国家公园管理暂行办法》

为加强国家公园建设管理，保持重要自然生态系统的原真性和完整性，维护生物多样性和生态安全，促进人与自然和谐共生，实现全民共享、世代传承，国家林业和草原局于 2022 年 6 月 1 日印发了《国家公园管理暂行办法》（林保发〔2022〕64 号）（以下简称暂行办法）。

1. 国家公园的定义及建设管理原则

暂行办法第三条、第四条规定：

"**第三条**　本办法所称国家公园，是指由国家批准设立并主导管理，以保护具有国家代表性的自然生态系统为主要目的，实现自然资源科学保护和合理利用的特定陆域或者海域。

第四条　国家公园的建设管理应当坚持保护第一、科学管理、合理利用、多方参与的原则。"

2. 国家公园保护管理的有关要求

暂行办法第五条、第十六条至第十九条、第二十二条规定：

"**第五条**　国家林业和草原局（国家公园管理局）负责全国国家公园的监督管理工作。

各国家公园管理机构负责国家公园自然资源资产管理、生态保护修复、社会参与管理、科普宣教等工作。"

"**第十六条**　国家公园应当根据功能定位进行合理分区，划为核心保护区和一般控制区，实行分区管控。

国家公园范围内自然生态系统保存完整、代表性强，核心资源集中分布，或者生态脆弱需要休养生息的区域应当划为核心保护区。国家公园核心保护区以外的区域划为一般控制区。

第十七条　国家公园核心保护区原则上禁止人为活动。国家公园管理机构在确保主要保护对象和生态环境不受损害的情况下，可以按照有关法律法规政策，开展或者允许开展下列活动：

（一）管护巡护、调查监测、防灾减灾、应急救援等活动及必要的设施修筑，以及因有害生物防治、外来物种入侵等开展的生态修复、病虫害动植物清理等活动；

（二）暂时不能搬迁的原住居民，可以在不扩大现有规模的前提下，开展生活必要的种植、放牧、采集、捕捞、养殖等生产活动，修缮生产生活设施；

（三）国家特殊战略、国防和军队建设、军事行动等需要修筑设施、开展调查和勘查等相关活动；

（四）国务院批准的其他活动。

第十八条 国家公园一般控制区禁止开发性、生产性建设活动，国家公园管理机构在确保生态功能不造成破坏的情况下，可以按照有关法律法规政策，开展或者允许开展下列有限人为活动：

（一）核心保护区允许开展的活动；

（二）因国家重大能源资源安全需要开展的战略性能源资源勘查，公益性自然资源调查和地质勘查；

（三）自然资源、生态环境监测和执法，包括水文水资源监测及涉水违法事件的查处等，灾害防治和应急抢险活动；

（四）经依法批准进行的非破坏性科学研究观测、标本采集；

（五）经依法批准的考古调查发掘和文物保护活动；

（六）不破坏生态功能的生态旅游和相关的必要公共设施建设；

（七）必须且无法避让、符合县级以上国土空间规划的线性基础设施建设、防洪和供水设施建设与运行维护；

（八）重要生态修复工程，在严格落实草畜平衡制度要求的前提下开展适度放牧，以及在集体和个人所有的人工商品林内开展必要的经营；

（九）法律、行政法规规定的其他活动。

第十九条 国家公园管理机构应当按照依法、自愿、有偿的原则，探索通过租赁、合作、设立保护地役权等方式对国家公园内集体所有土地及其附属资源实施管理，在确保维护产权人权益前提下，探索通过赎买、置换等方式将集体所有商品林或其他集体资产转为全民所有自然资源资产，实现统一保护。"

"第二十二条 国家公园内退化自然生态系统修复、生态廊道连通、重要栖息地恢复等生态修复活动应当坚持自然恢复为主，确有必要开展人工修复活动的，应当经科学论证。"